21 世纪全国应用型本科大机械系列实用规划教材

液压与气压传动

主　编　王守城　容一鸣
副主编　骆艳洁　张　鹏
参　编　段俊勇　任海霞　王　蕾
　　　　赵　轲　郭克红　张卫锋

北京大学出版社
PEKING UNIVERSITY PRESS

内容简介

本书是根据教育部机电类专业本科教育人才培养目标和培养方案及课程教学大纲的要求编写的。全书共分15章，第1、2章主要介绍了液压传动基本知识、液压油和液压流体力学基础，第3～6章主要介绍了液压元件的结构、原理、性能和选用，第7、8章介绍了液压基本回路与典型液压系统的组成、功能、特点以及应用情况，第9章介绍了液压系统的设计计算方法与应用实例，第10章介绍了液压伺服元件与系统的工作原理与应用实例，第11～15章介绍了气压传动基本知识、气压传动元件、气压基本回路及气压系统设计方法与应用实例。

本书在编写过程中，力求贯彻少而精、理论与实践相结合的原则，紧密结合液压与气压技术的最新成果，重点介绍了液压与气压传动在机床工业、工程机械、橡塑机械、汽车工业、楼宇设施等行业的应用实例。本书元件的图形符号、回路以及系统原理图全部按照国家最新图形符号绘制，并摘录于附录中，为便于学生学习，每章后面均附有思考与练习题。

本书适用于普通工科院校机械类、自动化类各专业的学生，也适用于各类成人高校、自学考试等有关机械类、自动化类各专业的学生，也可供从事流体传动与控制技术的工程技术人员参考。

图书在版编目(CIP)数据

液压与气压传动/王守城，容一鸣主编. —北京：北京大学出版社，2008.4
(21世纪全国应用型本科大机械系列实用规划教材)
ISBN 978-7-301-13179-4

Ⅰ.液… Ⅱ.①王…②容… Ⅲ.①液压传动—高等学校—教材 ②气压传动—高等学校—教材 Ⅳ.TH137 TH138

中国版本图书馆CIP数据核字(2007)第185786号

书　　名：液压与气压传动
著作责任者：王守城　容一鸣　主编
责任编辑：郭穗娟　童君鑫
标准书号：ISBN 978-7-301-13179-4/TH·0082
出　版　者：北京大学出版社
地　　址：北京市海淀区成府路205号　100871
网　　址：http://www.pup.cn　http://www.pup6.cn
电　　话：邮购部62752015　发行部62750672　编辑部62750667　出版部62754962
电子邮箱：pup_6@163.com
印　刷　者：北京虎彩文化传播有限公司
发　行　者：北京大学出版社
经　销　者：新华书店
787毫米×1092毫米　16开本　19.75印张　447千字
2008年4月第1版　2020年8月第11次印刷
定　　价：46.00元

《21世纪全国应用型本科大机械系列实用规划教材》

专家编审委员会

---

* 胡正寰：北京科技大学教授，中国工程院机械与运载工程学部院士

丛书总序

殷国富*

机械是人类生产和生活的基本工具要素之一，是人类物质文明最重要的一个组成部分。机械工业担负着向国民经济各部门，包括工业、农业和社会生活各个方面提供各种性能先进、使用安全可靠的技术装备的任务，在国家现代化建设中占有举足轻重的地位。20世纪80年代以来，以微电子、信息、新材料、系统科学等为代表的新一代科学技术的发展及其在机械工程领域中的广泛渗透、应用和衍生，极大地拓展了机械产品设计制造活动的深度和广度，改变了现代制造业的产品设计方法、产品结构、生产方式、生产工艺和设备以及生产组织模式，产生了一大批新的机械设计制造方法和制造系统。这些机械方面的新方法和系统的主要技术特征表现在以下几个方面：

(1) 信息技术在机械行业的广泛渗透和应用，使得现代机电产品已不再是单纯的机械构件，而是由机械、电子、信息、计算机与自动控制等集成的机电一体化产品，其功能不仅限于加强、延伸或取代人的体力劳动，而且扩大到加强、延伸或取代人的某些感官功能与大脑功能。

(2) 随着设计手段的计算机化和数字化，CAD/CAM/CAE/PDM集成技术和软件系统得到广泛使用，促进了产品创新设计、并行设计、快速设计、虚拟设计、智能设计、反求设计、广义优化设计、绿色产品设计、面向全寿命周期设计等现代设计理论和技术方法的不断发展。机械产品的设计不只是单纯追求某项性能指标的先进和高低，而是注重综合考虑质量、市场、价格、安全、美学、资源、环境等方面的影响。

(3) 传统机械制造技术在不断吸收电子、信息、材料、能源和现代管理等方面成果的基础上形成了先进制造技术，并将其综合应用于机械产品设计、制造、检测、管理、销售、使用、服务的机械产品制造全过程，以实现优质、高效、低耗、清洁、灵活的生产，提高对动态多变的市场的适应能力和竞争能力。

(4) 机械产品加工制造的精密化、快速化，制造过程的网络化、全球化得到很大的发展，涌现出CIMS、并行工程、敏捷制造、绿色制造、网络制造、虚拟制造、智能制造、大规模定制等先进生产模式，制造装备和制造系统的柔性与可重组已成为21世纪制造技术的显著特征。

(5) 机械工程的理论基础不再局限于力学，制造过程的基础也不只是设计与制造经验及技艺的总结。今天的机械工程学科比以往任何时候都更紧密地依赖诸如现代数学、材料科学、微电子技术、计算机信息科学、生命科学、系统论与控制论等多门学科及其最新成就。

上述机械科学与工程技术特征和发展趋势表明，现代机械工程学科越来越多地体现着知识经济的特征。因此，加快培养适应我国国民经济建设所需要的高综合素质的机械工程学科人才的意义十分重大、任务十分繁重。我们必须通过各种层次和形式的教育，培养出适应世界机械工业发展潮流与我国机械制造业实际需要的技术人才与管理人才，不断推动

* 殷国富教授：原为教育部机械学科教学指导委员会委员，曾任四川大学制造科学与工程学院院长

我国机械科学与工程技术的进步。

为使机械工程学科毕业生的知识结构由较专、较深、适应性差向较通用、较广泛、适应性强方向转化，在教育部的领导与组织下，1998 年对本科专业目录进行了第 3 次大的修订。调整后的机械大类专业变成 4 类 8 个专业，它们是：机械类 4 个专业(机械设计制造及其自动化、材料成型及控制工程、过程装备与控制、工业设计)；仪器仪表类 1 个专业(测控技术与仪器)；能源动力类 2 个专业(热能与动力工程、核工程与核技术)；工程力学类 1 个专业(工程力学)。此外还提出了面向更宽的引导性专业，即机械工程及自动化。因此，建立现代“大机械、全过程、多学科”的观点，探讨机械科学与工程技术学科专业创新人才的培养模式，是高校从事制造学科教学的教育工作者的责任；建立培养富有创新能力人才的教学体系和教材资源环境，是我们努力的目标。

要达到这一目标，进行适应现代机械学科发展要求的教材建设是十分重要的基础工作之一。因此，组织编写出版面向大机械学科的系列教材就显得很有意义和十分必要。北京大学出版社领导和编辑们通过对国内大学机械工程学科教材实际情况的调研，在与众多专家学者讨论的基础上，决定面向机械工程学科类专业的学生出版一套系列教材，这是促进高校教学改革发展的重要决策。按照教材编审委员会的规划，本系列教材将逐步出版。

本系列教材是按照高等学校机械学科本科专业规范、培养方案和课程教学大纲的要求，合理定位，由长期在教学第一线从事教学工作的教师立足于 21 世纪机械工程学科发展的需要，以科学性、先进性、系统性和实用性为目标进行编写，以适应不同类型、不同层次的学校结合学校实际情况的需要。本系列教材编写的特色体现在以下几个方面：

(1) 关注全球机械科学与工程技术学科发展的大背景，建立现代大机械工程学科的新理念，拓宽理论基础和专业知识，特别是突出创造能力和创新意识。

(2) 重视强基础与宽专业知识面的要求。在保持较宽学科专业知识的前提下，在强化产品设计、制造、管理、市场、环境等基础理论方面，突出重点，进一步密切学科内各专业知识面之间的综合内在联系，尽快建立起系统性的知识体系结构。

(3) 学科交叉与综合的观念。现代力学、信息科学、生命科学、材料科学、系统科学等新兴学科与机械学科结合的内容在系列教材编写中得到一定的体现。

(4) 注重能力的培养，力求做到不断强化自我的自学能力、思维能力、创造性地解决问题的能力以及不断自我更新知识的能力，促进学生向着富有鲜明个性的方向发展。

总之，本系列教材注意了调整课程结构，加强学科基础，反映系列教材各门课程之间的联系和衔接，内容合理分配，既相互联系又避免不必要的重复，努力拓宽知识面，在培养学生的创新能力方面进行了初步的探索。当然，本系列教材还需要在内容的精选、音像电子课件、网络多媒体教学等方面进一步加强，使之能满足普通高等院校本科教学的需要，在众多的机械类教材中形成自己的特色。

最后，我要感谢参加本系列教材编著和审稿的各位老师所付出的大量卓有成效的辛勤劳动，也要感谢北京大学出版社领导和编辑们对本系列教材的支持和编审工作。由于编写的时间紧、相互协调难度大等原因，本系列教材还存在一些不足和错漏。我相信，在使用本系列教材的教师和学生的关心和帮助下，不断改进和完善这套教材，使之在我国机械工程类学科专业的教学改革和课程体系建设中起到应有的促进作用。

2006 年 1 月

前　言

液压与气压传动是机电类专业开设的一门重要的技术基础课程，课程的内容涉及液压传动和气压传动两部分，以液压传动为主。

本书是根据教育部机电类专业本科教育人才培养目标和培养方案及课程教学大纲的要求编写的。全书共分 15 章，第 1、2 章主要介绍液压传动的基本知识、液压油和液压流体力学基础，第 3～6 章主要介绍液压元件的结构、原理、性能和选用，第 7、8 章介绍液压基本回路与典型液压系统的组成、功能、特点以及应用情况，第 9 章介绍液压系统的设计计算方法与应用实例，第 10 章介绍液压伺服元件与系统的工作原理与应用实例。第 11～15 章介绍气压传动的基本知识、气压传动元件、气压基本回路及气压系统设计方法与应用实例。

课时安排如下：第 1 章为 2 学时，第 2 章为 8 学时，第 3 章为 8 学时，第 4 章为 6 学时，第 5 章为 8 学时，* 第 6 章为 1 学时，第 7 章为 6 学时，第 8 章为 2 学时，* 第 9 章为 2 学时，* 第 10 章为 4 学时，* 第 11 章为 1 学时，* 第 12 章为 2 学时，* 第 13 章为 2 学时，* 第 14 章为 2 学时，* 第 15 章为 2 学时。实验为 8 学时，总计 64 学时。标注“*”的章节可作为选讲内容或自学辅导内容。各个学校及不同专业应根据实际情况作必要的调整。课堂授课时数应为 32～48 学时。如教学条件允许，建议适当增加实验时数。根据 21 世纪高等教育的发展现状和人才培养目标，本书在编写过程中，力求贯彻少而精、理论与实践相结合的原则，紧密结合液压与气压技术的最新成果，重点介绍了液压与气压传动在机床工业、工程机械、橡塑机械、汽车工业、楼宇设施等行业的应用实例。在元件选择上，突出了应用量较大的二通插装阀以及代表液压发展方向的电液比例阀。侧重了对工程技术应用方面的人才培养，适当淡化了纯理论分析，加强了学生创新能力的培养。本书元件的图形符号、回路以及系统原理图全部按照国家最新图形符号绘制，并摘录于附录中。为便于学生学习，每章前都附有教学提示和教学要求，每章后面均附有思考与练习。

本书适用于普通工科院校机械类、自动化类各专业的学生，也适用于各类成人高校、自学考试等有关机械类、自动化类各专业的学生，也可供从事流体传动与控制技术的工程技术人员参考。

本书由青岛科技大学王守城、武汉理工大学容一鸣担任主编；上海理工大学骆艳洁、潍坊学院张鹏担任副主编；参编人员有青岛科技大学段俊勇、郭克红、张卫锋，青岛理工大学琴岛学院任海霞，上海理工大学王蕾，广东茂名学院赵轲。

本书的编写，得到了青岛科技大学机电工程学院相关老师的大力支持与帮助，研究生于玲玲、王伟红等担任了书中部分插图的绘制及文字编辑工作，在此一并致谢。

本书在 2009 年第 2 次印刷时，已修订一些错误及不当之处，但由于编者水平有限，书中难免还存在缺点和不妥之处，敬请广大读者批评指正。

编　者

2009 年 4 月

目　录

第1章 绪　论

教学提示： 液压(气压)传动是以液体(压缩空气)作为工作介质，以液体(压缩空气)的压力能进行运动或动力传递的一种传动形式。它首先通过能量转换装置(如液压泵、空气压缩机)将原动机(如电动机)的机械能转变为压力能，然后通过封闭管道、控制元件等，由另一能量转换装置(液压缸或气缸、液压马达或气动马达)将液体(气体)的压力能转变为机械能，驱动负载，使执行机构得到所需的动力，完成所需的运动。

液压与气压传动和传统的机械传动相比，具有许多优点，因此液压与气压传动系统在现代工业中得到了广泛的应用。本章主要介绍液压与气压传动的工作原理、组成、优缺点及液压与气压传动的应用与发展。

教学要求： 本章要求学生掌握液压与气压传动的基本概念、液压与气压传动的基本原理、液压与气压传动系统的组成及职能符号；了解液压与气压传动的特点、应用和发展。

一部机器主要由动力装置、传动装置、操纵或控制装置、工作执行装置4部分构成。动力装置的性能一般都不可能满足执行装置各种工况的要求，这种矛盾就由传动装置来解决。所谓传动就是指能量(动力)由动力装置向工作执行装置的传递，即通过某种传动方式，将动力装置的运动或动力以某种形式传递给执行装置，驱动执行装置对外做功。一般工程技术中使用的动力传递方式有：机械传动、电气传动、气压传动、液体传动以及由它们组合而成的复合传动。液压传动所用的工作介质为液压油或其他合成液体，气压传动所用的工作介质为空气。由于两种流体的性质不同，所以液压传动和气压传动又各有其特点。液压传动传递的动力大，运动平稳；但由于液体的黏性大，在流动过程中阻力损失大，因而不宜做远距离的传输和控制。气压传动由于空气的可压缩性大，且工作压力低(通常在1.0MPa以下)，所以传递的动力不大，运动也不如液压平稳；但空气黏性小，传递过程中阻力小、速度快、反应灵敏，因而气压传动可以用于远距离的传动和控制。

1.1　液压与气压传动系统的工作原理

1.1.1　液压与气压传动的工作原理

液压传动与气压传动的工作原理是相似的。现以图1.1所示的液压千斤顶为例来说明液压传动的工作原理。

如图1.1所示，截止阀11处于关闭状态，当杠杆手柄1向上抬起时，小活塞3向上运动，使小活塞下端的油腔容积增大而形成局部真空，单向阀7会处于关闭状态，油箱12

中的液压油在大气压的作用下，经吸油管路 5 顶开单向阀 4，进入到小缸体 2 的下腔中。然后向下压杠杆手柄 1，小活塞 3 下移，小缸体 2 的下腔容积变小，油液压力升高，使单向阀 4 关闭，并且顶开单向阀 7，油液经压油管路 6 进入大缸体 9 的下腔，推动大活塞 8 带动重物 W 向上移动。如果杠杆手柄 1 被连续往复上下扳动，则油液不断进入大缸体 9 的下腔，使重物逐渐上升。当杠杆手柄 1 停止运动时，大活塞与重物也停止运动；如果打开截止阀 11，大缸体下腔接通油箱，油液经回油管路 10 和截止阀 11 流回油箱，大活塞与重物在自重的作用下回到初始位置。

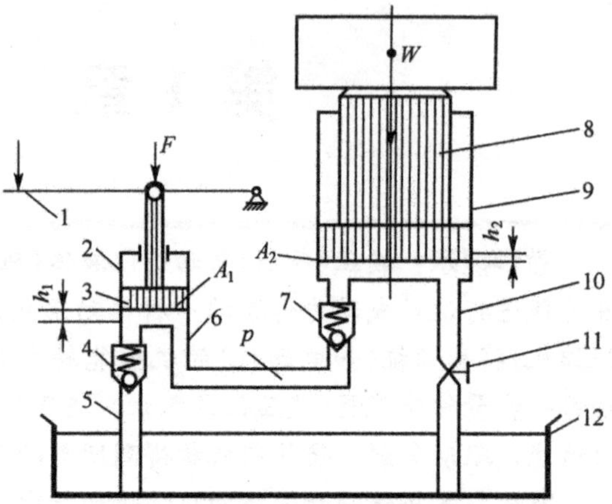

图 1.1　液压千斤顶工作原理图

1—杠杆手柄　2—小缸体　3—小活塞　4、7—单向阀　5、6、10—油管　8—大活塞　9—大缸体　11—截止阀　12—油箱

由上述液压千斤顶的工作原理可以看出，驱动杠杆手柄 1 上下移动的机械能，通过小缸体 2、小活塞 3 以及单向阀 4 和 7，转换成了油液的压力能，此压力能又通过大缸体 9 和大活塞 8 转换成举升重物(负载)运动的机械能，对外做功。图 1.1 中的元件组成了一个简单的液压传动系统，实现了力和运动的传递。

为了更好地说明液压传动的基本特性，下面对图 1.1 所示液压千斤顶系统的力、运动速度和功率进行详细论述。

1. 力的传递

设小活塞的面积为 A_1，施加在小活塞上的力为 F，大活塞的面积为 A_2，大活塞所顶起重物的重量为 W。根据帕斯卡原理，在密闭的容器内，施加于静止液体上的压力将以等值传递到液体内的各点，则大、小油缸内的液体压力是相等的，并得出表达式为

$$p=\frac{F}{A_1}=\frac{W}{A_2} \tag{1-1}$$

或

$$W=pA_2=F\frac{A_2}{A_1} \tag{1-2}$$

在图 1.1 所示的液压系统中，当系统的结构参数一定时，即 A_1、A_2 的大小不变时，负载 W 越大，系统中的压力 p 就越大，所需要的作用力 F 就越大；反之，负载 W 越小，系统中的压力 p 就越小，所需要的作用力 F 就越小，因此就得出一个重要的结论，即液压传动系统中的工作压力取决于外负载。

由式(1-2)还可以看出，活塞面积比(A_2/A_1)越大，增力效果越明显。只要在小活塞上施加一个很小的力 F，就可以使大活塞上产生一个很大的举升力举起重物，这就是液压千斤顶的工作原理。

2. 运动的传递

如果不考虑液体的可压缩性、泄漏，以及缸体和管路的变形等因素，则小缸体中被小

活塞压出的油液的体积等于大缸体中大活塞上升所扩大的体积，即

$$V=A_1h_1=A_2h_2 \tag{1-3}$$

式中：h_1和h_2——小活塞和大活塞的位移量。

将式(1-3)的两端同时除以活塞移动的时间t，得

$$A_1\frac{h_1}{t}=A_2\frac{h_2}{t}$$

即

$$A_1v_1=A_2v_2 \tag{1-4}$$

式中：v_1和v_2——小活塞和大活塞的运动速度。

Av的物理意义是单位时间内流过截面积为A的油液的体积，称为体积流量，习惯上称为流量，一般用q来表示，单位为m^3/s，在工程上多用L/min来表示。

$$q=Av \tag{1-5}$$

如果进入缸体的流量为q，则活塞运行的速度为

$$v=\frac{q}{A} \tag{1-6}$$

由式(1-6)可知，如果调节进入缸体的流量q，就可以调节活塞的运动速度v，这就是液压系统可以实现无级调速的原理；同时还说明活塞的运动速度取决于流入缸体中流量的大小，而与流体的压力无关。

3. 功率的计算

由液压千斤顶的工作原理(图1.1)可知，系统的输入功率为Fv_1，输出功率为pA_2v_2，如果不计各种损失，则系统的输入功率等于输出功率，即

$$P=Fv_1=pA_1v_1=pA_2v_2=pq \tag{1-7}$$

在机械传动系统中，功率的表达式通常为负载与速度的乘积；在液压系统中，功率为压力与流量的乘积。可见在液压系统中，流量和压力是两个相当重要的参数，这在以后的学习中会经常用到。液压系统也是利用密封容积发生变化时产生的压力能来实现力的传递和速度的传递。

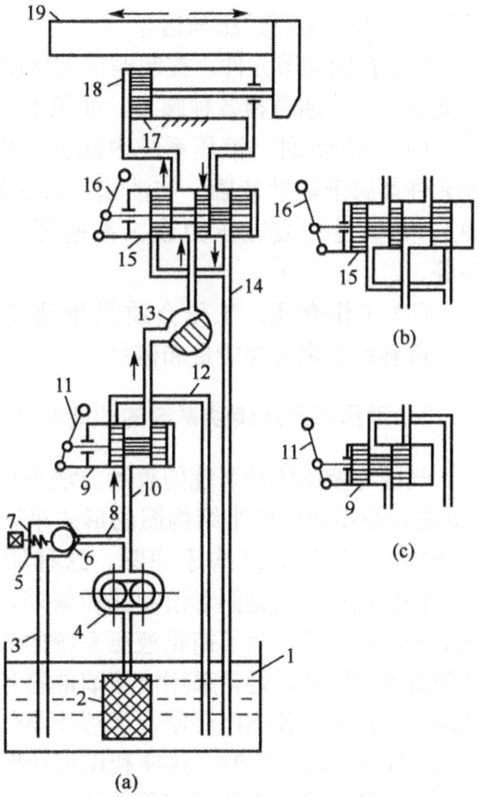

图1.2　磨床工作台液压系统图

1—油箱　2—过滤器　3、8、10、12、14—油管　4—液压泵　5—弹簧　6—钢球　7—溢流阀　9、15—换向阀　11、16—换向手柄　13—节流阀　17—活塞　18—液压缸　19—工作台

1.1.2　液压与气压传动系统的组成

图1.2为简化了的磨床工作台液压系统的工作原理图，它的工作原理如下。

电动机(图中未画出)带动液压泵4旋

转，经过滤器 2 从油箱 1 中吸油，油液经液压泵输出后进入压油管路 10，如图 1.2(a)所示，通过换向阀 9、节流阀 13 和换向阀 15 进入液压缸 18 的左腔，推动活塞 17 和工作台 19 向右运动。此时液压缸 18 右腔的油液经换向阀 15 和回油管路 14 流回到油箱。如果将换向手柄 16 转换到如图 1.2(b)所示的位置，就改变了液压油进、出液压缸的方向，油液经换向阀 15 进入液压缸 18 的右腔，使液压缸活塞带动工作台向左运动，从而实现工作台的换向。交替扳动手柄 9，工作台在活塞带动下，做直线往复运动。

如果扳动换向手柄 11 使换向阀 9 处于图 1.2(c)所示的位置，液压泵输出的油液不能进入液压缸，油液全部通过换向阀 9 和回油管路 12 流回油箱，工作台停止运动。此时，液压泵没有负载，液压泵输出的油液没有压力，这种状态称为卸荷。

在图 1.2 所示的液压系统中，液压泵的供油压力由溢流阀 7 调定，工作台的移动速度是由节流阀 13 来调节，液压泵输出的多余油液经溢流阀 7 和回油管 3 流回油箱。滤油器过滤油液，保证进入液压系统油液的洁净度。

从以上的例子可以看出，液压与气压传动系统由以下五个部分组成。

(1) 动力元件。动力元件的作用是将原动机输入的机械能转变成油液的压力能。一般指液压泵或空气压缩机，是系统的动力源。

(2) 执行元件。执行元件将油液的压力能转变成机械能，驱动工作台对外做功。例如液(气)压缸、液(气)压马达等。

(3) 控制调节元件。控制调节元件用来控制液(气)压系统中油液(气体)的压力、流量和流动方向，通常指各种阀类，如图 1.2 中的换向阀、节流阀、溢流阀等。

(4) 辅助元件。液压系统中除上述几项以外的其他元件都属于辅助装置，如油箱、过滤器(过滤液压油)、空气过滤器、压力表、蓄能器、油管、管接头等。

(5) 工作介质。工作介质是指液压油或压缩空气，可利用它来传递能量和信号。

1.1.3 液压与气压传动系统的职能符号

气压与液压传动系统的表示方法类似。图 1.1 和 1.2 是以液压元件的半结构图的形式来表示系统工作原理的，一般称为结构原理图。这种原理图比较直观，容易理解，但是图形绘制比较繁琐，不适合绘制复杂的液压系统。为了简化液压系统的表示方法，除某些特殊情况外，通常采用液压职能符号来绘制液压系统的原理图。我国已经制定了液压与气动图形符号标准 GB 1786.1—1993，这样利用液压图形符号绘制液压系统图，可使液压系统简单明了，便于绘制。图 1.3 即为按照国家标准 GB 1786.1—1993 规定的液压元件图形符号绘制的磨床工作台液压系统原理图。注意，液压传动系统的职能符号只表示元件的职能，并不表示元件的结构和参数。液压元件的图形符号应以

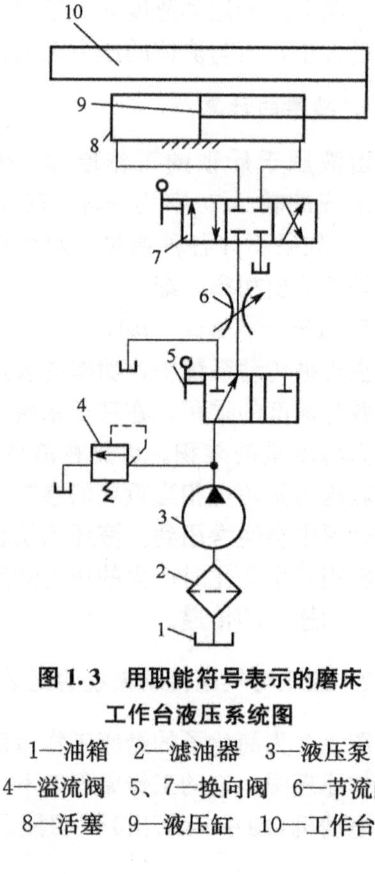

图 1.3　用职能符号表示的磨床工作台液压系统图

1—油箱　2—滤油器　3—液压泵　4—溢流阀　5、7—换向阀　6—节流阀　8—活塞　9—液压缸　10—工作台

元件的静止状态或零位来表示。

1.2 液压与气压传动的优缺点

1.2.1 液压与气压传动的优点

液压传动系统与机械传动、电力传动等系统相比，具有如下优点。

(1) 在同等功率的情况下，液压装置的体积小、重量轻、惯性小。例如，输出同样的功率，液压马达的重量为电动机重量的 10%～20%，而且还能传递较大的力或扭矩。

(2) 在运行中能方便地实现无级调速，调速范围比较大，可达 100：1～2000：1，并且低速性能好。

(3) 工作比较平稳、反应快、冲击小，能频繁启动和换向。液压传动装置的换向频率高，回转运动每分钟可达 500 次，往复直线运动每分钟可达 400 次～1000 次。

(4) 易于实现自动化，且该系统的控制、调节比较简单，与电气控制配合使用能实现复杂的顺序动作和远程控制。

(5) 易于实现过载保护，工作安全可靠，当系统超负载时，油液可以经溢流阀回到油箱。而且液压传动以油液为工作介质，润滑性好，并且功率损失所产生的热量可由流动着的油液带走，避免局部温升，所以寿命长。

(6) 液压元件易于实现系列化、标准化、通用化。

(7) 易于实现回转、直线运动，且元件排列布置灵活。

(8) 在液压传动系统中，功率损失所产生的热量可由流动着的油带走，故可避免机械本体产生过度温升。

与液压传动相比，气压传动具有如下优点。

(1) 气压传动系统的工作介质是空气，来源方便，无成本；使用后直接排入大气而无污染，不需要设置专门的回气装置。

(2) 空气的黏度很小，所以在管路中流动时的压力损失小，效率高，可以集中供气和远距离输送。

(3) 气动元件动作迅速、反应快、维护简单、调节方便，系统有故障时容易排除。

(4) 工作环境适应性好。气压传动系统特别适合在易燃、易爆、潮湿、多尘、强磁、振动、辐射等恶劣条件下工作，且外泄漏不污染环境，在食品、医药、轻工、纺织、印刷、精密检测等环境中应用更具优势。

(5) 成本低，具有过载保护功能。

1.2.2 液压与气压传动的缺点

液压传动具有以下缺点。

(1) 难以保证严格的传动比。液压传动的工作介质为液体，容易泄漏；同时由于油液的可压缩性，管路会产生弹性变形，所以液压传动不能用于传动比要求比较高的场合。

(2) 油液对油温变化比较敏感，不适于在很高或很低的温度下工作，对油液污染也很敏感。

(3) 液压系统中需要进行两次能量转换，在能量传递过程中有机械损失、压力损失、泄漏损失等现象，所以效率较低，不宜做远距离传动。

(4) 液压元件制造精度高，造价较贵，需要组织专业生产，对使用和维护人员要求较高，须具有一定的专业知识，液压系统的成本较高。

(5) 液压传动装置出现故障时不易追查原因，不易迅速排除。

气压传动与其他传动相比，具有以下缺点。

(1) 空气具有可压缩性，不易实现准确的速度控制和很高的定位精度，负载变化对系统的稳定性影响较大。

(2) 空气的压力较低，只能用于压力较小的场合。一般情况下，在负载小于 10000N 时，采用气压传动较为适宜。

(3) 排气噪声较大，高速排气应加消声器。

总的来说，液压与气压传动的优点较多，缺点正随着科学技术的进步而逐步地被克服，液压与气压传动在现代化生产中有着广阔的发展前景。

1.3 液压与气压传动的应用与发展

1.3.1 液压与气压传动的应用

液压与气压传动具有很多优点，所以在工农业生产、国防航空等各部门应用广泛。在机床设备上，主要是利用其可以实现无级变速、自动化程度高、能实现换向频繁的往复运动的优点，多用于进给传动装置、往复运动传动装置、辅助装夹装置等；在工程机械、压力机械上多利用其结构简单、输出力量大的特点；航空工业采用它的原因是液压、气压设备重量轻，体积小。表 1-1 详细列出了液压与气压传动在各个行业中的应用情况。

表 1-1 液压与气压传动在各个行业中的应用

行业名称	应用场合举例
工程机械	挖掘机、装载机、推土机、压路机等
建筑机械	打桩机、平地机等
汽车工业	自卸式汽车、平板车、高空作业车等
农业机械	联合收割机、拖拉机等
轻工、化工机械	打包机、注塑机、校直机、橡胶硫化机、造纸机等
起重运输机械	起重机、叉车、装卸机械、液压千斤顶等
矿山机械	开采机、提升机、液压支架、提升机等
纺织机械	织布机、抛砂机、印染机等

1.3.2 液压与气压传动的发展

液压与气压传动相对于机械传动来说，是一门较新的技术。

18世纪末，手动泵供压的水压机已经出现。到了19世纪20年代，水压机已经广为应用，成为继蒸汽机以外应用最广的机械设备，而且还发展了各种水压传动控制回路，为后续液压技术的发展奠定了基础。但是水的黏度低，润滑性差，容易锈蚀，这些缺点制约了水压传动技术的进一步发展。到了20世纪初，由于石油工业的兴起，出现了黏度适中、润滑性好、耐锈蚀的各种矿物油，科学家们开始研究将矿物油取代水作为液压传动的工作介质，其中具有代表意义的是1905年美国人詹尼(Janney)利用矿物油作为工作介质，设计制造了第一台油压柱塞泵及由其驱动的油压传动装置，并将其应用于军舰的炮塔装置上。1922年，瑞士人托马(H. Thoma)发明了径向柱塞泵，随后斜盘式轴向柱塞泵、径向液压马达、轴向变量马达等相继出现，使液压传动装置的性能不断提高，应用也越来越广。

第二次世界大战期间，由于军事设备的需求，将具有反应快、精度高、功率大的液压控制机构应用到了兵器上，从而推动了液压技术的快速发展。战后，液压技术迅速转向民用，在机械制造、工程机械、农业机械、汽车等行业中的应用也越来越广泛。近年来，随着电子技术、计算机技术、信息技术、自动控制技术的不断发展和进步，随着新工艺、新材料技术的不断出现，液压传动技术也在不断地发展创新，液压技术在工农业生产、航空航天及国防工业中占有举足轻重的地位。目前，液压技术正朝着高压、高速、大功率、高效率、低噪声、节能高效、小型化以及轻量化等方向发展；同时，液压系统的计算机辅助测试、计算机实时控制、机电一体化技术、计算机仿真和优化设计技术、可靠性研究以及污染控制等，也是当前液压技术发展和研究的一个重要方向。

气压传动技术在科技飞速发展的当今世界将发展得更加迅速。随着工业的发展，气动技术的应用领域已从汽车、采矿、钢铁、机械工业等行业扩展到化工、轻纺、食品、军事工业等各行各业。气动技术的发展包含传动、控制与监测在内的自动化技术。由于工业自动化技术的发展，气动控制技术以提高系统的可靠性、降低总成本为目标，研究和开发系统控制技术和机、电、气、液综合技术。显然，气动元件当前发展的特点和研究方向主要是节能化、小型化、轻量化、位置控制的高精度化，以及与电子学相结合的综合控制技术。

我国的液压、气压技术开始于20世纪50年代，最初主要应用在机床和锻压设备上；20世纪60年代，我国从国外引进了一些液压元件生产技术，同时自行设计开发出了液压产品；20世纪80年代初期，我国又从美国、日本、德国引进了一些先进的技术和设备，使我国的液压、气压技术水平有了很大的提高。目前，我国的液压、气压件已从低压到高压形成了系列产品，并开发生产出了许多新型的液压、气压元件。

思考与练习

1-1 液压与气压传动的工作原理是什么？

1-2 液压与气压系统由哪几部分组成？各部分的作用是什么？

1-3 液压与气压技术的优缺点是什么？

1-4 试举出几个液压、气压技术应用的实例。

第2章　液压油与液压流体力学基础

教学提示：液压传动是以液体作为工作介质进行能量传递的，因此了解液体的物理性质，掌握液体在静止和运动过程中的基本力学规律，对于正确理解液压传动的基本原理，合理设计和使用液压系统都是非常必要的。

由于流体力学只研究流体的宏观运动，是将流体假定为连续介质进行研究的，即假定流体质点之间没有任何间隙，这种假定称作连续介质假定。根据连续介质假定，就可以把液体的运动参数看做时间和空间的连续函数，从而可以很方便地用数学方法去描述流体的运动规律，以解决工程实际问题。

液压油同其他流体一样，没有确定的几何形状，在受到切应力时会产生连续不断的变形，即表现出具有流动性。当流体四周同时受到压应力作用时，它又具有弹性体的性质，可以承受压应力。但由于流体分子间的内聚力很小，因此不能承受拉应力。

教学要求：本章要求学生掌握液压油的物理性质、对液压油的要求、液压油的选用；掌握液压流体力学的基本概念；重点掌握液体动力学的3个基本方程及应用、液体流动时压力损失的计算、小孔和缝隙的流量特性等；了解液压冲击和气穴现象产生的原因、危害及控制措施。

液压油作为液压传动系统中传递动力的介质，其各种性能对于整个系统的运行有着极为重要的影响。因此了解液体的主要物理性质，掌握液体平衡和运动的规律等主要力学特性，对于正确理解液压传动原理、液压元件的工作原理，以及合理设计、调整、使用和维护液压系统都是十分重要的。

2.1　液体的物理性质

液体是液压传动的工作介质，同时它还起到润滑、冷却和防锈作用。液压系统能否可靠、有效地进行工作，在很大程度上取决于系统中所用液压油液的物理性质。

2.1.1　液体的密度和重度

单位体积液体的质量称为液体的密度，通常用ρ表示

$$\rho=\frac{m}{V}\quad (\mathrm{kg/m^3}) \tag{2-1}$$

式中　V——液体的体积，$\mathrm{m^3}$；

m——液体的质量，kg。

重度γ是指其单位体积内所含液体的重量。

$$\gamma=\frac{G}{V} \tag{2-2}$$

或

$$\gamma=\rho g \tag{2-3}$$

液压油的密度因液体的种类而异。常用液压传动液压油液的密度数值见表 2-1。

表 2-1　液压传动液压油液的密度

液压油种类	L-HM32 液压油	L-HM46 液压油	油包水乳化液	水包油乳化液	水-乙二醇	通用磷酸酯	飞机用磷酸酯
密度/(kg/m^3)	0.87×10^3	0.875×10^3	0.932×10^3	0.9977×10^3	1.06×10^3	1.15×10^3	1.05×10^3

液压油的密度随温度的升高而略有减小，随工作压力的升高而略有增加，通常对这种变化忽略不计。一般计算中，石油基液压油的密度可取为 $\rho=900kg/m^3$。

2.1.2　液体的可压缩性

液体受压力作用而使体积减小的性质称为液体的可压缩性。体积为 V 的液体，当压力增大 Δp 时，体积减小 ΔV，则液体在单位压力变化下的体积相对变化量为

$$k=-\frac{1}{\Delta p}\cdot\frac{\Delta V}{V} \tag{2-4}$$

式中：k——液体的体积压缩系数。由于压力增大时，液体的体积减小，即 Δp 与 ΔV 的符号始终相反，为保证 k 为正值，在式(2-4)的右边加一负号。

k 的倒数称为液体的体积弹性模量，以 K 表示

$$K=\frac{1}{k}=-\frac{V\Delta p}{\Delta V} \tag{2-5}$$

K 表示液体产生单位体积相对变化量所需要的压力增量。在常温下，纯净液压油的体积弹性模量 $K=(1.4\sim2.0)\times10^9$Pa，数值很大，故一般可认为液压油是不可压缩的。只有在研究液压系统的动态特性和高压情况下，才考虑液压油的可压缩性。但是，若液压油中混入空气，其抗压缩能力会显著下降，并将严重影响液压系统的工作性能。因此，在考虑液压油的可压缩性时，必须综合考虑液压油本身的可压缩性、混在油中空气的可压缩性，以及盛放液压油的封闭容器(包括管道)的容积变形等因素的影响，常用等效体积弹性模量 K'表示，$K'=(0.7\sim1.4)\times10^9$Pa。

表 2-2 中所列是几种常用液压油液的体积弹性模量。

表 2-2　各种液压油液的体积弹性模量(20℃，大气压)

液压油种类	石油基	水-乙二醇基	乳化液型	磷酸酯型
K/Pa	$(1.4\sim2.0)\times10^9$	3.15×10^9	1.95×10^9	2.65×10^9

在变动压力下，液压油的可压缩性作用像一个弹簧，即压力升高，油液体积减小；压力降低，油液体积增大。当作用在封闭液体上的外力发生 ΔF 的变化时，如液体承压面积

A 不变，则液柱长度必有 Δl 的变化，如图 2.1 所示。在这里，体积变化为 $\Delta V=A\Delta l$，压力变化为 $\Delta p=\Delta F/A$，即

$$K=-\frac{V\Delta F}{A^2\Delta l}$$

或

$$K_h=-\frac{\Delta F}{\Delta l}=\frac{\Delta p\cdot A}{\Delta l}=\frac{A^2}{V}K \tag{2-6}$$

式中：K_h——“液压弹簧”的刚度。

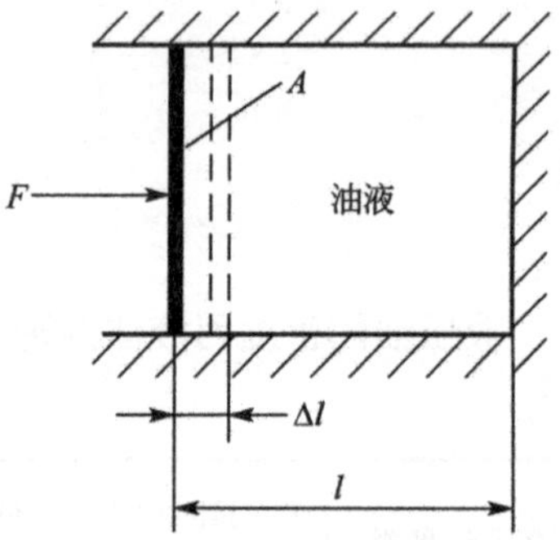

图 2.1 油液弹簧的刚度计算简图

2.1.3 液体的黏性

1. 黏性的意义

液体在外力作用下流动时，液体分子间的内聚力会阻碍其分子的相对运动，即具有一定的内摩擦力，这种性质称为液体的黏性。黏性是液体的重要物理性质，也是选择液压油的主要依据。

液体流动时，由于液体和固体壁面间的附着力以及液体本身的黏性会使液体各层面间的速度大小不等，如图 2.2 所示。设两平板间充满液体，下平板固定不动，上平板以速度 u_0 向右平移。由于液体黏性的作用，粘附在下平板表面上的液层速度为零，粘附在上平板表面上的液层速度为 u_0，而由于液体的黏性，中间各层液体的速度则随着液层间距离 Δy 的变化而变化。当上下板之间距离较小时，液体的速度从上到下近似呈线性递减规律分布。其中速度快的液层带动速度慢的，而速度慢的液层对速度快的起阻滞作用。不同速度的液层之间相对滑动必然在层与层之间产生内部摩擦力。这种摩擦力作为液体内力，总是成对出现，且大小相等、方向相反地作用在相邻两液层上。

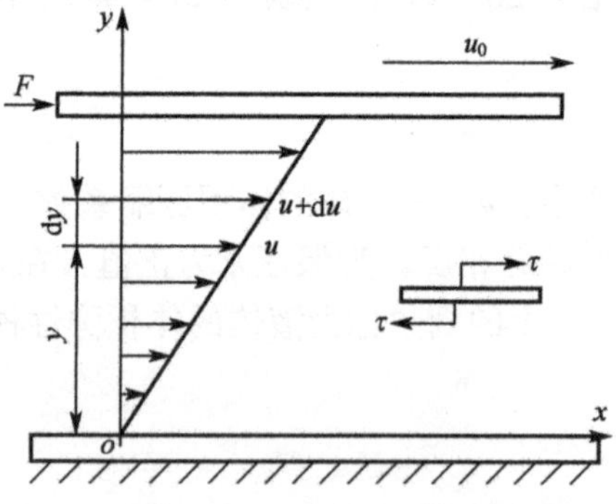

图 2.2 液体黏性示意图

实验证明，液体流动时相邻液层间的内摩擦力 F_f 与液层接触面积 A 成正比，与液层间的速度梯度 $\frac{du}{dy}$ 成正比，即

$$F_f=\mu A\cdot\frac{du}{dy} \tag{2-7}$$

式中：μ——比例系数，称为动力黏度。若以 τ 表示液层间单位面积上的内摩擦力，则

$$\tau=\mu\frac{du}{dy} \tag{2-8}$$

式(2-8)称为牛顿液体内摩擦定律。若液体的动力黏度 μ 只与液体种类有关而与速度梯度无关，则这样的液体称为牛顿液体。一般石油基液压油都是牛顿液体。

2. 黏度

黏性的大小用黏度表示。常用的黏度有 3 种，即动力黏度、运动黏度和相对黏度。

(1) 动力黏度 μ。动力黏度又称为绝对黏度，根据牛顿液体的内摩擦定律

$$\mu=\frac{\tau}{\mathrm{d}u/\mathrm{d}y}$$

式中：μ——液体在单位速度梯度下流动时，流动液层间单位面积上的内摩擦力，$\mathrm{N\cdot s/m^2}$ 或 $\mathrm{Pa\cdot s}$。

(2) 运动黏度 ν。动力黏度与该液体密度的比值叫运动黏度，用 ν 表示

$$\nu=\frac{\mu}{\rho} \tag{2-9}$$

式中：μ——动力黏度；

ρ——液体密度。

在法定计量单位制(SI)中，运动黏度 ν 的单位是 $\mathrm{m^2/s}$[$1\mathrm{m^2/s}=10^4\mathrm{cm^2/s}=10^4\mathrm{St}$(斯)$=10^6\mathrm{mm^2/s}=10^6\mathrm{cSt}$(厘斯)]。

运动黏度 ν 没有什么特殊的物理意义，它之所以被称为运动黏度，是因为它的单位中只有运动学的量纲。液体的运动黏度可用旋转黏度计测定。

在我国，运动黏度是划分液压油牌号的依据。国家标准 GB/T 3141—1994 规定，液压油的牌号是该液压油在 40℃时运动黏度的平均值。例如，32 号液压油是指这种油在 40℃时运动黏度的平均值为 $32\mathrm{mm^2/s}$，其运动黏度范围为 $28.8\mathrm{mm^2/s}\sim35.2\mathrm{mm^2/s}$。

(3) 相对黏度。相对黏度又叫条件黏度，它是采用特定的黏度计在规定条件下测量出来的黏度。由于测量条件不同，各国所用的相对黏度也不同。中国、德国和俄罗斯等一些国家采用恩氏黏度，美国用赛氏黏度，英国用雷氏黏度。

恩氏黏度用恩氏黏度计测定，即将 200ml 被测液体装入恩氏黏度计中，在某一温度下，测出液体经容器底部直径为 $\phi2.8\mathrm{mm}$ 的小孔流尽所需的时间 t_1，与同体积的蒸馏水在 20℃时流过同一小孔所需的时间 t_2(通常 $t_2=52\mathrm{s}$)的比值，便是被测液体在这一温度时的恩氏黏度。

$$^{\circ}E_t=\frac{t_1}{t_2} \tag{2-10}$$

恩氏黏度与运动黏度之间的换算关系式为

$$\nu=7.31^{\circ}E-\frac{6.31}{^{\circ}E} \tag{2-11}$$

式(2-11)中 ν 的单位是 $\mathrm{mm^2/s}$(cst)。

(4) 调和油的黏度。选择合适黏度的液压油，对液压系统的工作性能起着重要的作用。当能得到的液压油的黏度不合要求时，可把两种不同黏度的液压油按适当的比例混合起来使用，这就是调和油。调和油的黏度可用式(2-12)计算

$$^{\circ}E=\frac{a^{\circ}E_1+b^{\circ}E_2-c(^{\circ}E_1-^{\circ}E_2)}{100} \tag{2-12}$$

式中：$^{\circ}E_1$、$^{\circ}E_2$——混合前两种油液的黏度，取 $^{\circ}E_1>^{\circ}E_2$；

$^{\circ}E$——混合后的调和油黏度；

a、b——参与调和的两种油液所占的百分数($a+b=100$)；

c——实验系数，见表 2-3。

表 2-3 系数 c 的数值

a	10	20	30	40	50	60	70	80	90
b	90	80	70	60	50	40	30	20	10
c	6.7	13.1	17.9	22.1	25.5	27.9	28.2	25	17

3. 黏度与压力的关系

液体所受的压力增大时，其分子间的距离将减小，内摩擦力增大，黏度亦随之增大。对于一般的液压系统，当压力在 20MPa 以下时，压力对黏度的影响不大，可以忽略不计。当压力较高或压力变化较大时，黏度的变化则不容忽视。石油型液压油的黏度与压力(MPa)的关系可用式(2-13)表示

$$\nu_p=\nu_0(1+cp) \tag{2-13}$$

式中：ν_p、ν_0——分别为油液在相对压力为 p 和相对压力为 0 时的运动黏度；

c——随液压油类型而异的系数，对于石油基液压油，$c=0.015\sim0.035$。

4. 黏度与温度的关系

油液的黏度对温度的变化极为敏感，温度升高，油的黏度即显著降低。油的黏度随温度变化的性质称为黏温特性。不同种类的液压油有不同的黏温特性，黏温特性较好的液压油，黏度随温度的变化较小，因而油温变化对液压系统性能的影响较小。液压油黏度与温度的关系可以用式(2-14)表示

$$\mu_t=\mu_0 e^{-\lambda(t-t_0)}\approx\mu_0(1-\lambda\Delta t) \tag{2-14}$$

式中：μ_0、μ_t——分别是温度为 t_0、t 时的动力黏度；

λ——系数。

黏-温特性也可用黏-温特性曲线和黏度指数Ⅵ来表示。图 2.3 表示几种常用液压介质的黏-温特性曲线。

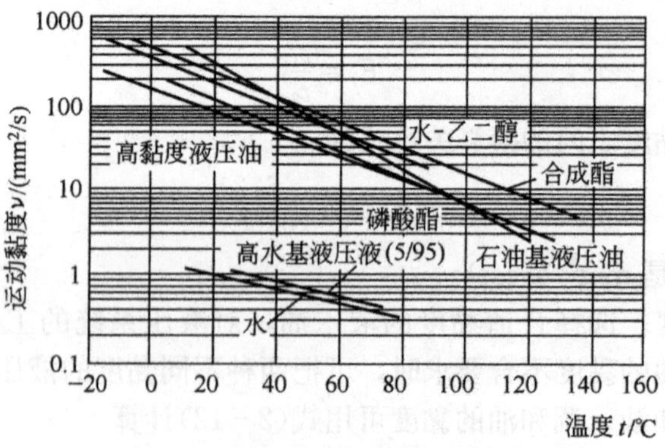

图 2.3 黏度和温度之间的关系

黏度指数Ⅵ表示该液体的黏度随温度变化的程度与标准液的黏度变化程度之比。通常在各种工作介质的质量指标中都给出黏度指数。黏度指数高，表示黏-温曲线平缓，说明黏度随温度变化小，其黏-温特性好。目前精制液压油及有添加剂的液压油，其黏度指数可大于 100。几种典型工作介质的黏度指数见表 2-4。

表 2-4　典型工作介质的黏度指数Ⅵ

介质种类	石油基液压油 L-HM	石油基液压油 L-HR	石油基液压油 L-HG	高含水液压油 L-HFA	油包水乳化液 L-HFB	水-乙二醇 L-HFC	磷酸酯 L-HFDR
黏度指数Ⅵ	≥95	≥160	≥90	≈130	130～170	140～170	−31～170

在实际应用中，温度升高、油的黏度下降的性质直接影响液压油液的使用，其重要性不亚于黏度本身。油液黏度的变化直接影响到液压系统的性能和泄漏，因此希望黏度随温度的变化越小越好。一般液压系统要求工作介质的黏度指数应在 90 以上，当系统的工作温度范围较大时，应选用黏度指数高的介质。

2.1.4　液压油的类型与选用

1. 对液压油的性能要求

不同的机械装置和不同的工作状况，对液压油的要求不同。液压油应具备如下性能。

(1) 粘温性好，即在工作温度变化的范围内，油的黏度随温度的变化要小。

(2) 润滑性要好。因为油液既是工作介质，又是相对运动零件的润滑剂。

(3) 化学稳定性好，不易氧化。油液氧化后会产生胶状物和沥青等杂质，容易堵塞液压元件。

(4) 抗泡沫性好，抗乳化性好，腐蚀性小，防锈性好。

(5) 对金属和密封件有良好的相容性，不含有水溶性酸和碱等，可避免腐蚀机件和管道，破坏密封装置。

(6) 热膨胀系数低，比热高，导热系数高。

(7) 凝固点低，闪点(明火能使油面上油蒸汽闪燃，但油本身不燃烧时的温度)和燃点高。一般液压油闪点在 130℃～150℃之间。

(8) 质地纯净，杂质少。

(9) 良好的环保性能和经济性。

对轧钢机、压铸机、挤压机、飞机等机器所用的液压油则必须突出油的耐高温、热稳定性、不腐蚀、无毒、不挥发、防火等项要求。

2. 液压油的种类

液压油的品种很多，主要可分为 3 大类型：石油型、合成型和乳化型。液压油的主要品种及其性质列于表 2-5。

表 2-5　液压油液的种类及其性质

种类 \ 性能	可燃性液压油			抗燃性液压油			
	石油型			合成型		乳化型	
	通用液压油	抗磨液压油	低温液压油	磷酸酯液	水-乙二醇液	油包水液	水包油液
密度(kg/m^3)	850～900			1100～1500	1040～1100	920～940	1000
黏度	小～大	小～大	小～大	小～大	小～大	小	小
黏度指数Ⅵ≥	90	95	130	130～180	140～170	130～150	极高

（续）

性能＼种类	可燃性液压油			抗燃性液压油			
	石油型			合成型		乳化型	
	通用液压油	抗磨液压油	低温液压油	磷酸酯液	水-乙二醇液	油包水液	水包油液
润滑性	优	优	优	优	良	良	可
防锈蚀性	优	优	优	良	良	良	可
闪点(℃)≥	170～200	170	150～170	难燃	难燃	难燃	不燃
凝点(℃)≤	−10	−25	−35～−45	−20～−50	−50	−25	−5

石油型液压油是以机械油为原料，精炼后按需要加入适当添加剂而成的。这类液压油润滑性好，但抗燃性差。

目前，我国液压传动采用机械油和汽轮机油的情况仍很普遍。机械油是一种工业用润滑油，价格虽较低廉，但精制深度较浅，化学稳定性较差，使用时易生成黏稠胶质，阻塞元件小孔，影响液压系统性能。系统的压力愈高，问题就愈加严重。因此，只有在低压系统且要求很低时才可应用机械油。至于汽轮机油，虽经深度精制并加有抗氧化、抗泡沫等添加剂，其性能优于机械油，但这种油的抗磨性和防锈性不如通用液压油。

通用液压油一般是以汽轮机油作为基础油再加以多种添加剂配成的，其抗氧化性、抗磨性、抗泡沫性、黏温性能均好，广泛适用于在0℃～40℃工作的中低压系统，一般机床液压系统最适宜使用这种油。对于高压或中高压系统，可根据其工作条件和特殊要求选用抗磨液压油、低温液压油等专用油类。

石油型液压油有很多优点，其主要缺点是具有可燃性。在一些高温、易燃、易爆的工作场合，为了安全起见，应该在系统中使用抗燃性液体，如磷酸酯、水-乙二醇等合成液，或油包水、水包油等乳化液。

3. 液压油的选用

首先应根据液压系统的环境与工作条件选用合适的液压油类型，类型确定后再选择液压油的牌号。

对液压油牌号的选择主要是对油液黏度等级的选择，这是因为黏度对液压系统的稳定性、可靠性、效率、温升以及磨损都有显著的影响。在选择黏度时，主要应考虑以下几方面因素。

(1) 液压系统的工作压力。工作压力较高的液压系统宜选用黏度较大的液压油，以便于密封，减少泄漏；反之可选用黏度较小的液压油。

(2) 环境温度。环境温度较高时宜选用黏度较大的液压油，因为根据液压油的粘温特性，环境温度升高会使液压油的黏度下降。

(3) 运动速度。当工作部件的运动速度较高时，宜选用黏度较小的液压油，以减小液流的摩擦损失，减小能量损耗，提高系统的传动效率。

在液压系统的所有元件中，以液压泵对液压油的性能最为敏感，因为泵内零件的运动速度最高，承受的压力最大，且承压时间长、温升高。因此，常根据液压泵的类型及其要求来选择液压油的黏度。各类液压泵适用的黏度范围见表2-6。

表 2-6　各类液压泵适用的黏度范围

环境温度		5℃～40℃		40℃～80℃	
液压泵类型 ＼ 黏度		40℃黏度/($mm^2 \cdot s^{-1}$)	50℃黏度/($mm^2 \cdot s^{-1}$)	40℃黏度/($mm^2 \cdot s^{-1}$)	50℃黏度/($mm^2 \cdot s^{-1}$)
齿轮泵		30～70	17～40	110～54	58～98
叶片泵	$p<7$MPa	30～50	17～29	43～77	25～44
	$p\geqslant7$MPa	54～70	31～40	65～95	35～55
柱塞泵	轴向式	43～77	25～44	70～172	40～98
	径向式	30～128	17～62	65～270	37～154

2.1.5　液压油的污染及其控制

液压油受到污染常常是系统发生故障的主要原因，因此控制液压油的污染是十分重要的。

1. 污染的危害

液压油被污染指的是液压油中含有水分、空气、微小固体颗粒及胶状生成物等杂质。液压油污染对液压系统造成的危害主要有以下几个方面。

(1) 固体颗粒和胶状生成物堵塞滤油器，使液压泵吸油困难，产生噪声；堵塞阀类元件有小孔或缝隙，使其动作失灵。

(2) 微小固体颗粒会加速零件的磨损，影响液压元件的正常工作；同时也会擦伤密封件，使泄漏增加。

(3) 水分和空气的混入会降低液压油的润滑能力，并使其氧化而变质；产生气蚀，加速液压元件的损坏；使液压系统出现振动、爬行等现象。

2. 污染的原因

液压油被污染的原因主要有以下几方面。

(1) 残留物污染。这主要是指液压元件在制造、储存、运输、安装、维修过程中带入的砂粒、铁屑、磨料、焊渣、锈片、油垢、棉纱和灰尘等，虽经清洗但未清洗干净而残留下来，造成液压油污染。

(2) 侵入物污染。这主要是指周围环境中的污染物(空气、尘埃、水滴等)通过一切可能的侵入点，如外露的往复运动活塞杆、油箱的进气孔和注油孔等侵入系统，造成液压油污染。

(3) 生成物污染。这主要是指液压系统在工作过程中产生的金属微粒、密封材料磨损颗粒、涂料剥离片、水分、气泡及油液变质后的胶状生成物等，造成液压油污染。

3. 污染的控制

液压油污染的原因很复杂，液压油自身又在不断产生脏物，因此要彻底消除污染是很困难的。但是，为了延长液压元件的寿命，保证液压系统正常工作，必须将液压油的污染程度控制在一定限度之内。在生产实际中，常采取如下几方面措施来控制液压油的污染。

(1) 消除残留物污染。液压装置组装前后，必须对其零部件进行严格清洗。

(2) 力求减少外来污染。油箱通大气处要加空气滤清器，向油箱灌油应通过滤油器，维修拆卸元件应在无尘区进行。

(3) 滤除系统产生的杂质。应根据需要在系统的有关部位设置适当精度的滤油器，并且要定期检查、清洗或更换滤芯。

(4) 定期检查更换液压油。应根据液压设备使用说明书的要求和维护保养规程的规定，定期检查更换液压油。换油时要清洗油箱、冲洗系统管道及元件。

2.2 液体静力学基础

液体静力学所研究的是静止液体的力学性质。这里所说的静止是指液体内部质点之间没有相对运动。如果盛装液体的容器处于运动状态，则液体处于相对静止状态。

2.2.1 液体的压力

液体单位面积上所受的法向力称为压力。这一定义在物理学中称为压强，但在液压传动中习惯称为压力。压力通常以 p 表示。

当液体面积 ΔA 上作用有法向力 ΔF 时，液体内某点处的压力即为

$$p=\lim_{\Delta A\to 0}\frac{\Delta F}{\Delta A} \tag{2-15}$$

液体的压力有如下特性。

(1) 液体的压力沿着内法线方向作用于承压面。

(2) 静止液体内任一点的压力在各个方向上都相等。

由上述性质可知，静止液体总是处于受压状态，并且其内部的任何质点都是受平衡压力作用的。

2.2.2 重力作用下静止液体中的压力分布

1. 静压力基本方程

如图 2.4(a)所示，密度为 ρ 的液体在容器内处于静止状态。为求任意深度 h 处的压力 p，可以假想从液面向下选取一个垂直小液柱 l 作为研究对象，设液柱的底面积为 ΔA，高为 h，如图 2.4(b)所示。由于液柱处于平衡状态，于是有

$$p\Delta A=p_0\Delta A+\rho gh\Delta A$$

因此得

$$p=p_0+\rho gh \tag{2-16}$$

式(2-16)称为液体静力学基本方程式。由式(2-16)可知，重力作用下的静止液体，其压力分布有如下特征。

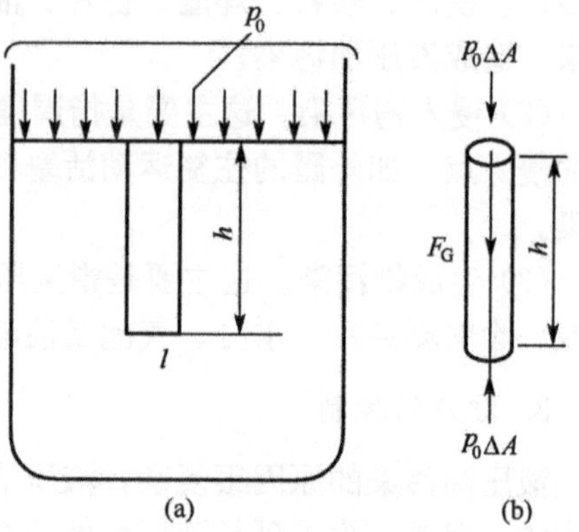

图 2.4　重力作用下的静止液体

(1) 静止液体内任一点处的压力都由两部分组成：一部分是液面上的压力 p_0，另一部分是该点以上液体自重所形成的压力，即 ρg 与该点离液面深度 h 的乘积。当液面上只受大气压力 p_a 作用时，则液体内任一点处的压力为

$$p=p_a+\rho gh \tag{2-17}$$

(2) 静止液体内的压力随液体深度变化呈直线规律分布。

(3) 离液面深度相同的各点组成了等压面，此等压面为一水平面。

2. *静压力基本方程的物理意义*

将图 2.4 所示盛有液体的密闭容器放在基准水平面($O—x$)上加以考察，如图 2.5 所示，则静压力基本方程可改写成

$$p=p_0+\rho gh=p_0+\rho g(z_0-z) \tag{2-18}$$

式中：z_0——液面与基准水平面之间的距离；

z——深度为 h 的点与基准水平面之间的距离。

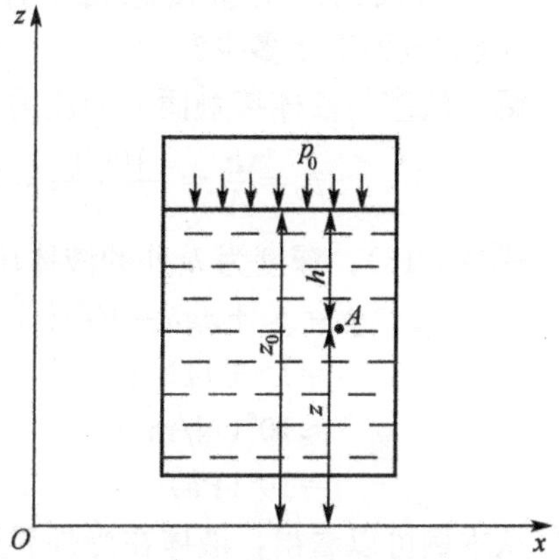

图 2.5　静压力基本方程的物理意义

式(2-18)整理后可得

$$\frac{p}{\rho g}+z=\frac{p_0}{\rho g}+z_0=常数 \tag{2-19}$$

式(2-19)是静压力方程的另一表达形式。式中，$\frac{p}{\rho g}=\frac{pV}{\rho Vg}=\frac{pV}{mg}$表示单位重量液体具有的压力能，称为比压力能，它具有长度的量纲，故又称作压力水头；$z=\frac{mgz}{mg}$表示单位重量液体具有的位能，称为比位能，它具有长度的量纲，也常称作位置水头。

静压力基本方程的物理意义是：静止液体内任何一点都具有压力能和位能两种能量形式，且其总和保持不变，即能量守恒。但是两种能量形式之间可以相互转换。

2.2.3　压力的表示方法和单位

根据度量基准的不同，液体压力分为绝对压力和相对压力两种。如式(2-17)表示的压力 p，其值是以绝对真空为基准来度量的，称为绝对压力；而式中超过大气压的那部分压力 $p-p_a=\rho gh$，其值是以大气压力为基准来度量的，是相对压力。在地球的表面上，一切受大气笼罩的物体，其大气压力的作用都是自相平衡的，因此一般压力表在大气中的读数为零，用压力表测得的压力数值显然是相对压力。正因为如此，相对压力又称为表压力。在液压技术中如不特别指明，压力均指相对压力。

如果液体中某点的绝对压力小于大气压力，这时，比大气压力小的那部分数值叫做真空度。由图 2.6 可知，以大气压力为基准计算压力时，基准以上的正值是表压力，基准以下的负值是真空度。

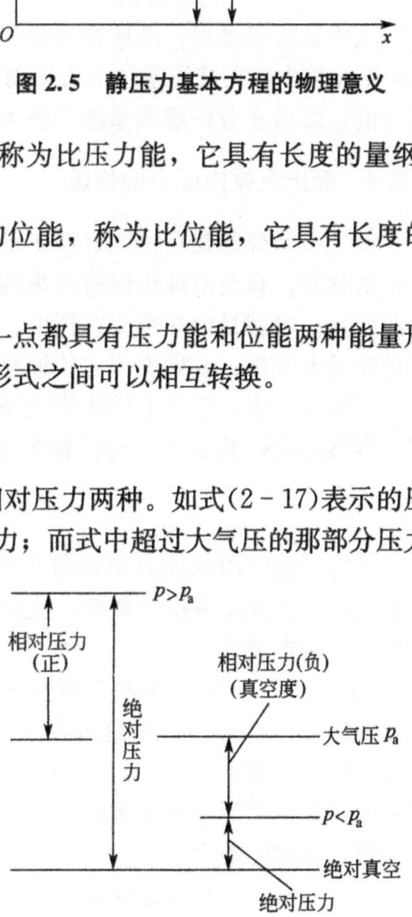

图 2.6　绝对压力、相对压力和真空度

压力的常用单位为 Pa(帕、N/m^2)、MPa(兆帕、N/mm^2)，有时也使用 bar(巴)、kgf/cm^2 等。常用压力单位之间的换算关系为：$1MPa=10^6Pa$，$1bar=10^5Pa$，$kgf/cm^2=1.01972bar\approx10^5Pa$。

当液体内某点的绝对压力为 0.3×10^5Pa 时，其相对压力为 $p-p_a=0.3\times10^5-1\times10^5=-0.7\times10^5Pa$，即该点的真空度为 0.7×10^5Pa(这里取近似值 $p_a=1\times10^5Pa$)。

【例 2.1】 如图 2.7 所示，容器内盛有油液。已知油的密度 $\rho=900kg/m^3$，活塞上的作用力 $F=1000N$，活塞的面积 $A=1\times10^{-3}m^2$，假设活塞的重量忽略不计。问活塞下方深度为 $h=0.5m$ 处的压力等于多少？

解：活塞与液体接触面上的压力

$$p_0=\frac{F}{A}=\frac{1000}{1\times10^{-3}}=10^6(N/m^2)$$

根据式(2-16)，深度为 h 处的液体压力为

$$\begin{aligned}p&=p_0+\rho gh=10^6+900\times9.8\times0.5\\&=1.0044\times10^6\\&\approx10^6(N/m^2)\\&=10^6(Pa)\end{aligned}$$

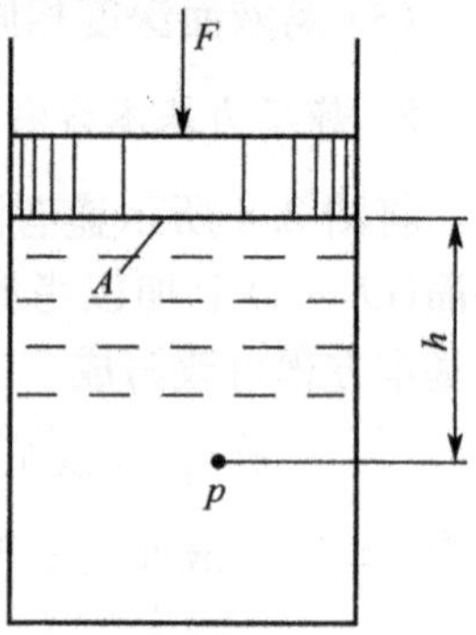

图 2.7 静止液体内的压力

从本例可以看出，液体在受外界压力作用的情况下，由液体自重所形成的那部分压力 ρgh 相对甚小，在液压系统中可以忽略不计，因而可以近似地认为液体内部各处的压力是相等的。以后在分析液压系统的压力时，一般都采用这种结论。

2.2.4 静止液体内压力的传递

例 2.1 研究的是在密闭容器中液体内部压力的变化情况，当外力 F 变化引起压力 p_0 发生变化时，只要液体仍保持原来的静止状态不变，则液体内任一点的压力将发生同样大小的变化。也就是说在密闭容器内，施加于静止液体的压力将以等值传递到液体各点，这就是帕斯卡原理，或称静压力传递原理。

在图 2.7 中，活塞上的作用力 F 是外加负载，A 为活塞横截面面积，根据帕斯卡原理，容器内液体的压力 p 与负载 F 之间总是保持着正比关系

$$p=\frac{F}{A}$$

可见，液体内的压力是由外界负载作用所形成的，即系统的压力大小取决于负载，这是液压传动中一个非常重要的基本概念。

【例 2.2】 图 2.8 所示为两个相互连通的液压缸，已知大缸内径 $D=100mm$，小缸内径 $d=20mm$，大活塞上放置物体的质量为 5000kg。问在小活塞上所加的力 F 有多大才能使大活塞顶起重物？

解：物体的重力为

$$\begin{aligned}G&=mg=5000\times9.8\\&=49000kg\cdot m/s^2=49000(N)\end{aligned}$$

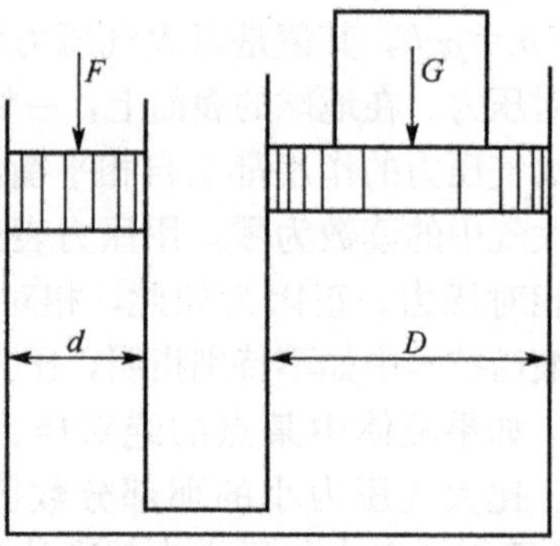

图 2.8 帕斯卡原理应用实例

根据帕斯卡原理，由外力产生的压力在两缸中相等，即

$$\frac{F}{\frac{\pi d^2}{4}}=\frac{G}{\frac{\pi D^2}{4}}$$

故为了顶起重物应在小活塞上加力为

$$F=\frac{d^2}{D^2}G=\frac{20^2}{100^2}\times 49000=1960(\mathrm{N})$$

本例说明了液压千斤顶等液压起重机械的工作原理，也体现了液压装置的力放大作用。

2.2.5 液体对固体壁面的作用力

在液压传动中，由于不考虑由液体自重产生的那部分压力，液体中各点的静压力可看作均匀分布的。液体和固体壁面相接触时，固体壁面将受到总液压力的作用。当固体壁面为一平面时，静止液体对该平面的总作用力 F 等于液体压力 p 与该平面面积 A 的乘积，其方向与该平面垂直，即

$$F=pA$$

当固体壁面为曲面时，曲面上各点所受的静压力方向是变化的，但大小相等。如图2.9所示的液压缸缸筒，为求压力油对右半部缸筒内壁在 x 方向上的作用力，可在内壁面上取一微小面积 $\mathrm{d}A=l\mathrm{d}s=lr\mathrm{d}\theta$（这里 l 和 r 分别为缸筒的长度和半径），则压力油作用在这块面积上的力 $\mathrm{d}F$ 的水平分量 $\mathrm{d}F_x$ 为

$$\mathrm{d}F_x=\mathrm{d}F\cos\theta=p\mathrm{d}A\cos\theta=plr\cos\theta\mathrm{d}\theta$$

由此得压力油对缸筒内壁在 x 方向上的作用力为

$$F_x=\int_{-\frac{\pi}{2}}^{\frac{\pi}{2}}\mathrm{d}F_x=\int_{-\frac{\pi}{2}}^{\frac{\pi}{2}}plr\cos\theta\mathrm{d}\theta=2plr=pA_x$$

式中：A_x——缸筒右半部内壁在 x 方向的投影面积，$A_x=2rl$。

由此可知，曲面在某一方向上所受的液压力等于曲面在该方向的投影面积和液体压力的乘积。

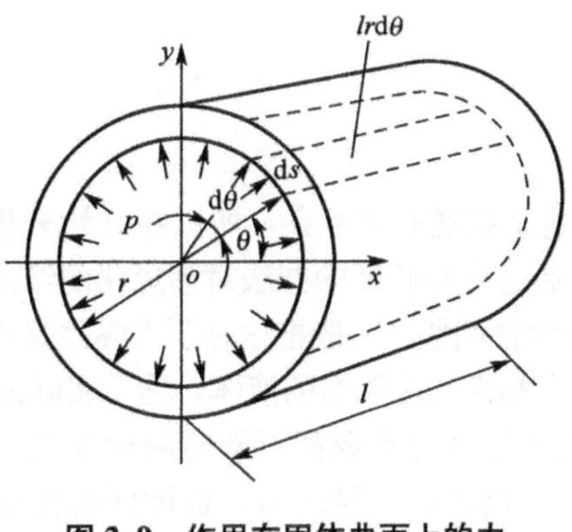

图2.9 作用在固体曲面上的力

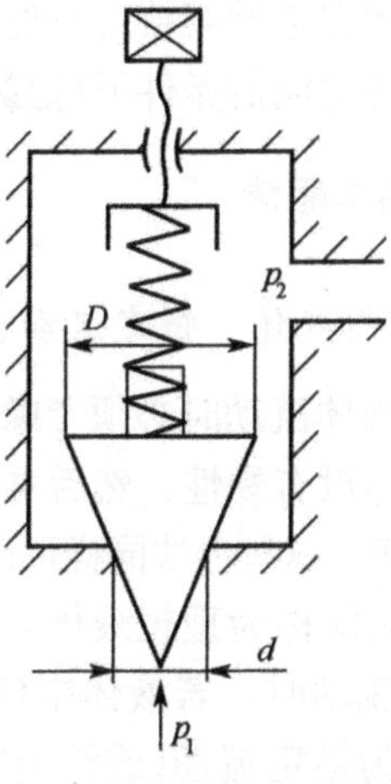

图2.10 安全阀受力分析简图

【例2.3】 安全阀工作时的受力状态如图2.10所示，阀芯为圆锥形，阀座孔径 $d=10\mathrm{mm}$，阀芯最大直径 $D=15\mathrm{mm}$。当油液压力 $p_1=8\mathrm{MPa}$ 时，压力油克服弹簧力顶开阀芯

而溢出，出油腔有背压(回油压力)p_2=0.4MPa。试求安全阀调压弹簧的预紧力 F_s。

解：(1) 压力 p_1、p_2 作用在阀芯锥面上的投影分别为

$$\frac{\pi}{4}d^2 \quad 和 \quad \frac{\pi}{4}(D^2-d^2)$$

故阀芯受到的向上作用力为

$$F_1=\frac{\pi}{4}d^2 p_1+\frac{\pi}{4}(D^2-d^2)p_2$$

(2) 压力 p_2 向下作用在阀芯平面上的向下作用力为

$$F_2=\frac{\pi}{4}D^2 p_2$$

(3) 弹簧压紧力 F_s 应等于阀芯两侧作用力之差。阀芯受力平衡方程式为

$$F_s+\frac{\pi}{4}D^2 p_2=\frac{\pi}{4}d^2 p_1+\frac{\pi}{4}(D^2-d^2)p_2$$

整理后得

$$F_s=\frac{\pi}{4}d^2(p_1-p_2)=\frac{\pi}{4}\times 0.01^2\times(8-0.4)\times 10^6=597(\mathrm{N})$$

2.3 液体动力学基础

本节主要讨论液体的流动状态、运动规律、能量转换以及流动液体与固体壁面的相互作用力等问题。具体地说，主要介绍液体动力学的3个基本方程——连续性方程、伯努利方程和动量方程。这些内容不仅构成了液体动力学基础，而且还是液压技术中分析问题和设计计算的理论依据。

液体流动时，由于重力、惯性力、黏性摩擦力等的影响，其内部各质点的运动状态是不相同的。这些质点在不同时间、不同空间处的运动变化对液体的能量损耗有所影响，此外，流动液体的状态还与液体的温度、黏度等参数有关。但是对液压技术来说，人们感兴趣的只是整个液体在空间某特定点处或特定区域内的平均运动情况。为了简化条件以便于分析，一般都假定在等温的条件下(把黏度看作是常量，密度只与压力有关)来讨论液体的流动情况。

2.3.1 基本概念

1. 理想液体、恒定流动、一维流动

研究液体流动时必须考虑黏性的影响，但由于这个问题非常复杂，所以在开始分析时可以假设液体没有黏性，然后再考虑黏性的作用，并通过实验验证的办法对理想化的结论进行补充或修正。这种办法同样可以用来处理液体的可压缩性问题。一般把这种既无黏性又不可压缩的假想液体称为理想液体，而把事实上存在的具有黏性和可压缩的液体，称为实际液体。

液体流动时，若液体中任一点处的压力、速度和密度等参数都不随时间而变化，则这种流动称为恒定流动(或称定常流动、非时变流动)。反之，只要压力、速度或密度中有一个参数随时间变化，就称为非恒定流动(或称非定常流动、时变流动)。

当液体整个作线形流动时，称为一维流动。当作平面或空间流动时，称为二维或三维流动。一维流动最简单，严格意义上的一维流动要求液流截面上各点的速度矢量完全相

同，液体的运动参数是一个坐标的函数，这种情况在现实中极为少见。一般常把封闭容器内流动的液体按一维流动分析，再用实验数据对计算结果进行修正。

2. 流线、流管、流束、通流截面

流线是某一瞬间液流中一条条标志其质点运动状态的曲线，在流线上各点的瞬时液流方向与该点的切线方向重合(如图 2.11 所示)。由于液流中每一点在每一瞬间只能有一个速度，因而流线既不能相交，也不能转折，它是一条条光滑的曲线。

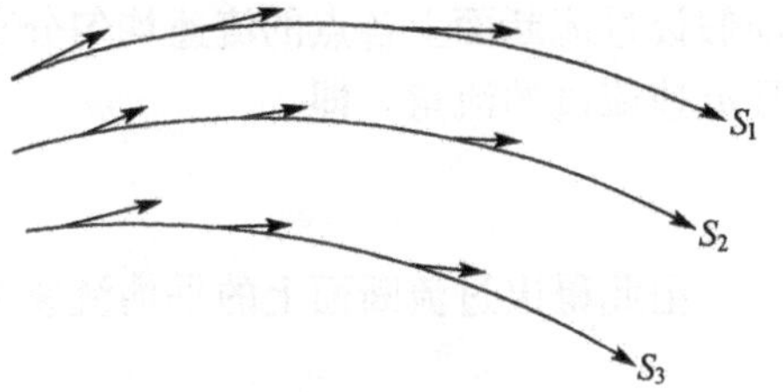

图 2.11　流线

在流场内作一条封闭曲线，过该曲线的所有流线所构成的管状表面称为流管，如图 2.12 所示，流管与真实管道相似。流管内所有流线的集合称为流束，如图 2.13 所示。根据流线不能相交的性质，流管内外的流线均不能穿越流管表面。

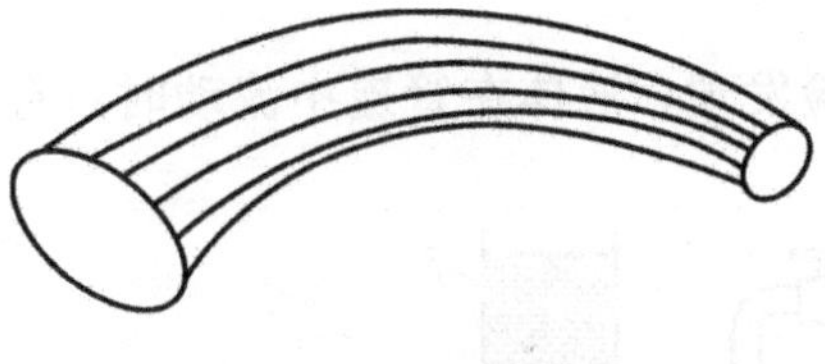

图 2.12　流管

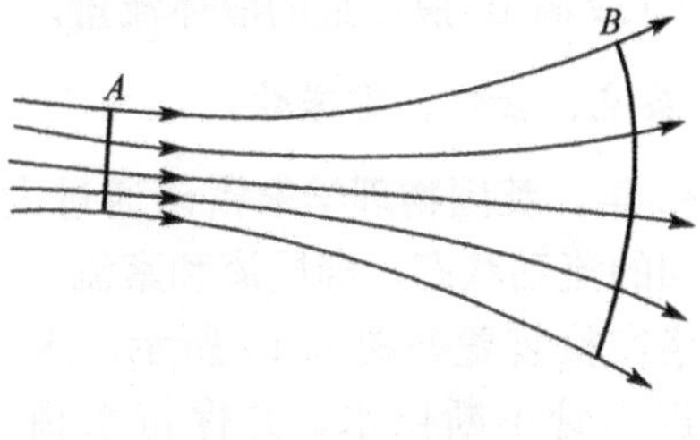

图 2.13　流束

垂直于流束的的截面称为通流截面(或过流断面)，通流截面上各点的运动速度均与其垂直。因此，通流截面可能是平面，也可能是曲面。如图 2.13 中的截面 A 是平面，而截面 B 是曲面。

通流面积无限小的流束称为微小流束。

3. 流量和平均流速

单位时间内流过某一通流截面的液体体积称为流量。流量以 q 表示，单位为 m^3/s 或 L/min。

当液流通过微小的通流截面 dA 时[如图 2.14(a)所示]，液体在该截面上各点的速度 u 可以认为是相等的，所以流过该微小断面的流量为

$$dq = u dA$$

则流过整个过流断面 A 的流量为

$$q = \int_A u dA \tag{2-20}$$

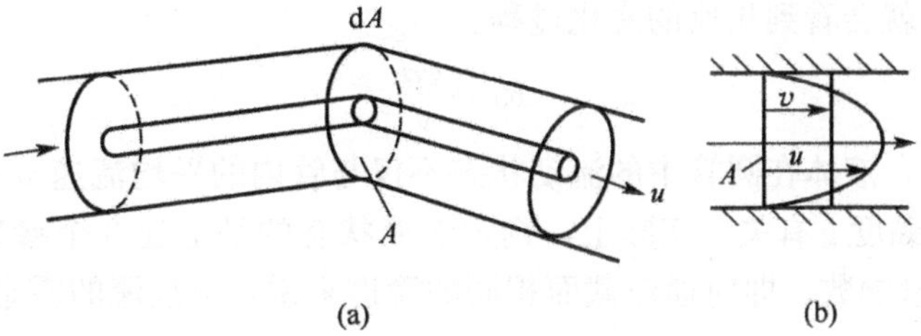

图 2.14　流量和平均流速

为求出 q 的值，必须知道流速 u 在整个通流截面 A 上的分布规律。对于实际液体的流动，由于黏性力的作用，整个过流断面上各点的速度 u 一般是不等的，其分布规律亦比较复杂（图 2.14(b)），故按式(2-20)积分计算流量很不方便。因此提出一个平均流速概念，即假设过流断面上各点的流速均匀分布，液体以此均布流速 v 流过此断面的流量等于以实际流速流过的流量，即

$$q=\int_A u\,\mathrm{d}A=vA$$

由此得出过流断面上的平均流速为

$$v=\frac{q}{A} \tag{2-21}$$

在工程实际中，平均流速 v 比各点的实际流速更具有应用价值。液压缸工作时，活塞运动的速度就等于缸内液体的平均流速，因而可以根据式(2-21)建立起活塞运动速度 v 与液压缸有效面积 A 和流量 q 之间的关系，即当液压缸有效面积一定时，活塞运动速度取决于输入(或输出)液压缸的液体流量。

4. 层流、紊流、雷诺数

1883 年，英国物理学家雷诺通过大量的实验发现，液体在管道中流动时，存在两种完全不同的流动状态，即层流和紊流。

雷诺实验装置如图 2.15 所示。水箱 1 由进水管不断供水，并保持水箱液面高度恒定。水杯 5 内盛有红颜色水，将开关 6 打开后，红色水即经细导管 2 流入水平玻璃管 3 中。调节阀门 4 的开度，使玻璃管中的液体缓慢流动，这时，红色水在管 3 中呈一条明显的直线。若将细导管上下移动，红线也随之上下移动，但与清水不相混杂，这表明管中的液流是分层的，层与层之间互不干扰，液体的这种流动状态称为层流。调节阀门 4，使玻璃管中的液体流速逐渐增大，当流速增大至某一值时，可看到红线开始抖动而呈波纹状，这表明层流状态受到破坏，液流开始紊乱。若继续调节阀门 4，使管中流速进一步增大，红色水流便和清水完全混和，呈混浊状态，红线完全消失，这表明管道中液流完全紊乱，这时液体的流动状态称为紊流。如果将阀门 4 逐渐关小，就会看到相反的变化过程。

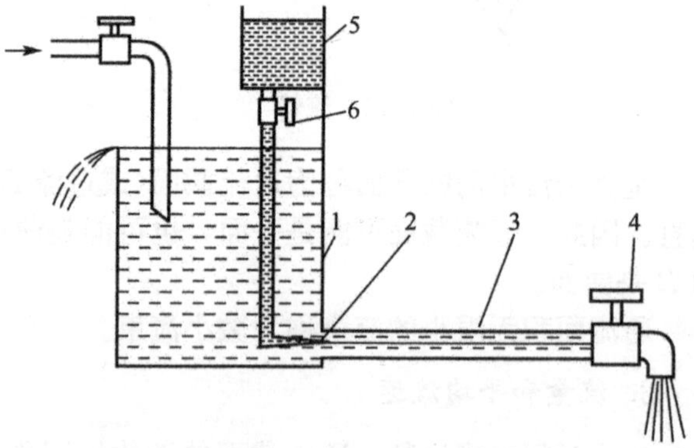

图 2.15　雷诺实验装置

1—水箱　2—细导管　3—玻璃管
4—阀门　5—水杯　6—开关

$$Re=\frac{vd}{\nu} \tag{2-22}$$

实验还可证明，液体在圆管中的流动状态不仅与管内的平均流速 v 有关，还和管道内径 d、液体的运动黏度 ν 有关。实际上，判定液流状态的是上述 3 个参数所组成的一个称为雷诺数 Re 的无量纲数，即对通流截面相同的管道来说，若液流的雷诺数 Re 相同，它的流动状态就相同。

液流由层流转变为紊流时的雷诺数和由紊流转变为层流时的雷诺数是不同的，后者的数值较前者小，所以一般都用后者作为判断液流状态的依据，称为临界雷诺数，记作 Rec。当液流的实际雷诺数 Re 小于临界雷诺数 Rec 时，为层流；反之为紊流。常见液流管道的临界雷诺数由实验求得，见表 2-7。

表 2-7　常见液流管道的临界雷诺数

管　道	Rec	管　道	Rec
光滑金属圆管	2320	带环槽的同心环状缝隙	700
橡胶软管	1600～2000	带环槽的偏心环状缝隙	400
光滑的同心环状缝隙	1100	圆柱形滑阀阀口	260
光滑的偏心环状缝隙	1000	锥阀阀口	20～100

雷诺数的物理意义：雷诺数是液流的惯性力对黏性力的无因次比。当雷诺数较大时，液体的惯性力起主导作用，液体处于紊流状态；当雷诺数较小时，黏性力起主导作用，液体处于层流状态。

对于非圆截面的管道，Re 可用式(2-23)计算

$$Re=\frac{4vR_H}{\nu} \tag{2-23}$$

式中：R_H——通流截面的水力半径，可按式(2-24)求得

$$R_H=\frac{A}{\chi} \tag{2-24}$$

式中：A——通流截面的面积；

χ——湿周长度，即通流截面上与液体相接触的管壁周长。

在液压系统中，管道总是充满液体的，因此液流的有效截面积就是通流截面，湿周就是通流截面的周长。例如，直径为 d 的圆截面管道的水力半径为

$$R_H=\frac{\pi}{4}d^2/(\pi d)=\frac{d}{4}$$

把此水力半径代入式(2-23)即可得到与式(2-22)相同的结果。

图 2.16 所示为几种典型的通流截面。它们的通流面积相等但形状不同时，其水力半径是不同的：圆形的最大，同心环状的最小。水力半径的大小反映了管道通流能力的大

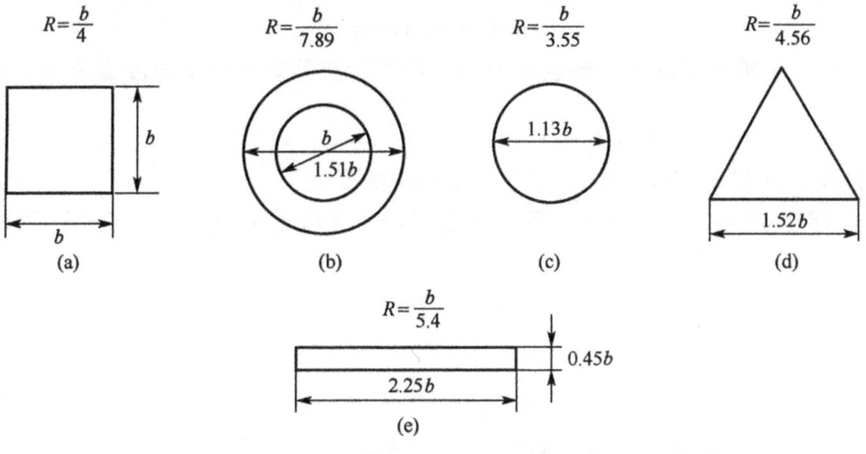

图 2.16　各种通流截面的水力半径

小。水力半径大，意味着液流和管壁的接触周长短，管壁对液流的阻力小，通流能力大，不易堵塞。

2.3.2 连续性方程

连续性方程是质量守恒定律在流体力学中的一种表达形式。

如图 2.17 所示，在恒定流动的流场中任取一流管，其两端通流截面面积分别为 A_1 和 A_2，在流管中任取一微小流束，并设微小流束两端的截面积分别为 dA_1 和 dA_2，液体流经这两个微小截面的流速和密度分别为 u_1、ρ_1 和 u_2、ρ_2。根据质量守恒定律，单位时间内经截面 dA_1 流入微小流束的液体质量应与经截面 dA_2 流出的液体质量相等，即

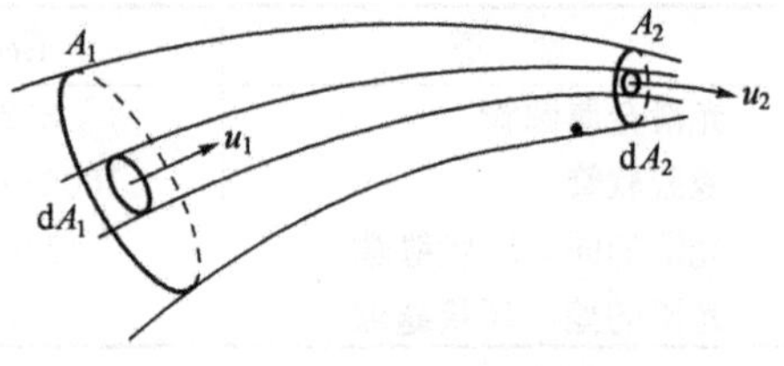

图 2.17 连续方程推导简图

$$\rho_1 u_1 dA_1 = \rho_2 u_2 dA_2$$

如忽略液体的可压缩性，即 $\rho_1 = \rho_2$，则

$$u_1 dA_1 = u_2 dA_2$$

对其进行积分，就可得到经过截面 A_1 和 A_2，流入和流出整个流管的流量相等

$$\int_{A_1} u_1 dA_1 = \int_{A_2} u_2 dA_2 \tag{2-25}$$

根据式(2-20)和式(2-21)，采用平均流速来计算流量，则式(2-25)可写成

$$q_1 = q_2 \quad 或 \quad v_1 A_1 = v_2 A_2 \tag{2-26}$$

式中：q_1、q_2——分别为流经通流截面 A_1、A_2 的流量；

v_1、v_2——分别为流体在通流截面 A_1、A_2 上的平均流速。

由于两通流截面是任意取的，故

$$q = vA = C \tag{2-27}$$

这就是液体作恒定流动时的连续性方程。

结论：在密闭管路内作恒定流动的理想液体，不管平均流速和通流截面沿流程怎样变化，流过各个截面的流量是不变的。

连续性方程在液压传动技术中应用非常广泛。如图 2.18(a)所示的简单系统，根据连续性方程，有

$$v_1 A_1 = v_2 A_2 = q$$

由此可见，若液压泵活塞上的速度为 v_1，则液压缸活塞的运动速度必为 v_2。v_2 为

$$v_2 = v_1 \frac{A_1}{A_2}$$

这就是说，调节 v_1 的大小，v_2 就会产生相应的变化。

如图 2.18(b)所示，在液压泵与液压缸之间分一支流量可以控制的支路，则连续性方程为

$$v_1 A_1 = v_2 A_2 + q_3$$

或

$$v_2 = \frac{1}{A_2}(v_1 A_1 - q_3)$$

由此可见，当 v_1 不可调节时，调节 q_3 也能改变 v_2 的大小。

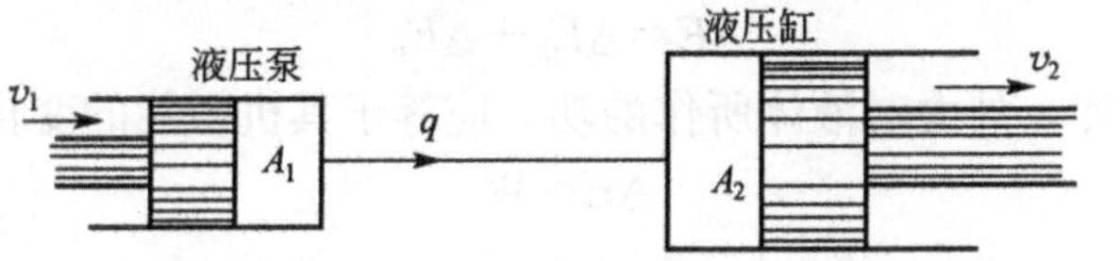

(a) 速度的传递

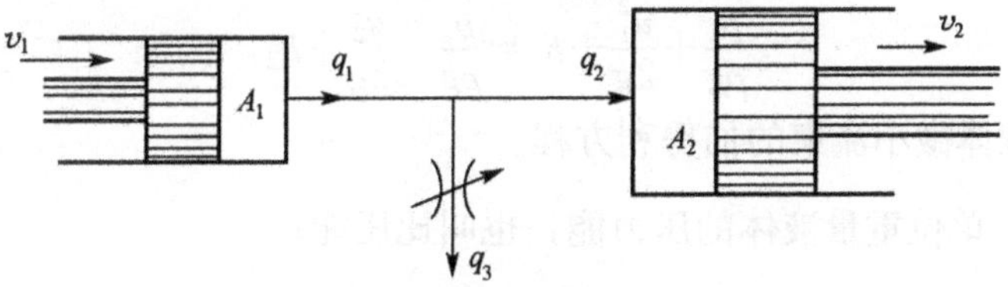

(b) 速度的调节

图 2.18　连续方程在液压传动中的应用

在液压技术中，v_1 和 q_3 都能在一定范围内进行无级调节，因此 v_2 也能实现无级调节，这也是液压传动技术能得到广泛应用的原因之一。

2.3.3　伯努利方程

伯努利方程是能量守恒定律在流体力学中的一种表达形式。图 2.19 所示为理想液体微小流束的伯努利方程示意图。

1. 理想液体微小流束的伯努利方程

设理想液体在管道内作恒定流动，任取一段微小流束 ab 作研究对象，设 a、b 两断面中心到基准面 $O—O$ 的高度分别为 h_1、h_2，两通流截面的面积分别为 dA_1、dA_2，压力分别为 p_1、p_2，流速分别为 u_1、u_2，假设在无限小的时间 dt 内，a 断面处的质点到达 a' 处，b 断面处的质点到达 b' 处，现分析该段液体的功能变化。

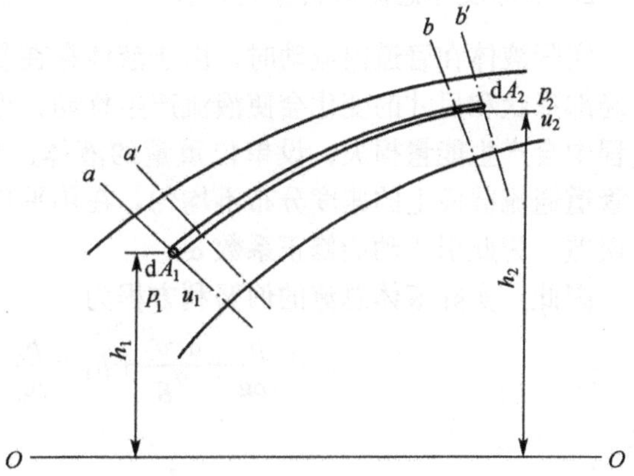

图 2.19　理想液体微小流束的伯努利方程示意图

(1) 外力对液体所作的功。由于理想液体没有黏性，不存在内摩擦力，所以外力对液体所作的功仅为两断面压力所作功的代数和，即

$$W=p_1\mathrm{d}A_1\mathrm{d}s_1-p_2\mathrm{d}A_2\mathrm{d}s_2=p_1\mathrm{d}A_1u_1\mathrm{d}t-p_2\mathrm{d}A_2u_2\mathrm{d}t$$

由连续性方程

$$\mathrm{d}A_1u_1=\mathrm{d}A_2u_2=\mathrm{d}q$$

代入得

$$W=\mathrm{d}q\mathrm{d}t(p_1-p_2)$$

(2) 液体机械能的变化。

动能的变化

$$\Delta E_{\mathrm{k}}=\rho\mathrm{d}q\mathrm{d}tu_2^2/2-\rho\mathrm{d}q\mathrm{d}tu_1^2/2$$

位能的变化

$$\Delta E_{\mathrm{p}}=\rho g\mathrm{d}q\mathrm{d}th_2-\rho g\mathrm{d}q\mathrm{d}th_1$$

机械能的变化

$$\Delta E=\Delta E_k+\Delta E_p$$

根据能量守恒定律，外力对液体所作的功，应等于其机械能的变化，即

$$\Delta E=W$$

代入并整理得

$$\frac{p_1}{\rho g}+\frac{u_1^2}{2g}+h_1=\frac{p_2}{\rho g}+\frac{u_2^2}{2g}+h_2 \tag{2-28}$$

这就是理想液体微小流束的伯努利方程。

式中：$\frac{p_1}{\rho g}$、$\frac{p_2}{\rho g}$——单位重量液体的压力能，也叫比压能；

$\frac{u_1^2}{2g}$、$\frac{u_2^2}{2g}$——单位重量液体的动能，也叫比动能；

h_1、h_2——单位重量液体的位能，也叫比位能。

物理意义：在密闭管道内作恒定流动的理想液体，具有 3 种形式的能量，即压力能、动能和位能，它们之间可以相互转化，但在管道内任一处，单位重量的液体所包含的这 3 种能量的总和是一定的。

2. 实际液体总流的伯努利方程

实际液体在管道内流动时，由于液体存在黏性，会产生摩擦力而消耗能量；同时，管道局部形状和尺寸的变化会使液流产生扰动，也消耗一部分能量。因此，实际液体在流动过程中会产生能量损失，设单位重量的液体产生的能量损失为 h_w。另外，由于实际液体在管道通流截面上的速度分布不均匀，在用平均流速代替实际流速计算动能时，必然会产生误差。为此引入动能修正系数 α。

因此，实际液体总流的伯努利方程为

$$\frac{p_1}{\rho g}+\frac{\alpha_1 v_1^2}{2g}+h_1=\frac{p_2}{\rho g}+\frac{\alpha_2 v_2^2}{2g}+h_2+h_w \tag{2-29}$$

或

$$p_1+\rho g h_1+\frac{1}{2}\rho\alpha_1 v_1^2=p_2+\rho g h_2+\frac{1}{2}\rho\alpha_2 v_2^2+\Delta p$$

式中，动能修正系数 α_1、α_2的值与液体的流态有关，当紊流时 $\alpha=1$，层流时 $\alpha=2$。

3. 伯努利方程的应用举例

伯努利方程揭示了液体流动过程中的能量变化规律。它指出，对于流动的液体来说，如果没有能量的输入和输出，液体内的总能量是不变的。它是流体力学中一个重要的基本方程。它常常和流量连续性方程一起，用来求解有关速度和压力方面的问题。

在应用伯努利方程时，关键是两个截面的选取，一个截面应选在参数已知或可求处，另一个截面应选在参数待求处。必须注意 p 和 h 应为通流截面同一点的两个参数，为方便起见，通常把这两个参数都取在通流截面的轴心处。此外，两个截面压力参数 p 的度量基准应该一样，如用采用绝对压力则都用绝对压力，用相对压力则都用相对压力。

【例 2.4】 如图 2.20 所示，在水箱侧壁开一个小孔，水箱液面 1—1 与小孔 2—2 处的压力分别为 p_1 和 p_2，小孔中心到水箱液面的距离为 h，且 h 基本不变，如果不计损失，求水从小孔流出的速度。

解：以小孔中心线为基准，列出截面 1—1 和 2—2 的伯努利方程。

$$\frac{p_1}{\rho g}+\frac{\alpha_1 v_1^2}{2g}+h_1=\frac{p_2}{\rho g}+\frac{\alpha_2 v_2^2}{2g}+h_2+h_w \tag{2-30}$$

按给定条件，$h_1=h$，$h_2=0$，$h_w=0$，又因小孔截面积≪水箱截面积，故 $v_1 \ll v_2$，可认为 $v_1=0$，设 $\alpha_1=\alpha_2=1$，则式(2-30)可简化为

$$h+\frac{p_1}{\rho g}=\frac{p_2}{\rho g}+\frac{v_2^2}{2g} \tag{2-31}$$

由式(2-31)解得

$$v_2=\sqrt{2gh+\frac{2}{\rho}(p_1-p_2)}$$

当$\frac{p_1-p_2}{\rho g}\gg h$ 时，有 $v_2=\sqrt{\frac{2}{\rho}(p_1-p_2)}$

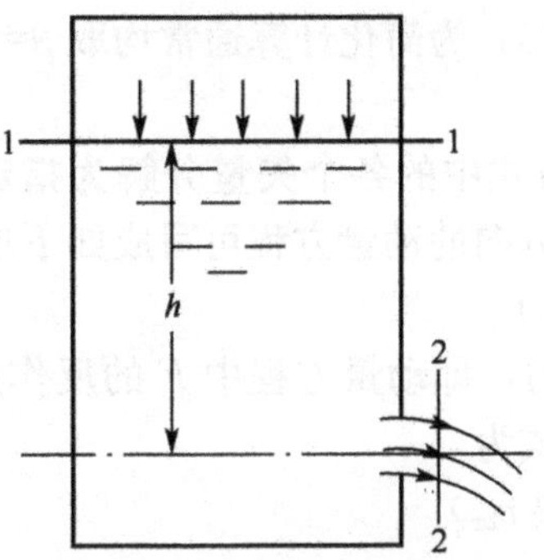

图 2.20 小孔出流速度计算

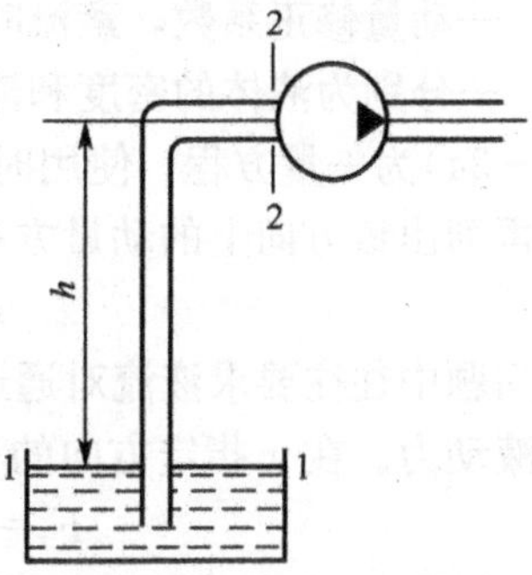

图 2.21 液压泵吸油装置

【例 2.5】 液压泵吸油装置如图 2.21 所示，设油箱液面压力为 p_1，液压泵吸油口处的绝对压力为 p_2，泵吸油口距油箱液面的高度为 h，吸油管路上的总能量损失为 h_w，不考虑液体流动状态的影响，取动能修正系数 $\alpha=1$。试确定液压泵吸油口处的真空度。

解： 以油箱液面为基准，并定为 1—1 截面，泵的吸油口处为 2—2 截面，对 1—1 和 2—2 截面建立实际液体的伯努利方程，则有

$$\frac{p_1}{\rho g}+\frac{\alpha_1 v_1^2}{2g}+h_1=\frac{p_2}{\rho g}+\frac{\alpha_2 v_2^2}{2g}+h_2+h_w \tag{2-32}$$

图 2.21 所示油箱液面与大气接触，故 p_1 为大气压力，即 $p_1=p_a$；v_1 为油箱液面下降速度，由于 $v_1 \ll v_2$，故 v_1 可近似为零；v_2 为泵吸油口处液体的流速，它等于液体在吸油管内的流速；$h_1=0$，$h_2=h$；h_w 为吸油管路的能量损失。因此，式(2-32)可简化为

$$\frac{p_a}{\rho g}=\frac{p_2}{\rho g}+h+\frac{v_2^2}{2g}+h_w$$

泵吸油口的真空度为

$$p_a-p_2=\rho gh+\frac{1}{2}\rho v_2^2+\rho g h_w=\rho gh+\frac{1}{2}\rho v_2^2+\Delta p$$

由此可见，液压泵吸油口处的真空度大小主要取决于泵的吸油高度 h、管路中油液的流速 v_2 和液体在吸油管路中流动时所产生的压力损失 Δp。

2.3.4 动量方程

动量方程是动量定理在流体力学中的具体应用。在液压传动中，要计算液流作用在固

体壁面上的力时，应用动量方程求解比较方便。

刚体力学动量定理指出，作用在物体上的外力等于物体在单位时间内的动量变化量，即

$$F=\frac{\mathrm{d}(mv)}{\mathrm{d}t} \tag{2-33}$$

对于作恒定流动的液体，若忽略其可压缩性，可将 $m=\rho q\mathrm{d}t$ 代入式(2-33)，并考虑到以平均流速代替实际流速会产生误差，因而引入动量修正系数 β，则可写出如下形式的动量方程

$$F=\rho q(\beta_2 v_2-\beta_1 v_1) \tag{2-34}$$

式中：F——作用在液体上所有外力的矢量和；

v_1、v_2——液流在前、后两个过流断面上的平均流速矢量；

β_1、β_2——动量修正系数，紊流时 $\beta=1$，层流 $\beta=4/3$，为简化计算通常均取 $\beta=1$；

ρ、q——分别为液体的密度和流量。

式(2-34)为矢量方程，使用时应根据具体情况将式中的各个矢量分解为指定方向的投影值，再列出该方向上的动量方程。例如在 x 指定方向的动量方程可写成如下形式

$$F_x=\rho q(\beta_2 v_{2x}-\beta_1 v_{1x}) \tag{2-35}$$

工程问题中往往要求液流对通道固体壁面的作用力，即动量方程中 F 的反作用力 F'，称为稳态液动力。在 x 指定方向的稳态液动力计算公式为

$$F'_x=-F_x=\rho q(\beta_1 v_{1x}-\beta_2 v_{2x}) \tag{2-36}$$

【例 2.6】 求图 2.22 中滑阀阀芯所受的轴向稳态液动力。

解：取进出油口之间的液体为控制体积，并根据式(2-36)计算 x 轴方向液动力，即

$$F'_x=\rho q[\beta_1 v_1\cos 90^\circ-(-\beta_2 v_2\cos\theta)]$$
$$=\rho q\beta_2 v_2\cos\theta$$

取 $\beta_2=1$，得液动力 $F'_x=\rho q v_2\cos\theta$。

当液流反方向通过该阀时，同理可得相同的结果。因所得 F'_x 皆为正值，说明在上述两种情况下的 F'_x 方向都向右。可见在上述情况下，作用在滑阀阀芯上的稳态液动力总是有关闭阀口的趋向。

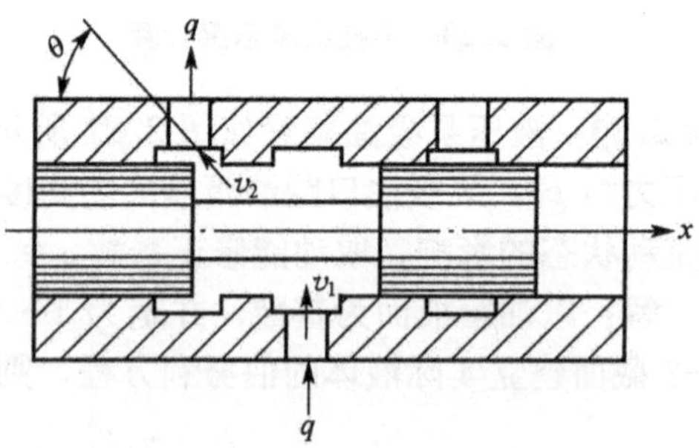

图 2.22 滑阀上的稳态液动力

2.4 液体流动时的压力损失

实际液体具有黏性，流动时会有阻力产生。为了克服阻力，流动液体需要损耗一部分能量，这种能量损失就是实际液体伯努利方程中的 h_w 项，见式(2-29)。将该项折算成压力损失，可表示为 $\Delta p=\rho g h_w$。

在液压系统中，压力损失使液压能转变为热能，将导致系统的温度升高，传动效率下降。因此在设计液压系统时，要尽量减少压力损失。

压力损失可以分为沿程压力损失和局部压力损失，下面分别讨论它们的计算方法。

2.4.1　沿程压力损失

液体在等径直管中流动时，因黏性摩擦而产生的压力损失称为沿程压力损失。液体的流动状态不同，所产生的沿程压力损失也有所不同。

1. 层流时的沿程压力损失

层流时液体质点作有规律的流动，因此可以用数学工具全面探讨其流动状况，并最后导出沿程压力损失的计算公式。

(1) 通流截面上的流速分布规律。如图 2.23 所示，液体在等径水平直管中流动，其流态为层流。在液流中取一段与管轴重合的微小圆柱体作研究对象，设其半径为 r，长度为 l，作用在两端面的压力分别为 p_1 和 p_2，作用在侧面的内摩擦力为 F_f。液流在作匀速运动时处于受力平衡状态，故有

$$(p_1-p_2)\pi r^2=F_f$$

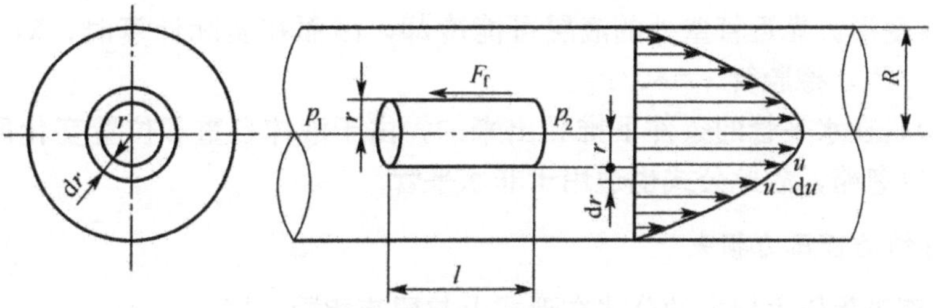

图 2.23　圆管中的层流

由牛顿液体内摩擦定律，内摩擦力 F_f 为

$$F_f=-\mu(2\pi rl)\frac{du}{dr} \tag{2-37}$$

式(2-37)中，速度梯度 du/dr 为负值，故须加一负号以使内摩擦力为正值。若令 $\Delta p=p_1-p_2$，则将 F_f 代入式(2-37)整理可得

$$du=-\frac{\Delta p}{2\mu l}r\,dr \tag{2-38}$$

对式(2-38)积分，并应用边界条件，当 $r=R$ 时，$u=0$，得

$$u=\frac{\Delta p}{4\mu l}(R^2-r^2) \tag{2-39}$$

可见管内液体质点的流速在半径方向上按抛物线规律分布。最小流速在管壁 $r=R$ 处，$u_{min}=0$；最大流速在管轴 $r=0$ 处，$u_{max}=\frac{\Delta p}{4\mu l}R^2=\frac{\Delta p}{16\mu l}d^2$。

(2) 通过管道的流量。对于半径为 r，宽度为 dr 的微小环形通流截面，面积 $dA=2\pi r dr$，所通过的流量

$$dq=u dA=2\pi u r dr=2\pi\frac{\Delta p}{4\mu l}(R^2-r^2)r dr$$

于是积分可得

$$q=\int_0^R 2\pi\frac{\Delta p}{4\mu l}(R^2-r^2)r dr=\frac{\pi R^4}{8\mu l}\Delta p=\frac{\pi d^4}{128\mu l}\Delta p \tag{2-40}$$

(3) 管道内的平均流速。根据平均流速的定义，可得

$$v=\frac{q}{A}=\frac{1}{\frac{\pi d^2}{4}}\cdot\frac{\pi d^4}{128\mu l}\cdot\Delta p=\frac{d^2}{32\mu l}\Delta p \tag{2-41}$$

将式(2-41)与 u_{max} 值比较可知，平均流速 v 为最大流速 u_{max} 的 1/2。

(4) 沿程压力损失。由式(2-41)整理后得沿程压力损失为

$$\Delta p_\lambda=\Delta p=\frac{32\mu lv}{d^2} \tag{2-42}$$

从式(2-42)可以看出，当直管中液流为层流时，沿程压力损失的大小与管长、流速、黏度成正比，而与管径的平方成反比。适当变换式(2-42)，沿程压力损失的计算公式可改写为如下形式

$$\Delta p_\lambda=\frac{64\nu}{dv}\frac{l}{d}\frac{\rho v^2}{2}=\frac{64}{Re}\frac{l}{d}\frac{\rho v^2}{2}=\lambda\frac{l}{d}\frac{\rho v^2}{2} \tag{2-43}$$

式中：λ——沿程阻力系数。对于圆管层流，理论值 $\lambda=64/Re$。考虑到实际圆管截面可能有变形，靠近管壁处的液层可能冷却，因而在实际计算时，对金属管取 $\lambda=75/Re$，橡胶管 $\lambda=80/Re$。

式(2-43)是在水平管的条件下推导出来的，由于液体自重和位置变化所引起的压力变化很小，可以忽略，故此公式也适用于非水平管。

2. 紊流时的沿程压力损失

紊流时计算沿程压力损失的公式在形式上与层流相同，即

$$\Delta p_\lambda=\lambda\frac{l}{d}\frac{\rho v^2}{2}$$

但式中的阻力系数 λ 除与雷诺数 Re 有关外，还与管壁的粗糙度有关，即 $\lambda=f(Re,\Delta/d)$，式中 Δ 为管壁的绝对粗糙度，它与管径 d 的比值 Δ/d 称为相对粗糙度。

对于光滑管，$\lambda=0.3164Re^{-0.25}$；对于粗糙管，λ 的值可以根据不同的 Re 和 Δ/d 从手册上有关曲线或图表中查出。

管壁的绝对粗糙度 Δ 和管道的材料有关，一般计算可参考下列数值：钢管为 0.04mm，铜管为 0.0015mm～0.01mm，铝管为 0.0015mm～0.06mm，橡胶软管为 0.03mm。

2.4.2 局部压力损失

液体流经管道的弯头、管接头、突变截面以及阀口、滤网等局部装置时，液流会产生旋涡，并发生强烈的紊动现象，由此而造成的压力损失称为局部压力损失。当液体流过上述各种局部装置时，流动状况极为复杂，影响因素较多，局部压力损失值不易从理论上进行分析计算，因此，局部压力损失的阻力系数一般要通过实验来确定。

局部压力损失的大小可按式(2-44)计算

$$\Delta p_\zeta=\zeta\cdot\frac{\rho v^2}{2} \tag{2-44}$$

式中：ζ——局部阻力系数。各种局部装置结构的 ζ 值可查有关手册。

液体流过各种阀类的局部压力损失亦可以用公式(2-44)计算，但因阀内的通道结构复杂，按式(2-44)计算比较困难，故阀类元件局部压力损失 Δp_V 的实际计算常用式(2-45)

$$\Delta p_V=\Delta p_n\left(\frac{q}{q_n}\right)^2 \tag{2-45}$$

式中：q_n——阀的额定流量；

Δp_n——阀在额定流量 q_n 下的压力损失(可从阀的产品样本或设计手册中查出)；

q——通过阀的实际流量。

由于液体流经局部阻力区域的流动情况非常复杂，所以局部阻力系数 ζ 的值仅在少数场合可以采用理论推导的方法求得，一般都必须通过实验来确定。各种局部装置结构的 ζ 的具体数值可从有关液压工程手册中查到。

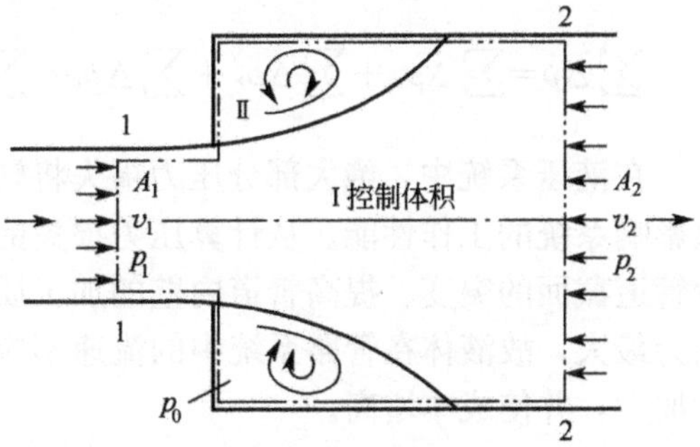

图 2.24　截面突然扩大时的局部损失

下面以截面突然扩大时的局部压力损失为例，介绍局部阻力系数的理论推导方法。如图 2.24 所示，因为是紊流，动能修正系数和动量修正系数均为 1。选取截面 1—1 和 2—2 间的液体Ⅰ为控制体积，根据动量方程，沿轴线方向，有

$$p_1A_1+p_0(A_2-A_1)-p_2A_2=\rho q(v_2-v_1) \tag{2-46}$$

式中，$p_0(A_2-A_1)$实际上可以看成是管道对液体的作用力。由实验得知，$p_0\approx p_1$，则式(2-46)可简化为

$$(p_1-p_2)A_2=\rho q(v_2-v_1)$$

$$p_1-p_2=\rho v_2(v_2-v_1) \tag{2-47}$$

对截面 1—1 和 2—2 列写伯努利方程，得

$$\frac{p_1}{\rho g}+\frac{v_1^2}{2g}=\frac{p_2}{\rho g}+\frac{v_2^2}{2g}+h_\zeta \tag{2-48}$$

式中：h_ζ——单位重量液体的局部压力损失；由于流程短，可以忽略沿程压力损失。

由式(2-47)和式(2-48)，可求得

$$h_\zeta=\frac{v_2(v_2-v_1)}{g}+\frac{v_1^2-v_2^2}{2g}=\frac{(v_1-v_2)^2}{2g} \tag{2-49}$$

将 $v_2=\frac{A_1}{A_2}v_1$代入式(2-49)，得

$$h_\zeta=\left(1-\frac{A_1}{A_2}\right)^2\frac{v_1^2}{2g}$$

所以

$$\Delta p_\zeta=\rho g h_\zeta=\left(1-\frac{A_1}{A_2}\right)^2\frac{\rho v_1^2}{2}$$

截面突然扩大时的局部损失系数为

$$\zeta=\left(1-\frac{A_1}{A_2}\right)^2 \tag{2-50}$$

由式(2-50)可知，截面突然扩大时的局部损失系数仅与通流面积 A_1 与 A_2 的比值有

关，而与液体的流速和黏度无关。显然当 $A_2 \gg A_1$ 时，$\zeta=1$，因此，截面突然扩大处的局部能量损失为 $v_1^2/2g$，这说明进入截面突然扩大处，特别是当 $v_2 \approx 0$ 时，液体的全部动能会因液流扰动而下降为零，动能转化为热能被散失。

2.4.3 管路中的总压力损失

整个管路系统的总压力损失应为所有沿程压力损失和所有局部压力损失之和，即

$$\sum \Delta p=\sum \Delta p_\lambda+\sum \Delta p_\zeta+\sum \Delta p_V=\sum \lambda \frac{l}{d}\frac{\rho v^2}{2}+\sum \zeta \frac{\rho v^2}{2}+\sum \Delta p_n\left(\frac{q}{q_n}\right)^2 \tag{2-51}$$

在液压系统中，绝大部分压力损失将转变为热能，造成系统温升增高，泄漏增大，以致影响系统的工作性能。从计算压力损失的公式可以看出，减小流速、缩短管道长度、减少管道截面的突变、提高管道内壁的加工质量等，都可使压力损失减小。其中以流速的影响为最大，故液体在管路系统中的流速不应过高。但流速太低也会使管路和阀类元件的尺寸加大，并使成本增高。

【例 2.7】 在图 2.25 所示的液压系统中，已知泵的流量 $q=1.5\times10^{-3}\,\mathrm{m^3/s}$，液压缸内径 $D=100\mathrm{mm}$，负载 $F=30000\mathrm{N}$，回油腔压力近似为零，液压缸的进油路管是内径 $d=20\mathrm{mm}$ 的钢管，总长即为管的垂直高度 $H=5\mathrm{m}$，进油路管总的局部阻力系数 $\sum\zeta=7.2$，液压油的密度 $\rho=900\mathrm{kg/m^3}$，工作温度下的运动黏度 $\nu=46\mathrm{mm^2/s}$。试求：(1)进油路管的压力损失；(2)泵的供油压力。

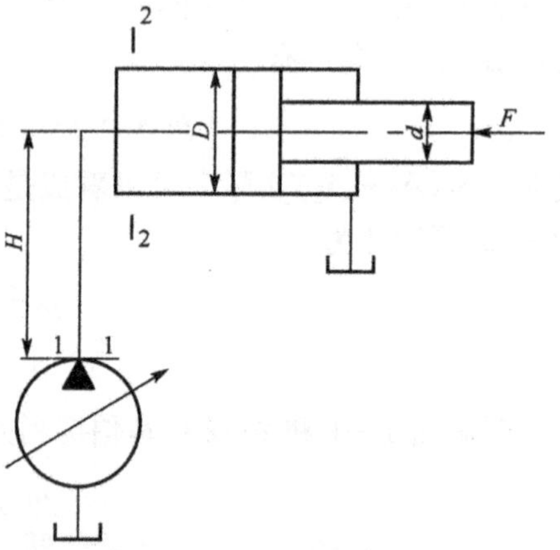

图 2.25 液压系统示意图

解：(1) 计算压力损失。

进油路管内流速

$$v_1=\frac{q}{\frac{\pi}{4}d^2}=\frac{1.5\times10^{-3}}{\frac{\pi}{4}(20\times10^{-3})^2}=4.77(\mathrm{m/s})$$

则

$$Re=\frac{v_1 d}{\nu}=\frac{4.77\times20\times10^{-3}}{46\times10^{-6}}=2074<2320 \quad \text{为层流}$$

沿程阻力系数

$$\lambda=\frac{75}{Re}=\frac{75}{2074}=0.036$$

故进油路管的压力损失为

$$\begin{aligned}\sum\Delta p&=\lambda\frac{l}{d}\frac{\rho v_1^2}{2}+\sum\zeta\frac{\rho v_1^2}{2}\\&=\left(0.036\times\frac{5}{20\times10^{-3}}+7.2\right)\frac{900\times4.77^2}{2}\\&=0.166\times10^6(\mathrm{Pa})=0.166(\mathrm{MPa})\end{aligned}$$

(2) 求泵的供油压力。

对泵的出口油管断面 1—1 和液压缸进口后的断面 2—2 之间列伯努利方程

$$p_1+\rho g h_1+\frac{1}{2}\rho\alpha_1 v_1^2=p_2+\rho g h_2+\frac{1}{2}\rho\alpha_2 v_2^2+\Delta p_{\mathrm{w}}$$

写成 p_1 的表达式

$$p_1=p_2+\rho g(h_2-h_1)+\frac{1}{2}\rho(\alpha_2 v_2^2-\alpha_1 v_1^2)+\Delta p_w$$

式中，p_2 为液压缸的工作压力

$$p_2=\frac{F}{\frac{\pi}{4}D^2}=\frac{30000}{\frac{\pi}{4}(100\times10^{-3})^2}=3.81\times10^6(\mathrm{Pa})=3.81(\mathrm{MPa})$$

$\rho g(h_2-h_1)$ 为单位体积液体的位能变化量

$$\rho g(h_2-h_1)=\rho gH=900\times9.8\times5=0.044\times10^6(\mathrm{Pa})=0.044(\mathrm{MPa})$$

$\frac{1}{2}\rho(\alpha_2 v_2^2-\alpha_1 v_1^2)$ 为单位体积液体的动能变化量，因

$$v_2=\frac{q}{\frac{\pi}{4}D^2}=\frac{1.5\times10^{-3}}{\frac{\pi}{4}(100\times10^{-3})^2}=0.19(\mathrm{m/s})$$

$$\alpha_2=\alpha_1=2$$

所以

$$\frac{1}{2}\rho(\alpha_2 v_2^2-\alpha_1 v_1^2)=\frac{1}{2}\times900(2\times0.19^2-2\times4.77^2)$$

$$=-0.02\times10^6(\mathrm{Pa})=-0.02(\mathrm{MPa})$$

Δp_w 为进油路的总压力损失

$$\Delta p_w=\sum\Delta p=0.166(\mathrm{MPa})$$

故泵的供油压力为

$$p_1=3.81+0.044-0.02+0.166=4(\mathrm{MPa})$$

从本例的 p_1 计算公式可以看出，在液压传动中，由液体位置高度变化和流速变化引起的压力变化量，相对来说是很小的，一般计算可将 $\rho g(h_2-h_1)$、$\frac{1}{2}\rho(\alpha_2 v_2^2-\alpha_1 v_1^2)$ 两项忽略不计。因此，p_1 的表达式可以简化，并写成如下形式

$$p_1=p_2+\sum\Delta p \tag{2-52}$$

式(2-52)虽然为一近似公式，但在液压系统设计计算中却得到广泛的应用。

2.5　液体流过小孔和缝隙的流量

液压传动中常利用液体流经阀的小孔或缝隙来控制流量和压力，以达到调速和调压的目的。液压元件的泄漏也属于缝隙流动，因而研究小孔或缝隙的流量计算、了解其影响因素，对于合理设计液压系统、正确分析液压元件和系统的工作性能是很有必要的。

2.5.1　液体流过小孔的流量

小孔可分为 3 种：当小孔的长径比 $l/d\leqslant0.5$ 时，称为薄壁孔；当 $l/d>4$ 时，称为细长孔；当 $0.5l<l/d\leqslant4$ 时，称为短孔。

先研究薄壁孔的流量计算。图 2.26 所示为进口边做成薄刃式的典型薄壁孔口。由于惯性作用，液流通过小孔时要发生收缩现象，在靠近孔口的后方出现收缩最大的通流截

面。对于薄壁圆孔，当孔前通道直径与小孔直径之比 $d_1/d \geqslant 7$ 时，流束的收缩作用不受孔前通道内壁的影响，这时的收缩称为完全收缩；反之，当 $d_1/d < 7$ 时，孔前通道对液流进入小孔起导向作用，这时的收缩称为不完全收缩。

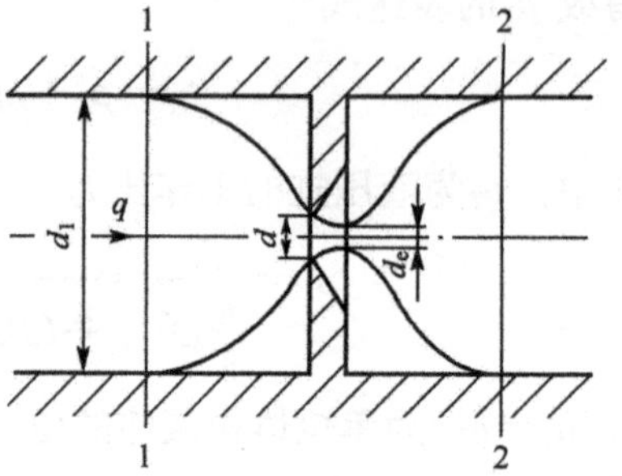

图 2.26 薄壁小孔的液流

现对孔前通流截面 1—1 和孔后通流截面 2—2 之间列伯努利方程

$$\frac{p_1}{\rho g}+\frac{\alpha_1 v_1^2}{2g}+h_1=\frac{p_2}{\rho g}+\frac{\alpha_2 v_2^2}{2g}+h_2+h_w$$

式中：h_w——局部能量损失，它包括两部分，即截面突然减小时的局部压力损失 h_{w1} 和截面突然增大时的局部压力损失 h_{w2}。

$$h_{w1}=\zeta\frac{v_e^2}{2g},\quad h_{w2}=\left(1-\frac{A_e}{A_2}\right)\frac{v_e^2}{2g}$$

由于 $A_e \ll A_2$，所以

$$h_w=h_{w1}+h_{w2}=\zeta\frac{v_e^2}{2g}+\left(1-\frac{A_e}{A_2}\right)\frac{v_e^2}{2g}=(\zeta+1)\frac{v_e^2}{2g} \tag{2-53}$$

将式(2-53)代入伯努利方程，并注意到由于 $A_1=A_2$，故 $v_1=v_2$，$\alpha_2=\alpha_2$，且 $h_1=h_2$，得

$$v_e=\frac{1}{\sqrt{1+\zeta}}\sqrt{\frac{2}{\rho}(p_1-p_2)}=C_v\sqrt{\frac{2}{\rho}\Delta p}$$

式中：Δp——小孔前后的压力差，$\Delta p=p_1-p_2$；

C_v——小孔速度系数，$C_v=\frac{1}{\sqrt{1+\zeta}}$。

由此可得通过薄壁小孔的流量公式为

$$q=A_e v_e=C_v C_c A_T\sqrt{\frac{2}{\rho}\Delta p}=C_q A_T\sqrt{\frac{2}{\rho}\Delta p} \tag{2-54}$$

式中：C_q——流量系数，$C_q=C_v C_c$；

C_c——收缩系数，$C_C=A_e/A_T=d_e^2/d^2$；

A_e——收缩断面的面积；

A_T——小孔通流截面的面积，$A_T=\frac{\pi}{4}d^2$。

C_c、C_v、C_q的数值可由实验确定。当液流完全收缩(管道直径与小孔直径之比 $d_1/d \geqslant 7$)时，$C_c=0.61\sim0.63$，$C_v=0.97\sim0.98$，这时 $C_q=0.6\sim0.62$；当液流不完全收缩(管道直径与小孔直径之比 $d_1/d<7$ 时，$C_q=0.7\sim0.8$。

薄壁孔由于流程很短，流量对油温的变化不敏感，因而流量稳定，宜作节流孔用。流经短孔的流量可用薄壁孔的流量公式计算，但流量系数 C_q 不同，一般取 $C_q=0.82$。短孔比薄壁孔制造容易，适合于作固定节流器用。

流经细长孔的液流由于黏性而流动不畅，故多为层流。其流量计算可以应用前面推出的圆管层流流量公式(2-40)，即 $q=\pi d^4\Delta p/128\mu l$。细长孔的流量和油液的黏度有关，当油温变化时，油的黏度变化，因而流量也随之发生变化。这一点和薄壁小孔特性大不相同。公式(2-40)和(2-54)可写成下列形式

$$q=KA_{\mathrm{T}}\Delta p^{m} \tag{2-55}$$

式(2-55)反映了小孔的流量压力特性。

式中：K——由孔的形状、尺寸和液体性质决定的系数，对细长孔 $K=d^2/32\mu l$；对薄壁孔和短孔，$K=C_{\mathrm{q}}\sqrt{2/\rho}$；

A_{T}——小孔通流截面的面积；

Δp——小孔两端的压差；

m——由孔的长径比决定的指数，对薄壁孔 $m=0.5$，对细长孔 $m=1$。

2.5.2 液体流过缝隙的流量

液压装置的各零件之间，特别是有相对运动的各零件之间一般都存在缝隙(或称间隙)。油液流过缝隙就会产生泄漏，这就是缝隙流量。由于缝隙通道狭窄，液流受壁面的影响较大，故缝隙液流的流态均为层流。

缝隙流动有两种状况：一种是由缝隙两端的压力差造成的流动，称为压差流动；另一种是形成缝隙的两壁面作相对运动所造成的流动，称为剪切流动。这两种流动经常会同时存在。

1. 液体流过平行平板缝隙的流量

平行平板缝隙可以由固定的两平行平板所形成，也可由相对运动的两平行平板所形成。

(1) 流过固定平行平板缝隙的流量。图 2.27 所示为固定平行平板缝隙液流。设缝隙厚度为 h，宽度为 b，长度为 l，两端的压力为 p_1 和 p_2。从缝隙中取出一微小的平行六面体 $b\mathrm{d}x\mathrm{d}y$，其左右两端所受的压力为 p 和 $p+\mathrm{d}p$，上下两侧面所受的摩擦力为 $\tau+\mathrm{d}\tau$ 和 τ，则受力平衡方程为

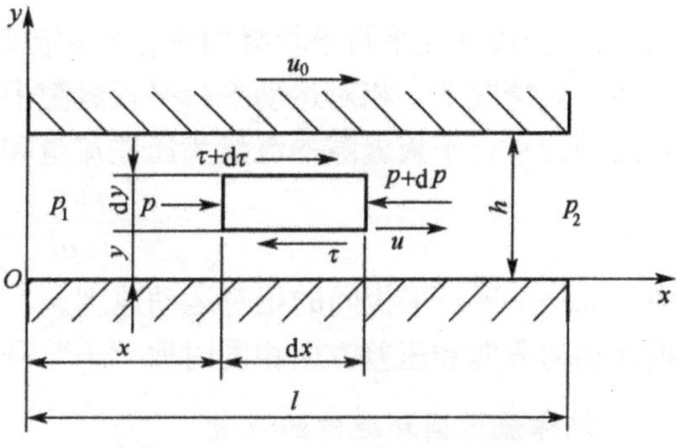

图 2.27 平行平板缝隙间的液流

$$pb\mathrm{d}y+(\tau+\mathrm{d}\tau)b\mathrm{d}x=(p+\mathrm{d}p)b\mathrm{d}y+\tau b\mathrm{d}x$$

整理后得

$$\frac{\mathrm{d}\tau}{\mathrm{d}y}=\frac{\mathrm{d}p}{\mathrm{d}x} \tag{2-56}$$

由于 $\tau=\mu\cdot\dfrac{\mathrm{d}u}{\mathrm{d}y}$，式(2-56)可化为

$$\frac{\mathrm{d}^2u}{\mathrm{d}y^2}=\frac{1}{\mu}\cdot\frac{\mathrm{d}p}{\mathrm{d}x} \tag{2-57}$$

将式(2-57)对 y 进行两次积分得

$$u=\frac{1}{2\mu}\cdot\frac{\mathrm{d}p}{\mathrm{d}x}\cdot y^2+C_1y+C_2 \tag{2-58}$$

式中：C_1、C_2——积分常数。

由边界条件：当 $y=0$，$u=0$；$y=h$，$u=0$，分别代入式(2-58)得

$$C_1=-\frac{h}{2\mu}\frac{\mathrm{d}p}{\mathrm{d}x},\quad C_2=0$$

此外，在缝隙液流中，压力 p 沿 x 方向的变化率 $\mathrm{d}p/\mathrm{d}x$ 是一常数，有

$$\frac{\mathrm{d}p}{\mathrm{d}x}=\frac{p_2-p_1}{l}=-\frac{p_1-p_2}{l}=-\frac{\Delta p}{l} \tag{2-59}$$

将式(2-59)代入式(2-58)得

$$u=\frac{\Delta p}{2\mu l}(h-y)y \tag{2-60}$$

由此得液体在固定平行平板缝隙中作压差流动时的流量为

$$q=\int_0^h ub\mathrm{d}y=b\int_0^h \frac{\Delta p}{2\mu l}(h-y)y\mathrm{d}y=\frac{bh^3}{12\mu l}\Delta p \tag{2-61}$$

从式(2-61)可以看出，在压差作用下，流过固定平行平板缝隙的流量与缝隙厚度 h 的三次方成正比，这说明液压元件内缝隙的大小对其泄漏量的影响是很大的。

(2) 液体流过相对运动的平行平板缝隙的流量。由图 2.2 知，当一平板固定，另一平板以速度 u_0 作相对运动时，由于液体存在黏性，紧贴于动平板上的油液以速度 u_0 运动，紧贴于固定平板上的油液则保持静止，中间各层液体的流速呈线性分布，即液体作剪切流动。因为液体的平均流速 $v=u_0/2$，故由于平板相对运动而使液体流过缝隙的流量为

$$q'=vA=\frac{1}{2}u_0bh \tag{2-62}$$

式(2-62)为液体在平行平板缝隙中作剪切流动时的流量。

在一般情况下，相对运动平行平板缝隙中既有压差流动，又有剪切流动。因此，流过相对运动的平行平板缝隙的流量为压差流量和剪切流量的代数和

$$q=\frac{bh^3}{12\mu l}\Delta p\pm\frac{1}{2}u_0bh \tag{2-63}$$

式中：u_0——平行平板间的相对运动速度。“±”号的确定方法如下：当长平板相对于短平板移动的方向和压差方向相同时取“+”号，方向相反时取“−”号。

2. 液体流过圆环缝隙的流量

在液压元件中，如液压缸的活塞和缸孔之间、液压阀的阀芯和阀孔之间，都存在圆环缝隙。圆环缝隙有同心和偏心的两种情况，它们的流量公式是不同的。

(1) 流过同心圆环缝隙的流量。图 2.28 所示为同心圆环缝隙的流动。其圆柱体直径为 d，缝隙厚度为 h，缝隙长度为 l。如果将圆环缝沿圆周方向展开。就相当于一个平行平板缝隙。因此，只要用 πd 替代式(2-63)中的 b，就可得内外表面之间有相对运动的同心圆环缝隙流量公式

$$q=\frac{\pi dh^3}{12\mu l}\Delta p\pm\frac{1}{2}\pi dhu_0 \tag{2-64}$$

当相对运动速度 $u_0=0$ 时，即为内外表面之间无相对运动的同心圆环缝隙流量公式

$$q=\frac{\pi dh^3}{12\mu l}\Delta p \tag{2-65}$$

当间隙较大时［如图 2.28(b)所示］，必须精确计算，经推导，其流量公式为

$$q=\frac{\pi}{8\mu l}\left[(r_2^4-r_1^4)-\frac{(r_2^2-r_1^2)^2}{\ln(r_2/r_1)}\right]\Delta p \tag{2-66}$$

(2) 流过偏心圆环缝隙的流量。在液压系统中，各零件间的配合间隙大多数为圆环

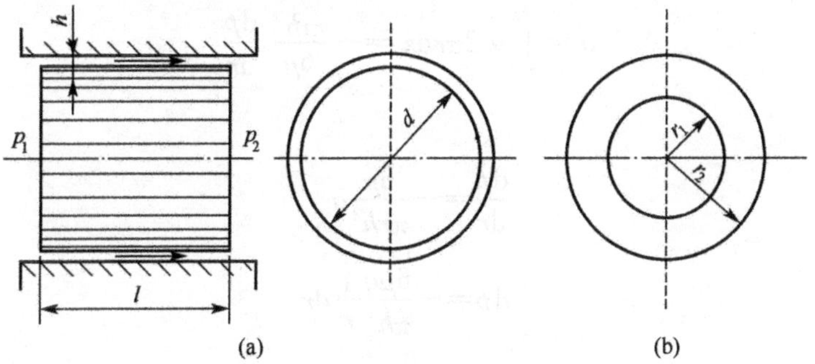

图 2.28　同心环间隙中的液流

形间隙，如滑阀与阀套之间、活塞与缸筒之间等。在理想情况下为同心环形间隙，但实际上一般多为偏心环形间隙。

如图 2.29 所示为液体在偏心环形间隙中的流动。设内外圆间的偏心量为 e，在任意角度 θ 处的缝隙为 h。因缝隙很小，$r_1\approx r_2\approx r$，可把微元圆弧 db 所对应的环形间隙中的流动近似地看作是平行平板间隙的流动。将 db=rdθ 代入式(2-64)得

$$\mathrm{d}q=\frac{rh^3\mathrm{d}\theta}{12\mu l}\Delta p\pm\frac{r\mathrm{d}\theta}{2}hu_0 \qquad (2-67)$$

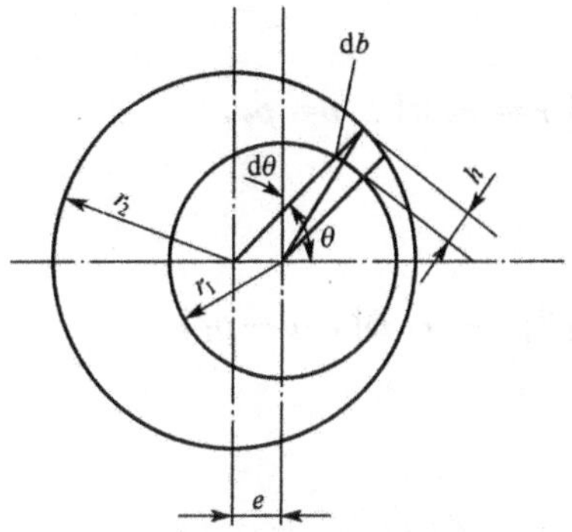

图 2.29　偏心环形间隙中的液流

由图 2.29 的几何关系，可以得到

$$h\approx h_0-e\cos\theta=h_0(1-\varepsilon\cos\theta)$$

式中：h_0——内外圆同心时半径方向的间隙值；

ε——相对偏心率，$\varepsilon=e/h_0$。

将 h 值代入式(2-67)，积分得

$$q=(1+1.5\varepsilon^2)\frac{\pi dh_0^3}{12\mu l}\Delta p\pm\frac{\pi dh_0}{2}u_0 \qquad (2-68)$$

这就是偏心圆环间隙的流量公式。当内外圆之间没有偏心量，即 $\varepsilon=0$ 时，它就是同心环形间隙的流量公式；当 $\varepsilon=1$，即有最大偏心量时，其流量为同心环形间隙流量的 2.5 倍。因此在液压元件中，为了减小间隙泄漏量，应采取措施，如在阀芯上加工一些均压槽，尽量使配合件在工作过程中保持同心状态。

3. 圆环平面间隙

如图 2.30 所示为液体在圆环平面间隙中的流动。这里，圆环与平面之间无相对运动，液体自圆环中心向外辐射流出。设圆环的大、小半径分别为 r_2 和 r_1，它与平面之间的间隙值为 h，并令 $u_0=0$，则由式(2-60)可得在半径为 r、离下平面 z 处的径向速度为

$$u_r=-\frac{1}{2\mu}(h-z)z\frac{\mathrm{d}p}{\mathrm{d}r}$$

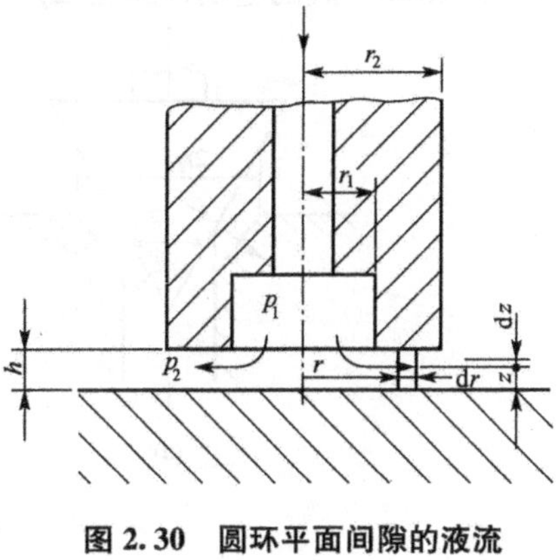

图 2.30　圆环平面间隙的液流

通过的流量为

$$q=\int_0^h u_r 2\pi r\mathrm{d}z=-\frac{\pi rh^3}{6\mu}\frac{\mathrm{d}p}{\mathrm{d}r}$$

即

$$\frac{\mathrm{d}p}{\mathrm{d}r}=-\frac{6\mu}{\pi rh^3}q$$
$$\mathrm{d}p=-\frac{6\mu q}{\pi h^3}\frac{1}{r}\mathrm{d}r \tag{2-69}$$

对式(2-69)积分得

$$p=-\frac{6\mu q}{\pi h^3}\ln r+C$$

当 $r=r_2$ 时，$p=p_2$，

$$p_2=-\frac{6\mu q}{\pi h^3}\ln r_2+C$$

而当 $r=r_1$ 时，$p=p_1$，

$$p_1=-\frac{6\mu q}{\pi h^3}\ln r_1+C$$

$$p_1-p_2=\Delta p=-\frac{6\mu q}{\pi h^3}\ln r_1+\frac{6\mu q}{\pi h^3}\ln r_2=\frac{6\mu q}{\pi h^3}\ln\frac{r_2}{r_1}$$

$$q=\frac{\pi h^3}{6\mu\ln\frac{r_2}{r_1}}\Delta p \tag{2-70}$$

必须指出，计算间隙的泄漏量比较复杂，有时不一定准确。在实际工程中，通常用试验方法来测定泄漏量，并引入泄漏系数 C_t。在不考虑相对运动影响的情况下，通过各种间隙的泄漏量可按式(2-71)计算

$$q=C_t\Delta p \tag{2-71}$$

式中：C_t——由间隙形式决定的泄漏系数，一般由试验确定。

【例 2.8】 某锥阀如图 2.31(a)所示。已知锥阀半锥角 $\varphi=20°$，$r_1=2\text{mm}$，$r_2=7\text{mm}$，间隙 $h=0.1\text{mm}$，阀的进出口压差 $\Delta p=1\text{MPa}$，$\mu=0.1\text{Pa}\cdot\text{s}$。求流经锥阀间隙的流量。

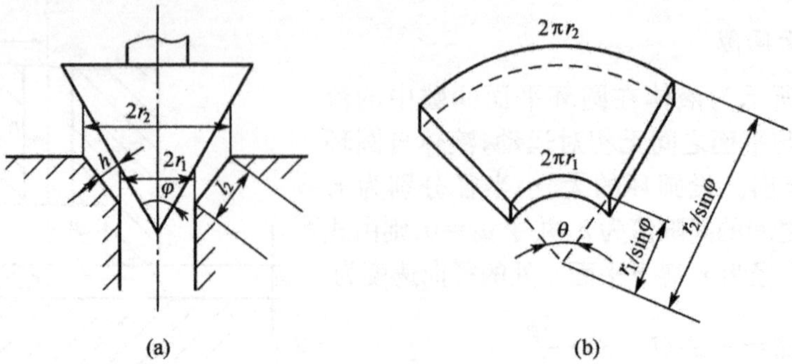

图 2.31 例 2.8 图

解：由于阀座的长度 l 较长而间隙 h 很小，致使在锥阀间隙中的液流呈现层流状态，因此不能把它当作薄壁小孔来对待，而可以借鉴圆环平面间隙的流量公式(2-70)，并设想将圆锥间隙展开变成不完整的环形平面间隙，如图 2.31(b)所示。这样将式(2-70)中的 π 代之以 $\pi\sin\varphi$，便可求得经锥阀间隙的流量，即

$$q=\frac{\pi\sin\varphi h^3}{6\mu\ln\frac{r_2}{r_1}}\Delta p \qquad (2-72)$$

将已知数据代入式(2-72)，有

$$q=\frac{\pi\sin 20°\times(1\times10^{-4})^3}{6\times0.1\times\ln\left(\frac{7}{2}\right)}\times1\times10^6=1.43\times10^{-6}(\text{m}^3/\text{s})$$

2.6　液压冲击和气穴现象

在液压系统中，液压冲击和气穴现象影响系统的工作性能和液压元件的使用寿命，因此必须了解它们的物理本质、产生的原因及其危害，在设计液压系统时，应采取措施减小它们的危害或防止它们的发生。

2.6.1　液压冲击

在液压系统中，由于某种原因，系统中某处的压力在某一瞬间会突然急剧上升，形成很高的压力峰值，这种现象称为液压冲击。

1. 液压冲击产生的原因及其危害性

在阀门突然关闭或液压缸快速制动等情况下，液体在系统中的流动会突然受阻。这时由于液流的惯性作用，液体就从受阻端开始，迅速将动能逐层转换为压力能，因此产生了压力冲击波；此后，又从另一端开始将压力能逐层转换为动能，液体又反向流动；然后，又再次将动能转换为压力能，如此反复地进行能量转换。由于这种压力波的迅速往复传播，便在系统内形成压力振荡。实际上，由于液体受到摩擦力以及液体和管壁的弹性作用，会不断消耗能量，才使振荡过程逐渐衰减而趋向稳定。

系统中出现液压冲击时，液体瞬时压力峰值可以比正常工作压力大好几倍。液压冲击会损坏密封装置、管道或液压元件，还会引起设备振动，产生很大噪声。有时，液压冲击会使某些液压元件如压力继电器、顺序阀等产生误动作，影响系统正常工作。

2. 冲击压力

假设系统的正常工作压力为 p，产生液压冲击时的最大压力，即压力冲击波第一波的峰值压力为

$$p_{\max}=p+\Delta p \qquad (2-73)$$

式中：Δp——冲击压力的最大升高值。

由于液压冲击是一种非定常流动，动态过程非常复杂，影响因素很多，故精确计算 Δp 值是很困难的。下面介绍两种液压冲击情况下的 Δp 值的近似计算公式。

(1) 管道阀门关闭时的液压冲击。如图 2.32 所示，有一液面恒定并能保持液面压力不变的容器，则 A 点的压力保持不变。液体沿长度为 l、管径为 d 的管道经阀门 B 以速度 v 流出。

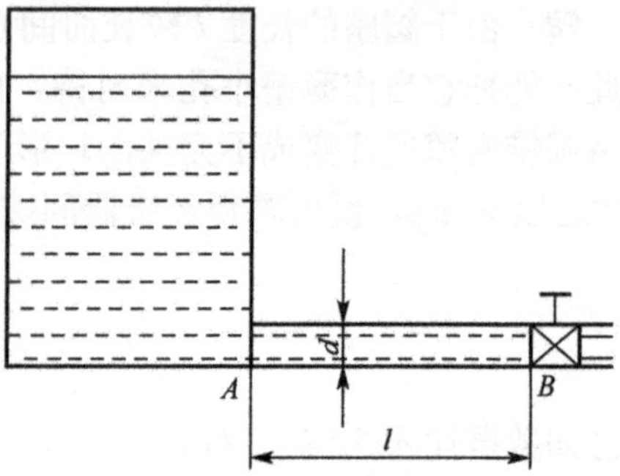

图 2.32　液流速度突变引起的液压冲击

设管道截面积为 A，产生冲击的管长为 l，压力冲击波第一波在 l 长度内传播的时间为 t_1，液体的密度为 ρ，管中液体的流速为 v，阀门关闭后的流速为零，则由动量方程得

$$\Delta pA=\rho Al\frac{v}{t_1}$$

$$\Delta p=\rho\frac{l}{t_1}v=\rho cv \tag{2-74}$$

式中，$c=l/t_1$，为压力冲击波在管中的传播速度。应用式(2-74)时，需先知道 c 值的大小，而 c 不仅和液体的体积弹性模量 K 有关，而且还和管道材料的弹性模量 E、管道的内径 d 及壁厚 δ 有关，c 值可按式(2-75)计算

$$c=\frac{\sqrt{\dfrac{K}{\rho}}}{\sqrt{1+\dfrac{Kd}{E\delta}}} \tag{2-75}$$

在液压传动中，c 值一般在 900m/s～1400m/s 之间。

若流速 v 不是突然降为零，而是降为 v_1，则式(2-74)可写为

$$\Delta p=\rho c(v-v_1) \tag{2-76}$$

设压力冲击波在管中往复一次的时间为 t_c，$t_c=2l/c$。当阀门关闭时间 $t<t_c$ 时，此时压力峰值很大，称为直接冲击，其 Δp 值可按式(2-74)或(2-76)计算。当 $t>t_c$ 时，压力峰值较小，称为间接冲击，这时 Δp 可按式(2-77)计算

$$\Delta p=\rho c(v-v_1)\frac{t_c}{t} \tag{2-77}$$

(2) 运动部件制动时的液压冲击。如图 2.33 所示，活塞以速度 v 驱动负载 m 向左运动，活塞和负载的总质量为 $\sum m$。当突然关闭出口通道时，液体被封闭在左腔中。由于运动部件的惯性而使左腔中的液体受压，引起液体压力急剧上升。运动部件则因受到左腔内液体压力产生的阻力而制动。

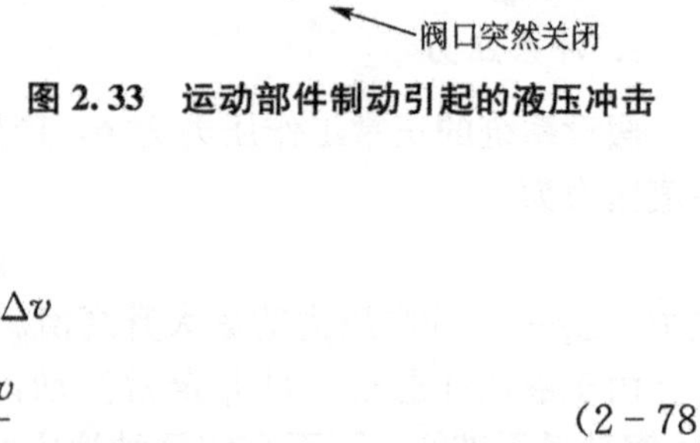

图 2.33　运动部件制动引起的液压冲击

设运动部件在制动时的减速时间为 Δt，速度减小值为 Δv，液压缸有效面积为 A，则根据动量定理得

$$\Delta pA\Delta t=\sum m\Delta v$$

$$\Delta p=\frac{\sum m\Delta v}{A\Delta t} \tag{2-78}$$

式中：$\sum m$——运动部件(包括活塞和负载)的总质量；

A——液压缸的有效工作面积；

Δv——运动部件速度的变化值，$\Delta v=v-v_1$；

Δt——运动部件制动时间；

v——运动部件制动前的速度；

v_1——运动部件经过 Δt 时间后的速度。

式(2-78)的计算忽略了阻尼、泄漏等因素，其值比实际的值要大些，因而是比较安全的。

3. *减小液压冲击的措施*

分析式(2-77)、式(2-78)中 Δp 的影响因素，可以归纳出减小液压冲击的主要措施有以下几种方法。

(1) 延长阀门关闭和运动部件制动换向的时间。实践证明，运动部件制动换向时间若能大于0.2s，冲击就大为减轻。在液压系统中采用换向时间可调的换向阀就可做到这一点。

(2) 限制管道流速及运动部件速度。例如在机床液压系统中，通常将管道流速限制在4.5m/s以下，液压缸所驱动的运动部件速度一般不宜超过10m/min等。

(3) 适当加大管道直径，尽量缩短管路长度。加大管道直径不仅可以降低流速，而且可以减小压力冲击波速度 c 值；缩短管路长度的目的是减小压力冲击波的传播时间 t_c；必要时还可在冲击区附近安装蓄能器等缓冲装置来达到此目的。

(4) 采用软管以增加系统的弹性。

2.6.2　气穴现象

在液压系统中，如果某处的压力低于空气分离压时，原先溶解在液体中的空气就会分离出来，导致液体中出现大量气泡，这种现象称为气穴现象。如果液体中的压力进一步降低到饱和蒸气压时，液体将迅速气化，产生大量蒸气泡，这时的气穴现象将会愈加严重。

当液压系统中出现气穴现象时，大量的气泡破坏了液流的连续性，造成流量和压力脉动，气泡随液流进入高压区时又急剧破灭，以致引起局部液压冲击，发出噪声并引起振动，当附着在金属表面上的气泡破灭时，它所产生的局部高温和高压会使金属剥蚀，这种由气穴造成的腐蚀作用称为气蚀。气蚀会使液压元件的工作性能变坏，并使其寿命大大缩短。

气穴多发生在阀口和液压泵的进口处。由于阀口的通道狭窄，液流的速度增大，压力则大幅度下降，以致产生气穴。当泵的安装高度过大，吸油管直径太小，吸油阻力太大，或泵的转速过高，造成进口处真空度过大时，亦会产生气穴。

为减少气穴和气蚀的危害，通常采取下列措施。

(1) 减小小孔或缝隙前后的压力降。一般希望小孔或缝隙前后的压力比值 $p_1/p_2<3.5$。

(2) 降低泵的吸油高度，适当加大吸油管内径，限制吸油管内液体的流速，尽量减少吸油管路中的压力损失(如及时清洗滤油器或更换滤芯等)。对于自吸能力差的泵需用辅助泵供油。

(3) 管路要有良好的密封，防止空气进入。

思考与练习

2-1 液压油有哪几种类型？液压油的牌号与黏度有什么关系？如何选用液压油？

2-2 已知某液压油的运动黏度为 $32mm^2/s$，密度为 $900kg/m^3$，问：其动力黏度和恩氏黏度各为多少？

2-3 已知某液压油在 20℃时的恩氏黏度为 $°E_{20}=10$，在 80℃时为 $°E_{80}=3.5$，试求温度为 60℃时的运动黏度。

2-4 什么是压力？压力有哪几种表示方法？液压系统的工作压力与外界负载有什么关系？

2-5 解释如下概念：恒定流动、非恒定流动、通流截面、流量、平均流速。

2-6 伯努利方程的物理意义是什么？该方程的理论式和实际式有什么区别？

2-7 管路中的压力损失有哪几种？其值与哪些因素有关？

2-8 在如图 2.34 所示液压缸装置中，$d_1=20mm$，$d_2=40mm$，$D_1=75mm$，$D_2=125mm$，$q_1=25L/min$。求 v_1、v_2 和 q_2 各为多少？

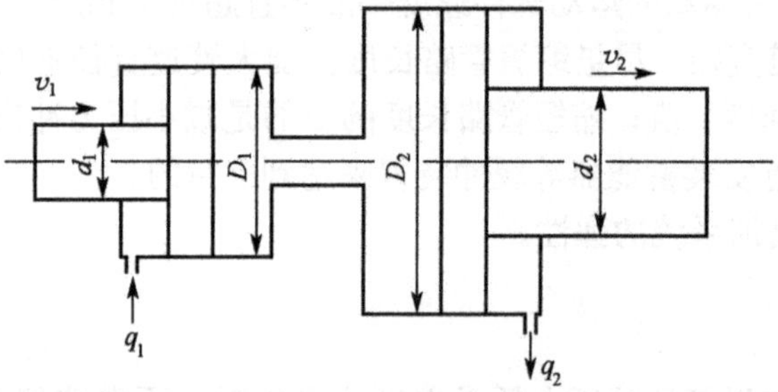

图 2.34 液压缸示意图

2-9 油在钢管中流动。已知管道直径为 50mm，油的运动黏度为 $40mm^2/s$。如果油液处于层流状态，那么可以通过的最大流量不超过多少？

2-10 如图 2.35 所示，油管水平放置，截面 1—1、2—2 处的内径分别为 $d_1=5mm$，$d_2=20mm$，在管内流动的油液密度 $\rho=900kg/m^3$，运动黏度 $\nu=20mm^2/s$。若不计油液流动的能量损失，试问：

(1) 截面 1—1 和 2—2 哪一处压力较高？为什么？

(2) 若管内通过的流量 $q=30L/min$，求两截面间的压力差 Δp。

2-11 液压泵安装如图 2.36 所示，已知泵的输出流量 $q=25L/min$，吸油管直径 $d=25mm$，泵的吸油口距油箱液面的高度 $H=0.4m$。设油的运动黏度 $\nu=20mm^2/s$，密度为 $\rho=900kg/m^3$。若仅考虑吸油管中的沿程损失，试计算液压泵吸油口处的真空度。

2-12 图 2.37 所示为液压泵的流量 $q=60L/min$，吸油管的直径 $d=25mm$，管长 $l=2m$，滤油器的压力降 $\Delta p_\zeta=0.01MPa$(不计其他局部损失)。液压油在室温时的运动黏度 $\nu=142mm^2/s$，密度 $\rho=900kg/m^3$，空气分离压 $p_d=0.04MPa$。求泵的最大安装高度 H_{max}。

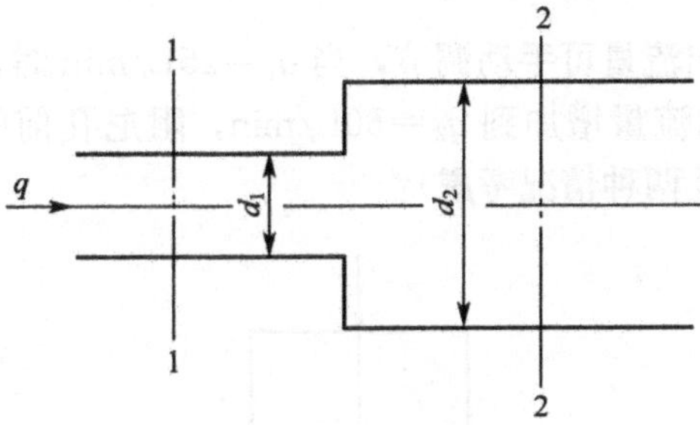

图 2.35　油管示意图

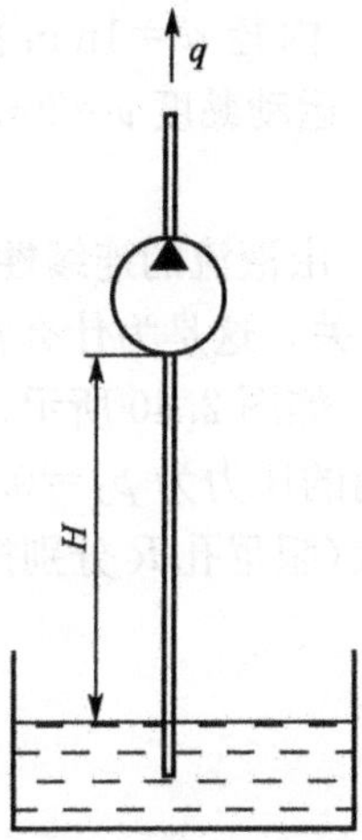

图 2.36　液压泵安装图

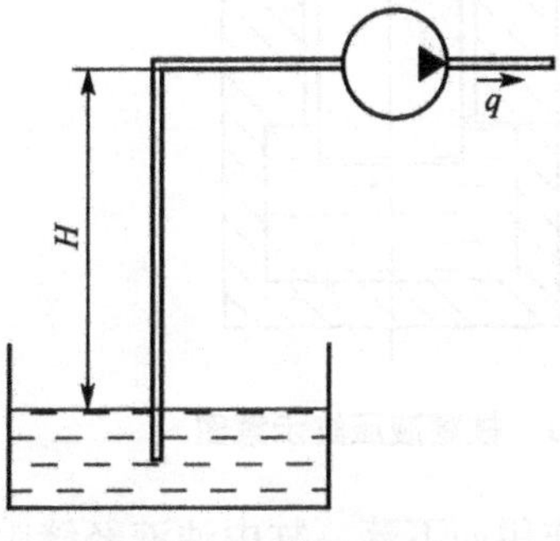

图 2.37　液压泵安装图

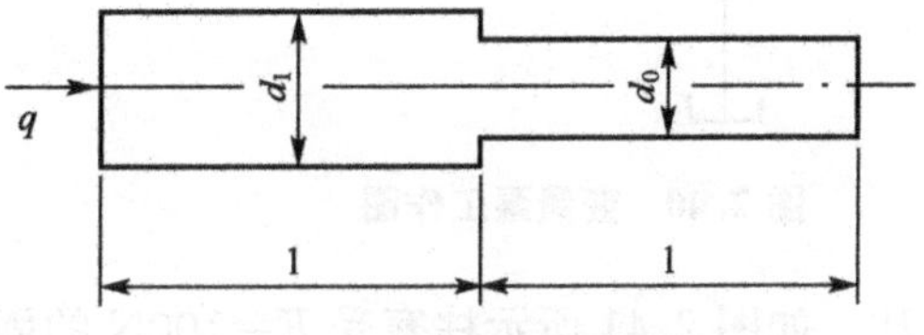

图 2.38　管道示意图

2－13　水平放置的光滑圆管由两段组成，如图 2.38 所示，直径分别为 $d_1=10\text{mm}$ 和 $d_0=6\text{mm}$，每段长度 $l=3\text{m}$。液体密度 $\rho=900\text{kg/m}^3$，运动黏度 $\nu=0.2\times10^{-4}\text{m}^2/\text{s}$，通过流量 $q=18\text{L/min}$，管道突然缩小处的局部阻力系数 $\zeta=0.35$。试求管内的总压力损失及两端的压力差(注：局部损失按断面突变后的流速计算)。

2－14　如图 2.39 所示，油的喷管中的流动速度 $v_1=6\text{m/s}$，喷管直径 $d_1=5\text{mm}$，油的密度 $\rho=900\text{kg/m}^3$，喷管前端置一挡板，问在下列情况下管口射流对挡板壁面的作用力 F 是多少？

(1) 当壁面与射流垂直时，如图 2.39 (a) 所示。

(2) 当壁面与射流成 60°角时，如图 2.39 (b) 所示。

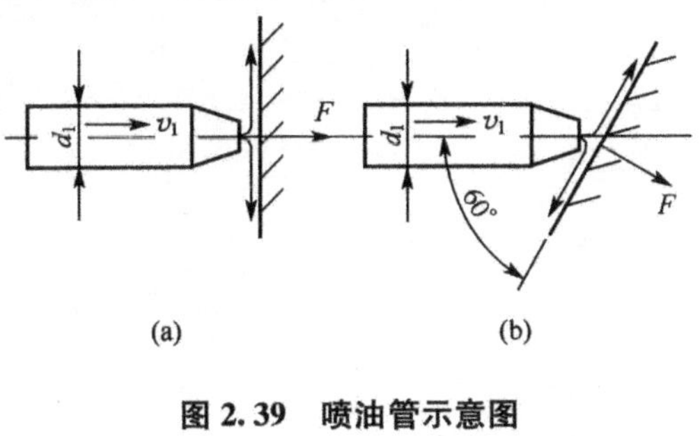

图 2.39　喷油管示意图

2-15　内径 $d=1\text{mm}$ 的阻尼管内有 $q=0.3\text{L/min}$ 的流量流过，液压油的密度 $\rho=900\text{kg/m}^3$，运动黏度 $\nu=20\text{mm}^2/\text{s}$，欲使管的两端保持 1MPa 的压差，试计算阻尼管的理论长度。

2-16　由液流的连续性方程知，通过某断面的流量与压力无关；而通过小孔的流量却与压差有关。这是为什么？

2-17　如图 2.40 所示，变量液压泵输出流量可手动调节，当 $q_1=25\text{L/min}$ 时，测得阻尼孔 R 前的压力为 $p_1=0.05\text{MPa}$；若泵的流量增加到 $q_2=50\text{L/min}$，阻尼孔前的压力 p_2 将是多大(阻尼孔 R 分别按细长孔和薄壁孔两种情况考虑)？

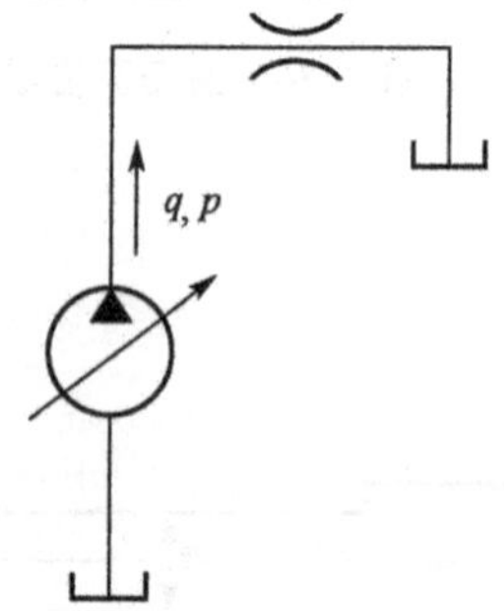

图 2.40　变量泵工作图

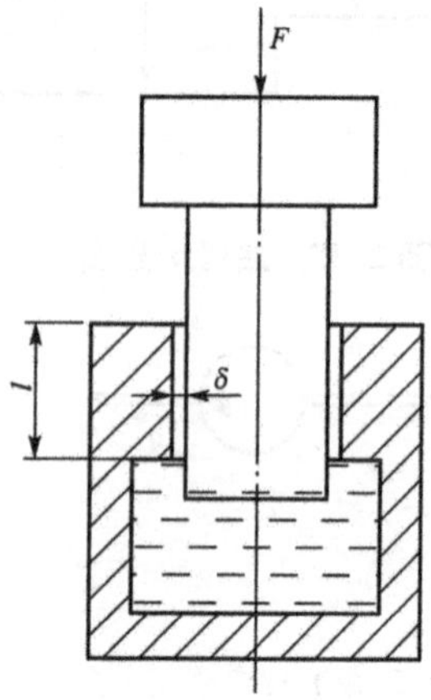

图 2.41　柱塞液压缸示意图

2-18　如图 2.41 所示柱塞受 $F=100\text{N}$ 的固定力作用而下落，缸中油液经缝隙泄出。设缝隙厚度 $\delta=0.05\text{mm}$，缝隙长度 $l=70\text{mm}$，柱塞直径 $d=20\text{mm}$，油的动力黏度 $\mu=50\times10^{-3}\text{Pa}\cdot\text{s}$。试计算：

(1) 当柱塞和缸孔同心时，下落 0.1m 所需时间是多少？

(2) 当柱塞和缸孔完全偏心时，下落 0.1m 所需时间又是多少？

第3章 液压泵和液压马达

教学提示：在液压系统中，液压泵是把原动机提供的机械能转换成压力能的动力元件，其功用是给液压系统提供足够的液体压力能，以驱动系统工作，因此，液压泵的输入参量为机械参量(转矩T和转速n)，输出参量为液压参量(压力p和流量q)。而液压马达是将输入的液体压力能转换成工作机构所需要的机械能，直接或间接驱动负载连续回转而做功的执行元件，因此，液压马达的输入参量为液压参量(压力p和流量q)，输出参量为机械参量(转矩T和转速n)。

本章介绍几种典型液压泵及液压马达的工作原理、结构特点、性能参数以及应用。

教学要求：本章要求学生掌握液压泵和液压马达的工作原理、主要性能参数及液压泵和液压马达的分类；了解齿轮泵的工作原理、结构特点；了解单作用、双作用叶片泵的工作原理和结构特点；掌握限压式变量泵的工作原理和流量压力特性曲线及有关计算方法；了解轴向柱塞泵和径向柱塞泵的工作原理、结构特点，掌握其流量计算方法；了解液压泵的选用；了解液压马达的工作原理，掌握其转速、转矩和功率的计算方法。

液压泵作为系统的动力元件，起着向系统提供动力源的作用，是必不可少的核心元件。它将原动机输入的机械能转化为液压能输出，为液压系统提供足够流量的液压油。而液压马达是液压系统中的执行元件，是将液压泵提供的液压能转变为机械能的能量转换装置。

3.1 液压泵及液压马达概述

液压泵和液压马达属于容积式液压机械，它们都是利用密闭容积的变化来工作的。因此，抓住密封容积是如何构成的，以及密封容积是如何变化的问题，是理解液压泵和液压马达工作原理与结构特点的关键。

3.1.1 液压泵的工作原理

如图3.1所示为单柱塞液压泵的工作原理图。图3.1中，柱塞2装在缸体3中形成密封容积a，柱塞2在弹簧4的作用下始终压紧在偏心轮1上。当原动机驱动偏心轮1旋转时，柱塞便在缸体中作往复运动，使得密封容积a的大小随之发生周期性的变化。当柱塞外伸时，密封容积a由小变大，形成真空，油箱中的油

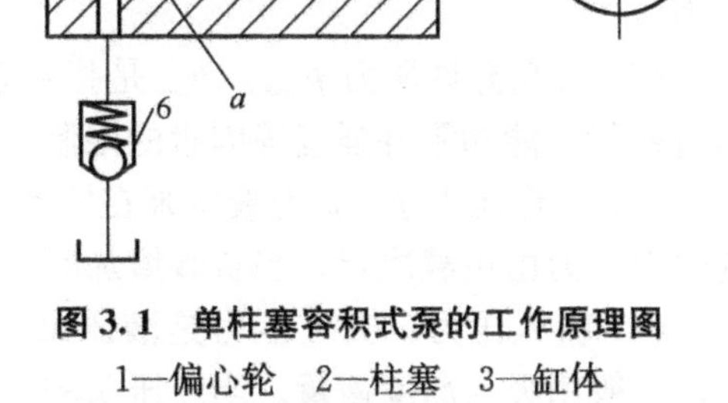

图3.1 单柱塞容积式泵的工作原理图

1—偏心轮 2—柱塞 3—缸体

4—弹簧 5—排油单向阀 6—吸油单向阀

液在大气压力的作用下，经吸油管顶开吸油单向阀 6 进入 a 腔而实现吸油，此时排油单向阀 5 在系统管道油液压力的作用下关闭；反之，当柱塞被偏心轮压进缸体时，密封容积 a 由大变小，a 腔中吸满的油液将顶开排油单向阀 5，流入系统而实现排油，此时吸油单向阀 6 关闭。原动机驱动偏心轮不断旋转，液压泵就不断地吸油和排油。

液压泵排出油液的压力取决于油液流动需要克服的阻力，排出油液的流量取决于密封容积变化的大小和变化频率。

由此可见，容积式液压泵靠密封油腔容积的变化实现吸油和排油，从而将原动机输入的机械功率 $T\omega$(T 为输入的转矩，ω 为输入的角速度)转换成液压功率 pq(p 为输出压力，q 为输出流量)。

液压泵和液压马达实现吸、排油的方式称为配流。这里，单向阀 5、6 组成阀配流机构，使吸、排油过程相互隔开，从而使系统能随负载建立起相应的压力。

这种单柱塞泵是靠密封油腔的容积变化进行工作的，称为容积式泵。构成容积式液压泵必须具备如下 3 个条件。

(1) 容积式泵必定具有一个或若干个密封油腔。

(2) 密封油腔的容积能产生由小到大和由大到小的变化，以形成吸、排油过程。

(3) 具有相应的配流机构以使吸、排油过程能各自独立完成。

本章所述的各种液压泵虽然组成密封腔的零件结构各异，配流机构形式也各不相同，但它们都满足上述 3 个条件，都属于容积式液压泵。

从工作原理和能量转换的角度来说，液压泵和液压马达是可逆工作的液压元件，即向液压泵输入工作液体，便可使其变成液压马达而带动负载工作。因此，液压马达同样需要满足液压泵的上述 3 个条件，液压马达的工作原理在此不再赘述。

必须指出，由于液压泵和液压马达的工作条件不同，对各自的性能要求也不一样，因此，同类型的液压泵和液压马达尽管结构很相似，但仍存在不少差异，所以在实际使用中，大部分液压泵和液压马达不能互相代用(注明可逆的除外)。

3.1.2 液压泵的主要性能参数

液压泵的性能参数主要有压力、转速、排量、流量、功率和效率。

1. 液压泵的压力(常用单位为 MPa)

(1) 额定压力 p_n。在正常工作条件下，按试验标准规定连续运转所允许的最高压力称为额定压力。额定压力值与液压泵的结构形式及其零部件的强度、工作寿命和容积效率有关。在液压系统中，安全阀的调定压力要小于泵的额定压力。产品铭牌标注的就是额定压力。

(2) 最高允许压力 p_{max}。p_{max}是指泵在短时间内所允许超载使用的极限压力，它受泵本身密封性能和零件强度等因素的限制。

(3) 工作压力 p。p 为液压泵在实际工作时的输出压力，亦即液压泵出口的压力，泵的输出压力由负载决定。当负载增加时，输出压力就增大；负载减小，输出压力就降低。

(4) 吸入压力。吸入压力是液压泵进口处的压力。自吸式泵的吸入压力低于大气压力，一般用吸入高度衡量。当液压泵的安装高度太高或吸油阻力过大时，液压泵的进口压力将因低于极限吸入压力而导致吸油不充分，而在吸油腔产生气穴或气蚀。吸入压力的大小与泵的结构形式有关。

2. 液压泵的转速(常用单位为 r/min)

(1) 额定转速 n：在额定压力下，根据试验结果推荐能长时间连续运行并保持较高运行效率的转速。

(2) 最高转速 n_{max}：在额定压力下，为保证使用寿命和性能所允许的短暂运行的最高转速，其值主要与液压泵的结构形式及自吸能力有关。

(3) 最低转速 n_{min}：为保证液压泵可靠工作或运行效率不致过低所允许的最低转速。

3. 液压泵的排量及流量

(1) 排量 V_p(m^3/r，常用单位为 mL/r)。在不考虑泄漏的情况下，液压泵主轴每转一周所排出的液体的体积称为排量，又称为理论排量或几何排量。

(2) 理论流量 q_t(m^3/s，常用单位为 L/min)。在不考虑泄漏的情况下，液压泵在单位时间内所排出的液体的体积称为理论流量，工程上又称为空载流量。

$$q_t=nV_p \tag{3-1}$$

式中：n——液压泵的转速，r/min；

V_p——液压泵的排量。

(3) 实际流量 q_p。q_p 指实际运行时，在不同压力下液压泵所排出的流量。实际流量低于理论流量，其差值 $\Delta q=q_t-q_p$ 为液压泵的泄漏量。

(4) 额定流量 q_n。在额定压力、额定转速下，按试验标准规定必须保证的输出流量称为额定流量。

(5) 瞬时理论流量 q_{tsh}。由运动学机理可知，液压泵的流量往往具有脉动性，液压泵在某一瞬间所排的理论流量称为瞬时理论流量。

(6) 流量不均匀系数 δ_q。δ_q 是指在液压泵的转速一定时，因流量脉动造成的流量不均匀的程度。

$$\delta_q=\frac{(q_{tsh})_{max}-(q_{tsh})_{min}}{q_t} \tag{3-2}$$

4. 液压泵的功率

液压泵的输入功率为机械功率，表现为泵轴上的转矩 T 和角速度 ω；液压泵的输出功率为液压功率，表现为压力 p_p 和流量 q_p。

(1) 输入功率 P_i。液压泵的输入功率是原动机的输出功率，亦即实际驱动泵轴所需的机械功率

$$P_i=\omega T=2\pi nT \tag{3-3}$$

(2) 输出功率 P_o。液压泵的输出功率（kW）用其实际流量 q_p 和出口压力 p_p 的乘积表示

$$P_o=p_pq_p \tag{3-4}$$

式中：q_p——液压泵的实际流量，m^3/s；

p_p——液压泵的出口压力，Pa。

(3) 理论功率 P_t。如果液压泵在能量转换过程中没有能量损失，则输入功率与输出功率相等，即为理论功率，用 P_t 表示

$$P_t = pq_t = 2\pi n T_t \tag{3-5}$$

式中：T_t——液压泵的理论转矩。

5. 液压泵的效率

实际上，液压泵在能量转换过程中是有损失的，因此输出功率小于输入功率，两者之差即为功率损失。液压泵的功率损失有机械损失和容积损失：因摩擦而产生的损失是机械损失，因泄漏而产生的损失是容积损失。功率损失用效率来描述。

（1）机械效率 η_{pm}。液体在泵内流动时，液体黏性会引起转矩损失，泵内零件相对运动时，机械摩擦也会引起转矩损失。机械效率 η_{pm} 是泵所需要的理论转矩 T_t 与实际转矩 T 之比，即

$$\eta_{pm} = \frac{T_t}{T} \tag{3-6}$$

（2）容积效率 η_{pv}。在转速一定的条件下，液压泵的输出功率与理论功率之比，或者液压泵的实际流量与理论流量之比，定义为泵的容积效率，即

$$\eta_{pv} = \frac{q_p}{q_t} = 1 - \frac{q_l}{q_t} = 1 - \frac{q_l}{nV_p} \tag{3-7}$$

式中：q_l——液压泵的泄漏量。

在液压泵的结构形式、几何尺寸确定后，泄漏量 q_l 的大小主要取决于泵的出口压力，与液压泵的转速（对定量泵）或排量（对变量泵）无多大关系。因此液压泵在低转速或小排量下工作时，其容积效率将会很低，以致无法正常工作。

由于泵内相对运动零件之间的间隙很小，泄漏油液的流态是层流，所以泄漏量 q_l 和泵的工作压力 p_p 是线性关系，即

$$q_l = k_l p_p \tag{3-8}$$

式中：k_l——泵的泄漏系数。

因此

$$\eta_{pv} = 1 - \frac{k_l p_p}{V_p n} \tag{3-9}$$

（3）总效率 η_p。η_p 液压泵的输出功率与输入功率之比。

$$\eta_p = \frac{P_o}{P_i} = \frac{p_p q_p}{2\pi n T} = \frac{p_p q_t \eta_{pv}}{2\pi n T_t / \eta_{pm}} = \frac{p_p q_t}{2\pi n T_t} \eta_{pv} \eta_{pm} = \eta_{pv} \eta_{pm} \tag{3-10}$$

液压泵的总效率 η_p 在数值上等于容积效率和机械效率的乘积。液压泵的总效率、容积效率和机械效率可以通过实验测得。

液压泵的容积效率 η_{pv}、机械效率 η_{pm}、总效率 η_p、理论流量 q_t、实际流量 q_p 和实际输入功率 P_i 与工作压力 p_p 的关系曲线如图 3.2 所示。它是液压泵在特定的介质、转速和油温等条件下通过实验得出的。

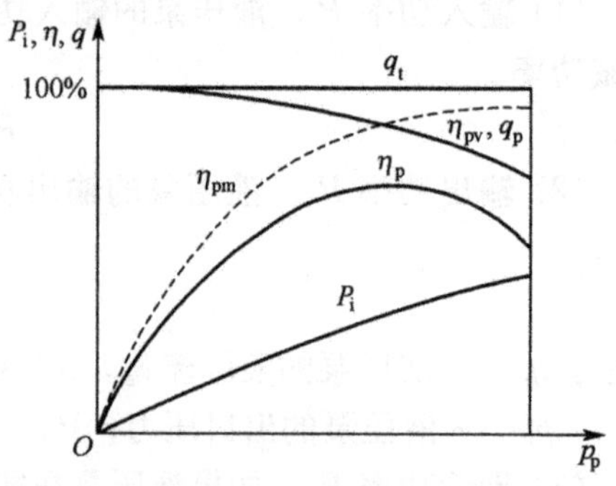

图 3.2　液压泵的性能曲线

由图 3.2 可知，液压泵在零压时的流量即为 q_t。由于泵的泄漏量随压力的升高而增大，所以泵的容积效率 η_{pv} 及实际流量 q_p 随泵工作压力的升高而降低。压力为零时的容积效率 $\eta_{pv}=100\%$，这时

的实际流量 q_p 可以视为理论流量 q_t。总效率 η_p 开始随压力 p_p 的增大很快上升，接近液压泵的额定压力时总效率 η_p 最大，达到最大值后，又逐步降低。由容积效率和总效率这两条曲线的变化，可以看出机械效率的变化情况：泵在低压时，机械摩擦损失在总损失中所占的比重较大，其机械效率 η_{pm}很低。随着工作压力的提高，机械效率很快上升。在达到某一值后，机械效率大致保持不变，从而表现出总效率曲线几乎和容积效率曲线平行下降的变化规律。

6. 液压泵的噪声

液压泵的噪声通常用分贝(dB)衡量，液压泵噪声产生的原因主要包括：流量脉动、液流冲击、零部件的振动和摩擦，以及液压冲击等。

【例3.1】 已知中高压齿轮泵 CBG2040 的排量为 40.6mL/r，该泵在转速为 1450r/min、压力为 10MPa 的工况下工作，泵的容积效率 $\eta_{pv}=0.95$，总效率 $\eta_p=0.9$，求驱动该泵所需电动机的功率 P_{pi}和泵的输出功率 P_{po}。

解：(1) 求泵的输出功率 P_{po}。

液压泵的实际输出流量 q_p 为

$$q_p=q_t\eta_{pv}=V_pn_p\eta_{pv}=40.6\times10^{-3}\times1450\times0.95=55.927(\text{L/min})$$

则液压泵的输出功率为

$$P_{po}=p_pq_p=\frac{10\times10^6\times55.927\times10^{-3}}{60\times10^3}=\frac{55.927}{6}=9.321(\text{kW})$$

(2) 求电动机的功率 P_{pi}。

电动机功率即泵的输入功率

$$P_{pi}=\frac{P_{po}}{\eta_p}=\frac{9.321}{0.9}=10.357(\text{kW})$$

查电动机手册，应选配功率为 11kW 的电动机。

3.1.3 液压马达的性能参数

1. 液压马达的压力

液压马达的额定压力、最高压力、工作压力的定义与液压泵相同，其差别是指液压马达的进口压力，而液压马达的出口压力则称为背压。为保证液压马达运转的平稳性，一般取液压马达的背压为 0.5MPa～1MPa。

2. 液压马达的排量、流量

液压马达的排量、理论流量、实际流量、额定流量及泄漏量的定义与液压泵类似，所不同的是进入液压马达的液体体积，且实际流量 q_M大于理论流量 q_{Mt}，即 $q_M-q_{Mt}=q_l$。

3. 液压马达的转速和容积效率

液压马达在其排量一定时，其理论转速 n_t取决于进入马达的流量 q_M，即

$$n_t=\frac{q_M}{V_M} \tag{3-11}$$

由于马达实际工作时存在泄漏，并不是所有进入液压马达的液体都推动液压马达做功，一小部分液体因泄漏损失掉了，所以计算实际转速时必须考虑马达的容积效率 η_{Mv}。当液压马达的泄漏流量为 q_l时，则输入马达的实际流量为 $q_M=q_t+q_l$。液压马达的容积效

率定义为理论流量 q_{Mt} 与实际流量 q_M 之比，即

$$\eta_{Mv}=\frac{q_{Mt}}{q_M}=\frac{q_M-q_l}{q_M}=1-\frac{q_l}{q_M} \tag{3-12}$$

则马达的实际输出转速为

$$n_M=\frac{q_M-q_l}{V_M}=\frac{q_M}{V_M}\eta_{Mv} \tag{3-13}$$

4. 液压马达的转矩和机械效率

设马达的进、出口压力差为 Δp，排量为 V_M，不考虑功率损失，则液压马达输入的液压功率等于输出的机械功率，即

$$\Delta p q_t=T_t\omega_t$$

因为 $q_t=V_M n_t$，$\omega_t=2\pi n_t$，所以马达的理论转矩 T_t 为

$$T_t=\frac{\Delta p V_M}{2\pi} \tag{3-14}$$

式(3-14)称为液压转矩公式。显然，根据液压马达排量 V_M 的大小可以计算在给定压力下马达理论转矩的大小，也可以计算在给定负载转矩下马达工作压力的大小。

由于马达实际工作时存在机械摩擦损失，计算实际输出转矩 T_M 时，必须考虑马达的机械效率 η_{Mm}。当液压马达的转矩损失为 ΔT 时，则马达的实际输出转矩为 $T_M=T_t-\Delta T$。液压马达的机械效率定义为实际输出转矩 T_M 与理论转矩 T_t 之比，即

$$\eta_{Mm}=\frac{T_M}{T_t}=\frac{T_t-\Delta T}{T_t}=1-\frac{\Delta T}{T_t} \tag{3-15}$$

5. 液压马达的功率与总效率

(1) 输入功率 P_{Mi}。液压马达的输入功率为液压功率，即进入液压马达的流量 q_M 与液压马达进口压力 p_M 的乘积，即

$$P_{Mi}=p_M q_M \tag{3-16}$$

(2) 输出功率 P_{Mo}。液压马达的输出功率等于液压马达的实际输出转矩 T_M 与输出角速度 ω_M 的乘积，即

$$P_{Mo}=T_M\omega_M \tag{3-17}$$

(3) 液压马达的总效率。液压马达的总效率 η_M 为

$$\eta_M=\frac{P_{Mo}}{P_{Mi}}=\frac{2\pi n_M T_M}{p q_M}=\eta_{Mm}\eta_{Mv} \tag{3-18}$$

由式(3-18)可知，液压马达的总效率等于机械效率与容积效率的乘积，这一点与液压泵相同。但必须注意，液压马达的机械效率、容积效率的定义与液压泵的机械效率、容积效率的定义是有区别的。

6. 液压马达的启动性能

液压马达的启动性能主要由启动转矩和启动机械效率来描述。启动转矩是指液压马达由静止状态启动时液压马达轴上所能输出的转矩。启动转矩通常小于同一工作压差、但处于运行状态下所输出的转矩。

启动机械效率是指液压马达由静止状态启动时，液压马达实际输出的转矩与它在同一工作压差时的理论转矩之比。

启动转矩和启动机械效率的大小，除与摩擦转矩有关外，还受转矩脉动性的影响。当

输出轴处于不同相位时，其启动转矩的大小稍有差别。

7. 液压马达的最低稳定转速

最低稳定转速 n_{min} 是指液压马达在额定负载下，不出现爬行现象的最低转速。液压马达的最低稳定转速除与结构形式、排量大小、加工装配质量有关外，还与泄漏量的稳定性及工作压差有关。一般希望最低稳定转速越小越好，这样可以扩大液压马达的变速范围。

8. 液压马达的制动性能

当液压马达用来起吊重物或驱动车轮时，为了防止在停车时重物下落或车轮在斜坡上自行下滑，对其制动性要有一定的要求。

制动性能一般用额定转矩下，切断液压马达的进出油口后，因负载转矩变为主动转矩，使液压马达变成泵工况，出口油液转为高压，油液由此向外泄漏而导致马达缓慢转动的滑转值予以评定。

9. 液压马达的工作平稳性及噪声

液压马达的工作平稳性用理论转矩的不均匀系数 $\delta_M=(T_{tmax}-T_{tmin})/T_t$ 来评价。不均匀系数除与液压马达的结构形式有关外，还取决于马达的工作条件和负载的性质。与液压泵相同，液压马达的噪声亦分为机械噪声和液压噪声。为降低噪声，除设计时要注意外，使用时亦要重视。

【例 3.2】 某液压马达的排量 $V_M=250\text{mL/r}$，入口压力为 9.8MPa，出口压力为 0.49MPa，其总效率 $\eta_M=0.9$，容积效率 $\eta_{Mv}=0.92$。当输入流量为 22L/min 时，求液压马达的输出转矩和转速各为多少？

解：(1) 液压马达的理论流量 q_{tM} 为

$$q_{tM}=q_M\eta_{Mv}=22\times0.92=20.24(\text{L/min})$$

(2) 液压马达的实际转速为

$$n_M=\frac{q_{tM}}{V_M}=\frac{20.24\times10^3}{250}=80.96(\text{r/min})$$

(3) 液压马达的输出转矩为

$$T_M=\frac{\Delta p_M V_M}{2\pi}\times\frac{\eta_M}{\eta_{Mv}}=\frac{(9.8-0.49)\times10^6\times250\times10^{-6}\times0.9}{2\pi\times0.92}=362.56(\text{N}\cdot\text{m})$$

或者

$$T_M=\frac{\Delta p_M q_M}{2\pi n_M}\eta_M=\frac{9.31\times10^6\times22\times10^{-3}}{2\pi\times80.96}\times0.9=362.56(\text{N}\cdot\text{m})$$

3.1.4 液压泵和液压马达的分类

液压泵和液压马达的类型很多。液压泵按主要运动构件的形状和运动方式分为齿轮泵、叶片泵、柱塞泵和螺杆泵 4 大类，按排量能否改变可分为定量泵和变量泵。

液压马达按结构可分为齿轮马达、叶片马达、柱塞马达和螺杆马达；按排量能否改变可分为定量马达、变量马达；按其工作特性分为高速液压马达和低速液压马达。把额定转速在 500r/min 以上的马达称为高速小扭矩马达，这类马达有齿轮马达、螺杆马达、叶片马达、柱塞马达等。高速马达的特点是转速较高，转动惯量小，便于启动和制动，调节和换向灵敏度高，但输出扭矩不大，仅几十牛米到几百牛米。额定转速在 500r/min 以下的马达称为低速大扭矩液压马达，这类马达有单作用连杆型径向柱塞马达和多作用内曲线径向柱塞马达等。低速马达的特点是排量大、体积大、转速低，有的可低到每分钟几转甚至不到一转，因此可直接与工作机构连接，不需要减速装置，使传动机构大大简化。通常低速液压马达的输出扭矩较大，可达几千牛米到几万牛米。

液压泵和液压马达也可以按压力来分类，见表 3-1。

表 3-1 压力分级

压力分级	低压	中压	中高压	高压	超高压
压力/MPa	≤2.5	>2.5～8	>8～16	>16～32	>32

常用液压泵和液压马达的图形符号如图 3.3 所示。

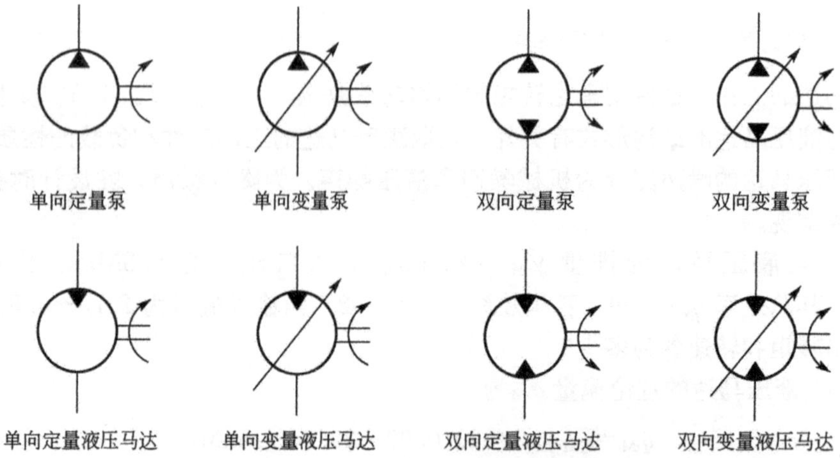

图 3.3 液压泵和液压马达的图形符号

3.2 齿轮泵和齿轮马达

齿轮泵和齿轮马达的主要特点是结构简单、体积小、重量轻，转速高且范围大，自吸性能好，对油液污染不敏感和工作可靠，维护方便和价格低廉等，在一般液压传动系统中，特别是工程机械上应用较为广泛。其主要缺点是流量脉动和压力脉动较大，泄漏损失大，容积效率较低，噪声较严重，容易发热，排量不可调节，只能作定量泵、定量马达，故适用范围受到一定限制。

齿轮泵及齿轮马达按齿轮啮合形式的不同分为外啮合和内啮合两种；按齿形曲线的不同分为渐开线齿形和非渐开线齿形两种。

3.2.1 齿轮泵的工作原理

图 3.4 所示为外啮合渐开线齿轮泵的结构简图。外啮合渐开线齿轮泵主要由一对几何参数完全相同的主、从动齿轮 4 和 8、传动轴 6、泵体 3 以及前、后泵盖 5 和 1 等零件组成。

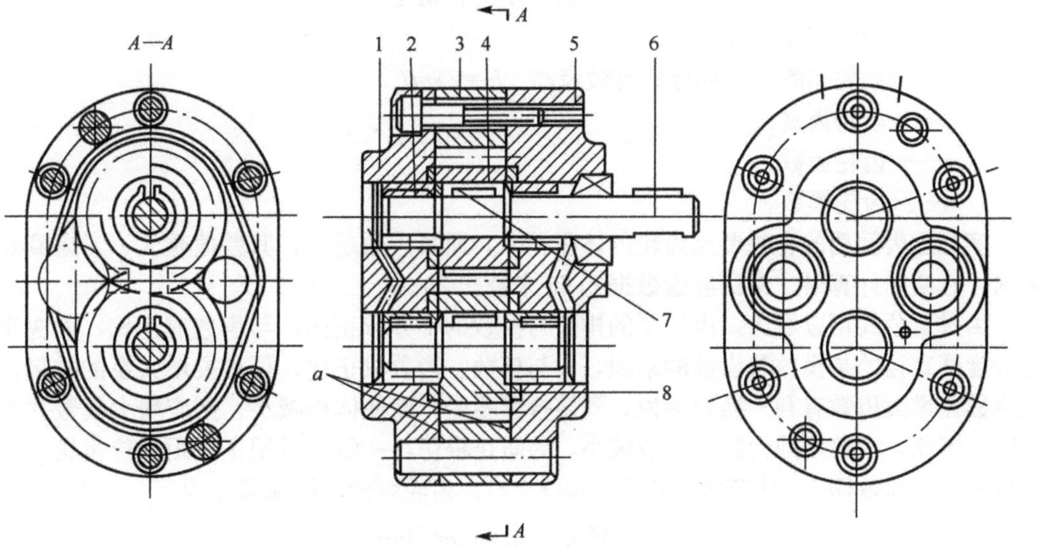

图3.4 CB-B型齿轮泵结构图

1—后泵盖 2—滚针轴承 3—泵体 4—主动齿轮 5—前泵盖 6—传动轴 7—键 8—从动齿轮

图3.5所示为其工作原理图。由于齿轮两端面与泵盖的间隙以及齿轮的齿顶与泵体内表面的间隙都很小，因此，一对啮合的轮齿将泵体、前后泵盖和齿轮包围的密封容积分隔成左、右两个密封的工作腔。当原动机带动齿轮按如图3.5所示的方向旋转时，右侧的轮齿不断退出啮合，而左侧的轮齿不断进入啮合。因啮合点的啮合半径小于齿顶圆半径，右侧退出啮合的轮齿露出齿间，其密封工作腔容积逐渐增大，形成局部真空，油箱中的油液在大气压力的作用下经泵的吸油口进入这个密封油腔——吸油腔。随着齿轮的转动，吸入的油液被齿间转移到左侧的密封工作腔。左侧进入啮合的轮齿使密封油腔——压油腔容积逐渐减小，把齿间油液挤出，从压油口输出，压入液压系统。这就是齿轮泵的吸油和压油过程。齿轮连续旋转，泵连续不断地吸油和压油。

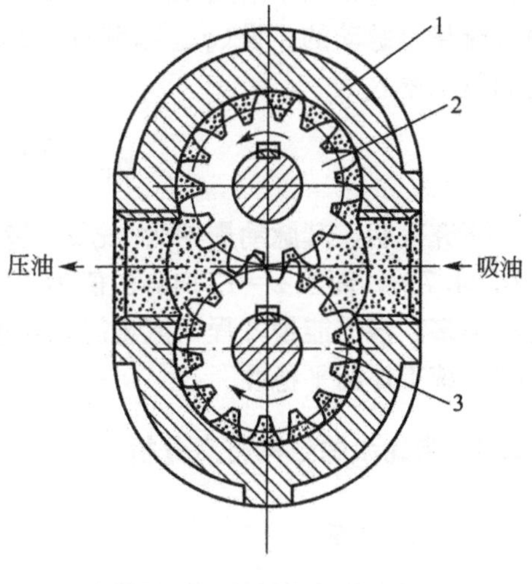

图3.5 齿轮泵的工作原理图

1—壳体 2—主动齿轮 3—从动齿轮

齿轮啮合点处的齿面接触线将吸油腔和压油腔分开，起到了配油(配流)作用，因此不需要单独设置配油装置，这种配油方式称为直接配油。

3.2.2 齿轮泵的排量和流量计算

外啮合齿轮泵的排量是这两个轮齿的齿间槽容积的总合。如果近似地认为齿间槽的容积等于轮齿的体积，那么外啮合齿轮泵的排量计算式为

$$V=\pi DhB=2\pi zm^2B \tag{3-19}$$

式中：D——齿轮节圆直径；

h——齿轮扣除顶隙部分的有效齿高，$h=2zm$；

B——齿轮齿宽；

z——齿轮齿数；

m——齿轮模数。

实际上齿间槽的容积要比齿轮的体积稍大，而且齿数越少，其差值越大，考虑到这一因素，在实际计算时，常用经验数据 6.66 来替代 2π。

由排量公式可以看出，齿轮泵的排量与模数的平方成正比，与齿数成正比，而决定齿轮分度圆直径的是模数与齿数的乘积，它与模数、齿数成正比，可见要增大泵的排量，增大模数比增大齿数有利。换句话说，要使排量不变，而使体积减小，则应增大模数并减少齿数。因此，齿轮泵的齿数 z 一般较小，为防止根切，一般需采用正移距变位齿轮，所移距离为一个模数(m)，即节圆直径 $D=m(z+1)$。齿轮泵的实际流量 q 为

$$q=Vn\eta_v=6.66zm^2Bn\eta_v \tag{3-20}$$

式中：n——齿轮泵的转速；

η_v——齿轮泵的容积效率。

式(3-20)中的 q 是齿轮泵的平均流量。根据齿轮啮合原理可知，齿轮在啮合过程中，啮合点是沿啮合线不断变化的，造成吸、压油腔的容积变化率也是变化的，因此齿轮泵的瞬时流量是脉动的。设$(q_{max})_{sh}$和$(q_{min})_{sh}$分别表示齿轮泵的最大和最小瞬时流量，则其流量的脉动率 δ_q 为

$$\delta_q=\frac{(q_{max})_{sh}-(q_{min})_{sh}}{q}\times 100\% \tag{3-21}$$

研究表明，其脉动周期为 $2\pi/z$，齿数越少，脉动率 δ_q 越大。例如，当 $z=6$ 时，δ_q 值高达 34.7%，而当 $z=12$ 时，δ_q 值为 17.8%。在相同情况下，内啮合齿轮泵的流量脉动率要小得多。根据能量方程，流量脉动会引起压力脉动，使液压系统产生振动和噪声，直接影响系统工作的平稳性。

3.2.3 齿轮泵的结构特点分析

1. 泄漏问题

液压泵中构成密封工作容积的零件要作相对运动，因此存在着配合间隙。由于泵吸、压油腔之间存在压力差，其配合间隙必然产生泄漏，泄漏影响液压泵的性能。外啮合齿轮泵压油腔的压力油主要通过 3 条途径泄漏到低压腔。

(1) 泵体的内圆和齿顶径向间隙的泄漏。由于齿轮转动方向与泄漏方向相反，且压油腔到吸油腔通道较长，所以其泄漏量相对较小，约占总泄漏量的 10%～15%左右。

(2) 齿面啮合处间隙的泄漏。由于齿形误差会造成沿齿宽方向接触不好而产生间隙，使压油腔与吸油腔之间造成泄漏，这部分泄漏量很少。

(3) 齿轮端面间隙的泄漏。齿轮端面与前后盖之间的端面间隙较大，此端面间隙封油长度又短，所以泄漏量最大，占总泄漏量的 70%～75%左右。

由此可知，齿轮泵由于泄漏量较大，其额定工作压力不高，要想提高齿轮泵的额定压

力并保证较高的容积效率，首先要减少沿端面间隙的泄漏问题。

2. 困油现象

为了保证齿轮传动的平稳性，保证吸排油腔严格地隔离以及齿轮泵供油的连续性，根据齿轮啮合原理，就要求齿轮的重叠系数 ε 大于 1(一般取 ε=1.05～1.3)，这样在齿轮啮合中，在前一对齿轮退出啮合之前，后一对齿轮已经进入啮合。在两对齿轮同时啮合的时段内，就有一部分油液困在两对齿轮所形成的封闭油腔内，既不与吸油腔相通，也不与压油腔相通。这个封闭油腔的容积开始时随齿轮的旋转逐渐减少，以后又逐渐增大(如图 3.6 所示)。封闭油腔容积减小时，困在油腔中的油液受到挤压，并从缝隙中挤出而产生很高的压力，使油液发热，轴承负荷增大；而封闭油腔容积增大时，又会造成局部真空，产生气穴现象。这些都将使齿轮泵产生强烈的振动和噪声，这就是困油现象。

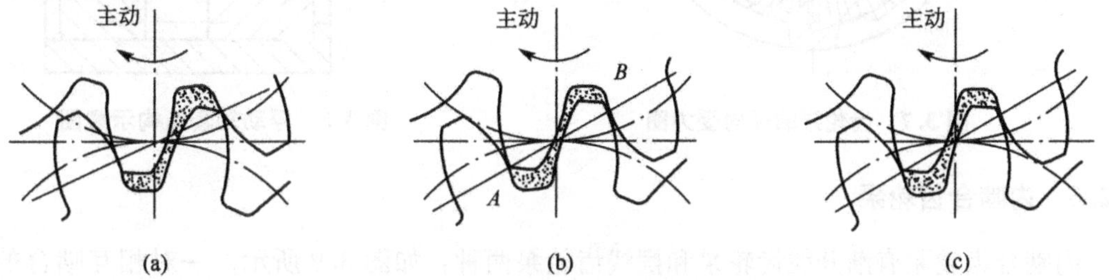

图 3.6　齿轮泵的困油现象

消除困油现象的措施是在齿轮端面两侧板上开卸荷槽。困油区油腔容积增大时，通过卸荷槽与吸油区相连，反之与压油区相连。卸荷槽的形式有各种各样，有对称开口的，有不对称开口的，有开圆形盲孔卸荷槽，如 CB－G 泵。

3. 不平衡的径向力

在齿轮泵中，作用在齿轮外圆上的压力是不相等的，如图 3.7 所示。齿轮周围压力不一致，使齿轮轴受力不平衡。压油腔压力愈高，这个力愈大。从泵的进油口沿齿顶圆圆周到出油口齿和齿之间的油的压力，从压油口到吸油口按递减规律分布，这些力的合力构成了一个不平衡的径向力。其带来的危害是加重了轴承的负荷，并加速了齿顶与泵体之间的磨损，影响了泵的寿命。可以采用减小压油口的尺寸、加大齿轮轴和轴承的承载能力、开压力平衡槽、适当增大径向间隙等办法来解决。

3.2.4　提高齿轮泵压力的措施

要提高齿轮泵的工作压力，必须减小端面泄漏，可以采用浮动轴套或浮动侧板，使轴向间隙能自动补偿。图 3.8 所示是采用浮动轴套的结构，利用特制的通道把压力油引入右腔，在油压的作用下，浮动轴套以一定的压紧力压向齿轮端面，压力愈大、压得愈紧，轴向间隙就愈小，因而减少了泄漏。当泵在较低压力下工作时，压紧力随之减小，泄漏也不会增加。采用了浮动轴套结构以后，浮动轴套在压力油的作用下可以自动补偿端面间隙的增大，从而限制了泄漏，提高了压力，同时具有较高的容积效率与较长的使用寿命，因此在高压齿轮泵中应用得十分广泛。

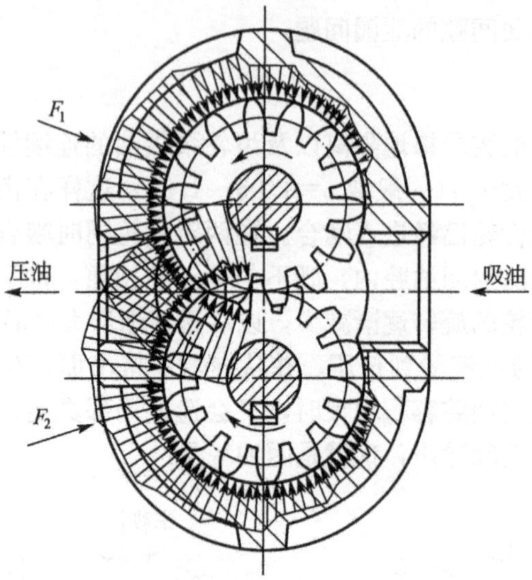

图 3.7　齿轮泵的径向受力图

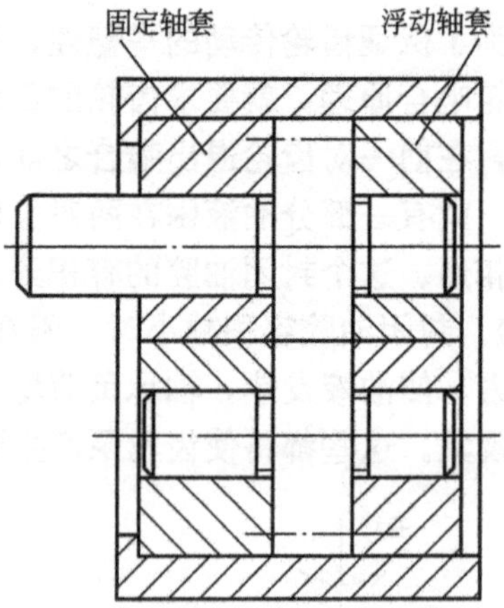

图 3.8　浮动轴套结构示意图

3.2.5　内啮合齿轮泵

内啮合齿轮泵有渐开线齿轮泵和摆线齿轮泵两种，如图 3.9 所示。一对相互啮合的小齿轮和内齿轮与侧板所围成的密闭油腔被轮齿啮合线和月牙板分隔成两部分，如图 3.9(a)所示，图 3.9(b)为不设月牙板的摆线齿轮泵。当传动轴带动小齿轮按图示方向旋转时，图中左侧轮齿逐渐脱开啮合，密闭油腔容积增大，为吸油腔；右侧轮齿逐渐进入啮合，密闭油腔容积减小，为压油腔。

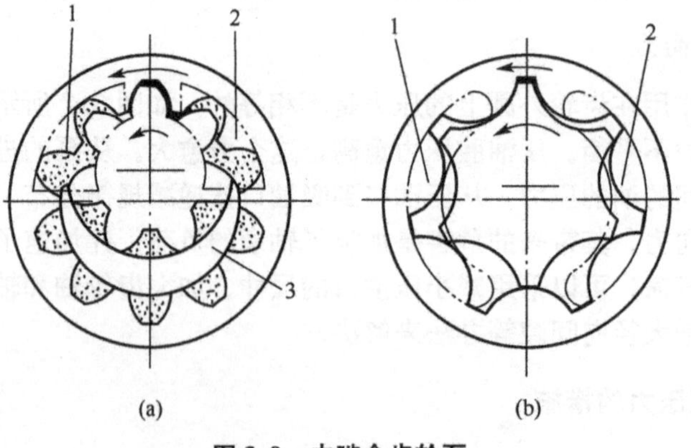

图 3.9　内啮合齿轮泵

1—吸油腔　2—压油腔　3—月牙板

内啮合齿轮泵的最大优点是：无困油现象、流量脉动较外啮合齿轮泵小、噪声低。当采用轴向和径向间隙补偿措施后，泵的额定压力可达 30MPa，容积效率和总效率均较高。其缺点是齿形复杂，加工精度要求高，价格较贵。

3.2.6　螺杆泵

螺杆泵中由于主动螺杆 3 和从动螺杆 1 的螺旋面在垂直于螺杆轴线的横截面上是一对

共轭摆线齿轮，故又称为摆线螺杆泵。螺杆泵的工作机构是由互相啮合且装于定子内的3根螺杆组成的，中间一根为主动螺杆，由电机带动，旁边两根为从动螺杆，另外还有前、后端盖等主要零件(参看图3.10)。螺杆的啮合线把主动螺杆和从动螺杆的螺旋槽分割成多个相互隔离的密封腔。随着螺杆的旋转，这些密封工作腔一个接一个地在左端形成，不断地从左到右移动。主动螺杆每转一周，每个密封工作腔便移动一个螺旋导程。因此，在左端吸油腔，密封油腔容积逐渐增大，进行吸油；而在右端压油腔，密封油腔容积逐渐减小，进行压油。由此可知，螺杆直径愈大，螺旋槽愈深，泵的排量就愈大；螺杆愈长，吸油口2和压油口4之间的密封层次愈多，泵的额定压力就愈高。

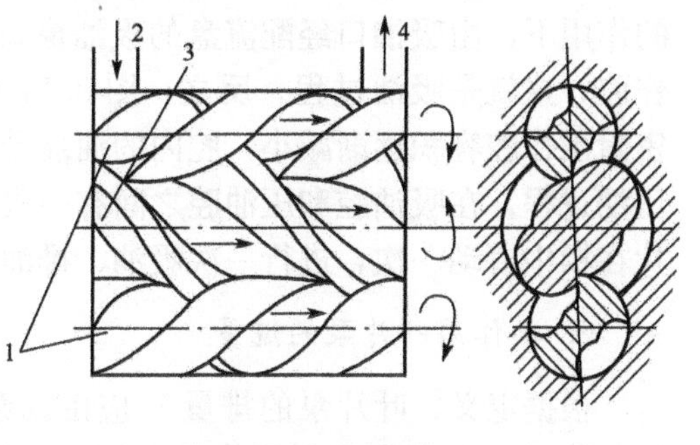

图3.10 螺杆泵

1—从动螺杆 2—吸油口

3—主动螺杆 4—压油口

螺杆泵的优点是：结构简单紧凑，体积小，动作平稳，噪声小，流量和压力脉动小，螺杆转动惯量小，快速运动性能好，因此已较多地应用于精密机床的液压系统中。其缺点是：由于螺杆形状复杂，加工比较困难。

3.3 叶 片 泵

叶片泵分为单作用式和双作用式两种。单作用式叶片泵转子每旋转一周进行一次吸油、排油过程，并且流量可调节，故称为变量泵。双作用式叶片泵转子每旋转一周，进行两次吸油、排油过程，并且流量不可调节，故称为定量泵。叶片泵的结构比较复杂，一般需要通过泵的拆装实验来了解其结构特点。

3.3.1 单作用叶片泵

1. 单作用叶片泵的工作原理

如图3.11所示，单作用叶片泵是由转子1、定子2、叶片3和配流盘等组成。

定子的工作表面是一个圆柱表面，定子与转子不同心安装，有一偏心距e。叶片装在转子槽内可灵活滑动。转子回转时，在离心力和叶片根部压力油的作用下，叶片顶部贴紧在定子内表面上，在定子、转子每两个叶片和两侧配流盘之间就形成了一个个密封腔。当转子按图3.11所示的方向转动时，图3.11中右边的叶片逐渐伸出，密封工作腔和容积逐渐增大，产生局部真空，于是油箱中的油液在大气压力

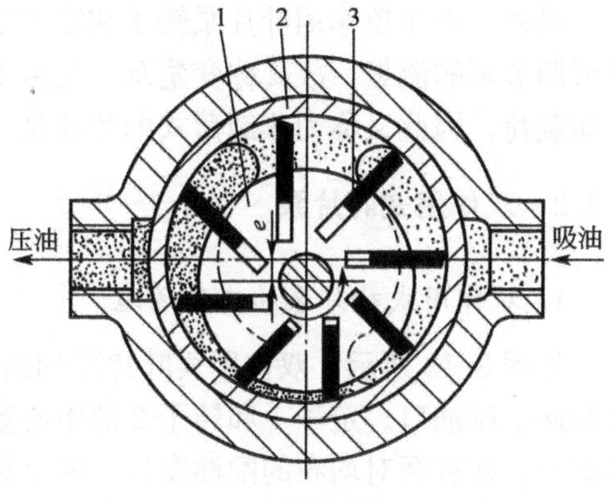

图3.11 单作用叶片泵的工作原理

1—转子 2—定子 3—叶片

的作用下，由吸油口经配流盘的吸油窗口(图 3.11 中虚线所示的形槽)，进入这些密封工作腔，这就是吸油过程。反之，图 3.11 中左面的叶片被定子内表面推入到转子的槽内，密封工作腔容积逐渐减小，腔内的油液受到压缩，经配流盘的压油窗口排到泵外，这就是压油过程。在吸油腔和压油腔之间有一段封油区，将吸油腔和压油腔隔开。泵转一周，叶片在槽中滑动一次，进行一次吸油、排油、故称为单作用式叶片泵。

2. 单作用叶片泵的流量

根据定义，叶片泵的排量 V 应由油泵中密封工作腔的数目 Z 和每个密封工作腔在压油时的容积变化量 ΔV 的乘积来决定(如图 3.12 所示)。单作用叶片泵每个密封工作腔在转子转一周中的容积变化量为 $\Delta V=V_1-V_2$。设定子内半径为 R，定子宽度为 B，两叶片之间的夹角为 β。两个叶片形成一个工作容积，ΔV 近似等于扇形体积 V_1 和 V_2 之差，即

$$\Delta V=V_1-V_2=\frac{1}{2}\beta B[(R+e)^2-(R-e)^2]$$

$$=\frac{4\pi}{Z}ReB$$

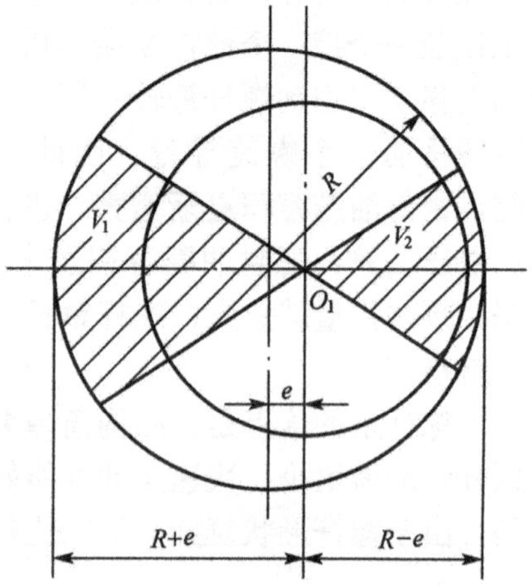

图 3.12 单作用叶片泵排量计算简图

式中：β——两相邻叶片间的夹角，$\beta=\frac{2\pi}{Z}$；

Z——叶片的数目。

因此，单作用叶片泵的排量为

$$V=Z\Delta V=4\pi ReB$$

若泵的转速为 n，容积效率为 η_v，单作用叶片泵的理论流量和实际流量分别为

$$q_t=Vn=4\pi ReBn$$

$$q=q_t\eta_v=4\pi ReBn\eta_v$$

单作用叶片泵的流量是有脉动的，理论分析表明，泵内的叶片数愈多，流量脉动率愈小，此外，奇数叶片泵的脉动率比偶数叶片泵的脉动率小。

另外，由于单作用叶片泵转子和定子之间存在偏心距 e，改变偏心距 e 便可改变 q，所以可调节泵的流量，故又称变量泵。但由于吸、压油腔的压力不平衡，使轴承受到较大的径向载荷，因此又称为非卸荷式的叶片泵。

3.3.2 双作用式叶片泵

1. 双作用式叶片泵的工作原理

如图 3.13 所示，双作用式叶片泵的组成同单作用式叶片泵一样。它分别有两个吸油口和两个压油口。定子 1 和转子 2 的中心重合，定子内表面近似于长径为 R、短径为 r 的椭圆形，并有两对均布的配油窗口。两个相对的窗口连通后分别接进出油口，构成两个吸油口和两个压油口。转子每转一周，每个密封工作空间完成两次吸油和压油，所以又称为双作用式叶片泵。

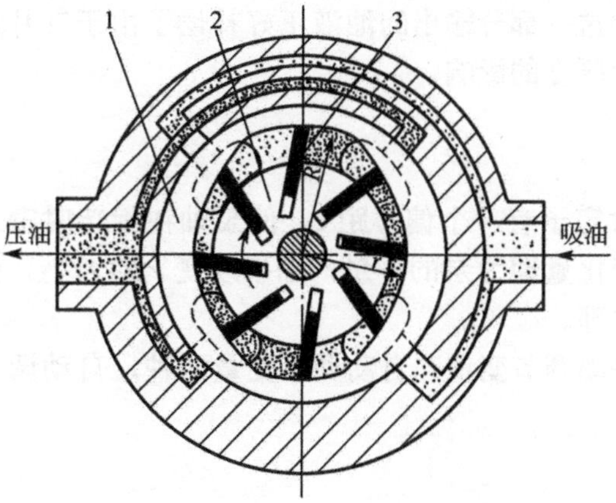

图 3.13　双作用式叶片泵的工作原理
1—定子　2—转子　3—叶片

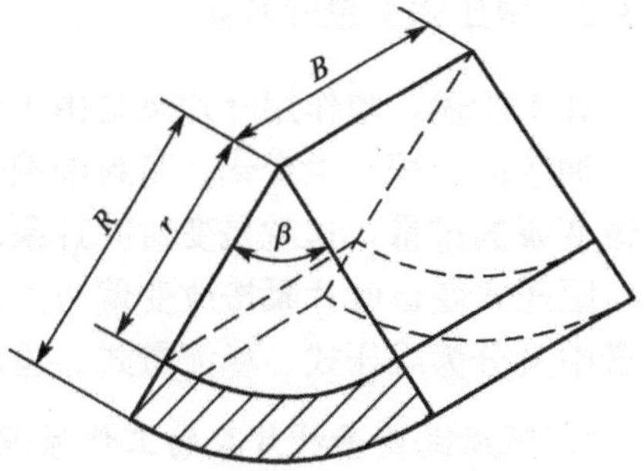

图 3.14　双作用叶片泵排量计算简图

2. 双作用式叶片泵的流量

双作用式叶片泵的流量推导过程(图 3.14)同单作用式叶片泵一样。在不考虑叶片的厚度和倾角影响时，双作用式叶片泵的排量为

$$V=2Z\frac{\beta}{2}(R^2-r^2)B=2\pi B(R^2-r^2) \tag{3-22}$$

式中：R——定子大圆弧半径；
r——定子小圆弧半径；
B——叶片宽度。

泵的输出流量为

$$q=Vn\eta_v=2\pi B(R^2-r^2)n\eta_v$$

实际上叶片是有一定厚度的，叶片所占的工作空间并不起输油作用，故若叶片厚度为 b，叶片倾角为 θ，则转子每转因叶片所占体积而造成的排量损失为

$$V'=\frac{2B(R-r)}{\cos\theta}bZ$$

因此，考虑上述影响后泵的实际流量为

$$q=(V-V')n\eta_v=2B\left[\pi(R^2-r^2)-\frac{(R-r)bZ}{\cos\theta}\right]n\eta_v$$

式中：B——叶片宽度；
b——叶片厚度；
Z——叶片数目；
θ——叶片倾角。

从双作用叶片泵的结构中可以看出，两个吸油口和两个压油口对称分布，径向压力平衡，轴承上不受附加载荷，所以又称卸荷式，同时排量不可变，因此又称为定量叶片泵。

有的双作用式叶片泵的叶片根部槽与该叶片所处的工作区相通。叶片处在吸油区时，叶片根部与吸油区相通；叶片处在压油区时，叶片根部槽与压油区相通。这样，叶片在槽中往复运动时，根部槽也相应地吸油和压油，这一部分输出的油液正好补偿了由于叶片厚度所造成的排量损失，这种泵的排量不受叶片厚度的影响。

3.3.3 限压式变量叶片泵

如上所述，单作用叶片泵是由于转子相对定子有一个偏心距 e，使泵轴在旋转时密封工作油腔的容积产生变化，密封油腔的容积变化量即为泵的排量，如果改变 e 的大小，就会改变泵的排量，这就是变量叶片泵的工作原理。

限压式变量叶片泵按改变偏心方式分为手动调节变量和自动调节变量两种，自动调节变量中又分为限压式、稳流量式、恒压式等。

1. 限压式变量叶片泵的工作原理

限压式变量叶片泵的流量随负载大小自动调节，它按照控制方式分为内反馈和外反馈两种形式。

如图 3.15 所示为外反馈限压式变量叶片泵的工作原理：转子的中心 O 是固定不变的，定子(其中心为 O_1)可以水平左右移动，它在调压弹簧的作用下被推向右端，使定子和转子的中心保持一个偏心距 e_{max}。当泵的转子按逆时针方向旋转时，转子上部为压油区，压力油的合力把定子向上压在滑块滚针支承上。定子右边有一个反馈柱塞，它的油腔与泵的压油腔相通。设反馈柱塞的面积为 A，则作用在定子上的反馈力为 pA。当液压力小于弹簧力 F_S时，弹簧把定子推向最右边，此时偏心距为最大值 e_{max}，$q=q_{max}$。当泵的压力增大，$pA>F_S$时，反馈力克服弹簧力，把定子向左推移，偏心距减小，流量降低。当压力大到泵内偏心距所产生的流量全部用于补偿泄漏时，泵的输出流量为零，不管外载再怎样加大，泵的输出压力不会再升高，这就是此泵被称为限压式变量叶片泵的原因。外反馈的意义则表示反馈力是通过柱塞从外面加到定子上的。

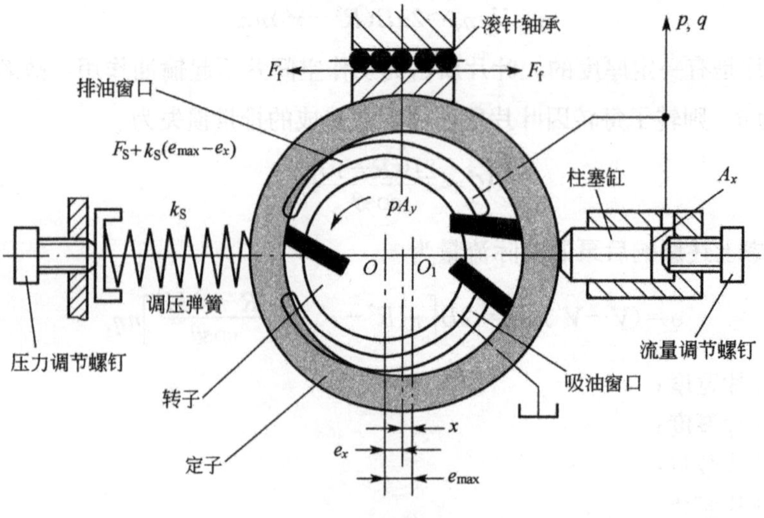

图 3.15 外反馈限压式变量叶片泵的工作原理

2. 限压式变量叶片泵的特性曲线

当 $p<p_c$时，油压的作用力还不能克服弹簧的预压紧力时，定子的偏心距不变，泵的

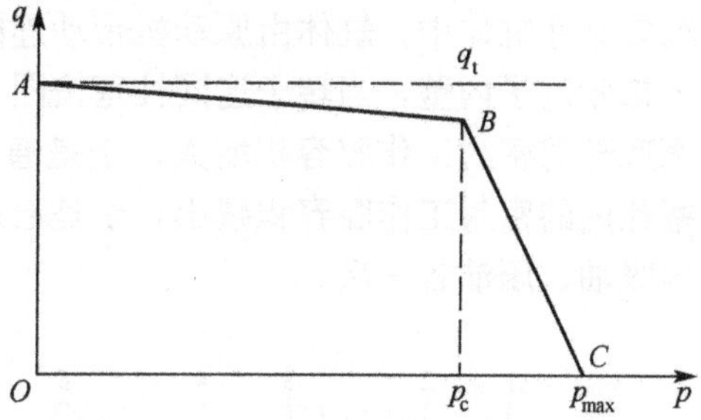

图 3.16　限压式变量叶片泵的特性曲线

理论流量不变，但由于供油压力增大时，泄漏量增大，实际流量减小，所以流量曲线如图 3.16 曲线 AB 段所示。当 $p=p_c$ 时，B 点为特性曲线的转折点。当 $p>p_c$ 时，弹簧受压缩，定子偏心距减小，使流量降低，如图 3.16 曲线 BC 段所示。随着泵工作压力的增大，偏心距减小，理论流量减小，泄漏量增大，当泵的理论流量全部用于补偿泄漏量时，泵实际向外输出的流量等于零，这时定子和转子间维持一个很小的偏心量，这个偏心量不会再继续减小，泵的压力也不会继续升高。这样，泵输出压力也就被限制到最大值 p_{max}。液压系统采用这种变量泵，可以省去溢流阀，并可减少油液发热，从而减小油箱的尺寸，使液压系统比较紧凑。

3. 特性曲线的调节

由前面的工作原理可知：改变反馈柱塞的初始位置，可以改变初始偏心距 e_{max} 的大小，从而改变了泵的最大输出流量，即使曲线 AB 段上下平移；改变压力弹簧的预紧力 F_S 的大小，可以改变 p_c 的大小，使曲线的拐点 B 左右平移；改变压力弹簧的刚度，可以改变曲线 BC 的斜率，使弹簧刚度增大，BC 段的斜率变小，曲线 BC 段趋于平缓。掌握了限压式变量泵的上述特性，便可以很好地为实际工作服务。例如，在执行元件的空行程、非工作阶段时，可使限压式变量泵工作在曲线的 AB 段，这时泵输出流量最大，系统速度最高，从而提高了系统的效率；在执行元件的工作行程时，可使泵工作在曲线的 BC 段，这时泵输出较高的压力并根据负载大小的变化自动调节输出流量的大小，以适应负载速度的要求。又如：调节反馈柱塞的初始位置，可以满足液压系统对流量大小不同的需要；调节压力弹簧的预紧力，可以适应负载大小不同的需要等。若把调压弹簧拆掉，换上刚性挡块，限压式变量泵就可以作定量泵使用。

3.4　柱　塞　泵

柱塞泵按柱塞排列和运动方式的不同，分为轴向柱塞泵和径向柱塞泵。轴向柱塞泵是指柱塞的轴线和传动轴的轴线平行，径向柱塞泵是指柱塞的轴线和传动轴的轴线垂直。轴向柱塞泵按其结构不同可分为斜盘式和斜轴式两大类，目前我国生产的 3 个基本系列为 CY14－1 型、ZB 型、Z*B 型，它具有结构上容易实现无级变量等优点，所以在国防工业和民用工业中都得到了广泛应用，一般在液压系统若需高压时，均用它来发挥作用，如龙门刨床、拉床、液压机、起重机械等设备的液压系统。

3.4.1　径向柱塞泵

1. 径向柱塞泵的工作原理

径向柱塞泵的工作原理如图 3.17 所示。它是由柱塞 1、缸体 2(又称转子)、衬套(传动轴)3、定子 4 和配流轴 5 等组成。转子的中心与定子中心之间有一偏心距 e，柱塞径向排列安装在缸体中，缸体由原动机带动连同柱塞一起旋转，柱塞在离心力(或低压油)的作用下抵紧定子内壁，当转子连同柱塞按图 3.17 所示方向旋转时，右半周的柱塞往外滑动，柱塞底部的密封工作腔容积增大，于是通过配流轴轴向孔吸油；左半周的柱塞往里滑动，柱塞孔内的密封工作腔容积减小，于是通过配流轴轴向孔压油。转子每转一周，柱塞在缸孔内吸油、压油各一次。

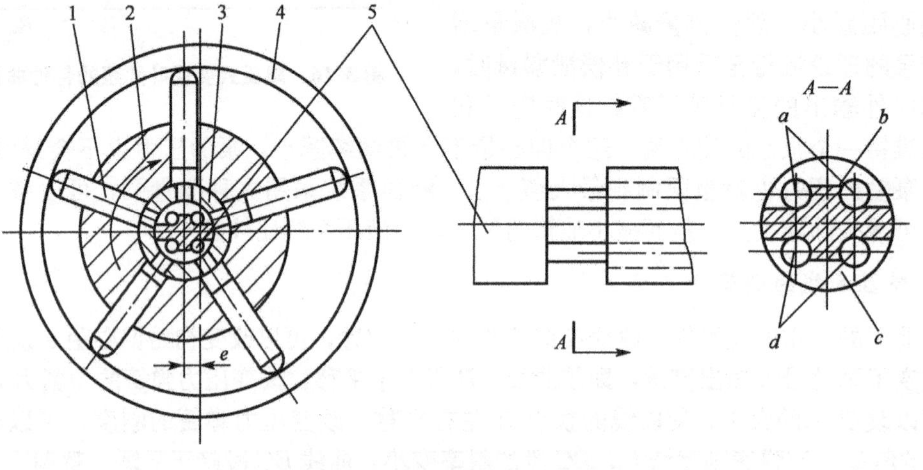

图 3.17　径向柱塞泵的工作原理

1—柱塞　2—转子　3—衬套　4—定子　5—配流轴

当移动定子改变偏心距 e 的大小时，泵的排量就得到了改变；当移动定子使偏心距从正值变为负值时，泵的吸、压油腔就互换。因此径向柱塞泵可以制成单向或双向变量泵。径向柱塞泵径向尺寸大，转动惯量大，自吸能力差，且配流轴受到径向不平衡液压力的作用，易于磨损，这些都限制了其转速与压力的提高，故应用范围较小，常用于拉床、压力机或船舶等大功率系统。

2. 排量和流量的计算

当径向柱塞泵的定子和转子间的偏心距为 e 时，柱塞在缸体孔内的运动行程为 $2e$，若柱塞数为 Z，柱塞直径为 d，则泵的排量为

$$V=\frac{\pi}{4}d^2\cdot 2eZ$$

若泵的转速为 n，容积效率为 η_v，则泵的流量为

$$q=\frac{\pi}{4}d^2\cdot 2eZn\eta_v$$

由于柱塞在缸体中移动的速度是变化的，各个柱塞在缸中移动的速度也不相同，所以径向柱塞泵的瞬时流量是脉动的。柱塞数为奇数时要比柱塞数为偶数时的瞬时流量脉动小得多，因此，径向柱塞泵的柱塞数为奇数。

3.4.2　轴向柱塞泵

轴向柱塞泵的缸体直接安装在传动轴上，通过斜盘使柱塞相对缸体往复运动。压力和功率较小者，以柱塞的球端直接与斜盘作点接触；压力和功率较大者，柱塞通常是通过滑

履与斜盘接触。

1. 直轴式轴向柱塞泵的工作原理

柱塞泵依靠柱塞在缸体内作往复运动，使得密封油腔的容积变化而实现吸油和压油，如图 3.18 所示。斜盘式轴向柱塞泵是由缸体 4(转子)、柱塞 3、斜盘 2、配流盘 5、传动轴 1 等主要部件组成的。柱塞和配流盘形成若干个密封的工作油腔，斜盘倾角(斜盘工作表面与垂直于轴线方向的夹角)为 γ。油缸体内均匀分布着几个柱塞孔，柱塞在柱塞孔里滑动。当传动轴带着缸体和柱塞一起旋转时(图 3.18 所示为逆时针)，柱塞在缸体内作往复运动。在自下而上回转的半周内，柱塞逐渐向外伸出，使缸体内密封油腔的容积增加，形成局部真空，于是油液就通过配流盘的吸油窗口 a 进入缸体中。在自上而下的半周内，柱塞被斜盘推着逐渐向里缩回，使密封油腔的容积减小，将液体从配油窗口 b 排出去。这样，缸体每转动一周，完成一次吸油和一次压油过程。

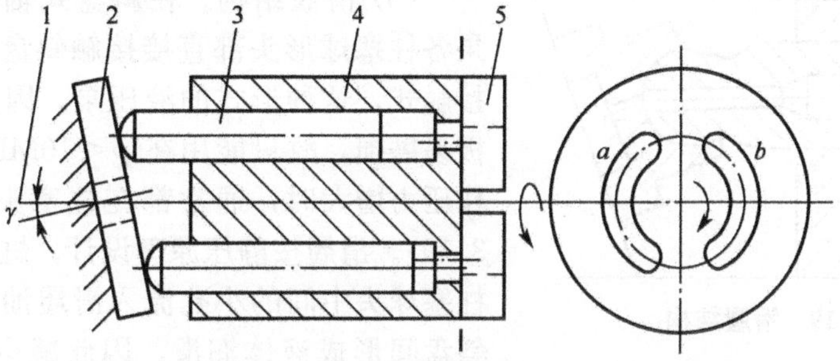

图 3.18 直轴式轴向柱塞泵的工作原理

1—传动轴 2—斜盘 3—柱塞 4—缸体 5—配流盘

2. 轴向柱塞泵的流量

在图 3.18 中，柱塞的直径为 d，柱塞分布圆的直径为 D，斜盘倾角为 γ 时，柱塞的往复运动行程为

$$s=D\tan\gamma$$

当柱塞数为 Z 时，柱塞泵的排量为

$$V=\frac{\pi}{4}d^2DZ\tan\gamma$$

若泵的转速为 n，容积效率为 η_v，则泵的实际输出流量为

$$q=\frac{\pi}{4}d^2DZn\eta_v\tan\gamma$$

实际上泵的输出流量是脉动的，可以从表 3-2 中看出，当柱塞数为奇数时，脉动率较小；柱塞数愈多，脉动率 σ_q 愈小。所以在结构和强度计算允许的情况下，尽可能使柱塞数多，这样对输出流量有利，通常柱塞数取 5、7、9、11，而轴向柱塞泵从结构上采用 7 个柱塞时布置较为合理，也是最适用的。

表 3-2 轴向柱塞泵 Z 和 σ_q 的关系

Z	5	6	7	8	9	10	11	12
σ_q/(%)	4.98	13.9	2.53	7.8	1.53	5.0	1.02	3.53

由轴向柱塞泵的工作原理得知，由于斜盘和缸体呈一个倾斜角，所以才引起柱塞在缸体内作往复运动。因此，当泵的结构和转速一定时，泵的流量就取决于柱塞往复行程的长度，即倾角的大小。故改变倾角就可以改变输出流量，若改变倾斜盘的方向就使泵的进出口变换，则成为双向变量泵。

3. 轴向柱塞泵的结构特点

(1) 柱塞和柱塞孔的加工、装配精度高。柱塞上开设均压槽，以保证轴孔的最小间隙和良好的同心度，使泄漏流量减小。

(2) 缸体端面间隙的自动补偿。由图 3.18 可见，使缸体紧压配流盘端面的作用力，除机械装置或弹簧的推力外，还有柱塞孔底部台阶面上所受的液压力，此液压力比弹簧力大很多，而且随泵工作压力的增大而增大。由于缸体始终受力紧贴着配流盘，所以使端面间隙得到了补偿。

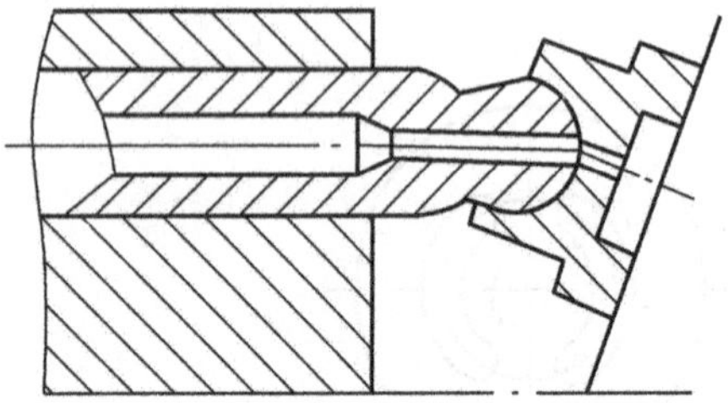

图 3.19 滑履结构

(3) 滑履结构。在斜盘式轴向柱塞泵中，如果各柱塞球形头部直接接触斜盘而滑动，即为点接触式，这种形式的液压泵，因其接触应力大而极易磨损，故只能用在 $p<10\text{MPa}$ 的场合，当工作压力增大时，通常都在柱塞头部装一滑履(图 3.19)。滑履按静压原理设计，缸体中的压力油经柱塞球头中间的小孔流入滑履油室，致使滑履和斜盘间形成液体润滑，因此减少了滑履的磨损。使用这种结构的轴向柱塞泵压力可达 32MPa 以上，流量也可以很大。

(4) 轴向柱塞泵没有自吸能力。轴向柱塞泵靠加设辅助设备，如采用回程盘或在每个柱塞后加返回弹簧，也可在柱塞泵前安装一个辅助泵提供低压油液，强行将柱塞推出，以便吸油充分。

(5) 变量机构。变量轴向柱塞泵中的主体部分大致相同，其变量机构有各种结构形式，有手动、手动伺服、恒功率、恒流量、恒压变量等。图 3.20 所示的是手动伺服变量机构简图。该机构由缸筒 1、活塞 2 和伺服阀组成。活塞 2 的内腔构成了伺服阀的阀体，并有 c、d 和 e 三个孔道分别沟通缸筒 1 的下腔 a、上腔 b 和油箱。主体部分的斜盘 4 或缸体通过适当的机构与活塞 2 下端相连，利用活塞 2 的上下移动来改变倾角。当用手柄操纵伺服阀阀芯 3 向下移动时，上面的阀口打开，a 腔中的压力油经孔道 c 通向 b 腔，活塞因上腔面积大于下腔的面积而向下移动，活塞 2 移动时又使伺服阀上的阀口关闭，最终使活塞 2 停止运动。同理，当阀芯向上移动时，下面的阀口打开，b 腔经孔道 d 和 e 接通油箱，活塞在 a 腔压力油的作用下向上移动，并在该阀口关闭时自行停止运动。变量机构就是这样依照伺服阀的动作来实现其控制的。

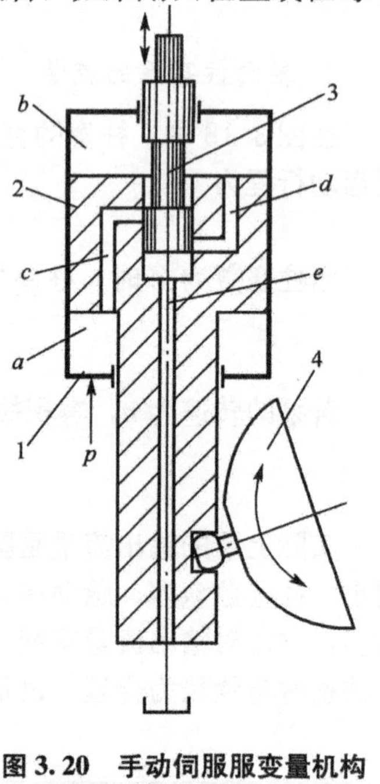

图 3.20 手动伺服服变量机构

1—缸筒 2—活塞 3—伺服阀阀芯 4—斜盘

4. 典型轴向柱塞泵的结构举例

图 3.21 为 SCY14-1 型手动变量直轴式轴向柱塞泵的

结构简图，它由主体部分和变量部分组成。图 3.21 中的中间泵体 1 和前泵体 5 为主体部分，左部为变量部分。泵轴 6 通过花键带动缸体 3 旋转，使轴向均匀分布在缸体上的 7 个柱塞 7 绕泵轴轴线旋转。每个柱塞的头部都装有滑履 9，滑履与柱塞采用球面副连接，可以任意转动。弹簧 2 的作用力通过钢球和回程盘 10 将滑履压在斜盘 11 的斜面上。当缸体转动时，该作用力使柱塞完成回程吸油动作。柱塞的压油行程则是由斜盘斜面通过滑履推动来完成的。圆柱滚子轴承 8 用以承受缸体的径向力，缸体的轴向力由配流盘 4 承受，配流盘上开有吸、压油窗口，分别与前泵体上的吸、压油口相通。

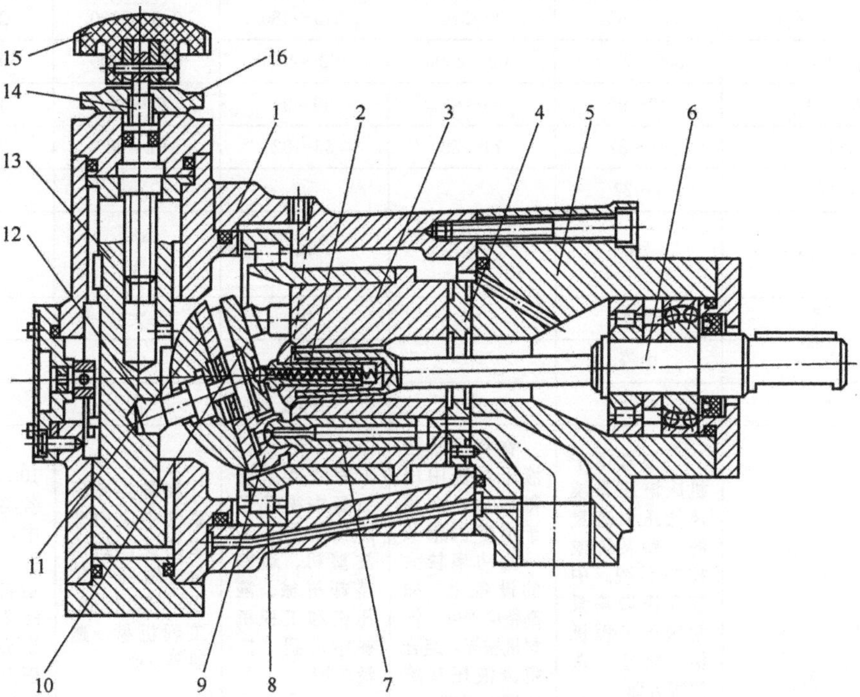

图 3.21 直轴式轴向柱塞泵的结构

1—中间泵体 2—弹簧 3—缸体 4—配流盘 5—前泵体 6—泵轴 7—柱塞 8—圆柱滚子轴承 9—滑履 10—回程盘 11—斜盘 12—销轴 13—变量活塞 14—螺杆 15—手轮 16—锁紧螺母

左边的变量机构用来改变斜盘倾角的大小，以调节泵的流量。调节流量时，先松开锁紧螺母 16，然后转动手轮 15，螺杆 14 随之转动，从而推动变量活塞 13 上下移动，斜盘倾角 γ 随之改变。γ 的变化范围为 $0°\sim20°$ 左右。流量调定后，旋转锁紧螺母 16 将螺杆锁紧，以防止松动。这种变量机构结构简单，但手动操纵力大，通常只能在停机或泵压较低的情况下才能实现变量。

3.5 液压泵的选用

液压泵是液压系统的动力元件，其作用是供给系统一定流量和压力的油液，因此也是液压系统的核心元件。合理地选择液压泵对于降低液压系统的能耗、提高系统的效率、降低噪声、改善工作性能和保证系统的可靠工作都十分重要。

选择液压泵的原则是：应根据主机工况、功率大小和系统对工作性能的要求，首先确定液压泵的结构类型，然后按系统所要求的压力、流量大小确定其规格型号。表 3－3 给出了各类液压泵的性能特点、比较及应用。

表 3－3　各类液压泵的性能比较

类型 性能参数	齿轮泵	叶片泵		柱塞泵	
		单作用式(变量)	双作用式	轴向柱塞式	径向柱塞式
压力范围/(MPa)	2～21	2.5～6.3	6.3～21	21～40	10～20
排量范围/(mL/r)	0.3～650	1～320	0.5～480	0.2～3600	20～720
转速范围/(r/min)	300～7000	500～2000	500～4000	600～6000	700～1800
容积效率/(%)	70～95	85～92	80～94	88～93	80～90
总效率/(%)	63～87	71～85	65～82	81～88	81～83
流量脉动/(%)	1～27			1～5	<2
功率质量比/(kW/kg)	中	小	中	中 大	小
噪声	稍高	中	中	大	中
耐污能力	中等	中	中	中	中
价格	最低	中	中低	高	高
应用	一般常用于机床液压系统及低压大流量的一些系统或控制系统。中等高压齿轮泵常用于工程机械、航空、造船等方面	在中、低压液压系统中用得较多，常用于精密机床及一些功率较大的设备上，如高精度平磨、塑料机械等，组合机床液压系统中用得很多	在各类机床设备中得到了广泛应用，在注塑机、运输装卸机械、液压机和工程机械中得到了广泛应用	在各类高压系统中应用非常广泛，如冶金、锻压、矿山、起重机械、工程机械、造船等方面	多用在 10MPa 以上的各类液压系统中，由于体积大，重量大，耐冲击性好，故常用于固定设备如拉床、压力机或船舶等方面

一般来说，各种类型的液压泵由于其结构原理、运转方式和性能特点各有不同，因此应根据不同的使用场合选择合适的液压泵。一般在负载小、功率小的机械设备中，选择齿轮泵、双作用叶片泵；精度较高的机械设备(如磨床)选择螺杆泵、双作用叶片泵；对于负载较大、并有快速和慢速工作的机械设备(如组合机床)选择限压式变量叶片泵；对于负载大、功率大的设备(如龙门刨、拉床等)选择柱塞泵；一般不太重要的液压系统(机床辅助装置中的送料、夹紧等)选择齿轮泵。

3.6　液压马达

液压马达是把液压能转变为机械能的一种能量转变装置。从能量互相转换的观点看，泵和马达是统一体的矛盾着的两个方面，它们可以依一定的条件而变化。当电动机带动其转动时，即为泵，输出压力油(流量和压力)；当向其通入压力油时，即为马达，输出机械能(扭矩和转速)。从工作原理上讲，它们是可逆的，但由于用途不同，故在结构上各有其特点。因此，在实际工作中大部分泵和马达是不可逆的。

3.6.1 液压马达的主要性能参数

1. 液压马达的转矩

液压马达在工作中输出的转矩是由负载转矩所决定的，而液压马达的工作能力又是通过工作容积的大小来反映的。液压马达工作容积用排量V表示，液压马达的排量是个重要参数。根据V的大小可以计算在给定压力下液压马达所能输出转矩的大小，也可以计算在给定负载转矩下马达工作压力的大小。当液压马达进、出口之间的压力差为Δp，输入液压马达的流量为q时，液压马达输出的理论转矩为T_t，角速度为ω，在不考虑损失的情况下，根据能量转换关系，液压马达的输入液压功率和输出机械功率相等，即

$$\Delta p q_t = T_t \omega$$

又因为$q_t = Vn$，$\omega = 2\pi n$，所以马达的理论转矩为

$$T_t = \frac{1}{2\pi}\Delta p V$$

实际问题中由于摩擦损失，马达的实际转矩为

$$T = \frac{1}{2\pi}\Delta p V \eta_m$$

2. 液压马达的转速

马达的转速取决于供给液压油的流量q和液压马达本身的排量V。由于液压马达内部有泄漏，并不是所有进入液压马达的液体都推动液压马达做功，一小部分液体因此泄漏损失掉了，所以马达的实际转速要比理想情况低一些。

$$n = \frac{q}{V}\eta_v$$

3. 液压马达的效率

对于液压马达来说，由于摩擦损失造成转矩损失了ΔT，使液压马达的实际输出转矩T小于理论输出转矩T_t。液压马达的机械效率为

$$\eta_m = \frac{T}{T_t} = \frac{T_t - \Delta T}{T_t} = 1 - \frac{\Delta T}{T_t}$$

液压马达的理论输入流量q_t与实际输入流量q之比称为液压马达的容积效率，即

$$\eta_v = \frac{q_t}{q} = \frac{q - q_l}{q} = 1 - \frac{q_l}{q}$$

3.6.2 叶片马达

1. 叶片马达的工作原理

叶片马达的工作原理如图3.22所示，当压力油经过配油窗口进入叶片1、3(或5、7)之间时，叶片1、3一侧作用高压油，另一侧作用低压油，同时由于叶片3伸出的面积大于叶片1伸出的面积，因此使转子产生逆时针转动的力矩。同时叶片5和7的压力油作用

面积之差也使转子产生逆时针力矩。两者之和即为液压马达产生旋转的扭矩。在供油量一定的情况下，液压马达将以确定的转数旋转。位于压油腔的叶片2、6两面同时受压力油的作用，受力平衡对转子不产生转矩。

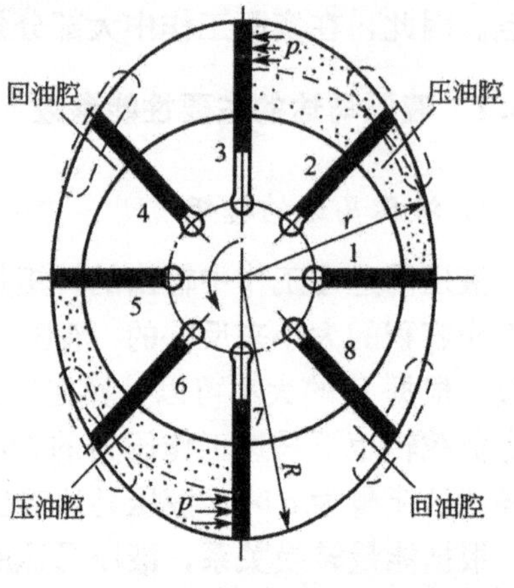

图 3.22 叶片式液压马达的工作原理

2. 叶片马达的结构特点

叶片马达与叶片泵相比较，在结构上有如下特点。

(1) 转子的两侧面开有环形槽，槽内放有燕式弹簧，使叶片始终压向定子内表面，以保证启动时叶片与定子内表面密封，并有足够的启动力矩。

(2) 马达需要正反转，因此叶片沿转子径向放置，叶片的倾角等于零。

(3) 为获得较高的容积效率，工作时叶片底部始终要与压油腔连通。这样吸压油腔互换时，必须在油路上采取措施，在马达正反转时都有压力油通入叶片底部。只要在叶片底部通过两个并联单向阀，分别与吸压油腔相通，就能达到上述要求。

3.6.3 轴向柱塞马达

如前所述，轴向柱塞泵通入高压液体就可以作马达使用。下面简单介绍一下轴向柱塞马达的工作原理及结构特点。

1. 轴向柱塞式液压马达的工作原理

图 3.23 所示为斜盘式轴向柱塞马达的工作原理图。图 3-23 中斜盘和配油盘固定不动，柱塞轴向安置在缸体中，缸体和马达轴相连一起旋转，斜盘倾角为 γ。当液压泵高压油进入马达的压油腔之后，滑履在液压力的作用下压向斜盘，其反作用力为 F_N。F_N 分解成两个分力，轴向分力 F 沿柱塞轴线向右，与柱塞所受的液压力平衡；径向分力 F_T 与柱塞轴线垂直向下，使得压油区的柱塞都对转子中心产生一个转矩，驱动液压马达逆时针旋转做功。单个柱塞产生的转矩为

$$T_Z=F_T\cdot l=\frac{\pi}{4}d^2\Delta p\tan\gamma\cdot R\sin\varphi_i$$

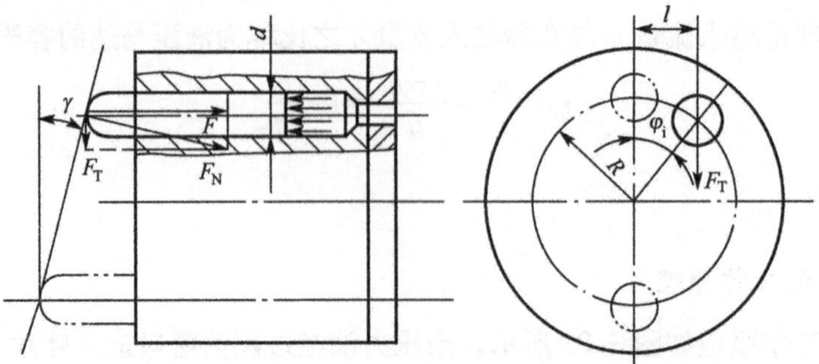

图 3.23 轴向柱塞式液压马达的工作原理

液压马达产生的转矩的总和为压油区的柱塞产生的转矩和。瞬时驱动力矩的大小随柱塞所在位置的变化而变化，平均力矩的大小为

$$T=\frac{1}{2\pi}\Delta pV\eta_m=\frac{1}{2\pi}\Delta p\cdot\frac{\pi}{4}d^2DZ\tan\gamma\cdot\eta_m=\frac{1}{8}\Delta pd^2DZ\tan\gamma\cdot\eta_m$$

需要指出的是，液压马达是用来驱动外负载做功的，只有当外负载扭矩存在时，液压泵进入液压马达的压力油才能建立压力，液压马达才能产生相当的扭矩去克服它。所以液压马达的扭矩是随外负载扭矩而变化的。

2. ZM型轴向点接触柱塞式液压马达的结构特点

图3.24所示为ZM型轴向点接触柱塞式液压马达的结构，它由传动轴1、斜盘2、鼓轮4、缸体7、柱塞9、配流盘8等主要零件组成，主要有如下特点。

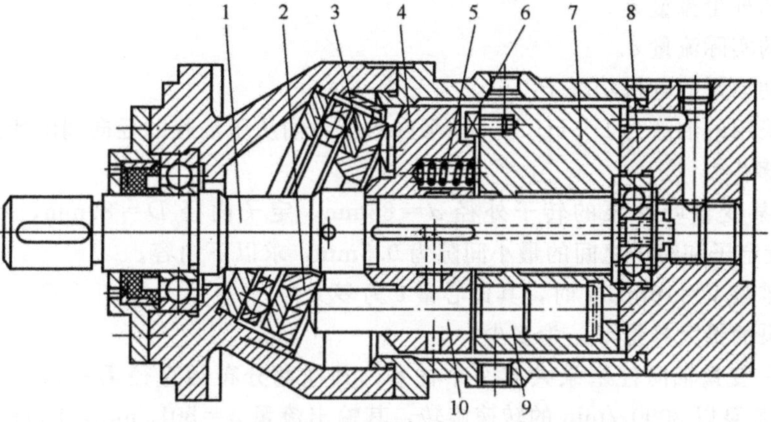

图3.24 轴向点接触柱塞式液压马达的结构图

1—传动轴 2—斜盘 3—轴承 4—鼓轮 5—弹簧
6—传动销 7—缸体 8—配流盘 9—柱塞 10—推杆

(1) 采用鼓轮结构。转子分成两半，左半段为鼓轮，右半段为缸体，鼓轮上有可以轴向滑动的推杆10，推杆在柱塞的作用下，顶在斜盘上，获得转矩，并通过鼓轮、键带动传动轴旋转。缸体由传动销6拨动，与传动轴一起旋转。由于缸体本身不传递转矩，斜盘对推杆的反作用力所产生的颠覆力矩不会作用在缸体表面上，缸体和柱塞只受轴向力，有效地减轻了柱塞和缸孔的磨损。

(2) 缸体和传动轴之间的配合面很窄，使缸体具有一定的自位作用，缸体表面能很好地与配流盘表面贴合，既保证了密封，又能自动补偿磨损。

(3) 斜盘由推力轴承支承，其目的是为了减轻推杆头部与斜盘表面的磨损，提高液压马达的机械效率。

(4) 该马达的斜盘倾角固定不变，排量不可调节，因而是定量马达，其转速只能通过改变流量来调节。

思考与练习

3-1 如图3.1所示为容积泵的工作原理图，在下列情况下，判断流量如何变化。

(1) 当泵输出压力增高时，油从柱塞与缸体配合间隙中的泄漏量增加，泵的流量(　　)。

(2) 如果柱塞直径 d 增大，泵的流量(　　)。

(3) 当凸轮的转速增大时，泵的流量(　　)。

(4) 当凸轮的偏心量 e 增大时，泵的流量(　　)。

(A) 增大　(B) 减小　(C) 不变

3-2　衡量液压泵和液压马达的性能主要有哪些基本参数？都是如何定义的？

3-3　齿轮泵的困油现象是怎样产生的？采用什么措施加以解决？

3-4　轴向柱塞泵的柱塞数为何是奇数？

3-5　测绘某台齿轮泵，所得数据如下：齿轮模数 m=4mm，齿宽 B=28mm，齿数 Z=13，齿顶宽 b=3.2mm，每个齿轮与壳体相接触的齿数 Z_0=8，齿顶与内表面之间的径向间隙 h=0.9mm，转速 n=1450r/min，工作压力 p=2.5MPa，试计算以下各项。

(1) 泵的理论流量 q_t。

(2) 泵的实际流量 q。

(3) 驱动油泵的电机功率 P_i。

(4) 若采用的油液为 L-HL30，油泵内的压力油从压油腔的径向间隙泄漏到吸油腔的泄漏量 q_l 为多少？

3-6　某变量叶片泵的转子外径 d=83mm，定子内径 D=89mm，叶片宽度 B=30mm，并设定子和转子之间的最小间隙为 0.5mm，求以下内容。

(1) 当排量 V=16mL/r 时，其偏心量 e 为多少？

(2) 该泵的最大排量 V_{max} 为多少？

3-7　一变量轴向柱塞泵共有 9 个柱塞，其柱塞分布圆直径 D=125mm，柱塞直径 d=16mm，若泵以 3000r/min 的转速旋转，其输出流量 q=50L/min，问斜盘角度为多少(忽略泄漏流量的影响)？

3-8　已知某液压马达的排量 V=250mL/r，液压马达的入口压力 p_1=10.5MPa，出口压力 p_2=1.0MPa，其总效率 η=0.9，容积效率 η_v=0.92，当输入流量 q=22L/min 时，试求液压马达的实际转速 n 和液压马达的输出转矩 T。

第4章 液 压 缸

教学提示：液压缸是液压系统的执行元件，它是将液体的压力能转换成工作机构的机械能，用来实现直线往复运动或小于360°的摆动。液压缸结构简单，配制灵活，设计、制造比较容易，使用维护方便，所以得到了广泛的应用。本章主要介绍常用液压缸的类型、特点和计算方法，液压缸的典型结构，液压缸的组成，液压缸的设计计算等。

教学要求：本章要求学生熟悉液压缸的类型和特点；掌握活塞式、柱塞式液压缸的推力、速度计算方法；掌握摆动式液压缸的推力及转矩计算方法；熟悉典型液压缸的结构及组成；掌握液压缸的设计计算方法。

液压缸作为执行元件，将液体的压力能转换为机械能，驱动工作部件作直线运动或往复运动，在生产实际中对各种运动控制的一般需要准确地把握力、速度，甚至位移。因而了解液压缸的工作原理，以及输出力、速度的规律，对于更好地研究液压系统有着十分重要的作用。

4.1 液压缸的工作原理

如图4.1所示，液压缸由缸筒1、活塞2、活塞杆3、端盖4、密封件5等主要部件组成。图4.1为单杆双作用液压缸，根据运动形式不同，分为缸筒固定和活塞杆固定两种。

(1) 缸筒固定式：左腔输入压力油，当油的压力足以克服作用在活塞杆上的负载时，推动活塞以速度 v_1 向右运动，压力不再继续上升。反之，往右腔输入压力油，活塞以速度 v_2 向左运动，这样便完成了一次往复运动。

(2) 活塞杆固定式：当活塞杆固定，左腔输入压力油时，缸筒向左运动；当往右腔输入压力油时，则缸筒右移，如图4.1所示。

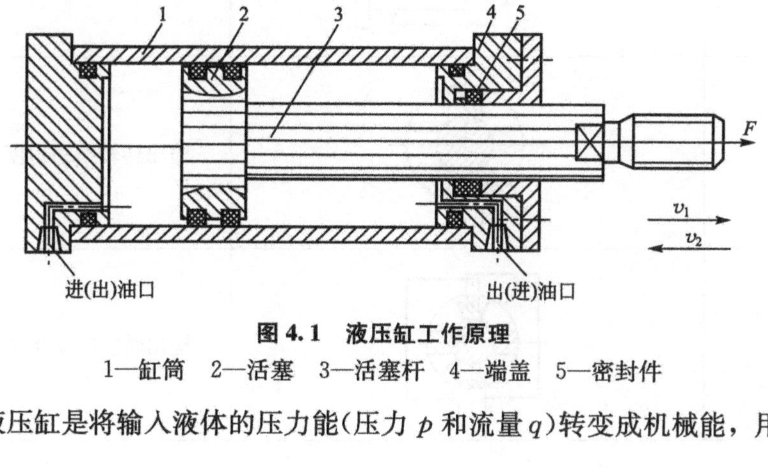

图4.1 液压缸工作原理

1—缸筒 2—活塞 3—活塞杆 4—端盖 5—密封件

可见，液压缸是将输入液体的压力能(压力 p 和流量 q)转变成机械能，用来克服负载做功，输出一定的推力 F 和运动速度 v。活塞杆的运动速度 v 取决于流量 q。因此，缸输入的压力 p、流量 q、输出作用力 F 和速度 v 是液压缸的主要性能参数。

4.2 液压缸的类型、特点和基本参数计算

液压缸在工程实际中应用广泛，分类方法也有所不同，一般来说，液压缸的类型见表4-1。按照结构特点可分为活塞式、柱塞式和摆动式3大类。按照作用方式可分为单作用式和双作用式两种。

表4-1 液压缸的类型及图形

名称			图形	说明
活塞式液压缸	单杆	单作用	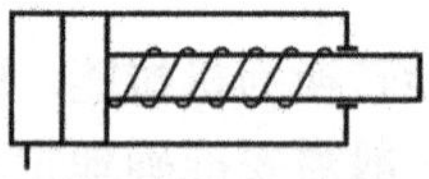	活塞单向作用，依靠弹簧使活塞复位
		双作用	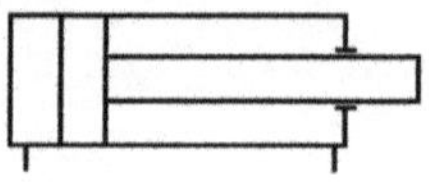	活塞双向作用，左、右移动速度不等，差动连接时，可提高运动速度
	双杆		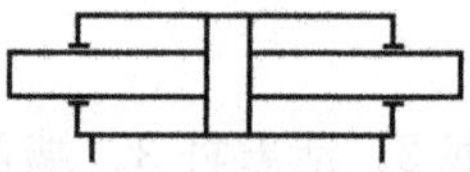	活塞左、右运动速度相等
柱塞式液压缸	单柱塞			柱塞单向作用，依靠外力使柱塞复位
	双柱塞		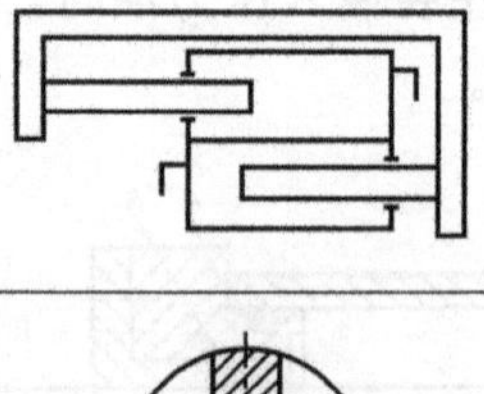	双柱塞双向作用
摆动式液压缸	单叶片		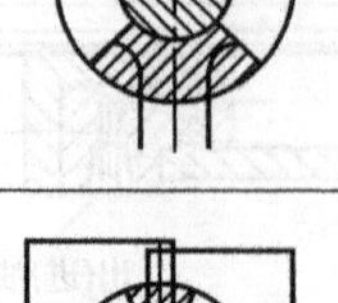	输出转轴摆动角度小于300°
	双叶片		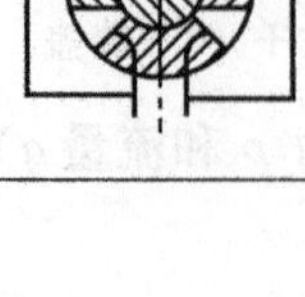	输出转轴摆动角度小于150°

（续）

名　称		图　型	说　明
其他液压缸	增压液压缸	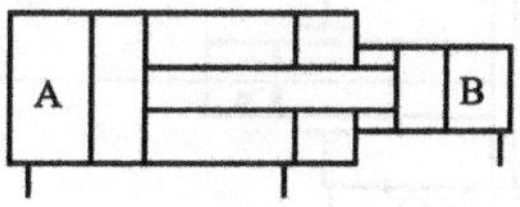	由两种不同直径的液压缸组成，可提高 B 腔中的液压力
	伸缩液压缸	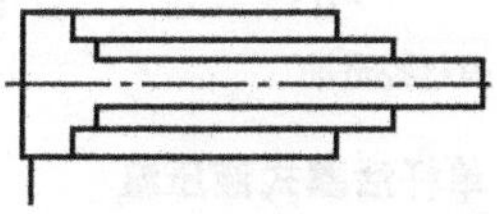	由两层或多层液压缸组成，可增加活塞行程
	多位液压缸	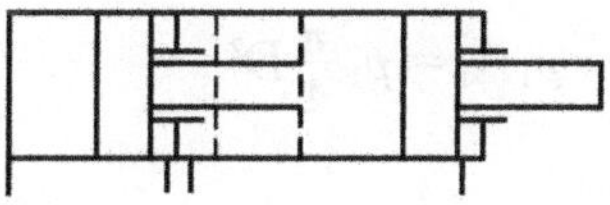	活塞 A 有 3 个确定的位置
	齿条液压缸	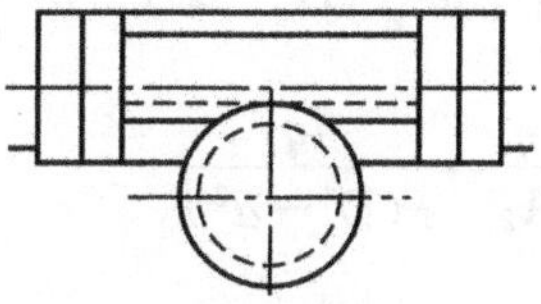	活塞经齿条带动小齿轮，使它产生旋转运动

4.2.1 活塞式液压缸

活塞式液压缸由缸筒、活塞和活塞杆、端盖等主要部件组成。通常有单杆和双杆两种形式。

1. 单杆活塞式液压缸

单杆活塞液压缸有缸体固定和活塞杆固定两种形式，但它们的工作台移动范围都是活塞运动行程的两倍。单杆活塞缸具有 3 种连接方式，由于左右两腔活塞的有效作用面积 A_1 和 A_2 不相等，因此，即使输入液压缸油液的压力和流量相同，3 种不同的连接方式输出的推力和速度大小也各不相同。活塞杆推出的作用力较大，速度较慢；而活塞杆拉入时，作用力较小，速度较快，如图 4.2 所示。

(1) 当无杆腔进油、有杆腔回油时

$$F_1=p_1A_1-p_2A_2=p_1\frac{\pi}{4}D^2-p_2\frac{\pi}{4}(D^2-d^2) \quad (4-1)$$

$$v_1=\frac{q}{A_1}=\frac{4q}{\pi D^2} \quad (4-2)$$

式中：F_1——推力；

v_1——运动速度；

p_1——进油压力；

p_2——回油压力。

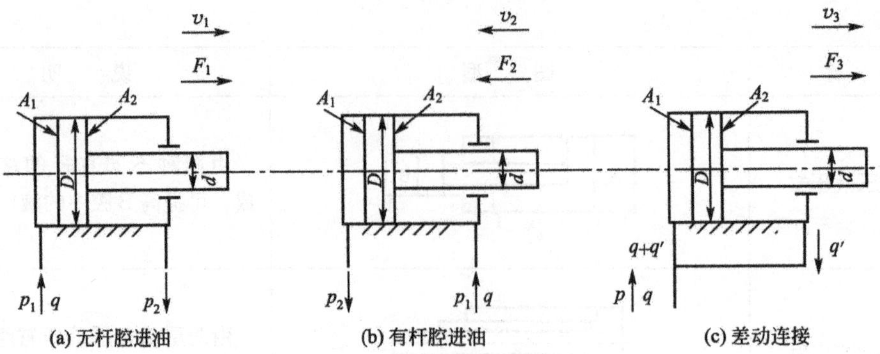

图 4.2　单杆活塞式液压缸

若回油腔直接接油箱，$p_2 \approx 0$，则

$$F_1 = p_1 A_1 = p_1 \frac{\pi}{4} D^2 \tag{4-3}$$

(2) 当有杆腔进油、无杆腔回油时

$$F_2 = p_1 A_2 - p_2 A_1 = p_1 \frac{\pi}{4}(D^2 - d^2) - p_2 \frac{\pi}{4} D^2 \tag{4-4}$$

$$v_2 = \frac{q}{A_2} = \frac{4q}{\pi(D^2 - d^2)} \tag{4-5}$$

式中：F_2——推力；

v_2——运动速度；

p_1——进油压力；

p_2——回油压力。

若回油腔直接接油箱，$p_2 \approx 0$，则

$$F_2 = p_1 A_2 = p_1 \frac{\pi}{4}(D^2 - d^2) \tag{4-6}$$

v_2与 v_1之比称为液压缸的速度比 λ_v，即

$$\lambda_v = \frac{v_2}{v_1} = \frac{1}{1 - \left(\frac{d}{D}\right)^2} \tag{4-7}$$

(3) 液压缸左右两腔同时进入压力油，即差动连接。在差动连接时，液压缸左右两腔同时进入压力油，但因为两腔的有效作用面积不等，故活塞向右运动。有杆腔排出的流量 $q' = v_3 A_2$ 也进入无杆腔，加大了左腔的流量$(q + q')$，从而加快了活塞移动的速度，若不考虑损失，则差动缸活塞推力 F_3 和运动速度 v_3 为

$$F_3 = p_1 (A_1 - A_2) = p_1 \frac{\pi}{4} d^2 \tag{4-8}$$

$$v_3 = \frac{q + q'}{A_1} = \frac{q + \frac{\pi}{4}(D^2 - d^2) v_3}{\frac{\pi}{4} D^2}$$

整理得

$$v_3=\frac{4q}{\pi d^2} \tag{4-9}$$

由上述可知，差动连接比非差动连接时的推力小而运动速度快，所以这种连接形式是以减小推力为代价而获得快速运动的。

单杆液压缸是广泛应用的一种执行元件，适用于推出时承受工作载荷、退回时为空载或载荷较小的液压装置。

2. 双杆活塞式液压缸

双杆活塞式液压缸如图4.3所示，图4.3(a)为缸筒固定式，它的进、出油口布置在缸筒两端，活塞通过活塞杆带动工作台移动，当活塞的有效行程为l时整个工作台的运动范围为$3l$，因此占地面积大，适用于小型机床。图4.3(b)为活塞杆固定形式，这种安装连接是缸体与工作台相连，活塞杆通过支架固定在机床上，动力由缸体传出，因此工作台移动范围等于两倍的有效行程l，节省了占地面积，适用在行程较长的机床中。

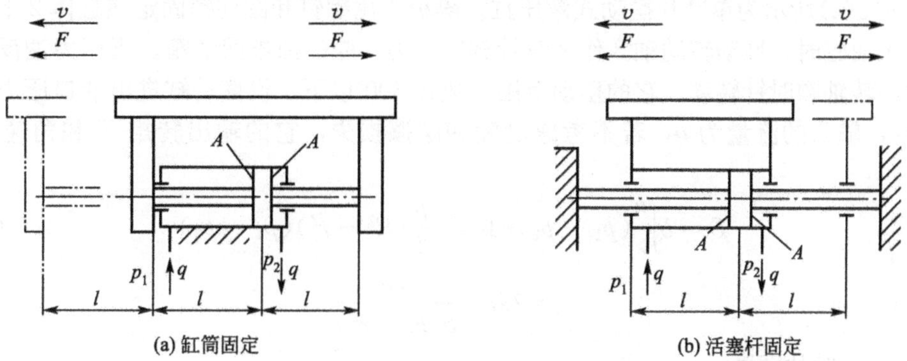

图4.3　双杆活塞式液压缸及其安装形式

双杆活塞式液压缸的活塞两侧都装有活塞杆，由于两腔的有效面积相等，故活塞往返的作用力和运动速度都相等，即

$$F=A(p_1-p_2)=\frac{\pi}{4}(D^2-d^2)(p_1-p_2) \tag{4-10}$$

$$v=\frac{q}{A}=\frac{4q}{\pi(D^2-d^2)} \tag{4-11}$$

此种形式的液压缸在机床中常被采用。

4.2.2　柱塞式液压缸

活塞式液压缸的内壁要求精加工，当液压缸较长时加工就比较困难，因此在行程较长的场合多采用柱塞缸。柱塞缸的内壁不需要精加工，只对柱塞杆进行精加工。它结构简单，制造方便，成本低。图4.4(a)为柱塞缸的结构，它由缸体、柱塞、导套、密封圈、压盖等零件组成。

柱塞缸只能在压力油作用下产生单向运功，回程借助于运动件的自重或外力的作用(垂直放置或弹簧力等)。为了得到双向运动，柱塞缸常成对使用，如图4.4(b)所示。为减轻重量，防止柱塞水平放置时因自重而下垂，常把柱塞做成空心的形式。

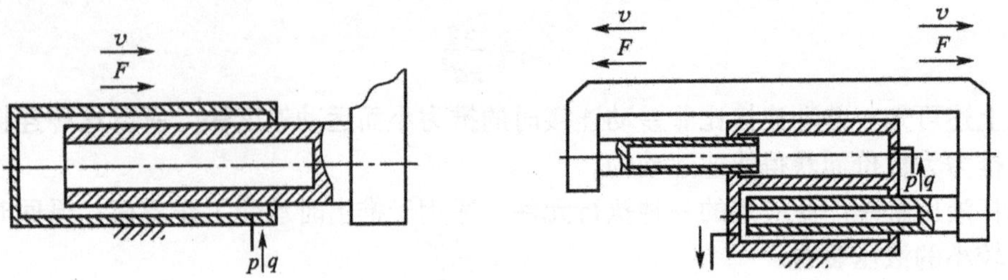

(a)　　(b)

图 4.4　柱塞缸

4.2.3　摆动式液压缸

摆动式液压缸又称为摆动式液压马达或回转液压缸，它把油液的压力能转变为摆动运动的机械能。常用的摆动式液压缸有单叶片和双叶片两种。

图 4.5(a)所示为单叶片摆动式液压缸。隔板 1 用螺钉和圆柱销固定在缸体 2 上。当压力油进入油腔时，推动转动轴 3 作逆时针旋转，另一腔的油排回油箱。当压力油反向进入油腔时，转轴顺时针转动。它的摆动范围一般在 300°以下。设摆动缸进出油口压力分别为 p_1 和 p_2，输入的流量为 q，若不考虑泄漏和摩擦损失，它的输出转矩 T 和角速度 ω 分别为：

$$T=b\int_r^R(p_1-p_2)r\mathrm{d}r=\frac{b}{2}(R^2-r^2)(p_1-p_2) \tag{4-12}$$

$$\omega=2\pi n=\frac{2q}{b(R^2-r^2)} \tag{4-13}$$

式中：b——叶片宽度；

r、R——叶片底端、顶端回转半径。

如图 4.5(b)所示为双叶片摆动式液压缸。当按图 4.5(b)所示方向输入压力油时，叶片和输出轴顺时针转动；反之，叶片和输出轴逆时针转动。双叶片摆动式液压缸的摆动范围一般不超过 150°。

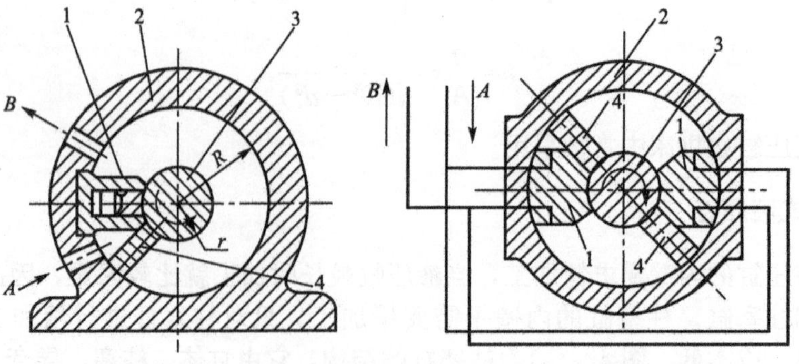

(a) 单叶片式　　(b) 双叶片式

图 4.5　摆动液压缸示意图

1—隔板　2—缸体　3—转动轴　4—叶片

4.2.4 其他液压缸

1. 增力缸

图 4.6 所示为由两个单杆活塞缸串联在一起的增力缸，当压力油通入两缸左腔时，串联活塞向右运动，两缸右腔的油液同时排出，这种油缸的推力等于两缸推力的总和。由于增加了活塞的有效面积，因而使活塞杆上的推力或拉力得到增加。设进油压力为 p，活塞直径为 D，活塞杆直径为 d，不考虑摩擦损失，增力缸的推力为

$$F=p\frac{\pi}{4}D^2+p\frac{\pi}{4}(D^2-d^2)=p\frac{\pi}{4}(2D^2-d^2) \tag{4-14}$$

当单个液压缸推力不足，缸径因空间限制不能加大，但轴向长度允许增加时，可采用这种增力缸。增力缸另一个用途是作为多缸的同步装置，这时常称它为等量分配缸或等量缸。

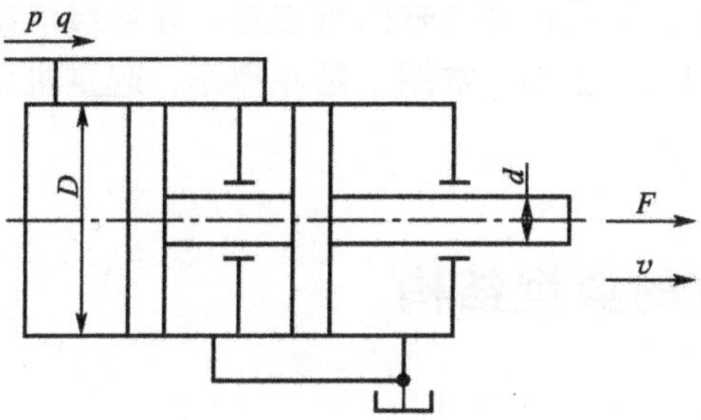

图 4.6 增力缸示意图

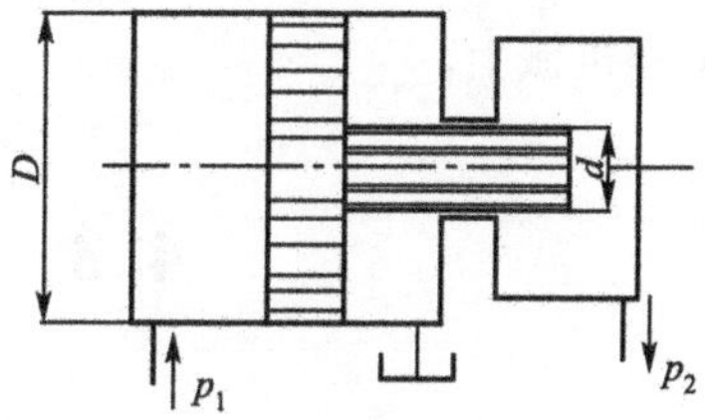

图 4.7 增压缸示意图

2. 增压缸

图 4.7 所示为由活塞缸和柱塞缸组合而成的增压缸，用以使液压系统中的局部区域获得高压。在这里活塞缸中活塞的有效工作面积大于柱塞的有效工作面积，所以向活塞缸无杆腔送入低压油时，可以在柱塞缸那里得到高压油，它们之间的关系为

$$\frac{\pi}{4}D^2p_1=\frac{\pi}{4}d^2p_2 \tag{4-15}$$

$$p_2=\left(\frac{D}{d}\right)^2p_1=Kp_1 \tag{4-16}$$

式中：p_1、p_2——增压缸的输入压力(低压)、输出压力(高压)；

D、d——活塞、柱塞的直径；

K——增压比 $K=D^2/d^2$。

由式(4-15)可知，当 $D=2d$ 时，$p_2=4p_1$，即压力增大 4 倍。单作用增压缸只能单方向间歇增压，若要连续增压就需采用双作用式增压缸。

3. 伸缩式液压缸

如图 4.8 所示为伸缩式液压缸的结构图，它由两套活塞缸套装而成，活塞 1 是缸体 3 的活塞，同时又是活塞 2 的缸体。

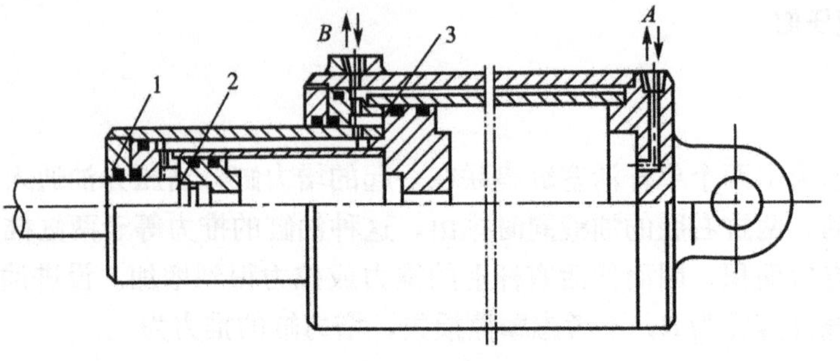

图 4.8　伸缩式液压缸

1—活塞　2—活塞　3—缸体

当压力油从 A 口通入，活塞 1 先伸出，然后活塞 2 伸出。当压力油从 B 口通入，活塞 2 先缩入，然后活塞 1 缩入。总之，按活塞的有效工作面积大小依次动作，有效面积大的先动，小的后动。伸出时的推力和速度是分级变化的，活塞 1 有效面积大，伸出时推力大、速度低，第二级活塞 2 伸出时推力小速度高。这种液压缸的特点是：在各级活塞依次伸出时可以获得较长的行程，而在收缩后轴向尺寸很小。常用于翻斗汽车、起重机和挖掘机等工程机械上。

4.3　液压缸的典型结构

图 4.9 所示为单杆液压缸的结构图，它主要由缸筒 4、活塞 6、活塞杆 7、前端盖 8、后端盖 1、密封件 5 等主要部件组成。缸筒与端盖用螺栓连接，活塞与缸筒、活塞杆与端盖之间有两种密封形式，即为橡塑组合密封与唇形密封。该液压缸具有双向缓冲功能，工作时压力油经进油口，单向阀进入工作腔，推动活塞运动，当活塞临近终点时，缓冲套切断油路，排油只能经节流阀排出，起节流缓冲作用。

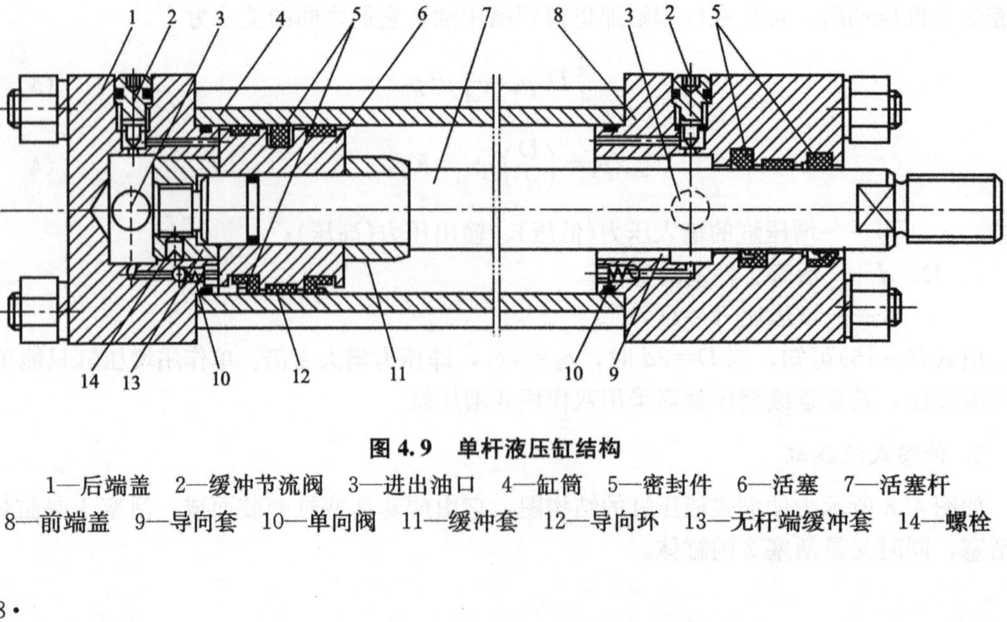

图 4.9　单杆液压缸结构

1—后端盖　2—缓冲节流阀　3—进出油口　4—缸筒　5—密封件　6—活塞　7—活塞杆
8—前端盖　9—导向套　10—单向阀　11—缓冲套　12—导向环　13—无杆端缓冲套　14—螺栓

从上面所述的液压缸典型结构中看出，液压缸的结构基本上可以分为缸体组件、活塞组件、密封装置、缓冲装置和排气装置 5 部分。

4.3.1　缸体组件

缸体组件与活塞组件构成密封的容腔，承受油压。因此缸体组件要有足够的强度、较高的表面精度和可靠的密封性。缸体组件指得是缸筒与缸盖，其使用材料、连接方式与工作压力有关，当工作压力 $p<10$MPa 时使用铸铁缸筒，当工作压力 10MPa$\leqslant p<20$MPa 时使用无缝钢管，$p\geqslant 20$MPa 时使用铸钢或锻钢。

(1) 采用法兰连接［如图 4.10(a)所示］，结构简单、加工方便、连接可靠，但要求缸筒端部有足够的壁厚，用以安装螺栓或旋入螺钉。缸筒端部一般用铸造、镦粗或焊接方式制成粗大的外径。

(2) 采用半环连接［如图 4.10(b)所示］，工艺性好、连接可靠、结构紧凑，但削弱了缸筒强度。这种连接常用于无缝钢管缸筒与缸盖的连接中。

(3) 采用螺纹连接［如图 4.10(c)所示］，其特点是体积小、重量轻、结构紧凑，但缸筒端部结构复杂，常用于无缝钢管或铸钢的缸筒上。

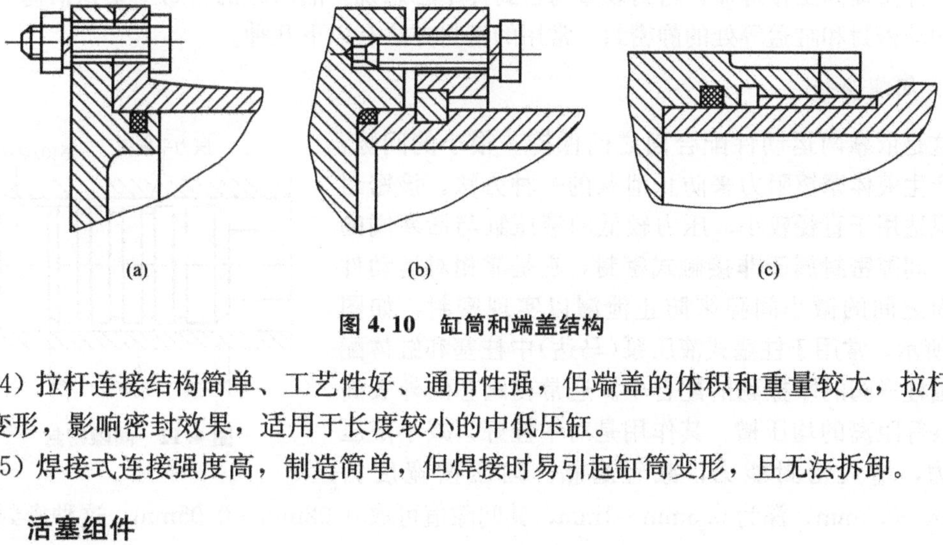

图 4.10　缸筒和端盖结构

(4) 拉杆连接结构简单、工艺性好、通用性强，但端盖的体积和重量较大，拉杆受力后会变形，影响密封效果，适用于长度较小的中低压缸。

(5) 焊接式连接强度高，制造简单，但焊接时易引起缸筒变形，且无法拆卸。

4.3.2　活塞组件

活塞组件由活塞、活塞杆和连接件等组成。活塞一般用耐磨铸铁制造而成，活塞杆不论空心的还是实心的，大多用钢料制造而成。活塞和活塞杆的连接方式很多，但无论采用哪种连接方式，都必须保证连接可靠。整体式和焊接式活塞结构简单，轴向尺寸紧凑，但损坏后需整体更换。锥销式连接加工容易，装配简单，但承载能力小，且需要有必要的防止脱落措施。螺纹式连接［图 4.11(a)］结构简单，装拆方便，但需备有螺母防松装置。半环式连接［图 4.11(b)］强度高，但结构复杂，装拆不便。

4.3.3　密封装置

密封装置的作用是用来阻止有压工作介质的泄漏，防止外界空气、灰尘、污垢与异物的侵入。其中起密封作用的元件称为密封件。通常在液压系统或元件中，存在工作介质的

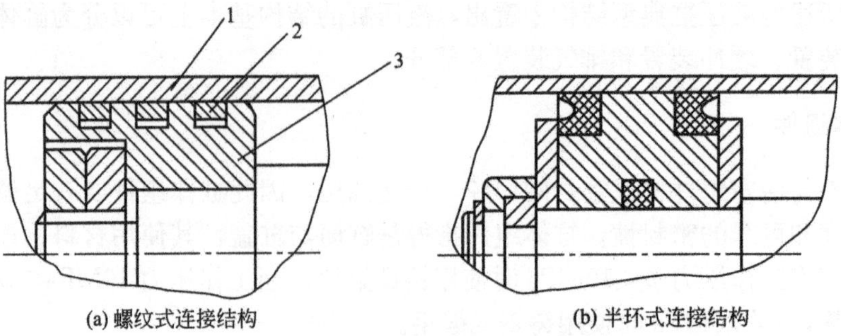

图 4.11 活塞与活塞杆的连接形式

1—缸筒 2—活塞环 3—活塞

内泄漏和外泄漏，内泄漏会降低系统的容积效率，恶化设备的性能指标，甚至使其无法正常工作。外泄漏导致流量减少，不仅污染环境，还有可能引起火灾，严重时可能引起设备故障和人身事故。系统中若侵入空气，就会降低工作介质的弹性模量，产生气穴现象，有可能引起振动和噪声。灰尘和异物既会堵塞小孔和缝隙，又会增加液压缸中相互运动件之间的摩擦磨损，降低使用寿命，并且加速了内、外泄漏。所以为了保证液压设备工作的可靠性，并及提高工作寿命，密封装置与密封件不容忽视。液压缸的密封主要指活塞、活塞杆处的动密封和缸盖等处的静密封。常用的密封方法有以下几种。

1. 间隙密封

这是依靠两运动件配合面之间保持一很小的间隙，使其产生液体摩擦阻力来防止泄漏的一种方法。该密封方法只适用于直径较小、压力较低的液压缸与活塞间的密封。间隙密封属于非接触式密封，它是靠相对运动件配合面之间的微小间隙来防止泄漏以实现密封，如图 4.12 所示，常用于柱塞式液压泵(马达)中柱塞和缸体配合、圆柱滑阀的摩擦副的配合中。通常在阀芯的外表面开几条等距离的均压槽，其作用是对中性好，减小液压卡紧力，增大密封能力，减轻磨损。匀压槽宽度为 0.3mm～0.5mm，深为 0.5mm～1mm，其间隙值可取 0.02mm～0.05mm。这种密封摩擦阻力小、结构简单，但磨损后不能自动补偿。

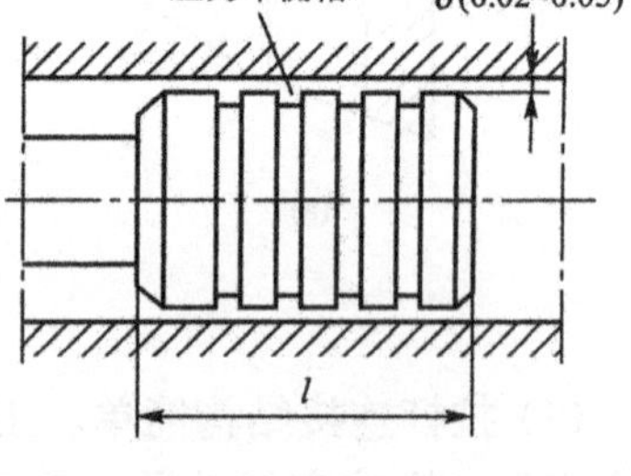

图 4.12 间隙密封

2. 密封圈密封

(1) O 形密封圈。O 形密封圈是由耐油橡胶制成的截面为圆形的圆环，它具有良好的密封性能，且结构紧凑，运动件的摩擦阻力小、装卸方便、容易制造、价格便宜，故在液压系统中应用广泛。

如图 4.13(a)所示为其外形图。图 4.13(b)所示为装入密封沟槽的情况，δ_1、δ_2 是 O 形圈装配后的预压缩量，通常用压缩率 β 表示，即 $\beta=[(d_0-h)/d_0]\times100\%$，对于固定密封、往复运动密封和回转运动的密封，应分别达到(15%～20%)、(10%～20%)和(5%～10%)，才能取得满意的密封效果。当油液工作压力大于 10MPa 时，O 形圈在往复运动中容易被油液压力挤入间隙而过早损坏，如图 4.13(c)所示。为此需在 O 形圈低压侧设置聚

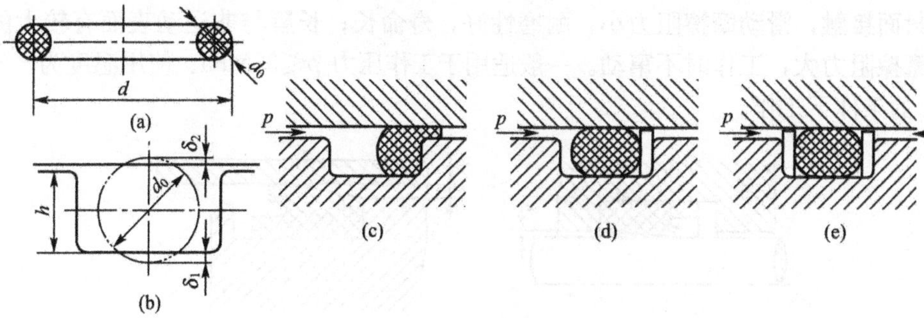

图 4.13　O形密封圈

四氟乙烯或尼龙制成的挡圈，如图 4.13(d)所示，其厚度为 1.25mm～2.5mm。双向受压时，两侧都要加挡圈，如图 4.13(e)所示。

(2) V形密封圈。V形密封圈的形状如图 4.14 所示，它由纯耐油橡胶或多层夹织物橡胶压制而成，通常由支承环［图 4.14 (a)］、密封环［图 4.14 (b)］和压环［图 4.14 (c)］组成。当压环压紧密封环时，支撑环使密封环产生变形而起密封作用。当工作压力高于 10MPa 时，可增加密封环的数量，提高密封效果。安装时，密封环的开口应面向压力高的一侧。V形圈密封性能良好，耐高压、寿命长。通过调节压紧力，可获得最佳的密封效果，但V形密封装置的摩擦阻力及结构尺寸较大，主要用于活塞组件的往复运动。它适宜在工作压力为 $p<50$MPa、温度为－40℃～＋80℃的条件下工作。

(3) Y形密封圈。Y形密封圈属唇形密封圈，其截面为Y形，主要用于往复运动的密封，是一种密封性、稳定性和耐压性较好，摩擦阻力小，寿命较长的密封圈，故应用也很广泛。Y形圈的密封作用依赖于它的唇边对偶合面的紧密接触，并在压力油作用下产生较大的接触应力，达到密封的目的(图 4.15)。当液压力升高时，唇边与偶合面贴得更紧，接触压力更高，密封性能更好。Y形圈根据截面长宽比例不同分为宽断面和窄断面两种形式。一般适用于工作压力 $p\leqslant 20$MPa、工作温度－30℃～＋100℃、速度 $v\leqslant 0.5$m/s 的场合。

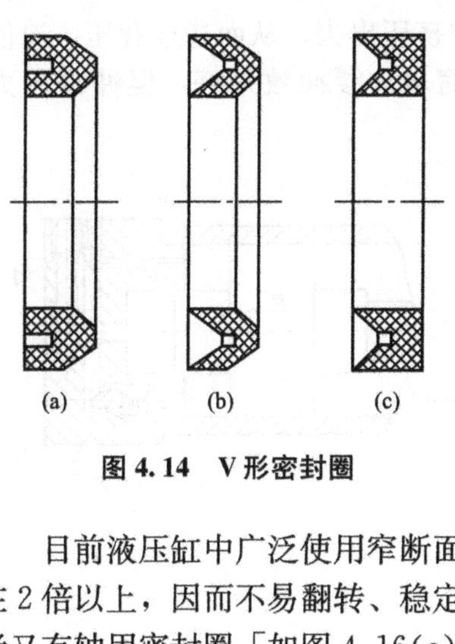

图 4.14　V形密封圈

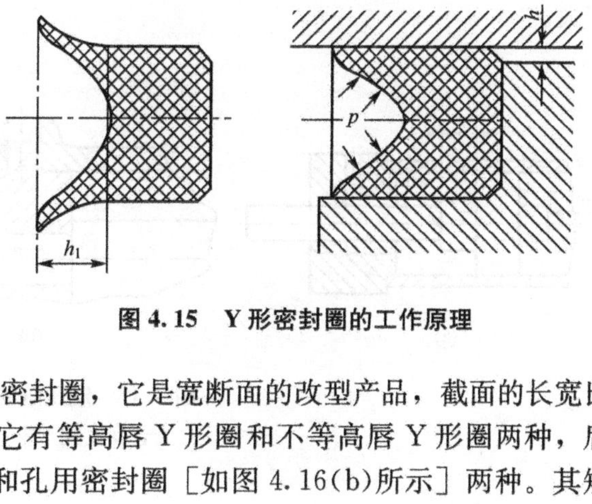

图 4.15　Y形密封圈的工作原理

目前液压缸中广泛使用窄断面小Y形密封圈，它是宽断面的改型产品，截面的长宽比在 2 倍以上，因而不易翻转、稳定性好，它有等高唇Y形圈和不等高唇Y形圈两种，后者又有轴用密封圈［如图 4.16(a)所示］和孔用密封圈［如图 4.16(b)所示］两种。其短唇与密封面接触，滑动摩擦阻力小，耐磨性好，寿命长；长唇与非运动表面有较大的预压缩量，摩擦阻力大，工作时不窜动。一般适用于工作压力 $p\leqslant 32$MPa、使用温度为-30℃～$+100$℃的条件下工作。

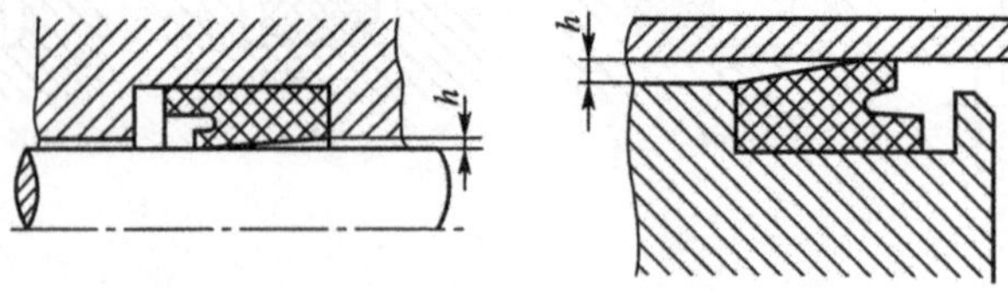

图 4.16　小 Y 形密封圈

液压缸高压腔中的油液向低压腔泄漏称为内泄漏，液压缸中的油液向外部泄漏称为外泄漏。由于存在内泄漏和外泄漏，使液压缸的容积效率降低，从而影响其工作性能，严重时使系统压力上不去，甚至无法工作；且外泄漏还会污染环境，因此为了防止泄漏，液压缸中需要密封的地方必须采取相应的密封装置。

4.3.4　缓冲装置

当运动件的质量较大，运动速度较高($v>0.2$m/s)时，由于惯性力较大而具有很大的动量。在这种情况下，当活塞运动到缸筒的终端时，会与端盖发生机械碰撞，产生很大的冲击力和噪声，严重影响运动精度，甚至会引起事故，所以在大型、高速或高精度的液压设备中，常设有缓冲装置。

缓冲装置的工作原理是：利用活塞或缸筒在其走向行程终端时，在活塞和缸盖之间封住一部分油液，强迫它从小孔或缝隙中挤出，以产生很大的阻力，使工作部件受到制动逐渐减慢运动速度，达到避免活塞和缸盖相互撞击的目的。

1. 固定节流缓冲

如图 4.17(a)是缝隙节流，当活塞移动到其端部，活塞上的凸台进入缸盖的凹腔，将封闭在回油腔中的油液从凸台和凹腔之间的环状缝隙 δ 中挤压出去，从而造成背压，迫使运动活塞降速制动，以实现缓冲。这种缓冲装置结构简单，缓冲效果好，但冲击压力较大。

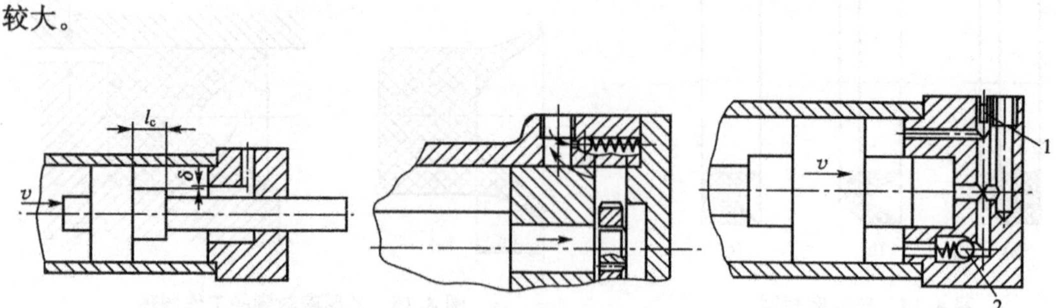

图 4.17　液压缸的缓冲装置

1—节流阀　2—单向阀

2. 可变节流缓冲

可变节流缓冲油缸有多种形式，有在缓冲柱塞上开三角槽，有多油孔，还有其他一些可变节流缓冲油缸，其特点是在缓冲过程中，节流口面积随着缓冲行程的增大而逐渐减小，缓冲腔中的压力几乎保持不变。图 4.17(b)在活塞上开有横截面为三角形的轴向斜槽，当活塞移近液压缸缸盖时，活塞与缸盖间的油液需经三角槽流出，从而在回油腔中形成背压，以达到缓冲的目的。

3. 可调节流缓冲

图 4.17(c)在缸盖中装有针形节流阀 1 和单向阀 2。当活塞移近缸盖时，凸台进入凹腔，由于它们之间间隙较小，所以回油腔中的油液只能经节流阀流出，从而在回油腔中形成背压，以达到缓冲的目的。调节节流阀的开口大小就能调节制动速度。

4.3.5 排气装置

1. 气体的来源

液压系统在安装过程中或长时间停止工作之后会渗入空气，另外，密封不好也会有空气渗入，况且油液中也含有气体(无论何种油液，本身总是溶解有 3%～10%的空气)。

2. 液压缸中的气体对液压系统的影响

空气积聚使得液压缸运动不平稳，低速时会产生爬行。由于气体有很强的可压缩性，会使执行元件产生爬行。压力增大时还会产生绝热压缩而造成局部高温，有可能烧坏密封件。启动时会引起振动和噪声，换向会时降低精度。因此在设计液压缸时，要保证及时排除积留在缸中的气体。

3. 气体的排除方法

一般利用空气比重较油轻的特点，可以在液压缸内腔的最高部位设置排气孔或专门的排气装置。

图 4.18 为采用排气塞和排气阀的排气装置：当松开排气阀螺钉时，带着空气的油液便通过锥面间隙经小孔溢出，待系统内气体排完后，便拧紧螺钉，将锥面密封，也可在缸盖的最高部位处开排气孔，用长管道向远处排气阀排气。所有的排气装置都是按此基本原理工作的。

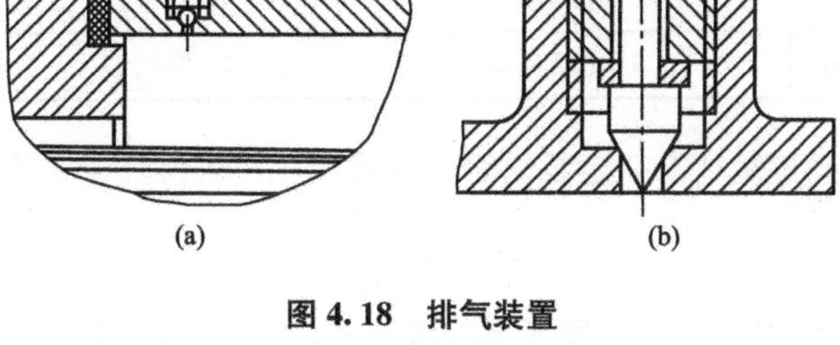

(a) (b)

图 4.18 排气装置

4.4 液压缸的设计计算

液压缸是液压传动的执行元件，与主机的工作机构有着直接的联系，对于不同的结构，液压缸具有不同的用途和要求。因此作为设计者在设计前应作调查研究，准备好必要的原始资料和设计依据，然后根据设计步骤综合考虑，反复验算，这样才能获得较满意的效果。

4.4.1 液压缸的主要尺寸计算

液压缸的主要尺寸包括缸的内径 D、活塞杆直径 d、液压缸的长度和活塞杆的长度等。

液压缸内径和活塞杆直径的确定方法与使用的液压缸设备类型有关，通常根据液压缸的推力(牵引力)和液压缸的有效工作压力来决定。

液压缸由于用途广泛，其结构形式和结构尺寸也多种多样。一般情况下采用标准件，但有时也需要自行设计，结构设计可参考 4.3 节，本节主要介绍液压缸主要尺寸的计算及结构强度、刚度的验算方法。

液压缸内径 D 和活塞杆直径 d 可根据液压系统中的最大总负载和选取的工作压力来确定。对于单出杆的液压缸而言，无杆腔进油并且不考虑机械效率时，由式(4－1)可得

$$D=\sqrt{\frac{4F_1}{\pi(p_1-p_2)}-\frac{d^2p_2}{p_1-p_2}} \tag{4-17}$$

有杆腔进油并且不考虑机械效率时，由式(4－4)可得

$$D=\sqrt{\frac{4F_2}{\pi(p_1-p_2)}+\frac{d^2p_1}{p_1-p_2}} \tag{4-18}$$

式中，一般选取回油背压 $p_2=0$，于是式(4－17)和式(4－18)便可简化，即无杆腔、有杆腔进油时分别为

$$D=\sqrt{\frac{4F_1}{\pi p_1}}$$

或

$$D=\sqrt{\frac{4F_2}{\pi p_1}+d_2} \tag{4-19}$$

式(4－19)中的活塞杆直径 d 可根据工作压力或设备类型选取，也可查机械设计手册得到或参考表 4－2。

表 4－2 液压缸工作压力与活塞杆直径

液压缸工作压力 p/MPa	≤5	5～7	>7
推荐活塞杆直径 d/mm	(0.5～0.55)D	(0.6～0.7)D	0.7D

当液压缸往复运动速度比有一定要求时，由式(4－7)可得杆径 d 为

$$d=D\sqrt{\frac{\lambda_v-1}{\lambda_v}}$$

液压缸速度比 λ_v 如表 4－3。计算所得的液压缸内经 D 和活塞杆直径 d 应查液压设计

手册将其圆整到标准系列值，参考表 4－4 和表 4－5。

表 4－3　液压缸往复速度比 λ_v 推荐值

工作压力 p/MPa	≤10	12.5～20	>20
往复速度比 λ_v	1.33	1.46，2	2

表 4－4　活塞直径系列

20	25	32	40	50	55	63	(65)	70	(75)
80	(85)	90	(95)	100	(105)	110	125	(130)	140
50)	160	180	200	(220)	250	(280)	320	(360)	400
(450)	500	(560)	630	(710)	820	(900)	1000		

注：括号中的尺寸尽量不用。

表 4－5　活塞杆直径系列

10	12	14	16	18	20	22	25	28	(30)
32	35	40	45	50	55	(60)	63	(65)	70
(75)	80	(85)	90	(95)	100	(105)	110	(120)	125
(130)	140	(150)	160	180	200	220	250	(260)	280
320	360	(380)	400	(420)	450	500	(520)	560	(580)

注：括号中的尺寸尽量不用。

液压缸缸筒长度由活塞最大行程 L、活塞长度、活塞杆导向长度 H 和特殊要求的其他长度确定(图 4.19)。其中活塞长度 $B=(0.6\sim1.0)D$；导向套长度 $A=(0.6\sim1.5)D$；必要时可在导向套和活塞之间装一隔套 K，隔套的长度为 $C=H-\frac{1}{2}(A+B)$。为了减少加工难度，一般液压缸的缸筒长度不应大于内径的 20～30 倍。

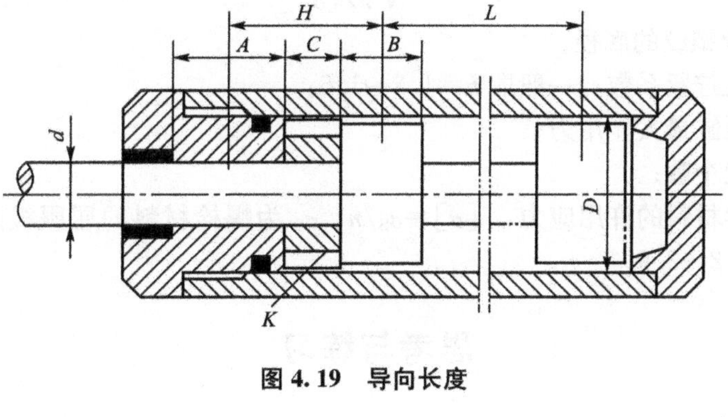

图 4.19　导向长度

4.4.2　液压缸的校核

1. 缸筒壁厚 δ 的校核

在液压传动系统，中、高压液压缸一般用无缝钢管制作缸筒，大多属薄壁筒，即 $\delta/D\leqslant$

0.08 时，按材料力学薄壁圆筒公式验算壁厚，即

$$\delta \geqslant \frac{p_{max} D}{2[\sigma]}$$

式中：p_{max}——缸筒内最高工作压力(指试验压力)，考虑到液压缸可能承受冲击，试验压力要远大于工作压力；

D——缸筒内径；

$[\sigma]$——缸筒材料的许用应力，$[\sigma]=\sigma_b/n$，σ_b 为材料抗拉强度，n 为安全系数，一般取 $n=3.5\sim5$。

当液压缸采用铸造缸筒时，壁厚由铸造工艺确定，这时应按厚壁圆筒公式验算壁厚。当 $\delta/D=0.08\sim0.3$ 时，可用式(4-20)进行验算，即

$$\delta \geqslant \frac{p_{max} D}{2.3[\sigma]-3p_{max}} \tag{4-20}$$

当 $\delta/D \geqslant 0.3$ 时，或可用式(4-21)进行验算，即

$$\delta=\frac{D}{2}\left(\sqrt{\frac{[\sigma]+0.4p_{max}}{[\sigma]-1.3p_{max}}}-1\right) \tag{4-21}$$

2. 液压缸活塞杆稳定性验算

只有当液压缸活塞杆计算长度 $L \geqslant 10d$ 时，才进行其纵向稳定性的验算。验算可按材料力学有关公式进行，此处不再赘述。

3. 液压缸缸盖固定螺栓直径校核

液压缸缸盖固定螺栓在工作过程中，同时承受拉应力和剪切应力，其螺栓直径可按式(4-22)校核

$$d_s \geqslant \sqrt{\frac{5.2kF}{\pi Z[\sigma]}} \tag{4-22}$$

式中：d_s——螺栓螺纹的底径；

k——螺纹拧紧系数，一般取 $k=1.2\sim1.5$；

F——液压缸最大作用力；

Z——螺栓个数；

$[\sigma]$——螺栓材料的许用应力，$[\sigma]=\sigma_S/n$，σ_S 为螺栓材料的屈服极限，n 为安全系数，一般取 $n=1.2\sim2.5$。

思考与练习

4-1　液压缸主要有哪几种类型？各有什么特点？各适用于什么场合？

4-2　液压缸为什么要有缓冲装置？缓冲装置的基本工作原理是什么？常见的缓冲装置有哪几种？

4-3　如图 4.20 所示，两个结构相同相互串联的液压缸，无杆腔的面积 $A_1=100\text{cm}^2$，有杆腔的面积 $A_2=80\text{cm}^2$，缸 1 输入压力 $p_1=0.9\text{MPa}$，输入流量 $q_1=12\text{L/min}$，

不计损失和泄漏，求：

(1) 两缸承受相同负载时($F_1=F_2$)，该负载的数值及两缸的运动速度是多少?

(2) 缸 2 的输入压力是缸 1 的一半时($p_2=p_1/2$)，两缸各能承受多少负载?

(3) 缸 1 不受负载时($F_1=0$)，缸 2 能承受多大的负载?

4-4　如图 4.21 所示，有一单叶片摆动油缸。油泵供油压力 $p_1=10$MPa，供油流量 $q=25$L/min，回油压力 $p_2=0.5$MPa，若输出轴的角速度 $\omega=0.7$rad/s，$R=100$mm，$r=40$mm。求摆动油缸叶片宽度 b 和输出扭矩 T 各为多少?

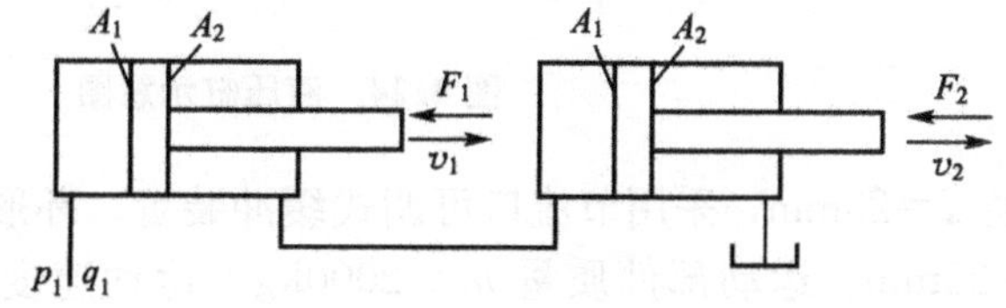

图 4.20　串联液压缸

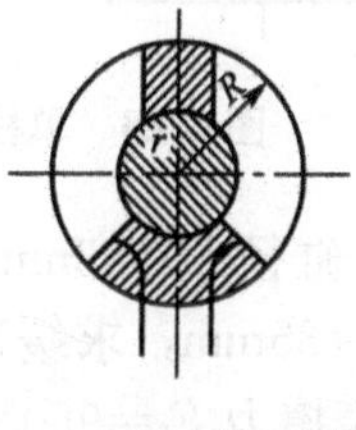

图 4.21　单叶片摆动油缸

4-5　某单杆液压缸快进时采用差动连接，快退时高压油输入油缸的有杆腔，如活塞快进和快退速度均为 6m/min，工进时活塞杆受压力，推力 25000N，当输入流量为 25L/min，背压力为 0.2MPa 时，求：

(1) 活塞直径 D 和活塞杆直径 d 各为多少?

(2) 如油缸材料用 45 钢(许用应力 $[\tau]=1200\text{kg/cm}^2$)时，缸筒壁厚 δ 为多少?

(3) 如液压缸活塞杆为铰接，缸筒固定，其安装长度 $l=1.5$m，试校核活塞杆的纵向稳定性。

4-6　如图 4.22 所示的两液压缸，缸内径 D、活塞杆直径 d 均相同，若输入缸中的流量都是 q，压力为 p，出口处的油直接通油箱，且不计一切摩擦损失，比较它们的推力、运动速度和运动方向。

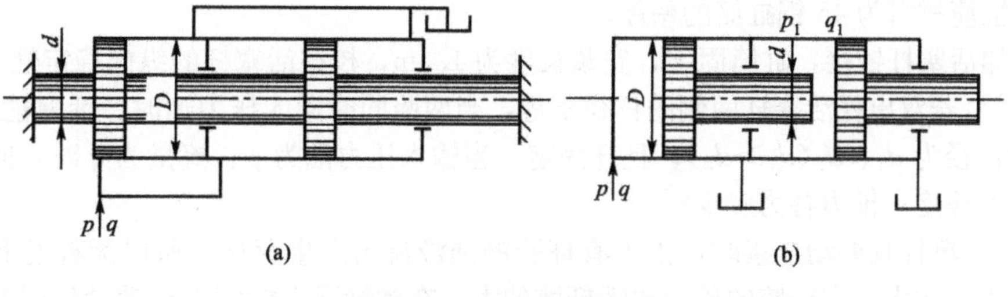

图 4.22　液压缸原理示意图

4-7　如图 4.23 所示的两个单柱塞缸，缸内径为 D，柱塞直径为 d，其中一个柱塞缸固定，柱塞克服负载而移动，另一个柱塞固定，缸筒克服负载而运动。如果在这两个柱塞缸中输入同样流量和压力的油液，它们产生的速度和推力是否相等? 为什么?

4-8　如图 4.24 所示的液压缸，节流阀装在进油路上，设缸内径 $D=125$mm，活塞杆直径 $d=90$mm，节流阀流量调节范围为 0.05L/min～10L/min，进油压力 $p_1=4$MPa，回油压力 $p_2=1$MPa，求活塞最大、最小运动速度和推力。

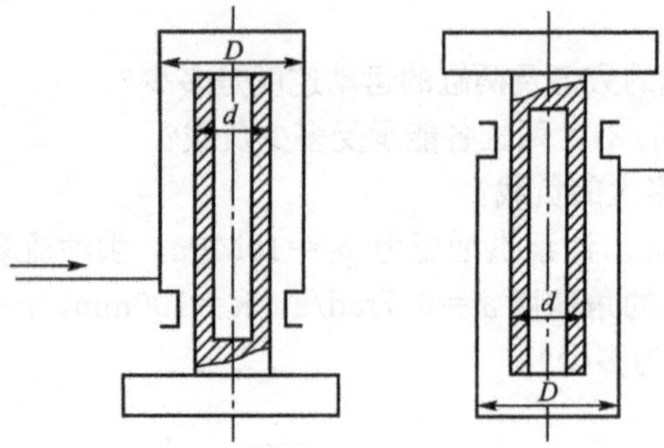

图 4.23　单柱塞液压缸

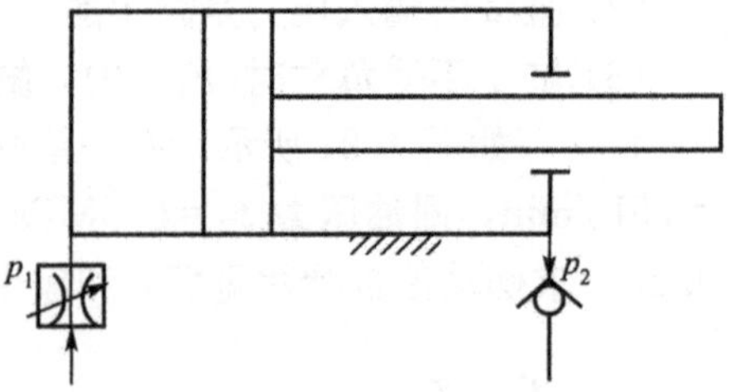

图 4.24　液压缸示意图

4-9　缸径 D=63mm，活塞杆径 d=28mm，采用节流口可调式缓冲装置，环形缓冲腔小径 d_c=35mm，求缓冲行程 l_c=25mm、运动部件质量 m=2000kg、运动速度 v_0=0.3m/s、摩擦力 F_f=950N、工作腔压力 $p_P=70\times10^5$Pa 时的最大缓冲压力。如缸筒强度不够时该怎么办?

4-10　设计一差动连接的液压缸，泵的流量为 q=25L/min，压力为 6.3MPa，工作台快进、快退速度为 5m/min，试计算液压缸的内径 D 和活塞杆的直径 d。当外载为 25×10^3N 时，溢流阀的调定压力为多少?

4-11　设计一单杆活塞液压缸，已知外载 $F=2\times10^4$N，活塞和活塞杆处的摩擦力 $F_f=12\times10^2$N，进入液压缸的油液压力为 5MPa，计算缸的内径。若活塞最大速度 v_{max}=4cm/s，系统的泄漏损失为 10%，应选多大流量的泵? 若泵的总效率为 0.85，电动机的驱动功率应多大?

4-12　一单杆液压缸快进时采用差动连接，快退时油液输入缸的有杆腔，设缸快进、快退时的速度均为 0.1m/s，工进时杆受压，推力为 25000N。已知输入流量 q=25L/min，背压 $p_2=2\times10^5$Pa，求：

(1) 缸和活塞杆直径 D、d。

(2) 缸筒材料为 45 钢缸筒的壁厚。

(3) 如活塞杆铰接，缸筒固定，安装长度为 1.5m，校核活塞杆的纵向稳定性。

4-13　若双出杆活塞缸两侧的杆径不等，当两腔同时通入压力油时，活塞能否运动? 如左右侧杆径为 d_1、d_2($d_1>d_2$)，且杆固定，当输入压力油为 p、流量为 q 时，问缸向哪个方向走? 速度、推力各为多少?

4-14　单杆缸差动连接时，由于有杆腔的油液流出产生背压，所以无杆腔和有杆腔的压力并不一样大，有杆腔的压力比无杆腔的大，在此情况下能实现差动动作吗? 如果外负载为零，采用差动连接时有杆腔和无杆腔的压力间有什么关系?

第 5 章　液压控制阀

教学提示：液压控制阀是液压系统中的控制元件，用来控制液压系统中流体的压力、流量及流动方向，以满足液压缸、液压马达等执行元件不同的动作要求，它是直接影响液压系统工作过程和工作特性的重要元器件。

教学要求：本章要求学生熟悉液压阀的类型和性能要求；掌握常用的各种液压阀的工作原理、结构特点、职能符号及应用；掌握溢流阀和节流阀的流量特性；了解各种阀在结构和原理上的异同点及选用原则；了解二通插装阀和电液比例控制阀的特点及应用。

在液压系统中，除需要液压泵供油和液压执行元件来驱动工作装置外，还需要配备一定数量的液压控制阀来对液流的流动方向、压力高低以及流量大小进行预期的调节和控制，以满足负载的工作要求。因此，液压控制阀是直接影响液压系统工作过程和工作特征的重要元件。

5.1　液压阀概述

5.1.1　液压阀的基本结构及工作原理

液压阀的基本结构主要包括阀芯、阀体和驱动阀芯在阀体内作相对运动的操纵装置。阀芯的主要形式有滑阀式、锥阀式和球阀式；阀体上除有与阀芯配合的阀体孔或阀座孔外，还有外接油管的进、出油口和泄油口；驱动阀芯在阀体内作相对运动的装置可以是手调机构，也可以是弹簧或电磁铁，有些场合还采用液压作用力驱动。

在工作原理上，液压阀利用阀芯在阀体内的相对运动来控制阀口的通断及开口的大小，以实现压力、流量和方向的控制。液压阀工作时，所有阀的阀口大小，阀进、出油口间的压差以及通过阀的流量之间的关系都应符合孔口流量公式 $q=KA_{T}\Delta p^{m}$，只是各种阀控制的参数各不相同而已。

5.1.2　液压阀的分类

液压阀的分类方法很多，以至于同一种阀在不同的场合，因其着眼点不同有不同的名称，下面介绍几种不同的分类方法。

(1) 液压阀根据在液压系统中的功用可分为：方向控制阀、压力控制阀和流量控制阀。

(2) 液压阀根据控制方式可分为：定位或开关控制阀、电液比例阀、伺服控制阀和数字控制阀。

(3) 液压阀根据阀芯的结构形式可分为：滑阀(或转阀)类、锥阀类、球阀类。此外，还有喷嘴挡板阀和射流管阀，这两类阀将在本书第 10 章中介绍。

(4) 液压阀根据连接和安装形式的不同可分为管式阀、板式阀、叠加式阀和插装式阀。

5.1.3 液压阀的性能参数

各种不同的液压阀有不同的性能参数，其共同的性能参数如下。

1. 公称通径

公称通径代表阀通流能力的大小，对应于阀的额定流量。与阀进出油口相连接的油管规格应与阀的通径相一致。阀工作时的实际流量应小于或等于其额定流量，最大不得大于额定流量的 1.1 倍。

2. 额定压力

额定压力是液压阀长期工作所允许的最高工作压力。对于压力控制阀，实际最高工作压力有时还与阀的调压范围有关；对于换向阀，实际最高工作压力还可能受其功率极限的限制。

5.1.4 对液压阀的基本要求

液压系统对液压控制阀的基本要求如下。

(1) 动作灵敏，使用可靠，工作时冲击和振动小，噪声小，使用寿命长。

(2) 流体通过液压阀时，压力损失小；阀口关闭时，密封性能好，内泄漏小，无外泄漏。

(3) 所控制的参量(压力或流量)稳定，受外部干扰时变化量小。

(4) 结构紧凑，安装、调整、使用、维护方便，通用性好。

5.2 方向控制阀

方向控制阀是通过控制液压系统中的油路通断或改变油液的流动方向，从而控制液压执行元件的启动或停止，改变其运动方向的阀类，如单向阀、换向阀、压力表开关等。

5.2.1 单向阀

单向阀有普通单向阀和液控单向阀两类。

1. 普通单向阀(简称单向阀)

单向阀又称止回阀，它是一种只允许液流沿一个方向通过，而反向液流被截止的方向阀。对单向阀的主要性能要求是：正向液流通过时压力损失要小；反向截止时密封性要好；动作灵敏，工作时冲击和噪声小。

管式单向阀为直通式。直通式单向阀进口和出口流道在同一轴线上；板式单向阀为直角式。直角式单向阀进出口流道成直角布置。图 5.1(a)、(b)所示为管式连接的钢球式直通单向阀和锥阀式直通单向阀。液流从 P_1 流入，克服弹簧力而将阀芯顶开，再从 P_2 流出。当液流反向流入时，由于阀芯被压紧在阀座密封面上，所以液流被截止。

钢球式单向阀的结构简单，但密封性不如锥阀式，并且由于钢球没有导向部分，工作时容易产生振动，一般用在流量较小的场合。锥阀式单向阀应用最多，虽然结构比钢球式

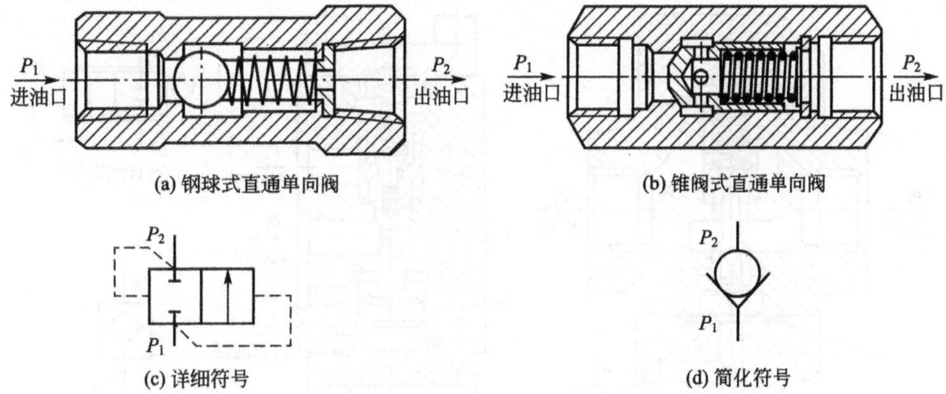

(a) 钢球式直通单向阀　　(b) 锥阀式直通单向阀

(c) 详细符号　　(d) 简化符号

图 5.1　直通式单向阀

复杂一些，但其导向性好，密封可靠。

图 5.2 为板式连接的直角式单向阀，液流从 P_1 口流入，顶开阀芯后，直接经阀体的铸造流道从 P_2 口流出，压力损失小，而且只要打开端部螺塞即可对内部进行维修，十分方便。

单向阀中的弹簧主要用来克服摩擦力、阀芯的重力和惯性力，使阀芯在反向流动时能迅速关闭，所以单向阀中的弹簧较软。单向阀的开启压力一般为 0.03MPa～0.05MPa，并可根据需要更换弹簧。如将单向阀中的软弹簧更换成合适的硬弹簧，就成为背压阀。背压阀通常安装在液压系统的回油路上，用以产生 0.3MPa～0.5MPa 的背压。

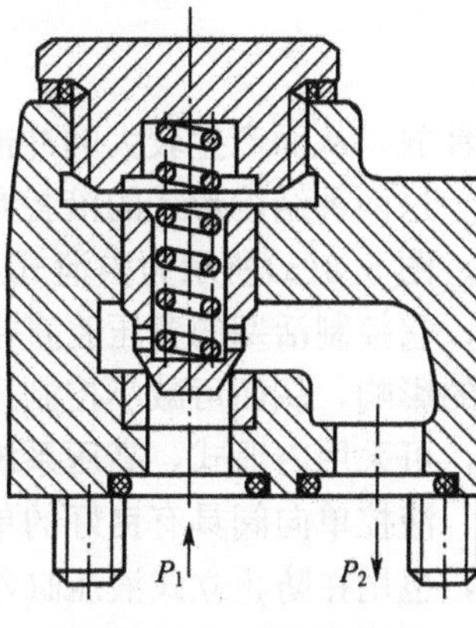

图 5.2　直角式单向阀

所谓背压是在液压回路的回油侧或压力作用面的相反方向所作用的压力。

单向阀常被安装在泵的出口，一方面防止系统的压力冲击影响泵的正常工作；另一方面，在泵不工作时防止系统的油液倒流经泵回油箱。单向阀还被用来分隔油路以防止干扰，并与其他阀并联组成复合阀，如单向顺序阀、单向节流阀等。

2. *液控单向阀*

液控单向阀是可以实现逆向流动的单向阀。液控单向阀有不带卸荷阀芯的简式液控单向阀和带卸荷阀芯的卸载式液控单向阀两种结构形式，如图 5.3 所示。

图 5.3(a)所示为简式液控单向阀的结构。当控制油口 K 无控制压力油时，其工作原理与普通单向阀一样，压力油只能从进油口 P_1 流向出油口 P_2，反向流动被截止。当控制油口 K 有控制压力 p_c 作用时，在液压力的作用下，控制活塞 1 向上移动，顶开阀芯 2，使油口 P_2 和 P_1 相通，油液就可以从 P_2 口流向 P_1 口。在图 5.3(a)所示形式的液控单向阀中，控制压力 p_c 一般为主油路压力的 30%～50%。

图 5.3(b)为带卸荷阀芯的卸载式液控单向阀。当控制油口通入压力油 p_c 时，控制活塞1上移，先顶开卸荷阀芯 3，使主油路卸压，然后再继续顶开单向阀芯 2。这样可减小控制压力，使其控制压力仅为主油路工作压力的 5%左右，因此可用于压力较高的场合。同时，可避免简式液控单向阀中当控制活塞推开单向阀芯时，高压封闭回路内油液的压力突

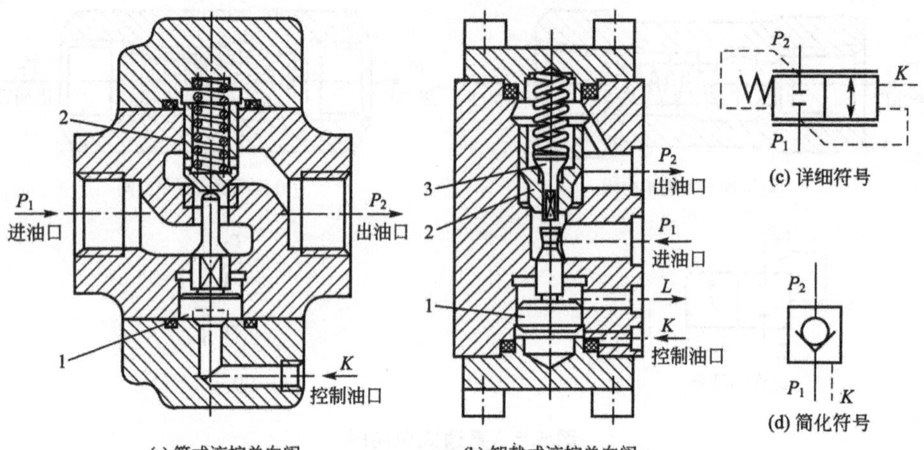

(a) 简式液控单向阀　　(b) 卸载式液控单向阀

图 5.3　液控单向阀

然释放，从而产生较大的冲击和噪声。

这两种结构形式的液控单向阀按其控制活塞处的泄油方式，都有内泄式和外泄式之分。图 5.3(a)所示为内泄式，它控制活塞的背压腔与进油口 P_1 相通。图 5.3(b)为外泄式，它控制活塞的背压腔直接与油箱相通，这样反向开启时就可减小 P_1 腔压力对控制压力的影响，从而可减小控制压力。故一般在液控单向阀反向工作时，如出油口压力 p_1 较低，可采用内泄式，高压系统则采用外泄式。

液控单向阀具有良好的单向密封性能，常用于执行元件需要较长时间保压、锁紧等情况，也用在防止立式液压缸停止时自动下滑及速度换接等回路中。

图 5.4 所示为采用两个液控单向阀(又称双向液压锁)的锁紧回路。当换向阀左位接通时，压力油经换向阀打开液控单向阀 1 进入液压缸的左腔，此时，单向阀 1 的控制油口通油箱，其性能与普通单向阀相同。与此同时，压力油进入液控单向阀 2 的控制油口，将阀 2 的阀芯顶开。液压缸右腔的油液经液控单向阀 2、换向阀与油箱连通。此时，活塞在压力油的作用下向右运动，反之亦然。当换向阀处于中位时，液压缸处于自锁状态。

图 5.5 所示是采用一个液控单向阀的锁紧回路。在垂直设置的液压缸下腔管路上安装

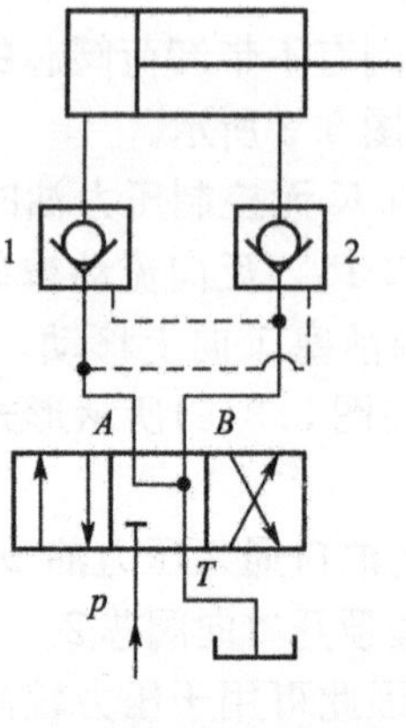

图 5.4　双向液压锁的锁紧回路

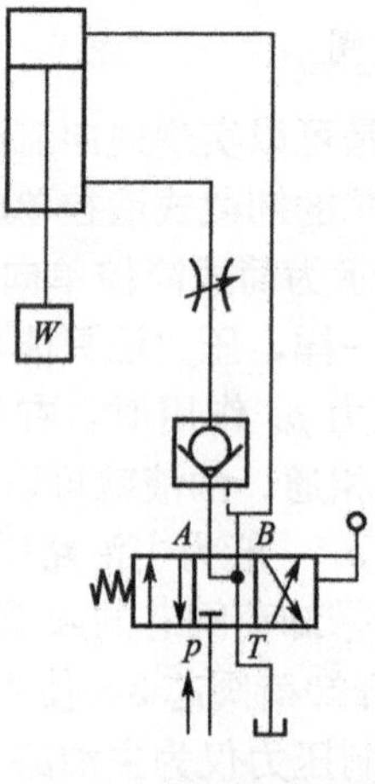

图 5.5　采用液控单向阀的锁紧回路

有一个液控单向阀，可将液压缸(即负载)较长时间锁定在任意位置上，并可防止由于换向阀的内部泄漏而引起带有负载的活塞杆落下。

5.2.2 换向阀

换向阀是利用阀芯和阀体间相对位置的不同，来变换阀体上各主油口的通断关系，实现各油路连通、切断或改变液流方向的阀类。换向阀的分类如下。

(1) 换向阀按照结构形式可分为：滑阀式、转阀式、球阀式和锥阀式。

(2) 换向阀按照操纵方式可分为：手动、机动、电磁、液动、电液动和气动。

(3) 换向阀按照工作位置和控制的通道数可分为：二位二通、二位三通、二位四通、三位四通、三位五通等。

(4) 换向阀按照阀芯在阀体中的定位方式，又可分为钢球定位、弹簧复位、弹簧对中等。

1. 滑阀式换向阀

滑阀式换向阀是液压系统中用量最大、品种和名称最复杂的一类阀。它主要由阀体、阀芯以及操纵和定位机构组成。

1) 滑阀式换向阀的结构主体及工作原理

阀体和滑阀阀芯是滑阀式换向阀的结构主体。阀体内孔中有多个沉割槽，每个槽通过相应的孔道与外部相通。阀体上与外部连接的主油口称为“通”，具有两个、3 个、4 个或 5 个主油口的换向阀分别称为“二通阀”、“三通阀”、“四通阀”或“五通阀”。

滑阀阀芯相对于阀体有两个、3 个等不同的稳定工作位置，该稳定的工作位置称为“位”。所谓“两位阀”或“3 位阀”是指换向滑阀的阀芯相对于阀体有两个或 3 个稳定的工作位置。当滑阀阀芯在阀体中从一个“位”移动到另一个“位”时，阀体上各主油口的连通形式就发生了变化。

“通”和“位”是换向阀的重要概念，不同的“通”和“位”构成了不同类型的换向阀。几种不同的“通”和“位”的滑阀式换向阀主体部分的结构形式和图形符号见表 5-1。

表 5-1 中图形符号的含义如下。

(1) 用方框表示阀的工作位置，有几个方框就表示几“位”。

(2) 一个方框上与外部相连接的主油口数有几个，就表示几“通”。

(3) 用方框内的箭头表示该位置上油路处于接通状态，但箭头方向不一定表示液流的实际流向。

(4) 方框内的符号“┬”或“┴”表示此通路被阀芯封闭，即不通。

(5) 通常情况下，换向阀与系统供油路连接的油口用 P 表示，与回油路连接的回油口用 T 表示，而与执行元件相连接的工作油口用字母 A、B 表示。

(6) 换向阀都有两个或两个以上的工作位置，其中一个为常态位，即阀芯未受到操纵力作用时所处的位置。图形符号中的中位是三位阀的常态位，利用弹簧复位的二位阀则以靠近弹簧方框内的通路状态为其常态位。绘制液压系统图时，油路一般应连接在换向阀的常态位上。

二位四通滑阀式换向阀的工作原理如图 5.6 所示。它是靠阀芯在阀体内作轴向运动，从而使相应的油路接通或断开。阀体上有 4 个通口，其中 P 为进油口，T 为回油口，A 和

表 5-1　滑阀式换向阀主体部分的结构形式

名称	结构原理图	图形符号	使用场合		
二位二通阀	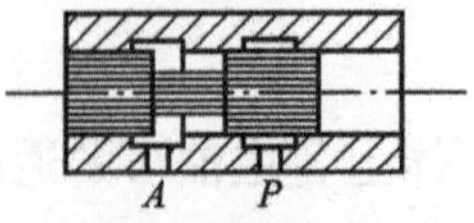	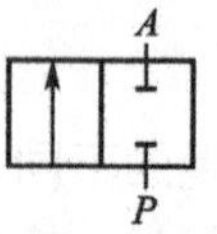	控制油路的接通与切断（相当于一个开关）		
二位三通阀	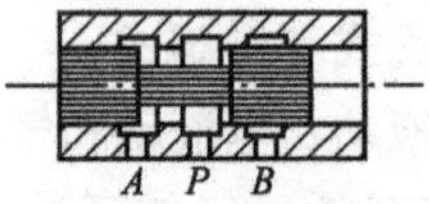	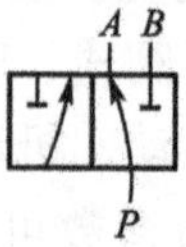	控制液流方向（从一个方向变换成另一个方向）		
二位四通阀	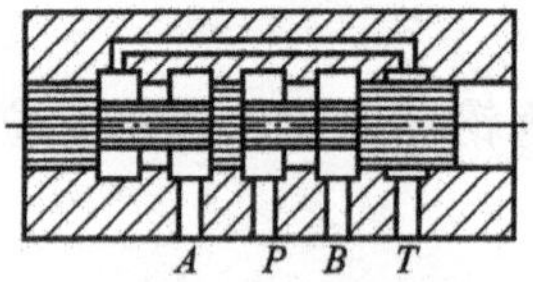	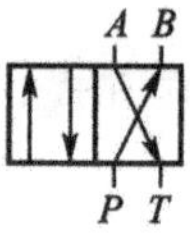	控制执行元件换向	不能使执行元件在任一位置处停止运动	执行元件正反向运动时回油方式相同
三位四通阀	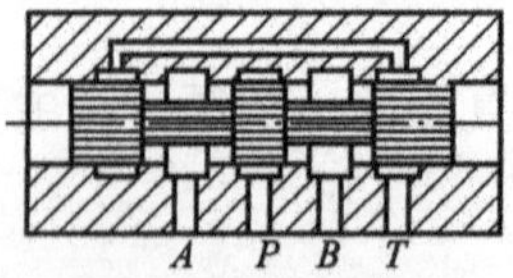	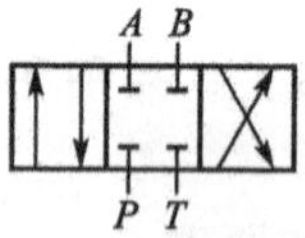		能使执行元件在任一位置处停止运动	
二位五通阀	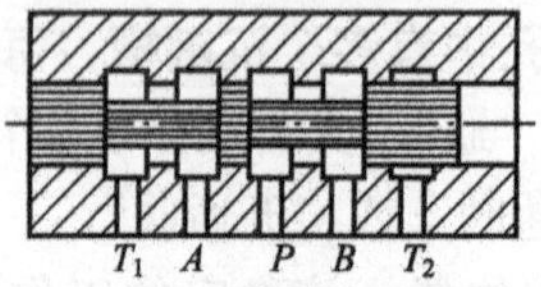	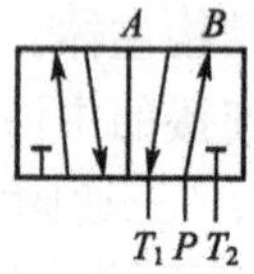		不能使执行元件在任一位置处停止运动	执行元件正反向运动时可以得到不同的回油方式
三位五通阀	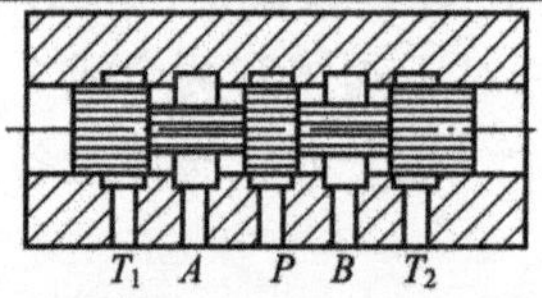	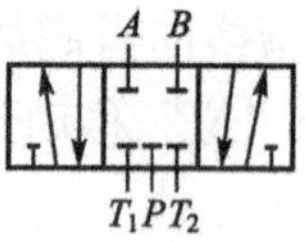		能使执行元件在任一位置处停止运动	

B 口通执行元件的两腔。阀芯在阀体中有左、右两个稳定的工作位置。当阀芯在左位时，通油口 P 和 B 相连，A 和 T 相连，液压缸有杆腔进油，活塞向左运动；当阀芯移到右位时，通油口 P 和 A 接通，B 和 T 接通，液压缸无杆腔进油，活塞右移。

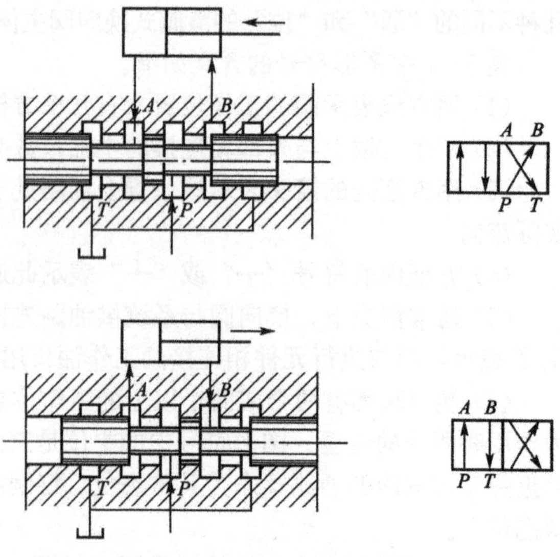

图 5.6　换向阀的工作原理

三位换向阀的工作原理可以用表 5-1 中末行的三位五通阀为例来说明。阀体上有 P、A、B、T_1、T_2 5 个通油口，阀芯在阀体中有左、中、右 3 个工作位置。当阀芯处在图示中间（中位）位置时，5 个通口都关闭；当阀芯移到左端时，通口 T_2 关闭，油口 P 和 B 相通，A 和 T_1 相通；当阀芯移到右端时，通口 T_1 关闭，

油口 P 和 A 相通，B 和 T_2 相通。这种结构形式由于具有使 5 个通口都关闭的工作状态，故可使受它控制的执行元件在任意位置上停止运动。

2) 滑阀式换向阀的操纵方式

(1) 手动换向阀。手动换向阀是利用手动杠杆机构来改变阀芯和阀体的相对位置，从而实现换向的阀类。

图 5.7(b)所示为弹簧自动复位式三位四通手动换向阀的结构及图形符号。向左或向右操纵手柄 1，通过杠杆使阀芯 3 在阀体 2 内自图 5.7(b)所示位置向右或向左移动，以改变油路的连通形式，从而改变液压油流动的方向。松开操作手柄后，阀芯在弹簧 4 的作用下恢复到中位。这种换向阀的阀芯不能在两端工作位置上定位，故称为自动复位式手动换向阀。此阀操作比较安全，常用在动作频繁、工作持续时间较短的工程机械液压系统中。

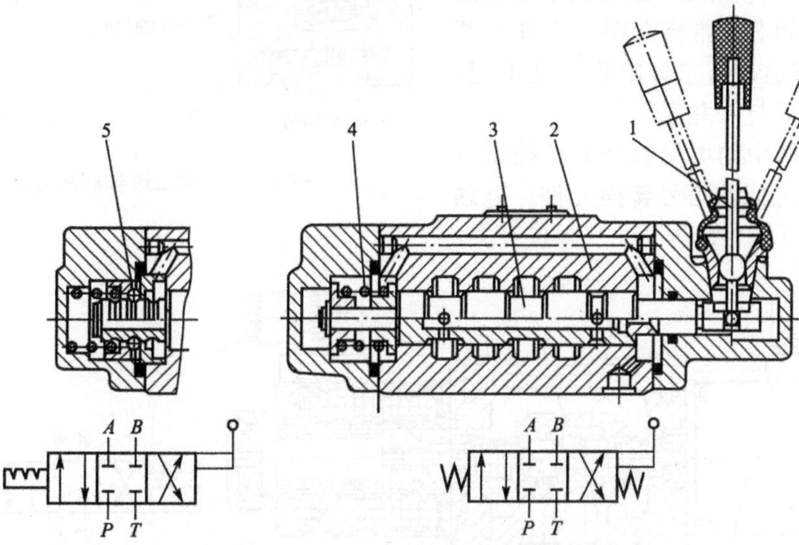

(a) 弹簧钢球定位式的结构及符号　　(b) 弹簧自动复位式的结构及符号

图 5.7　三位四通手动换向阀

如果将图 5.7(b)所示的手动换向阀的左端结构改为图 5.7(a)所示的结构，当阀芯向左或向右移动后，就可借助钢球 5 使阀芯保持在左端或右端的工作位置上，故称为弹簧钢球定位式手动换向阀，适用于机床、液压机、船舶等需保持工作状态时间较长的液压系统。

(2) 机动换向阀。机动式换向阀是依靠安装在工作台等运动部件上的液压行程挡块或凸轮推动阀芯来实现换向的阀类，常用来控制机械运动部件的行程，故又称为行程换向阀。

图 5.8(a)、(b)是二位二通机动换向阀的结构图和图形符号。阀芯 2 在弹簧 4 的推动作用下，处在最上端位置，把进油口 P 与出油口 A 切断。当行程挡块将滚轮压下时，P、A 口接通；当行程挡块脱开滚轮时，阀芯在其底部弹簧 4 的作用下又恢复到初始位置。通过改变挡块斜面的角度 α，可改变阀芯的移动速度，调节油液换向过程的快慢。

机动换向阀除这里介绍的二位二通外，还有二位三通、二位四通等形式。由于换向阀要放在其操纵件旁，因此常用于要求换向性能好、布置方便的场合。

(3) 电磁换向阀。电磁换向阀是利用电磁铁通电吸合后产生的吸力推动阀芯动作，来改变阀的工作位置的换向阀。

电磁换向阀的电磁铁按所使用电源的不同可分为交流型和直流型；按衔铁工作腔是否有油液又可分为"干式"和"湿式"电磁铁。

图 5.9 所示为直流湿式三位四通电磁换向阀。当两边电磁铁都不通电时，阀芯 3 在两边对中弹簧 4 的作用下处于中位，P、T、A、B 油口都不相通；当右边电磁铁通电时，推杆将阀芯 3 推向左端，P 与 A 相通，T 与 B 相通；当左边电磁铁通电时，P 与 B 相通，T 与 A 相通。

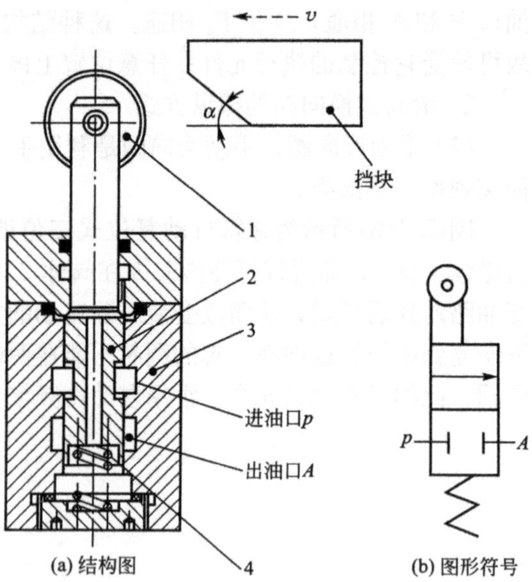

图 5.8　二位二通机动换向阀

电磁换向阀中的电磁铁是电气控制系统与液压系统之间的信号转换元件。电磁铁可借助按钮开关、行程开关、限位开关、压力继电器等发出的信号通过控制电路进行控制，控制布局方便、灵活，易于实现动作转换的自动化。但由于受到磁铁吸力较小的限制，所以它广泛用于流量小于 63L/min 的液压系统。

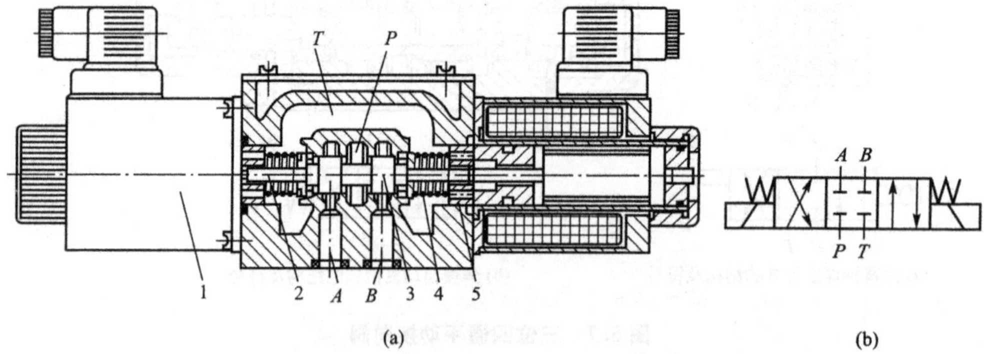

图 5.9　直流湿式三位四通电磁换向阀

1—电磁铁　2—推杆　3—阀芯　4—弹簧　5—挡圈

必须指出的是，交流电磁铁电源简单，使用电压一般为交流 110V、220V 和 380V 三种。其特点是启动力较大，吸合、释放速度快，换向时间短，约为 0.01s～0.03s，但其启动电流大，在阀芯被卡住、衔铁不动作时，会使电磁铁线圈烧毁，换向冲击大，寿命低，可靠性差，所允许的切换频率一般为 10 次/分钟。直流电磁铁的使用电压一般为 110V 和 24V，在工作过载的情况下，其电流基本不变，所以不会因阀被卡住而烧毁电磁铁线圈，工作可靠，换向冲击小，噪声小，换向频率较高，一般允许为 120 次/分钟。但它需要专门的直流电源，且启动力小，吸合、释放速度较慢，约为 0.05s～0.08s，换向时间长。此外，还有一种交流本整型电磁铁，其电磁铁带有整流器，通入的交流电经整流后，直接供给直流电磁铁。

干式电磁铁的线圈、铁芯与轭铁处于空气中，不和油液接触。电磁铁与阀连接时，在推杆的外周有密封圈，避免了油液进入电磁铁中，装拆和更换方便。此外换向阀的回油压力不可太高，以防止回油进入干式电磁铁中。湿式电磁铁中的推杆与阀芯连成一体，取消了推杆的动密封，所以摩擦力较小，复位性能好，冷却润滑好，工作寿命长。

如果取消三位四通电磁换向阀中的电磁铁 1 和弹簧 4，则它将成为二位四通电磁换向阀。在实际使用中，不使用 A、B、T 三个油口中的一个或两个油口，则可以变成二位三通或二位二通电磁换向阀。

(4) 液动换向阀。液动换向阀是利用控制油路的压力在阀芯端部所产生的液压作用力来推动阀芯移动，从而改变阀芯位置的换向阀。对于三位换向阀而言，按其换向时间的可调性，液动换向阀分为可调式和不可调式两种。图 5.10(a)为不可调式三位四通弹簧对中型液动换向阀的结构原理图，阀芯两端分别接通控制油口 K_1 和 K_2。在图 5.10(a)所示位置，K_1、K_2 都不通压力油时，阀芯在两端弹簧对中的作用下处于中间位置。当控制油口 K_1 通压力油、K_2 回油时，阀芯右移，P 与 A 相通，T 与 B 相通；当 K_2 通压力油、K_1 回油时，阀芯左移，P 与 B 相通，T 与 A 相通。

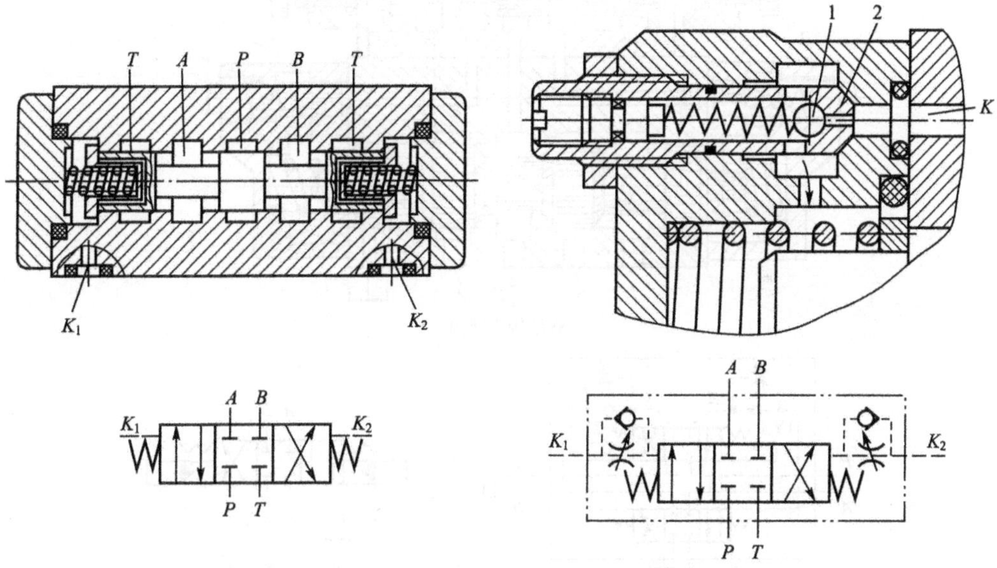

(a) 换向时间不可调式液动换向阀　　(b) 换向时间可调式液动换向阀

图 5.10　三位四通液动换向阀

如果对运动部件有较高的换向平稳性要求，应采用可调式液动换向阀，如图 5.10(b)所示。此阀是在滑阀两端 K_1、K_2 控制油路中各装设由一个单向阀和一个节流阀并联组成的阻尼调节器。图 5.10(b)中 1 是单向阀钢球，2 是节流阀阀芯，单向阀用于保证滑阀两端面进油通畅，而节流阀用于滑阀两端面回油的节流，起到背压阀的作用，提高了换向过程中的运动平稳性，调节节流阀的开口大小可调整阀芯的运动速度。

由于液压动力可产生较大的推力，因此液动换向阀适用于高压、大流量的场合。

(5) 电液动换向阀。电液动换向阀由电磁换向阀和液动换向阀组合而成。其中，液动换向阀实现主油路的换向，称为主阀；电磁换向阀用于改变液动换向阀控制油路的方向，推动液动换向阀阀芯移动，称为先导阀。由于推动主阀芯的液压推力可以很大，所以主阀芯的尺寸可以做得很大，能允许大流量通过。这样，用较小的电磁铁就能控制较大的流量。

电液换向阀有弹簧对中和液压对中两种形式。图 5.11 所示为弹簧对中电液换向阀的结构原理和图形符号。当电磁铁线圈 4、6 都不通电时，电磁换向阀阀芯 5 处于中位，液动换向阀阀芯 1 两端都未接通控制油液，在其对中弹簧的作用下也处于中位。当电磁铁线圈 4 通电时，阀芯 5 移向右位，控制压力油经单向阀 2 流入主阀芯 1 的左端，推动主阀芯 1 移向右端，主阀芯 1 右端的油液则经节流阀 7 和电磁换向阀流回油箱。主阀芯 1 运动的速度由节流阀 7 的开口大小决定。这时主油路的状态是 P 和 A 相通，B 和 T 相通。同理，当电磁铁 6 通电时，电磁阀阀芯 5 移向左位，控制压力油通过单向阀 8 推动主阀芯 1 移向左端，其移动速度的快慢由节流阀 3 的开口大小决定。这时主油路的状态是 P 和 B 相通，A 和 T 相通。

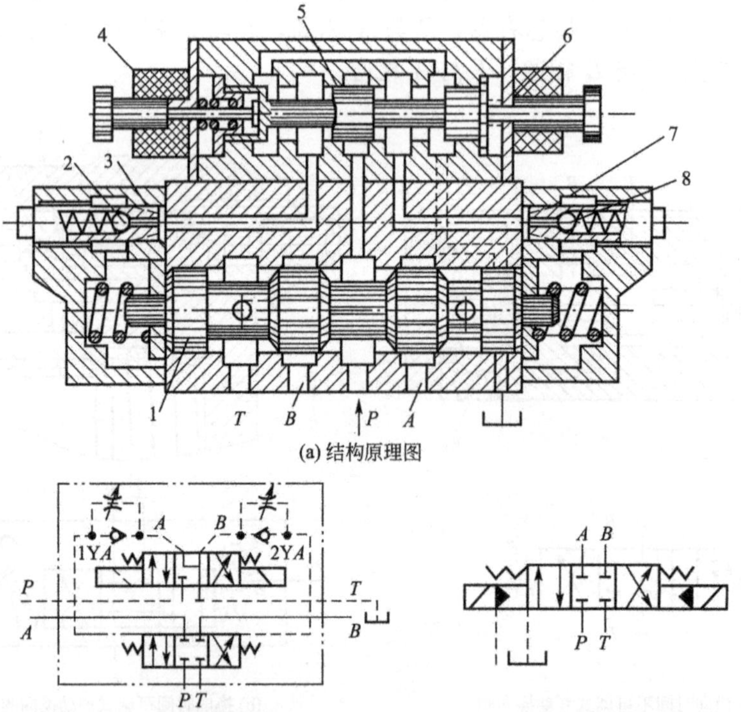

(a) 结构原理图

(b) 职能符号　　(c) 简化的职能符号

图 5.11　弹簧对中电液换向阀的结构原理

在电液换向阀中，主阀芯的移动速度可由单向节流阀来调节，这使系统中的执行元件能够得到平稳无冲击的换向。这里的单向节流阀是换向时间调节器，也称为阻尼调节器，它可叠放在先导阀与主阀之间。调节节流阀开口，即可调节主阀的换向时间，从而消除执行元件的换向冲击。所以，这种操纵形式的换向性能是比较好的，它适用于高压、大流量的场合。

在电液换向阀上还可以设置主阀芯行程调节机构，它可通过在主阀两端盖加限位螺钉来实现。这样主阀芯换位移动的行程和各阀口的开度即可改变，通过主阀的流量也随之变化，因而可对执行元件起粗略的速度调节作用。

在电液换向阀中，先导阀的进油和回油可以有外控外回、外控内回、内控外回、内控内回 4 种方式。如果进入先导电磁阀的控制压力油来自主阀的 P 腔，这种控制油的进油方式称为内部控制，即电磁阀的进油口与主阀的 P 腔是相通的，如图 5.11 所示。其优点是油路简单，但因泵的工作压力通常较高，所以控制部分能耗大，只适用于在系统中电液换向阀较少的情况。采用内控而主油路又需要卸荷时，必须在主阀的 P 口安装一个预控压力阀，如开启压力为 0.4MPa 的单向阀，使其在卸荷状态下仍有一定的控制油压，足以操纵主阀芯换向。如果进入先导电磁阀的压力油引自主阀 P 腔以外的油路，如专用的低压泵或系统的某一部分，这种控制油的进油方式称为外部控制。采用外控时，独立油源的流量不得小于主阀最大流量的 15%，以保证换向时间要求。

如果先导电磁阀的回油口单独接油箱，这种控制油的回油方式称为外部回油；如果先导电磁阀的回油口与主阀的 T 腔相通，则称为内部回油。内部回油的优点是无需单设回油管路，但因允许先导阀的回油背压较小，所以当主油路的回油背压必须小于它时才能采用，而外部回油方式不受此限制。

当液动换向阀为弹簧对中型时，电磁换向阀必须采用 Y 型滑阀机能，以保证主阀芯左右两端油室通回油箱，否则，主阀芯将无法回到中位。

3）滑阀机能

对于三位四通和三位五通换向阀，滑阀在中位时各油口的连通方式称为滑阀机能，也称中位机能。不同的滑阀机能可满足系统的不同要求。表 5-2 中列出了三位阀常用的 10 种滑阀机能，而其左位和右位各油口的连通方式均为直通或交叉相通，所以只用一个字母来表示中位的形式。不同的滑阀机能是在阀体尺寸不变的情况下，通过改变阀芯的台肩结构、轴向尺寸以及阀芯上径向通孔的个数得到的。

三位换向阀除了在中间位置时有各种滑阀机能外，有时也把阀芯在其一端位置时的油口连通状况设计成特殊机能，这时用第一个字母、第二个字母和第 3 个字母分别表示中位、右位和左位的滑阀机能，如图 5.12 所示。

另外，当换向阀从一个工作位置过渡到另一个工作位置，对各油口间通断关系也有要求时，还规定和设计了过渡机能。这种过渡机能被画在各工作位置通路符号之间，并用虚线与之隔开。图 5.13(a)所示为二位四通滑阀的 H 型过渡机能，在换向时，P、A、B、T 四个油口呈连通状态，这样可避免在换向过程中由于 P 口突然完全封闭而引起系统的压力冲击。图 5.13(b)所示为三位四通换向阀的 O 型过渡机能。

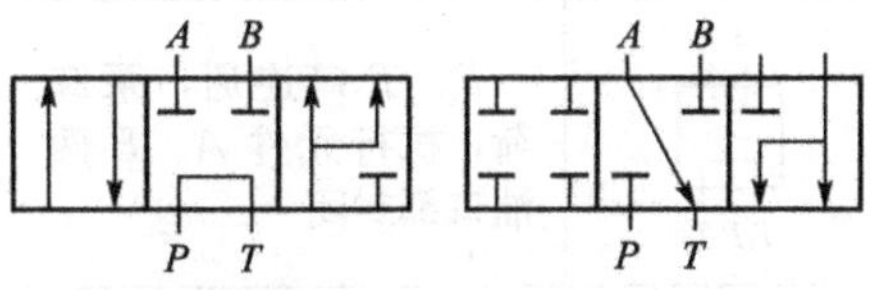

(a) MP型　(b) NDO型

图 5.12　滑阀的特殊机能

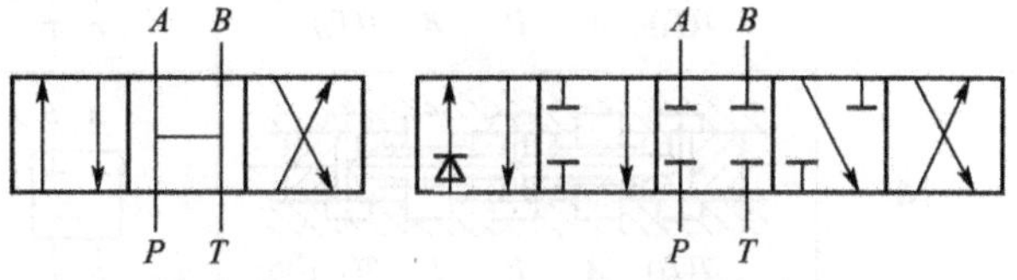

(a) 二位四通换向阀的H型过渡机能　(b) 三位四通换向阀的O型过渡机能

图 5.13　滑阀式换向阀的过渡机能

4）液压滑阀的卡紧现象

从理论上讲，滑阀式换向阀的阀芯只要克服与阀体的摩擦力以及复位弹簧的弹力，就

表 5-2　三位换向阀的滑阀机能

滑阀机能	中位时的滑阀状态	中位符号		中位时的性能特点
		三位四通	三位五通	
O	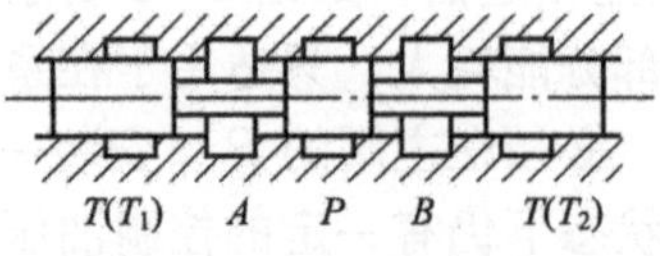	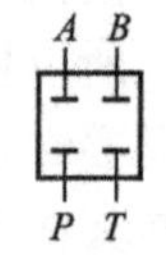	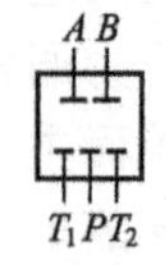	各油口全部关闭，系统保持压力，执行元件各油口封阀
H	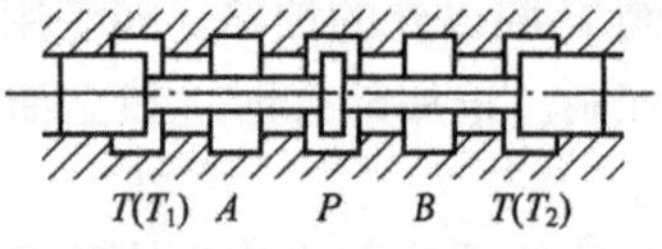	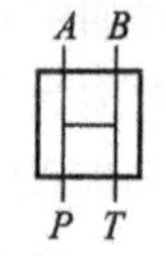	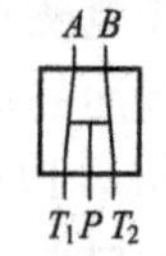	各油口 P、T、A、B 全部连通，泵卸荷，执行元件两腔与回油连通
Y	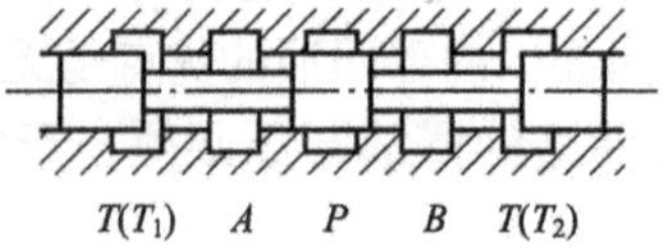	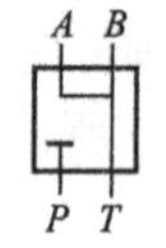	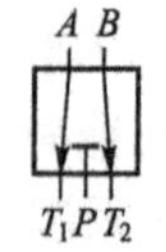	A、B、T 口连通，P 口保持压力，执行元件两腔与回油连通
J	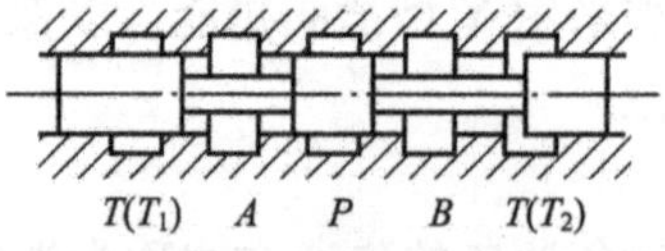	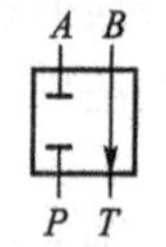	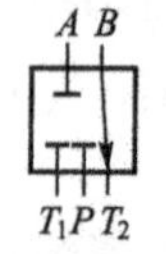	P 口保持压力，缸 A 口封闭，B 口与回油口 T 连通
C	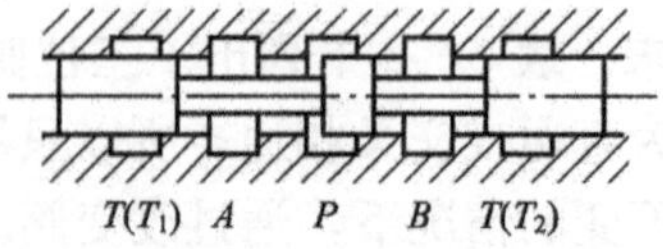	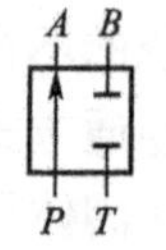	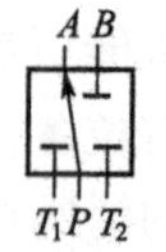	执行元件 A 口通压力油，B 口与回油口 T 不通
P	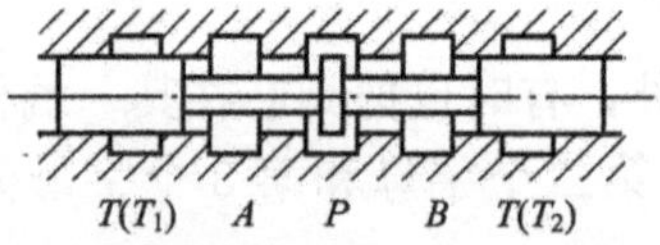	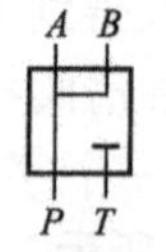	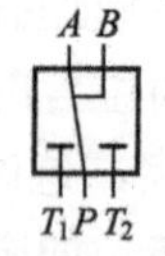	P 口与 A、B 口都连通，回油口 T 封闭
K	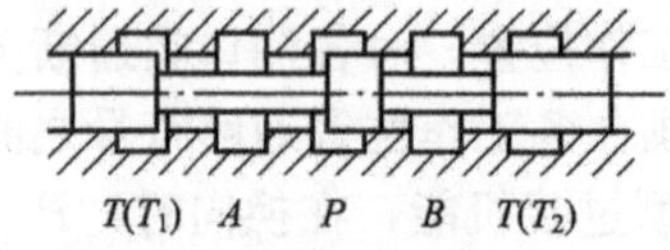	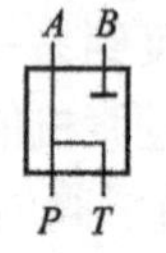	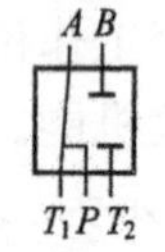	P、A、T 口连通，泵卸荷，执行元件 B 口封闭
X	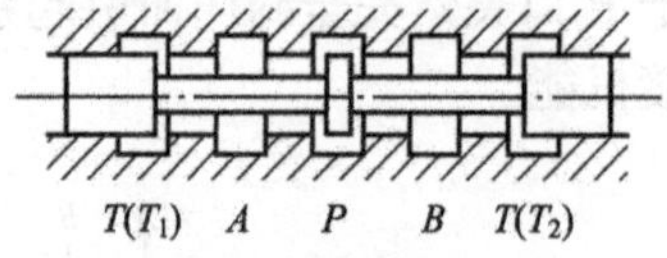	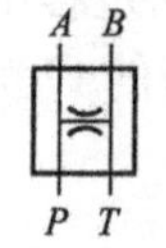		P、T、A、B 口半开启连通，P 口保持一定压力
M	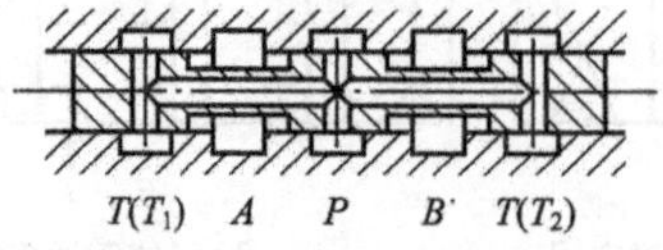	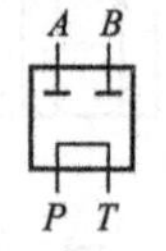	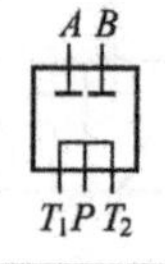	P、T 口连通，泵卸荷，执行元件 A、B 两油口都封闭
U	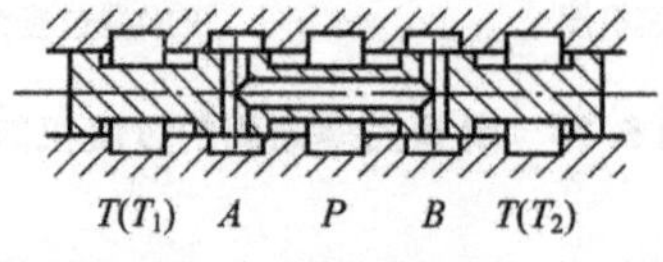	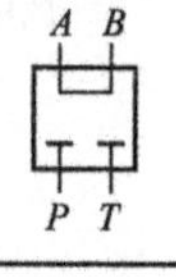	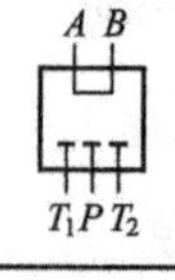	A、B 口连通，P、T 口封闭，缸两腔连通，P 口保持压力

可移动。然而实际上，由于阀芯几何形状的偏差以及阀芯与阀体的不同心，在中、高压控制油路中，当阀芯停止一段时间后或者换向时，阀芯在操纵力的作用下不移动，或操纵力解除后，复位弹簧不能使阀芯复位，这种现象称为液压卡紧现象。阀芯的卡紧现象是由于阀芯与阀体的制造及相对运动误差而导致阀芯所受径向力不平衡造成的，它使阀芯在阀体内壁上产生相当大的摩擦力，使操纵费力，液压动作失灵。

图 5.14 所示为阀芯所受径向力不平衡的几种情况。

图 5.14(a)所示的阀芯是理想的圆柱体，当它与阀体产生一个平行轴线的偏心 e 时，由于阀芯沿轴线间隙均匀，根据其压力分布规律可知，阀芯上下沿轴线的压力是对应相等的，不会因阀芯的偏心而产生径向力的不平衡。

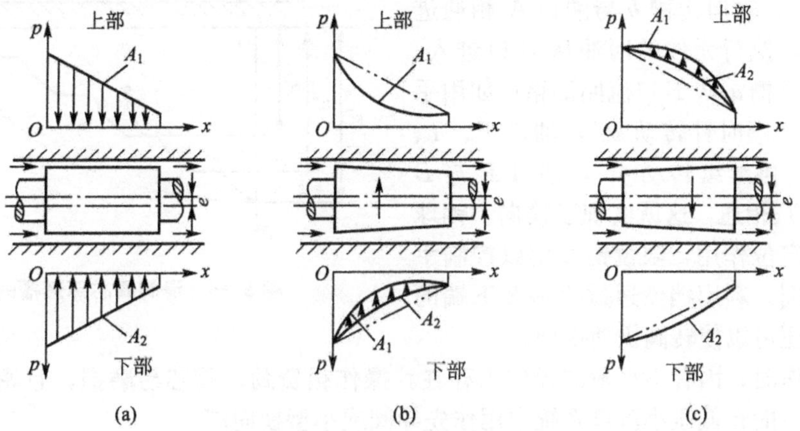

图 5.14　阀芯径向受力分析

图 5.14(b)所示的阀芯具有锥度，且大头在高压油一侧，呈倒锥状。当阀芯与阀体产生一个平行于轴线的偏心 e 时，由于上部间隙小，沿轴线方向压力下降梯度大，而下部间隙大，沿轴线方向压力下降梯度小，因而在阀芯对应处产生径向力的不平衡，从图 5.14(b)中可见，这种径向不平衡力将使阀芯向较小间隙的一侧移动而趋于卡死。

图 5.14(c)所示的阀芯也具有锥度，且小头在高压油一侧，呈顺锥状。当阀芯与阀体轴线不重合且产生一个平行于轴线的偏心 e 时，由于大头在低压油一边，上边间隙小，下边间隙大，造成沿轴线方向的阻力，上边比下边的要大，因此沿轴线的压力下降梯度为上边比下边的要小。如图 5.14(c)所示，在此情况下，径向不平衡力使偏心减小，不会产生卡紧现象。

径向力不平衡问题是一个普遍存在的现象，只能设法减小，而不可能完全消除。因为几何形状以及装配精度不可能达到理想状态。从上述分析可知，如阀芯出现锥状，则希望在装配时使其按顺锥形式配置，这样就可减少卡紧现象。另外，应严格控制零件的制造精度，对外圆表面，其粗糙度一般不低于$\overset{0.2}{\bigtriangledown}$，阀孔粗糙度不低于$\overset{0.4}{\bigtriangledown}$，圆柱度、直线度等保持在 0.003mm～0.005mm 范围内。配合间隙要求较高，径向间隙一般在 5μm～15μm 之间。

为减小径向不平衡力，除了在加工工艺上严格要求以外，在滑阀阀芯结构上也可采取一定措施。如图 5.15 所示，为了减小径向不平衡力，可在阀芯上开环形均压槽。没有开环形均压槽时，其径向不平衡力如虚线 A_1A_2 包围的面积所示；开了环形均压槽后，其径向不平

衡力如实线 B_1B_2 包围的面积所示。环形均压槽的尺寸是：槽宽为 0.3mm～0.5mm，槽深为 0.1mm～0.5mm，槽间距离为 3mm～5mm。

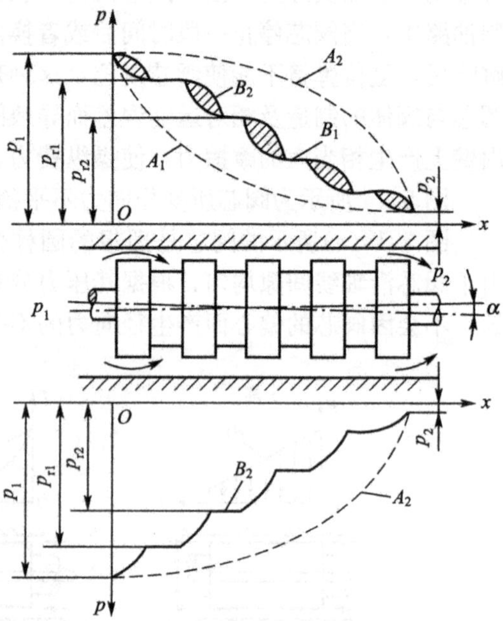

图 5.15　滑阀阀芯环形槽的结构

2. 转阀式换向阀

换向转阀是通过操纵机构使阀芯在阀体内作相对转动从而改变各油口通断状态的阀类。图 5.16 所示为三位四通转阀式换向阀。当阀芯 2 处于图示位置时，压力油从 P 口进入，经环槽 c、轴向沟槽 b 与油口 A 相通进入执行元件，执行元件的回油从 B 口进入，经沟槽 d 和环槽 a 从 T 口流回油箱；如用手柄 3 将阀芯 2 顺时针转动 45°，油口 P、T、A、B 封闭；再继续转动 45°，油口 P 与 B 相通，A 与 T 相通，这就实现了换向。钢球和弹簧 4 起定位作用，限位销 5 用以控制手柄转动的范围。利用挡铁通过手柄 3 下端的拨叉 6 和 7 还可以使转阀机动换向。

转阀工作时，因有不平衡的径向力存在，操作很费劲，阀芯易磨损，且密封性能差，内泄大，故一般在低压小流量系统中用作先导阀或小型换向阀。

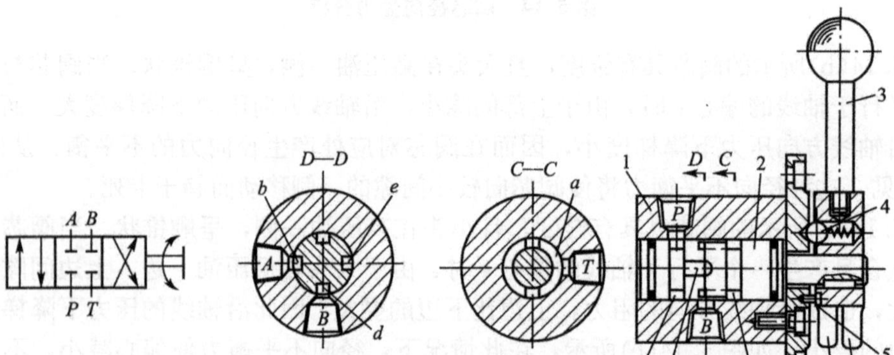

(a) 符号　　(b) 结构

图 5.16　三位四通转阀式换向阀

1—阀体　2—阀芯　3—手柄　4—钢球和弹簧　5—限位销　6、7—拨叉

5.3　压力控制阀

压力控制阀是用来调节和控制液压系统中油液压力的阀类。按其功能和用途的不同，

压力控制阀可分为溢流阀、减压阀、顺序阀、压力继电器等，它们的共同特点是利用阀芯上的液压作用力与弹簧力相平衡的原理进行工作。

5.3.1　溢流阀

溢流阀的主要用途有两点：一是用来保持系统或回路的压力恒定，如在定量泵节流调速系统中作溢流恒压阀，用以保持泵的出口压力恒定；二是在系统中作安全阀用，在系统正常工作时，溢流阀处于关闭状态，而当系统压力大于或等于其调定压力时，溢流阀才开启溢流，对系统起过载保护作用。此外，溢流阀还可作背压阀、卸荷阀、制动阀、平衡阀和限速阀等使用。根据其结构的不同，溢流阀可分为直动型和先导型两类。

1. 溢流阀的结构和工作原理

1）直动型溢流阀

直动型溢流阀是直接作用式，即依靠压力油直接作用在主阀芯上产生的液压作用力与弹簧作用力相平衡，来控制阀芯的启闭动作。直动型溢流阀的阀芯有锥阀式、球阀式和滑阀式3种形式。

图5.17所示为低压直动型溢流阀的结构。它由阀芯7、阀体6、限位螺塞8、调压弹簧3、上盖5、调节螺母2等零件组成。

进油口P到回油口T的油路称为主油路；压力油从进油口P进入溢流阀后，经阀芯7上的径向孔f和轴向阻尼孔g进入滑阀底部的c腔，对阀芯7产生向上的液压作用力F，这是控制油路；图中，L为泄油路。回油口T与泄漏油流经的弹簧腔相通，堵塞L口，这种连接方式称为内泄。若将泄漏油腔与T口的连接通道e堵塞，将L口打开，直接将泄漏油引回油箱，这种连接方式称为外泄。

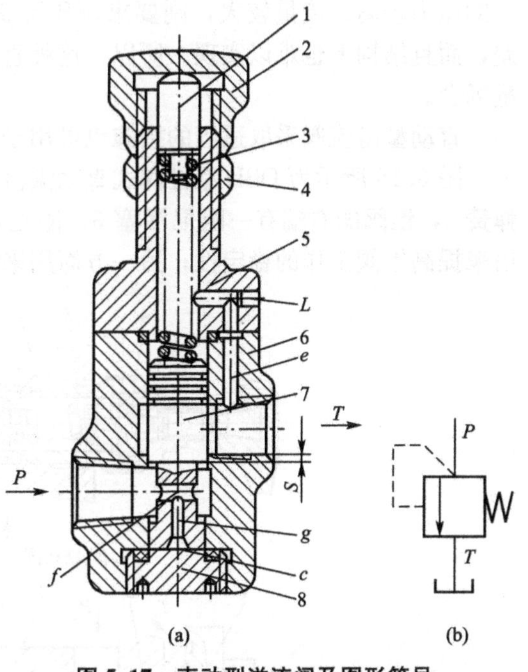

图5.17　直动型溢流阀及图形符号

1—调节杆　2—调节螺母　3—调压弹簧　4—锁紧螺母　5—上盖　6—阀体　7—阀芯　8—螺塞

直动型溢流阀的恒压原理是：当进口压力较低时，向上的液压作用力F小于调压弹簧作用力F_t，阀芯在弹簧力的作用下处于最下端位置，阀芯台肩的封油长度S将进油口P和回油口T隔断，主油路不通，阀处于关闭状态。当进口油压不断增高，c腔内的液压作用力F等于或大于调压弹簧力F_t时，阀芯向上运动，上移行程S后阀口开启，P口、T口接通，压力油经阀口溢流回油箱。此时，阀芯处于受力平衡状态，油液的压力取决于油液流动时所需克服的阻力。因此，此时溢流阀的进口压力不再增高，且与此时的弹簧力平衡，为一确定的常值，即

$$p=\frac{K(x_0+S+x_v)}{A_V}\approx C \qquad (5-1)$$

式中：p——溢流阀的进口压力；

K——调压弹簧的刚度；

x_0——调压弹簧的预压缩量；

x_v——溢流阀口的开度(开口量)；

A_V——阀芯下端面的面积。

当通过阀口的溢流量改变时，阀口开度 x_v 也要变化。但因为阀口开度变化很小，远小于弹簧预压缩量 x_0，作用在阀芯上的弹簧力也就变化很小。因此可以把溢流阀的进口压力 p 近似地看成一个常数。也就是说，只要阀口打开，有油液流经溢流阀，溢流阀进口处的压力就基本保持恒定。

当然，溢流阀的溢流量变化时，因阀口开度的变化和液动力的影响，溢流阀的进口压力 p 还是有所变化的，这是溢流阀的性能——定压精度问题，后面讨论。

调压弹簧对阀芯的作用力可通过调节螺母 2 来调节，即调节溢流阀的进口压力。通常是在溢流阀通过液压泵的全部流量的情况下，调节溢流阀的进口压力，此压力称为溢流阀的调整压力。

直动型溢流阀因液压作用力直接与弹簧力相平衡而得名。这种直动型溢流阀，若要求阀的压力较高、流量较大，则要求调压弹簧具有很大的弹簧刚度，这不仅使调节性能变差，而且结构上也难以实现。所以，这种直动型溢流阀一般用于压力小于 2.5MPa 的小流量场合。

直动型溢流阀采取适当的措施也可用于高压大流量。

图 5.18 所示为 DBD 型锥阀式直动溢流阀。锥阀 2 的左端设有偏流盘 1，它托住调压弹簧 5，锥阀的右端有一阻尼活塞 3，阻尼活塞一方面在锥阀开启或闭合时起阻尼作用，用来提高锥阀工作的稳定性；另一方面用来保证锥阀开启后不会倾斜。进口的压力油可以

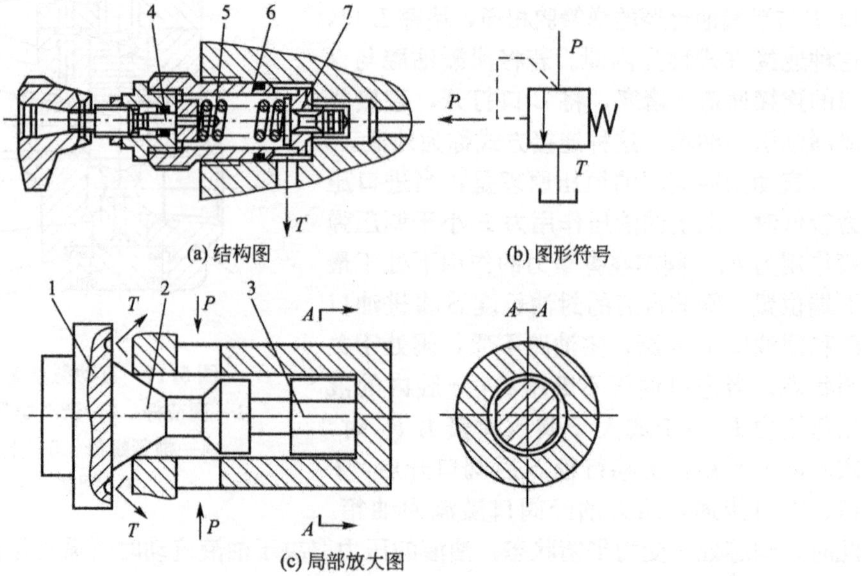

(a) 结构图　(b) 图形符号

(c) 局部放大图

图 5.18　DBD 型直动型溢流阀(插装式)

1—偏流盘　2—锥阀　3—阻尼活塞　4—调节杆　5—调压弹簧　6—阀套　7—阀座

由此活塞周围的间隙进入活塞底部，形成一个向左的液压力。当作用在活塞底部的液压力大于弹簧力时，锥阀口打开，油液由锥阀阀口经回油口溢回油箱。只要阀口打开，有油液流经溢流阀时，溢流阀入口处的压力就基本保持恒定。通过调节杆4来改变调压弹簧5的预紧力，即可调整溢流压力。

锥阀2左端的偏流盘1上的环形槽用来改变液流的方向，一方面用来补偿锥阀2的液动力；另一方面由于液流方向的改变，产生一个与弹簧力相反方向的射流力。当通过溢流阀的流量增加时，虽然锥阀阀口增大会引起弹簧力增加，但由于与弹簧力方向相反的射流力同时增加，结果抵消了弹簧力的增加，有利于提高阀的流通量和工作压力。

DBD型锥阀式直动溢流阀的压力可高达40MPa～63MPa，最大流量可达330L/min。

直动式溢流阀因为溢流量变化较大时，阀芯的移动量变化较大，调压弹簧的压缩量也较大，将造成弹簧力变化较大，压力波动较大，定压精度不高，使系统的性能受到影响，一般而言，在系统中常用作安全阀，在小流量液压系统中，也可用作溢流稳压。

2）先导型溢流阀

先导型溢流阀常用于高压、大流量液压系统的溢流、定压和稳压。

先导型溢流阀由先导阀和主阀两部分组成。先导阀类似于直动型溢流阀，但一般多为锥阀形座阀式结构。主阀有一节同心结构、二节同心结构和三节同心结构3种。

图5.19所示为二节同心式溢流阀的结构图，其主阀芯为带有圆柱面的锥阀。为使主阀关闭时有良好的密封性，要求主阀芯1的圆柱导向面、圆锥面与阀套11配合良好，两处的同心度要求较高，故称为二节同心。其结构特点是：主阀芯仅与阀套和主阀座有同心度要求，结构简单，加工和装配方便；主阀口通流面积大，在相同流量的情况下，主阀开启高度小；或者在相同开启高度的情况下，其通流能力大。因此，可做得体积小、重量轻；主阀芯与阀套可以通用化，便于组织批量生产。二节同心式溢流阀是目前广泛使用的结构形式。

先导型溢流阀有主油路、控制油路和泄油路3条油路。①主油路：从进油口P到出油口(溢流口)T的油路。②控制油路：压力油自进油口P进入，作用于主阀芯的下端面，并通过阀体10上的阻尼孔2、通道c、阻尼孔3进入先导阀阀芯前腔，作用于锥阀7上，同时经阻尼孔4进入主阀上腔，作用于主阀芯的上端面。③泄油路：先导阀被打开时，从先导阀弹簧腔经泄油口L到出油口T的油路。阀体10上的阻尼孔2起节流作用；先导阀前和主阀上腔的两个阻尼孔3和4的作用是增加阻尼，改善主阀芯的动态特性，提高稳定性。由图5.19所示的先导型溢流阀的结构图可绘出图5.20所示的先导式溢流阀的工作原理图。

阀的恒压工作原理是：当进油压力p_1小于先导阀调压弹簧8的调定值时，导阀关闭，阻尼孔2中没有油液流动，主阀芯上、下两侧的油液压力相等，由于主阀芯上腔的有效面积A_2略大于下腔的作用面积A_1，因此作用于主阀芯上的压力差和主阀的弹簧力均使主阀口压紧，不溢流。当进油压力p_1超过先导阀的调定压力时，先导阀被打开，造成自进油口P经阻尼孔2、先导阀阀口、泄油路有油液流动。阻尼孔2处的流动损失使主阀芯上、下腔中的油液产生一个随先导阀流量增加而增加的压力差，当它在主阀芯上、下作用面上产生的总压力差足以克服主阀的弹簧力、主阀芯的自重G和摩擦力F_f时，主阀芯开启。此时进油口P与出油口(溢流口)T直接相通，造成溢流以保持系统压力。

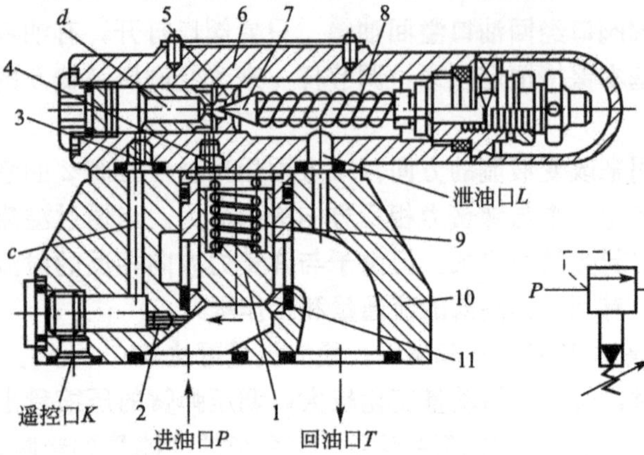

图 5.19　二节同心式溢流阀

1—主阀芯　2，3，4—阻尼孔　5—导阀阀座

6—导阀阀体　7—导阀阀芯　8—调压弹簧

9—主阀弹簧　10—阀体　11—阀套

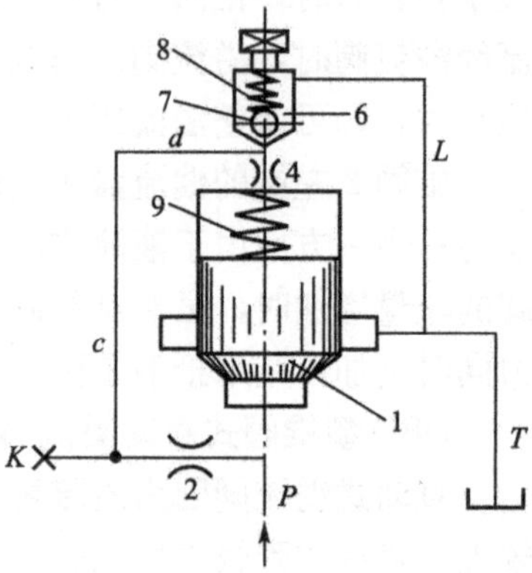

图 5.20　先导型溢流阀的原理图

主阀芯和导阀阀芯的力平衡方程分别为

$$A_1p_1-A_2p_2=K_x(x_0+x)+G\pm F_f \qquad (5-2)$$

$$A_cp_2=K_c(x_{c0}+x_c) \qquad (5-3)$$

由上述两式，可得出溢流阀的进口压力为

$$p_1=\frac{A_2}{A_1}\frac{K_c}{A_c}(x_{c0}+x_c)+\frac{1}{A_1}[K_x(x_0+x)+G\pm F_f] \qquad (5-4)$$

式中：p_1、p_2——主阀芯上、下腔的压力；

A_1、A_2——主阀芯上、下腔的作用面积；

A_c——导阀阀座孔的面积；

K_x、K_c——主阀和先导阀弹簧的刚度；

x_0、x_{c0}——主阀和先导阀弹簧的预压缩量；

x、x_c——主阀和先导阀的开度；

F_f——主阀芯与阀体间的摩擦力；

G——主阀芯的自重。

由于主阀芯的启闭主要取决于阀芯上、下侧的压力差，主阀弹簧只用来克服阀芯的重力和运动时的摩擦力，以保持主阀的常闭状态，故主阀弹簧很软，即 $K_x \ll K_c$。又因 $A_c \ll A_1$，所以式(5-4)右边第二项中 x 的变化对 p_1 的影响远不如第一项中 x_c 的变化对 p_1 的影响大，即主阀芯因溢流量的变化而发生的位移不会引起被控压力的显著变化。而且由于阻尼孔 2 的作用，使得当主阀溢流量发生很大变化时，只引起先导阀流量的微小变化，即 x_c 的值很小。加之主阀芯自重及摩擦力甚小，所以先导型溢流阀在溢流量发生大幅度变化时，被控压力 p_1 只有很小的变化，即定压精度高，恒定压力的性能优于直动式溢流阀。此外，由于先导阀的溢流量仅为主阀额定流量的 1%左右，因此先导阀阀座孔的面积 A_c、开口量 x_c、调压弹簧刚度 K_c 都不必很大，压力调整也就比较轻便。所以，先导型溢流阀广泛用于高压、大流量场合。但先导型溢流阀是两级阀，其响应不如直动型溢流阀灵敏。

在先导型溢流阀中，先导阀的作用是控制和调节溢流压力，主阀的功能则在于溢流。调节先导阀调压弹簧9的预紧力，可调定溢流阀的进口压力。

先导型溢流阀上有一遥控口(外控口)K，其作用有两个：①若将与主阀上腔相通的遥控口K与另一个远离主阀的先导压力阀(远程调压阀)的入口连接，可实现遥控调压。必须注意的是，远程调压阀的调节压力应小于主阀中先导阀的调节压力。②通过一个电磁换向阀使遥控口K分别与一个(或多个)远程调压阀的入口连通，即可实现二级(或多级)调压。若将K口通过二位二通阀接通油箱时，主阀上腔的压力接近于零，由于主阀弹簧很软，主阀芯在很低的压力作用下便可上移，主阀口开到最大，这时系统的油液在很低的压力下通过溢流阀流回油箱，实现卸荷作用。

必须指出的是，先导式溢流阀按照控制油的来源和泄油去向的不同，有内控内泄、内控外泄、外控内泄、外控外泄4种组合方式。控泄方式的4种组合方便了使用，并增加了灵活性。例如，由于泄油和主阀回油汇流，在某些情况下系统压力冲击、背压等因素直接影响先导阀的启闭，导致溢流阀稳压性能下降，并激起振动和噪声，若改用外泄就能减轻这种现象。

2. 溢流阀的主要性能

溢流阀是液压系统中最重要的控制元件，其特性对系统的工作性能影响很大。溢流阀的性能包括静态性能和动态性能。静态性能是指溢流阀在稳定工作时的性能；动态性能是指溢流阀在瞬态工况时的性能。

1) 静态性能

溢流阀在液压系统中的主要作用是溢流恒压，使系统压力基本上稳定在调定值上。因此，溢流阀的溢流量发生变化而引起的进口压力的变化越小，则它定压的能力越强，即定压的精度就越高。一般静态性能主要有压力-流量特性、启闭特性、卸荷压力及压力稳定性等。

(1) 压力-流量特性。压力流量特性($p-q$特性)又称溢流特性，表示溢流阀在某一调定压力下工作时，溢流量的变化与阀进口实际压力的关系。

图5.21为直动式和先导式溢流阀的压力-流量特性曲线，横坐标为溢流量q，纵坐标为阀进油口压力p。溢流量为额定值q_n时所对应的压力p_n称为溢流阀的调定压力。溢流阀刚开启时(溢流量为额定溢流量的1%时)，阀进口的压力p_k称为开启压力。

通过p_n点的水平直线是溢流阀的理想溢流特性曲线，它表示溢流阀进口压力p低于p_n时不溢流，仅在p到达p_n时才溢流，而且不管溢流量的多少，其压力始终保持在p_n值上。实际上，溢流阀工作时，随着溢流量q的增加，溢流阀进口压力p也会增加。当阀芯上升到最高位置，阀口最大时，通过溢流阀的流量也最大，达到额定流量q_n，压力上升到调定压力p_n。所以只能要求溢流阀的实际特性曲线尽可能接近于这条理想特性曲线，使“p_n-p_k”尽可能小。调定压力p_n与开启压力p_k的差值称为调压偏差，也即溢流量变化时溢流阀工作压力的变化范围。调压偏差越小，其恒压性能越好。由图5.21可见，先导型溢流阀的特性曲线比较平缓，调压偏差也小，故其恒压性能比直动型溢流阀好。因此，先导型溢流阀宜用于系统溢流恒压，直动型溢流阀因其灵敏性高宜用作安全阀。

(2) 启闭特性。启闭特性是指溢流阀在稳态情况下，从闭合到完全开启，再从全开到闭合的过程中，被控压力与通过溢流阀的溢流量之间的关系。启闭特性可分为开启特性和闭合特性，一般用溢流阀稳定工作时的压力-流量特性来描述，如图 5.22 所示。

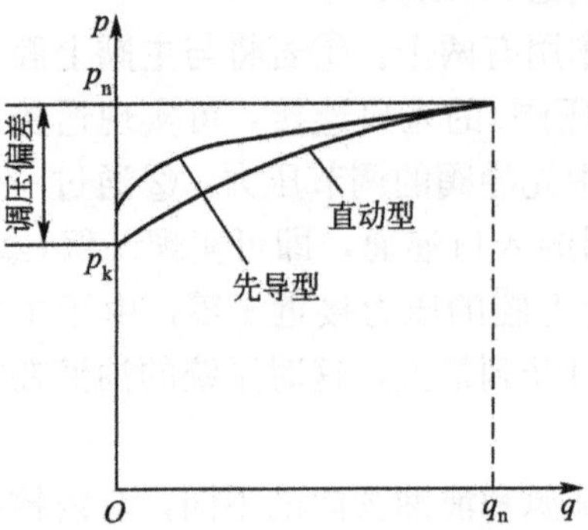

图 5.21 溢流阀的压力-流量特性曲线

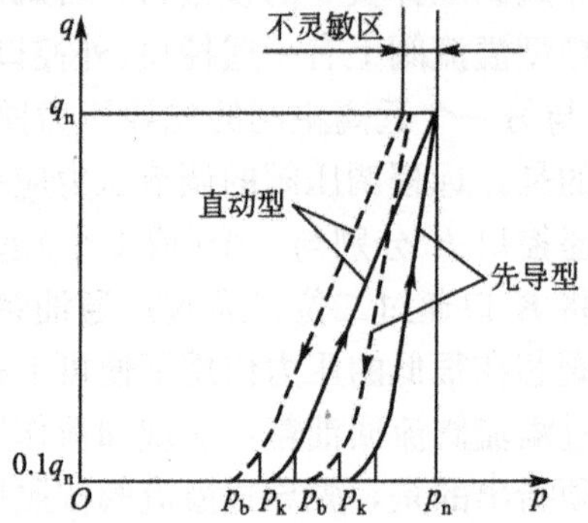

图 5.22 溢流阀的启闭特性

溢流阀闭合(溢流量减小为额定值的 1%以下)时的压力 p_b 称为闭合压力。闭合压力 p_b 与调定压力 p_n 之比称为闭合比。开启压力 p_k 与调定压力 p_n 之比称为开启比。由于阀开启时阀芯所受的摩擦力与进油压力方向相反，而闭合时阀芯所受的摩擦力与进油压力方向相同，因此在相同的溢流量下，开启压力大于闭合压力。图 5.22 所示为溢流阀的启闭特性，实线为开启曲线，虚线为闭合曲线。由图 5.22 可见，这两条曲线不重合。在某溢流量下，两曲线压力坐标的差值称为不灵敏区。因压力在此范围内变化时，阀的开度无变化，它的存在相当于加大了调压偏差，且加剧了压力波动。因此该差值越小，阀的启闭特性越好。由图 5.22 中的两组曲线可知，先导型溢流阀的不灵敏区比直动型溢流阀的不灵敏区小一些。

溢流阀的启闭特性是衡量溢流阀恒压精度的一个重要指标。一般用溢流阀处于额定流量 q_n、调定压力 p_n 下的开启比和闭合比来衡量，这两个比值越大，启闭特性越好。为保证溢流阀有良好的静态特性，一般要求 $p_k/p_n \geqslant 90\%$，$p_b/p_n \geqslant 85\%$。

(3) 压力稳定性。溢流阀工作压力的稳定性由两个指标来衡量：一是在额定流量 q_n 和额定压力 p_n 下，进口压力在一定时间(一般为 3min)内的偏移值；二是在整个调压范围内，通过额定流量 q_n 时进口压力的振摆值。对中压溢流阀，这两项指标均不应大于 0.2MPa。如果溢流阀的压力稳定性不好，就会出现剧烈的振动和噪声。

(4) 卸荷压力。在调定压力下，通过额定流量时，将溢流阀的外控口 K 与油箱连通，使主阀阀口开度最大，液压泵卸荷时溢流阀进出油口的压力差称为卸荷压力。该值与通道阻力和主阀弹簧的预紧力有关，一般规定卸荷压力不大于 0.3MPa。卸荷压力越小，油液通过阀口时的能量损失就越小，发热也越少，表明阀的性能越好。

(5) 内泄漏量。内泄漏量是指调压螺栓处于全闭位置、进口压力调至调压范围的最高值时，从溢流口所测的泄漏量。泄漏量小，阀的密封性能好。

(6) 最大允许流量和最小稳定流量。溢流阀的最大允许流量为其额定流量。溢流阀的最小流量取决于它对压力平稳性的要求，一般规定为额定流量的 15%。

2) 动态性能

溢流阀的动态性能通常是指溢流阀由一个稳定工作状态过渡到另一个稳定工作状态时，溢流阀所控制的压力随时间变化的过渡过程性能。

有两种方法可测得溢流阀的动态特性，一种是将与溢流阀并联的电液(或电磁)换向阀突然通电或断电(溢流流量由零阶跃变化至额定流量),另一种是将连接溢流阀遥控口的电磁换向阀突然通电或断电(卸荷状态阶跃变化为溢流恒压工作状态)。

图 5.23 所示为溢流阀升压与卸荷时动态特性曲线。溢流阀由卸荷到恒压工作,再到卸荷状态的突然变化,反映了溢流阀的动态特性。由动态特性曲线可得到动态性能参数。

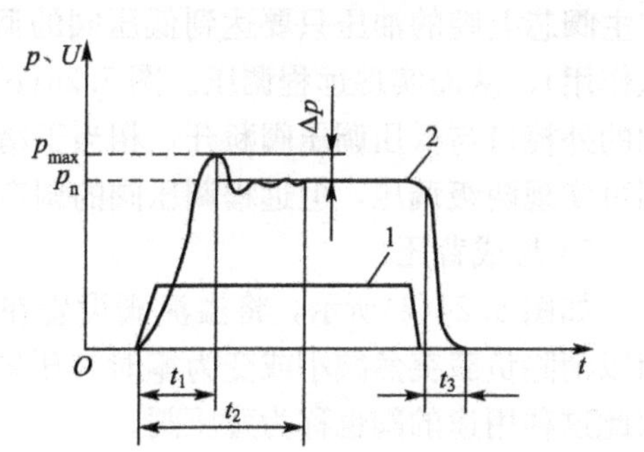

图 5.23 溢流阀升压与卸荷时的动态特性曲线

1—电压信号 2—压力响应曲线

(1) 压力超调量 Δp:定义最高瞬时压力峰值 p_{max} 与调定压力 p_n 的差值为压力超调量 Δp,并将 $(\Delta p/p_n)\times 100\%$ 称为压力超调率。压力超调量是衡量溢流阀动态定压误差及稳定性的重要指标,一般要求压力超调率小于 10%~30%。

(2) 升压时间 t_1:指压力从 $0.1(p_n-p_0)$ 回升到 $0.9(p_n-p_0)$ 时所需的时间,p_0 为卸荷压力。一般要求 $t_1=0.1\text{s}\sim0.5\text{s}$。

(3) 升压过渡过程时间 t_2:指压力从 p_0 回升至稳定的调定压力 p_n 状态所需的时间。

(4) 卸荷时间 t_3:指压力从 $0.9(p_n-p_0)$ 下降到 $0.1(p_n-p_0)$ 时所需的时间。

压力超调对系统的影响是不利的。如采用调速阀的调速系统,因压力超调是一突变量,调速阀来不及调整,使得机构主体运动或进给运动速度产生突跳;压力超调还会造成压力继电器误发信号;压力超调量大时,会使系统产生过载,从而破坏系统。选用溢流阀时应考虑到这些因素。升压时间等时域指标代表着溢流阀的反应快慢,对系统的动作、效率都有影响。

3. 溢流阀的应用

溢流阀在液压系统中能分别起到调压溢流、安全保护、远程调压、使泵卸荷及使液压缸回油腔形成背压等多种作用,如图 5.24 所示。

1) 调压溢流

系统采用定量泵供油的节流调速时,常在其进油路或回油路上设置节流阀或调速阀,使泵油的一部分进入液压缸工作,而多余的油须经溢流阀流回油箱。溢流阀处于其调定压力下的常开状态,调节弹簧的预紧力也就调节了系统的工作压力。因此,在这种情况下溢流阀的作用即为溢流调压,如图 5.24(a)所示。

2) 安全保护

系统采用变量泵供油时,系统内没有多余的油需溢流,其工作压力由负载决定。这时与泵并联的溢流阀只有在过载时才需打开,以保障系统的安全。因此,这种系统中的溢流阀又称为安全阀,是常闭的,如图 5.24(b)所示。

3) 使泵卸荷

采用先导型溢流阀调压的定量泵系统,当阀的外控口 K 与油箱连通时,其主阀芯在进口压力很低时即可迅速抬起,使泵卸荷,以减少能量损耗。图 5.24(c)中,当电磁铁通电时,溢流阀外控口通油箱,因而能使泵卸荷。

4) 远程调压

当先导型溢流阀的外控口(远程控制口)与调压较低的溢流阀(或远程调压阀)连通时,

其主阀芯上腔的油压只要达到低压阀的调整压力，主阀芯即可抬起溢流(其导阀不再起调压作用)，从而实现远程调压。图 5.24(d)中，当电磁阀不通电右位工作时，将先导型溢流阀的外控口与低压调压阀断开，相当于堵塞外控口 K，则由主阀上的导阀调压。利用电磁阀可实现两级调压，但远程调压阀的调定压力必须低于导阀调定的压力。

5) 形成背压

如图 5.24(e)所示，将溢流阀设置在液压缸的回油路上，可使缸的回油腔形成背压，用以消除负载突然减小或变为零时液压缸产生的前冲现象，提高运动部件运动的平稳性。因此这种用途的阀也称为背压阀。

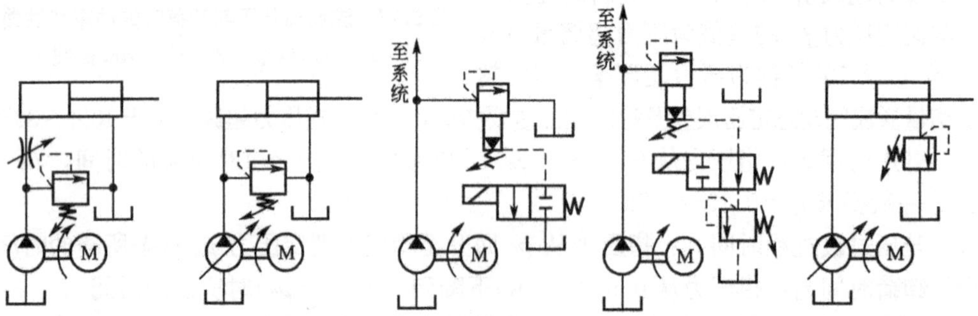

图 5.24 溢流阀的功用

5.3.2 减压阀

在液压系统中，减压阀是一种利用液流流过缝隙产生压力损失，使其出口压力低于进口压力的压力控制阀。按调节要求的不同，减压阀可分为用于保证出口压力为定值的定压输出减压阀、用于保证进出口压力差不变的定差减压阀以及用于保证进出口压力成比例的定比减压阀。

1. 定压输出减压阀

定压输出减压阀有直动型和先导型两种结构形式，直动型减压阀较少单独使用。在先导型减压阀中，又有“出口压力控制式”和“进口压力控制式”两种控制方式。

1) 结构和工作原理

图 5.25 所示为液压系统广泛采用的先导型定值减压阀(出口压力控制式)的结构。该阀由导阀调压，主阀减压。其减压、减压后稳压的工作原理是：来自泵(或其他油路)的压力为 p_1 的油液从 P_1 口进入减压阀，经减压阀口压力降低为 p_2，从出口 P_2 流出。同时压力为 p_2 的控制油液通过阻尼孔 2、管道 c 进入先导阀 6 的阀座前腔，作用在锥阀 7 上，并通过管道 d、阻尼孔 3 与主阀弹簧腔相通，作用在主阀芯 1 的上端面。阻尼孔 3 的作用是增加主阀芯上下移动的阻尼，以保证主阀芯的稳定性。当出口压力 p_2 小于先导阀的调整压力时，锥阀 7 关闭，阻尼孔 2 中无油液流动，主阀芯 1 两端油液的压力相等，主阀芯在弹簧 5 的作用下处于最下端位置，减压阀口全开，不起减压作用，$p_2 \approx p_1$。当出口压力 p_2 大于先导阀的调定压力时，锥阀 7 打开，油液经阻尼孔 2、管道 c、先导阀弹簧腔 8、泄油管道 a、泄油口 L 流回油箱。由于阻尼孔 2 有油液通过，使主阀芯 1 弹簧腔的压力 p_3 低于

p_2，造成阀芯 1 两端的压力不平衡，当此压差所产生的作用力大于主阀的弹簧力时，主阀芯上移，因而减压阀口减小，使压力油液通过阀口时压降加大，减压作用增强，直至出口压力 p_2 稳定在先导阀所调定的压力值。出口处保持调定压力时，主阀芯 1 处于某一平衡位置上，此时阀口保持一定的开度，减压阀处于工作状态。

根据图 5.26 所示的减压阀工作原理图，忽略阀芯自重、摩擦力及稳态轴向液动力的影响，则先导阀和主阀稳定工作时的力平衡方程式为

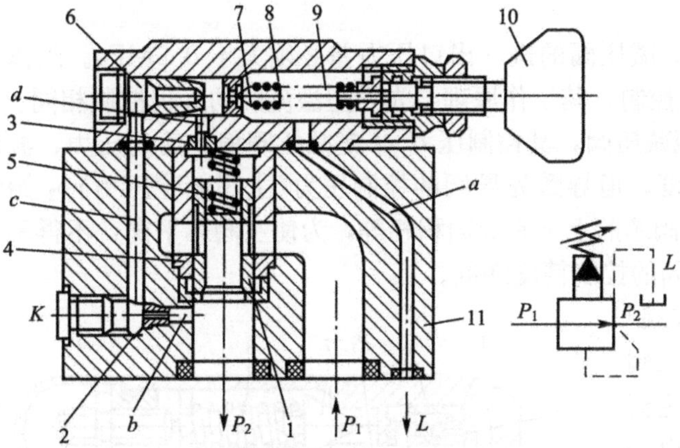

图 5.25 先导型定值减压阀(出口压力控制式)

1—主阀芯 2，3—阻尼孔 4—阀套 5—主阀弹簧 6—先导阀 7—锥阀 8—先导阀弹簧腔 9—调压弹簧 10—调节手柄 11—阀体

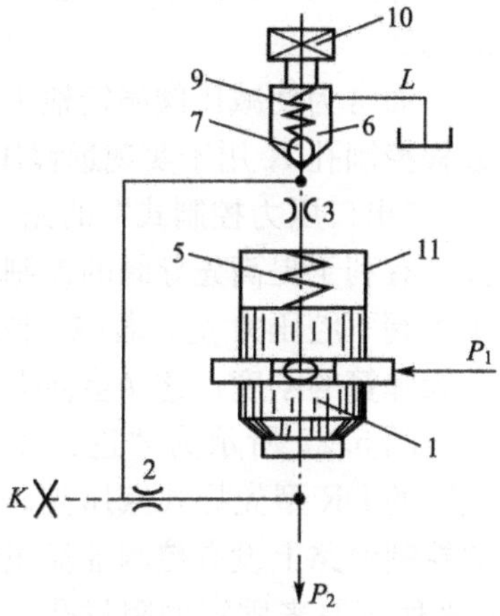

图 5.26 减压阀工作原理图

$$p_3 A_c = K_c(x_{c0} + x_c) \tag{5-5}$$

$$p_2 A_v = p_3 A_v + K_x(x_0 + x_{max} - x) \tag{5-6}$$

式中：p_2——减压阀的出口压力；

p_3——流经阻尼孔 2 后的油液压力；

A_c、A_v——先导阀和主阀芯的有效作用面积(假设两端相等)；

K_c、K_x——先导阀和主阀弹簧的刚度；

x_{c0}、x_c——先导阀弹簧预的压缩量和先导阀的开口量；

x_0、x、x_{max}——主阀弹簧的预压缩量、主阀的开口量和最大开口量。

联立式(5-5)和式(5-6)，可得

$$p_2 = \frac{K_c(x_{c0} + x_c)}{A_c} + \frac{K_x(x_0 + x_{max} - x)}{A_v} \tag{5-7}$$

由于 $x_c \ll x_{c0}$，$x \ll x_0 + x_{max}$，且主阀弹簧的刚度 K_x 很小，所以主阀弹簧力近似为

$$K_x(x_0 + x_{max} - x) \approx K_x(x_0 + x_{max}) \approx \text{Const}$$

则式(5-7)可写成

$$p_2 = \frac{K_c(x_{c0} + x_c)}{A_c} + \text{Const} \tag{5-8}$$

故 p_2 基本保持恒定。因此，调节调压弹簧 9 的预压缩量 x_{c0}，即可调节减压阀的出口

压力 p_2。

减压阀的稳压过程是：如果减压阀的出口压力 p_2 突然升高(或降低)，主阀芯弹簧腔的压力也同时等值升高(或降低)，破坏了主阀的平衡状态，使主阀芯上移(或下移)至一新的平衡位置，阀口开度减小(或增大)，减压作用增大(或减小)，以保持 p_2 的稳定。反之，如果因某种原因使进口压力 p_1 发生变化，当减压阀口还没有来得及变化时，p_2 则相应发生变化，造成阀芯1两端的受力状况发生变化，破坏了原来的平衡状态，使主阀芯上移(或下降)至一新的平衡位置，阀口开度减小(或增大)，减压作用增大(或减小)，以保持 p_2 的稳定。

通常为使减压阀稳定地工作，减压阀的进、出口压力差必须大于0.5MPa。阀体上的远程控制孔 K 用于实现远程压力控制，其工作原理与先导型溢流阀的远程控制相同。

"出口压力控制式"的先导型减压阀，其控制压力 p_2 是减压阀稳定后的压力，波动不大，有利于提高先导阀的控制精度，但导致先导阀的控制压力(主阀上腔压力)p_3 始终低于主阀下腔压力 p_2，若减压阀主阀芯的上下有效面积相等，为使主阀芯平衡，不得不加大主阀弹簧的刚度，这又会使得主阀的控制精度降低。

图5.27所示为"进口压力控制式"的DR型先导式减压阀。在该阀的控制油路上设有控制油流量恒定器6来代替原来固定的阻尼孔，它由一个固定阻尼Ⅰ和一个可变阻尼Ⅱ串联而成。可变阻尼借助于一个可以轴向移动的小活塞来改变通油孔 N 的过流面积，从而改变液阻。小活塞左端的固定阻尼孔使小活塞两端出现压力差，小活塞在此压力差和右端弹簧的共同作用下而处于某一平衡位置。

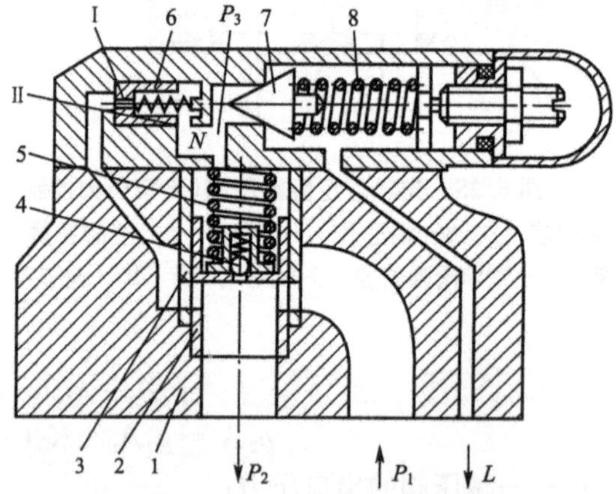

图5.27　DR型先导式减压阀(进口压力控制式)

1—阀体　2—主阀芯　3—阀套　4—单向阀　5—主阀弹簧
6—控制油流量恒定器　7—先导阀　8—调压弹簧
Ⅰ—固定阻尼　Ⅱ—可变阻尼

如果由减压阀进口引入的压力油的压力达到调压弹簧8的调定值时，先导阀7开启，液流经先导阀口流回油箱。这时，控制油流量恒定器前部的压力为减压阀的进口压力 p_1，其后部的压力为先导阀的控制压力(主阀芯的上腔压力为 p_3)。p_3 由调压弹簧8调定。由于 $p_3 < p_1$，主阀芯2在上、下腔压力差的作用下克服主阀弹簧5的力，向上抬起，主阀开口量减小，起减压作用，使主阀出口压力降低为 p_2。主阀芯2采用对称设置许多小孔的结构作为主阀阀口。如果忽略主阀芯的自重以及摩擦力，则主阀芯的力平衡方程式为

$$p_2 A_v = p_3 A_v + K_x(x_0 + x_{max} - x) \tag{5-9}$$

式中：A_v——主阀芯的有效作用面积；

K_x——主阀弹簧的刚度；

x_0、x、x_{max}——主阀弹簧的预压缩量、主阀的开口量和最大开口量。

由于主阀弹簧的刚度 K_x 很小，且 $x \ll (x_0 + x_{max})$，故 $K_x(x_0 + x_{max} - x) \approx K_x(x_0 + x_{max}) \approx \text{Const}$，则式(5-9)可写成

$$p_2 A_v = p_3 A_v + C \tag{5-10}$$

由式(5-10)可知，要使减压阀的出口压力 p_2 恒定，就必须使先导阀控制压力 p_3 稳定不变。在调压弹簧预压缩量一定的情况下，这取决于通过先导阀的流量是否恒定。若流量恒定，则因先导阀的开口量和液动力为定值，可使 p_3 稳定。

在图 5.27 中，当控制油流量恒定器 6 处于某一平衡位置时，其总液阻一定，因此在进口压力 p_1 一定的条件下，通过先导阀的流量一定，与流经主阀阀口的流量无关。若因 p_1 的上升而引起通过控制油流量恒定器 6 的流量增大时，将因总液阻来不及变化而导致小活塞两端的压力差增大，使之右移，通油孔 N 的面积减小，即控制油流量恒定器 6 的总液阻增大，通过的流量反而减小，最终使流量恢复到原来的值，从而保证通过控制油流量恒定器 6 的流量恒定。由此可见，这种阀的出口压力 p_2 与阀的进口压力 p_1 以及流经主阀的流量无关。

如果阀的出口压力出现冲击，主阀芯上的单向阀 4 将迅速开启卸压，使阀的出口压力很快降低。在出口压力恢复到调定值后，单向阀重新关闭，单向阀在这里起压力缓冲作用。

必须指出的是，定压输出的减压阀是各种减压阀中应用最多的一种，其作用是用来降低液压系统中某一回路的油液压力，达到用一个油源能同时输出两种或两种以上不同油压的目的。必须特别说明的是，减压阀的出口压力还与出口的负载有关，若因负载建立的压力低于调定压力，则出口压力由负载决定，此时减压阀不起减压作用，进、出口压力相等；只有当由负载建立的压力高于调定压力时，减压阀的出口压力才能保持在调定压力上，即减压阀保证出口压力恒定的条件是先导阀开启。此外，当减压阀出口负载很大，以至于使减压阀出口油液不流动时，此时仍有少量油液通过减压阀口经先导阀至外泄口 L 流回油箱，阀处于工作状态，减压阀出口压力保持在调定压力值。

2) 先导式减压阀与先导式溢流阀的主要差别

(1) 减压阀保持出口压力基本不变，而溢流阀保持进口压力基本不变。

(2) 减压阀常开，溢流阀常闭。

(3) 减压阀的泄漏油液单独接油箱，为外泄方式，而溢流阀的泄漏油液可以与主阀的出口相通，采用内泄方式。

3) 减压阀的应用

在液压系统中，一个油泵供应多个支路工作时，利用减压阀可以组成不同压力级别的液压回路。如夹紧回路、控制回路和润滑回路等。图 7.5 所示为减压阀应用在夹紧回路时的减压回路。此外，减压阀还可以稳定系统压力，以减少压力波动带来的影响，改善系统的控制性能。

2. 定差减压阀

定差减压阀可使进出口压力差保持为定值。如图 5.28 所示，高压油 p_1 经节流口(减压口)x 减压后以低压 p_2 输出，同时低压油经阀芯中心孔将压力 p_2 引至阀芯上腔，其进出油压在阀芯上、下两端有效作用面积上产生的液压力之差与弹簧力相平衡。阀芯受力平衡方程式为

$$p_1 \frac{\pi}{4}(D^2 - d^2) = p_2 \frac{\pi}{4}(D^2 - d^2) + K(x_0 + x) \tag{5-11}$$

式中：D、d——阀芯的大端外径和小端外径；

K——弹簧的刚度；

x_0、x——弹簧的预压缩量和阀芯的开口量。

由式(5-11)可求出定差减压阀的进、出口压差 Δp 为

$$\Delta p=p_1-p_2=\frac{K(x_0+x)}{\pi(D^2-d^2)/4} \tag{5-12}$$

由式(5-12)可知，只要尽量减小弹簧的刚度 K，并使 $x \ll x_0$，就可使压力差 Δp 近似保持为常值。定差减压阀主要用来和其他阀一起构成组合阀，如定差减压阀和节流阀串联组成调速阀。

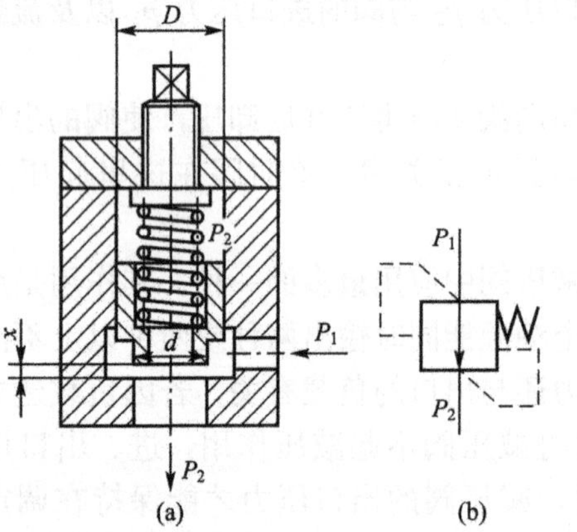

图 5.28　定差减压阀的结构及符号

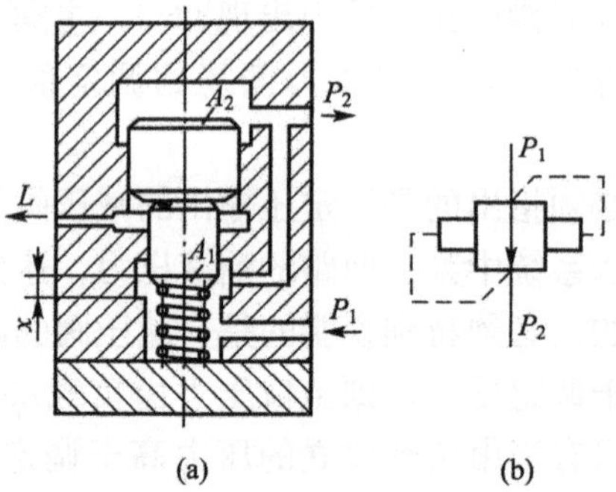

图 5.29　定比减压阀的结构及符号

3. 定比减压阀

定比减压阀可使进出口压力的比值保持恒定。如图 5.29 所示，在稳定状态时，忽略阀芯所受到的稳态液动力、阀芯自重和摩擦力，可得到阀芯的力平衡方程式为

$$p_1A_1+K(x_0+x)=p_2A_2 \tag{5-13}$$

式中：K——弹簧的刚度；

x_0、x——弹簧的预压缩量和阀口的开度。

由于弹簧的刚度较小，弹簧力可忽略不计，则式(5-13)可写成

$$\frac{p_2}{p_1}=\frac{A_1}{A_2} \tag{5-14}$$

由式(5-14)可见，只要适当选择阀芯的作用面积 A_1 和 A_2，就可得到所要求的压力比，且比值近似恒定。

5.3.3　顺序阀

顺序阀是利用油液压力作为控制信号实现油路的通断，以控制执行元件顺序动作的压力阀。按控制压力来源的不同，顺序阀可分为内控式和外控(液控)式。内控式是直接利用阀进口处的油压力来控制阀口的启闭；液控式是利用外来的控制油压控制阀口的启闭。按结构的不同，顺序阀也有直动式和先导式之分。直动式顺序阀与直动式溢流阀类似，但性能不如溢流阀，这里不再介绍。

1. 结构和工作原理

图 5.30 所示为先导式顺序阀，P_1 为进油口，P_2 为出油口，其工作原理与先导式溢流阀相似。在装配时，分别将先导阀 1 和端盖 3 相对于主阀体 2 转过一定位置，可得到内控内泄、外控外泄、外控内泄 3 种控制形式。采用内泄还是外泄与顺序阀的使用情况有关。外控式顺序阀阀口开启与否，与阀进口压力大小的无关，仅取决于外控口处控制压力的大小。

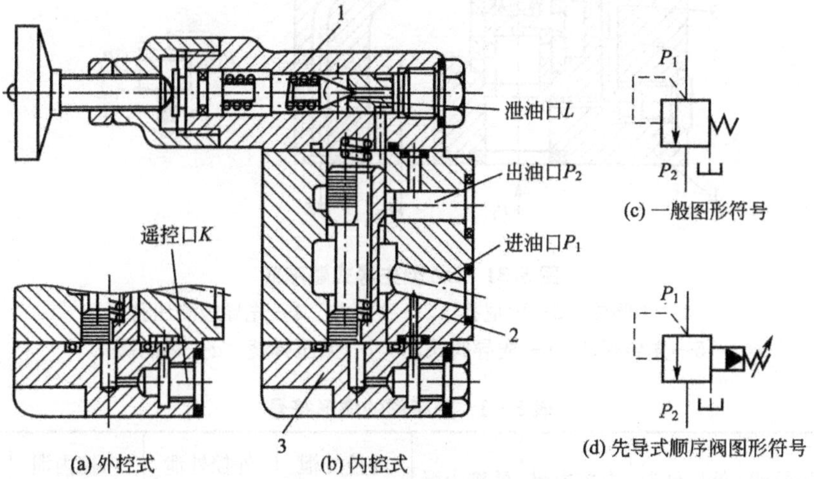

图 5.30　先导式顺序阀

图 5.30 所示的先导式顺序阀最大的缺点是外泄漏量过大。因先导阀是按顺序动作需要的压力调整的，当执行元件完成顺序动作后，压力将继续升高，使先导阀的阀口开得很大，导致油液从先导阀处大量外泄，因此在小流量液压系统中不宜使用这种结构的顺序阀。

图 5.31 所示的 DZ 型先导式顺序阀可使先导阀处的泄漏量大大减小。这种阀的主阀形似单向阀，先导阀为滑阀式。主阀芯 3 在原始位置将进、出油口 P_1 和 P_2 切断，进油口的压力油通过两条油路：一路经主阀芯 3 上的阻尼孔 2 进入主阀芯 3 的上腔，并到达先导阀阀芯 6 中部的环形腔 a，另一路通过孔 4 直接作用在先导阀阀芯 6 的左端。当进口压力 p_1 低于导阀弹簧 7 的调定压力时，先导滑阀在弹簧力的作用下处于图示位置。当进口压力 p_1 大于导阀的调定压力时，先导阀阀芯 6 在左端液压力的作用下右移，将先导阀中部的环形腔 a 与通顺序阀出口 P_2 的油路连通，于是顺序阀进口压力 p_1 经阻尼孔 2、主阀上腔、先导阀流往出油口 P_2。由于阻尼孔 2 的作用，主阀上腔的压力低于下端(即进油口)压力 p_1，主阀芯开启，顺序阀进、出油口连通(此时 $p_1 \approx p_2$)。由于流经主阀芯上阻尼孔 2 的控制油液不流向泄油口 L(该泄油口 L 要单独接回油箱)，而是流向出油口 P_2，又因主阀上腔的油压与先导滑阀所调的压力无关，仅仅通过刚度很弱的主阀弹簧与主阀芯下端的液压力保持主阀芯的受力平衡，故出口压力 p_2 近似等于进口压力 p_1，压力损失小，其泄漏量和功率损失与图 5.29 所示的顺序阀相比大大减小。

在顺序阀的阀体内并联装设单向阀，可构成单向顺序阀。单向顺序阀也有内外控之分。若将出油口接通油箱，且将外泄改为内泄，即可作平衡阀用。各种顺序阀的图形符号见表 5-3。

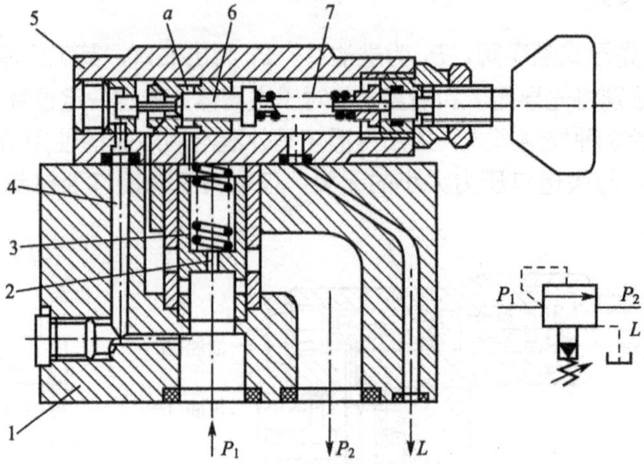

图 5.31　DZ 型先导式顺序阀

1—主阀体　2—阻尼孔　3—主阀芯　4—先导级测压孔

5—先导阀体　6—先导阀阀芯　7—调压弹簧　a—单向阀

表 5-3　顺序阀的图形符号

控制与泄油方式	内控外泄	外控外泄	内控内泄	外控内泄	内控外泄加单向阀	外控外泄加单向阀	内控内泄加单向阀	外控内泄加单向阀
名称	顺序阀	外控顺序阀	背压阀	卸荷阀	内控单向顺序阀	外控单向顺序阀	内控平衡阀	外控平衡阀
图形符号	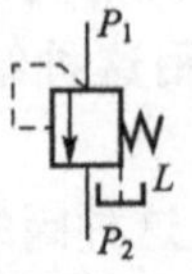	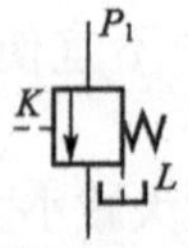	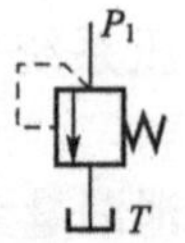	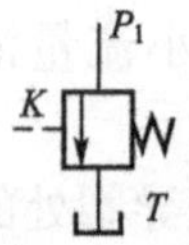	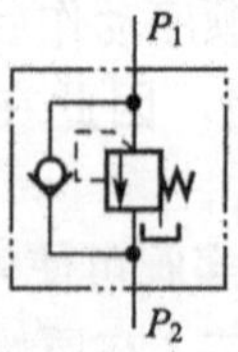	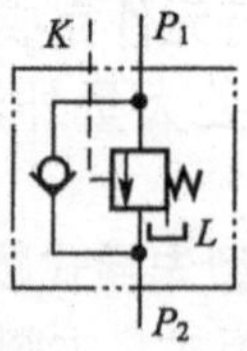	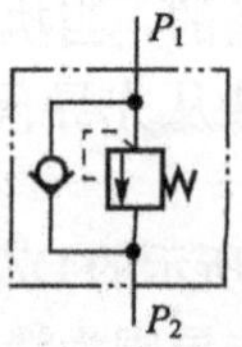	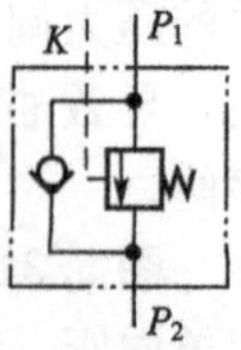

从以上分析可知，顺序阀的结构及工作原理与溢流阀相似。它们的主要差别在以下几个方面。

(1) 顺序阀的出油口与负载油路相连接，而溢流阀的出油口直接接回油箱。

(2) 顺序阀的泄油口单独接回油箱，而溢流阀的泄油口则通过阀体内部孔道与阀的出口相通，流回油箱。

(3) 顺序阀的进口压力由液压系统的工况来决定，当进口压力低于调压弹簧的调定压力时，阀口关闭；当进口压力超过弹簧的调定压力时，阀口开启，接通油路，出口压力油对下游负载做功。溢流阀的进口最高压力由调压弹簧来限定，且由于液流溢回油箱，所以损失了液体的全部能量。

2. *顺序阀的应用*

直动式顺序阀由于启闭特性不如先导式顺序阀好，所以多应用于低压系统，先导型顺序阀多应用于中、高压系统。它们的作用有以下几个方面。

(1) 用以实现多缸的顺序动作，如图 7.34 所示。

(2) 作背压阀用，其连接方式同溢流阀，如图 5.24(e)所示。

(3) 作平衡阀用。在平衡回路中连接一单向顺序阀，以保持垂直设置的液压缸不会因自重而下落，如图 7.10(a)所示。

(4) 作卸荷阀用。将外控顺序阀的出口接通油箱，使液压泵在工作需要时可以卸荷，如图 7.24 所示。

5.3.4　压力继电器

压力继电器是利用液体的压力信号来启闭电气触点的液压电气转换元件。它在油液压力达到其设定压力时，发出电信号，控制电气元件动作，实现泵的加载或卸荷、执行元件的顺序动作或系统的安全保护及连锁控制等功能。

1. 结构和工作原理

压力继电器有柱塞式、膜片式、弹簧管式和波纹管式 4 种结构形式。图 5.32 为膜片式压力继电器的结构。这种压力继电器的控制油口 K 和液压系统相连。压力油从控制口 K 进入后，作用于橡胶膜片 10 上，当压力达到弹簧 2 的调定压力时，膜片 10 变形，推动柱塞 9 上升，此时，柱塞 9 的锥面推动两侧的钢球 5 和 6 沿水平孔道外移，钢球又推动杠杆 12 绕铰轴 11 逆时针转动，压下微动开关 13 的触头，发出电信号。调节螺钉 1 可以改变弹簧 2 的预压缩量，从而改变发出电信号的调定压力。

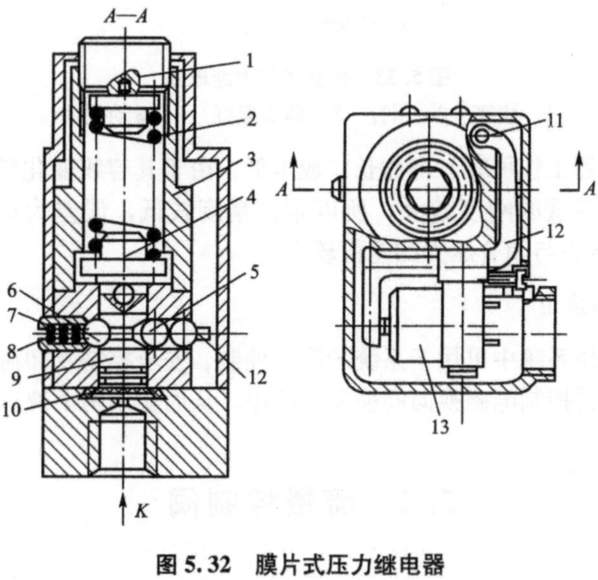

图 5.32　膜片式压力继电器

1—调节螺钉　2、7—弹簧　3—套　4—弹簧座　5、6—钢球
8—螺钉　9—柱塞　10—膜片　11—铰轴　12—杠杆　13—微动开关

当压力降低到某一数值后，弹簧 2 和 7 使柱塞 9 下移，钢球 5 和 6 进入柱塞 9 的锥面槽内，松开微动开关，随即断开电路。钢球 6 在弹簧 7 的作用下，可以对柱塞 9 产生一定的摩擦力。该力在柱塞向上运动时与液压力方向相反，在柱塞向下移动时与液压力方向相同。由于摩擦力的影响，松开微动开关的压力比压下微动开关的压力低。螺钉 8 用来调节弹簧 7 的作用力，从而调节微动开关压下和松开时的压力差值。

膜片式压力继电器由于膜片位移很小，压力油容积变化小，所以反应快，重复精度高，一般误差在原调定压力的0.5%～1.5%之间。其缺点是易受压力波动的影响，在低压和真空时使用较好，而不宜用于高压系统。

图5.33所示为柱塞式压力继电器的结构。当油液压力p达到压力继电器的设定压力时，作用在柱塞1上的液压力克服弹簧力，通过顶杆2的推动，合上微动电器开关4，发出电信号。改变弹簧的预压缩量，可以调节压力继电器的设定压力。图5.33中，L为泄油口。

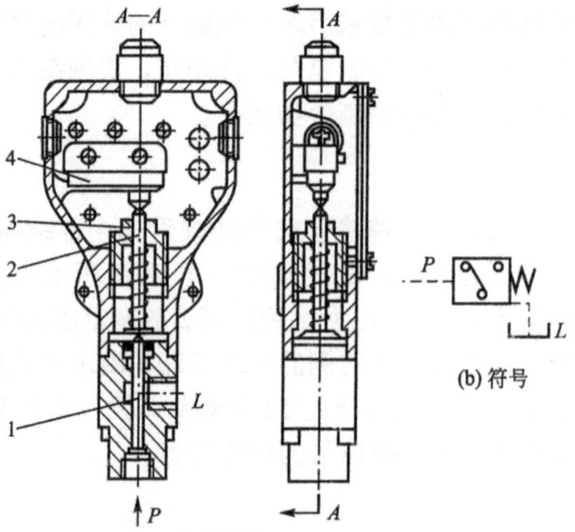

(a) 结构图　　(b) 符号

图5.33　柱塞式压力继电器

1—柱塞　2—顶杆　3—调节螺钉　4—微动开关

柱塞式压力继电器工作可靠，寿命长，成本低。由于其容积变化较大，故不易受压力波动的影响。但由于弹簧的刚度较大，所以重复精度较低，误差为调定压力的1.5%～2.5%。此外，开启压力与闭合压力的差值较大。

2. 压力继电器的应用

压力继电器在液压系统中可用于系统的顺序控制、安全控制及卸荷控制等。如图7.35所示，利用压力继电器控制电磁换向阀换向的顺序，从而实现两个液压缸的顺序动作。

5.4　流量控制阀

流量控制阀是通过改变节流口的通流面积或通流通道的长短来改变局部阻力的大小，从而实现对流量的控制。流量控制阀是节流调速系统中的基本调节元件。在定量泵供油的节流调速系统中，必须将流量控制阀与溢流阀配合使用，以便将多余的油液排回油箱。

流量控制阀包括节流阀、调速阀、旁通调速阀(又称溢流节流阀)和分流集流阀等。

5.4.1　节流阀

节流阀是结构最简单、应用最广泛的一种流量控制阀。它是借助于控制机构使阀芯相对于阀体孔运动，以改变阀口的通流面积，从而调节输出流量的阀类。

1. 结构与工作原理

图 5.34 所示为一种典型的节流阀的结构图。压力油从进油口 P_1 流入，经节流口后从 P_2 流出，节流口的形状为轴向三角槽式。节流阀芯 5 在弹簧 6 的推力作用下，始终紧靠在推杆 2 上。调节顶盖上的手轮，借助推杆 2 可推动阀芯 5 作上下移动。通过阀芯的上下移动，改变了节流口的开口量大小，实现流量的调节。由于作用在阀芯 5 上的压力是平衡的，因而调节力较小，便于在高压下进行调节。

图 5.35 所示为一种精密节流阀的结构图。具有螺旋曲线开口的阀芯 1 与阀套 3 上的窗口匹配后，构成了具有某种形状的棱边形节流孔。转动手轮 2(此手轮可用顶部的钥匙来锁定)，使螺旋曲线相对阀套窗口升高或降低，即可调节节流口面积的大小，从而实现对流量的控制。

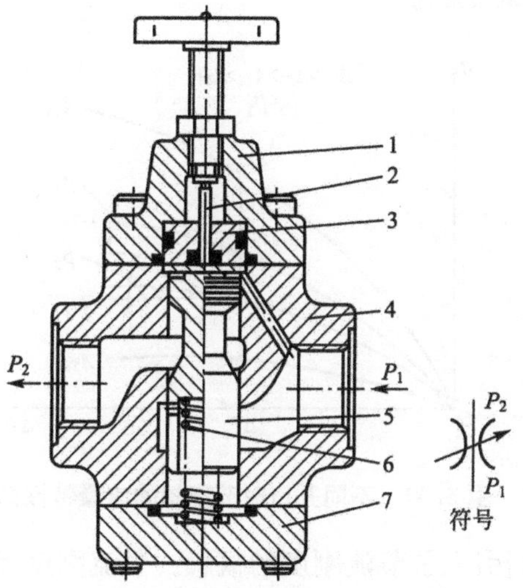

图 5.34 轴向三角槽式节流阀

1—顶盖 2—推杆 3—导套 4—阀体
5—阀芯 6—弹簧 7—底盖

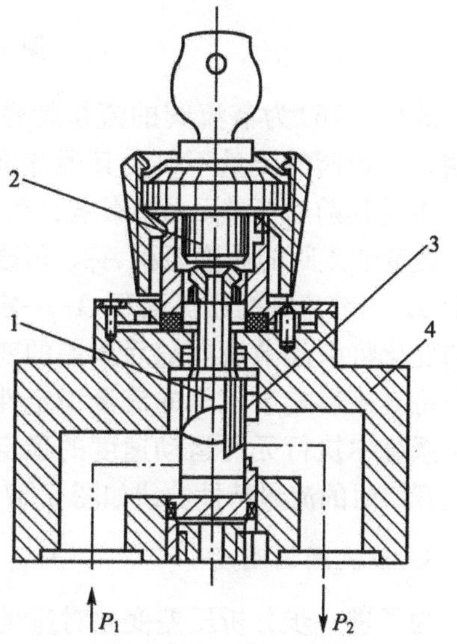

图 5.35 螺旋曲线开口式节流阀

1—阀芯 2—手轮 3—阀套 4—阀体

2. 流量特性

通过节流口的流量 q 与其前后压差 Δp 的关系可表示为

$$q=KA_T\Delta p^m \tag{5-15}$$

式中：Δp——孔口或缝隙的前后压力差；

K——节流系数，由节流口形式、液体流态、油液性质等因素决定。对薄壁孔口，$K=C_q\sqrt{2/\rho}$；对细长孔，$K=d^2/(32\mu L)$；其中，C_q 为流量系数，ρ 为液体的密度，μ 为动力黏度，d 和 L 为孔径和孔长；一般 K 的数值由实验得出。

m——与节流口形状有关的指数，$m=0.5\sim1$，当节流口为薄壁孔时，$m=0.5$；当节流口为细长孔时，$m=1$。

A_T——节流阀的通流面积，随阀口的形式而定，常见的节流口形式如图 5.36 所示。

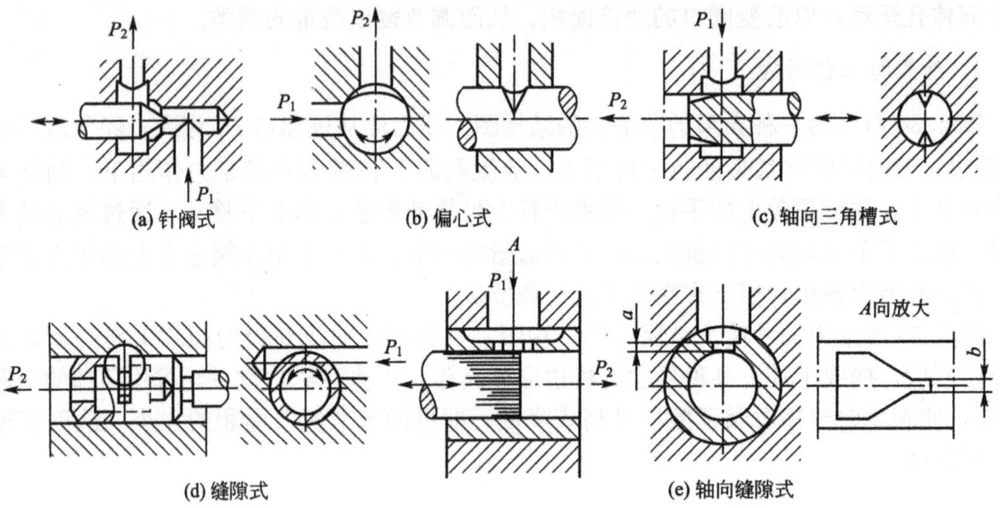

图 5.36 常见的节流口形式

式(5 - 15)为节流阀的流量特性方程。该式表明，节流阀的流量不仅受其通流面积 A_T 的影响，也受其前后压差 Δp 的影响。在一定压差 Δp 下，改变节流阀的通流面积 A_T，可改变通过阀的流量 q；当节流阀的通流面积 A_T 一定时，外界负载的变化将引起节流阀前后压差的变化，即负载压力将直接影响节流阀的流量稳定性，从而影响液压系统中执行元件运动速度的稳定性。节流阀不同开口时的流量特性曲线如图 5.37 所示。

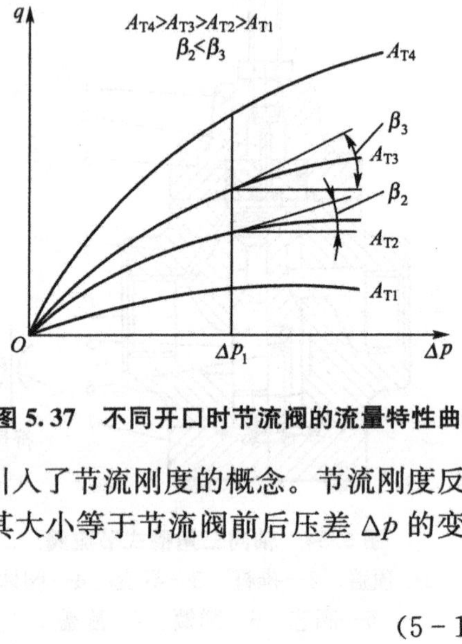

图 5.37 不同开口时节流阀的流量特性曲线

3. 节流阀的刚度

为了进一步分析压差变化对流量的影响，人们引入了节流刚度的概念。节流刚度反映了节流阀在负载压力变动时保持流量稳定的能力，其大小等于节流阀前后压差 Δp 的变化量与流量 q 的变化量的比值，即

$$k_T=\frac{\mathrm{d}\Delta p}{\mathrm{d}q} \tag{5-16}$$

将式(5 - 15)代入式(5 - 16)，整理得

$$k_T=\frac{\Delta p^{1-m}}{KA_T m} \tag{5-17}$$

由式(5 - 16)和图 5.37 可以看出，节流阀的刚度 k_T 等于其流量特性曲线上某点的切线与横坐标夹角的余切。节流刚度越大，负载压力的变化对节流阀流量的影响越小。

由式(5 - 17)和图 5.37 可知，节流阀前后压力差 Δp 相同时，节流开口 A_T 较小时，刚度大；节流开口 A 一定时，其前后压差 Δp 越小，则刚度越低。所以节流阀只能在大于某一最小压差 Δp(一般为 0.15MPa～0.4MPa)的条件下才能正常工作。但提高 Δp 将引起压力损失增加；减小 m 值可提高刚度。因此目前使用的节流阀多采用 $m=0.5$ 的薄壁小孔式节流口。当节流口为细长孔时，油温越高，液体动力黏度 μ 越小，节流系数 $K=\dfrac{d^2}{32\mu L}$

越大，阀的刚度就越小，流量的增量越大。当采用 $m=0.5$ 的薄壁小孔式节流口时，油温的变化对流量稳定性没有影响。

4. 节流口堵塞及最小稳定流量

节流口在小开口下工作时，特别是进出口压差较大时，虽然不改变油温和阀的压差，但流量也会出现时大时小的脉动现象。开口越小，脉动现象越严重，甚至在阀口没有关闭时就完全断流，这种现象称为节流口堵塞。

产生堵塞的主要原因有以下几个方面。

(1) 油液中的机械杂质或因氧化析出的胶质、沥青、炭渣等污物堆积在节流缝隙处。

(2) 由于油液老化或受到挤压后产生带电的极化分子，而节流缝隙的金属表面上存在电位差，故极化分子被吸附到缝隙表面，形成牢固的边界吸附层，吸附层厚度一般为 5μm～8μm。因而影响了节流缝隙的大小。以上堆积、吸附物增长到一定厚度时，会被液流冲刷掉，随后又重新附在阀口上。这样周而复始，就形成了流量的脉动。

(3) 阀口压差较大时，因阀口温升高，液体受挤压的程度增强，金属表面也更易受摩擦作用而形成电位差，因此压差大时容易产生堵塞现象。

减轻堵塞现象的措施有：①选择水力半径大的薄刃节流口；②精密过滤并定期更换液压油；③合理选择节流口前后的压差；④采用电位差较小的金属材料，选用抗氧化稳定性好的油液，减小节流口的表面粗糙度等，都有助于缓解堵塞的产生。

节流阀的最小稳定流量是指不发生节流堵塞现象的最小流量。这个值越小，说明节流阀节流口的通流性越好，系统可获得的最低速度越低，阀的调速范围越大。为了保证系统在低速工作时速度的稳定性，最小稳定流量必须小于系统以最低速度运行所需要的流量值。

最小稳定流量是流量控制阀的一项重要性能指标。因为有些液压系统的执行元件在低速下运行时，可能产生时停止时滑行的“爬行”现象，它的存在严重影响加工表面的质量。爬行的本质是一种弛张振动，与摩擦力不均匀、负载变化、环境温度变化、液压弹簧效应、系统泄漏、流量不稳定等因素有关，其中最小供油量的稳定性对执行元件是否产生“爬行”、保持运动平稳起着很大的作用。

针形及偏心槽式节流口因节流通道长，水力半径较小，故其最小稳定流量在 $80cm^3/min$ 以上。薄刃节流口的最小稳定流量为 $20cm^3/min$～$30cm^3/min$。特殊设计的微量节流阀能在压差 0.3MPa 下达到 $5cm^3/min$ 的最小稳定流量。

5. 节流阀的应用

节流阀常与定量泵、溢流阀一起组成节流调速回路。由于节流阀的流量不仅取决于节流口面积的大小，还与节流口前后的压差有关，阀的刚度小，故只适用于执行元件负载变化较小、速度稳定性要求不高的场合。

此外，利用节流阀能够产生较大压力损失的特点，可用其作液压加载器。

对于执行元件负载变化大、对速度稳定性要求高的节流调速系统，必须对节流阀进行压力补偿来保持节流阀前后压差不变，从而保证流量稳定。

5.4.2 调速阀

调速阀是进行了压力补偿的节流阀，它由定差减压阀和节流阀串联而成，利用定差减压阀保证节流阀的前后压差稳定，以保持流量稳定。

1. 结构和工作原理

图 5.38 为调速阀的工作原理图。由图 5.38 可知，由溢流阀调定的液压泵出口压力为 p_1，压力油进入调速阀后，先流过减压阀口 x_R，压力降为 p_m，经孔道 f 和 e 进入油腔 c 和 d，作用于减压阀阀芯的下端面；油液经节流阀口后，压力又由 p_m 降为 p_2，进入执行元件(液压缸)，与外部负载相对应。同时压力为 p_2 的油液经孔道 a 引入腔 b，作用于减压阀阀芯的上端面。也就是说，节流阀前、后的压力 p_m 和 p_2 分别作用于减压阀阀芯的下端面和上端面。

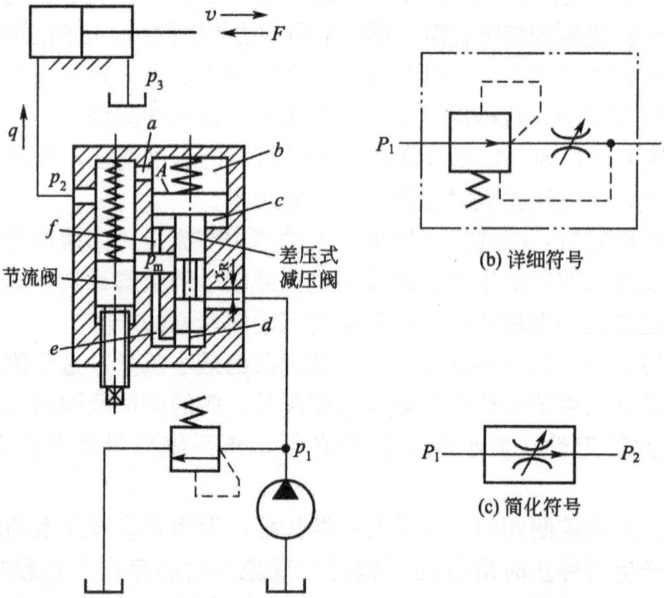

图 5.38　调速阀的工作原理图及图形符号

当调速阀稳定工作时，其减压阀芯在 b 腔的弹簧力、压力为 p_2 的液压力和 c、d 腔压力为 p_m 的液压力的作用下，处在某个平衡位置上，减压口 x_R 为某一开度。当负载压力 p_2 增大时，作用在减压阀芯上端的液压力增大，阀芯下移，减压口 x_R 加大，压降减小，使 p_m 也增大；反之，当负载压力 p_2 减小时，作用在减压阀芯上端的液压力也减小，阀芯上移，减压口 x_R 减小，压降增加，使 p_m 减小。亦即 p_m 随负载压力 p_2 的增大而增大，随 p_2 的减小而减小。当调速阀稳定工作时，减压阀阀芯的受力平衡方程式为

$$p_mA=p_2A+F_s+G+F_f \tag{5-18}$$

式中：p_m——节流阀的入端压力，即减压阀的出端压力；

p_2——节流阀的出端压力；

A——减压阀阀芯两端的面积；

F_s——减压阀恢复弹簧的作用力；

G——减压阀阀芯的自重(滑阀垂直安装时考虑)；

F_f——阀芯移动时的摩擦力。

如果不考虑 G 和 F_f 的影响，则

$$\Delta p_j = p_m - p_2 = \frac{F_s}{A} \tag{5-19}$$

由于减压阀弹簧的刚性较小，减压阀口开口量变化很小，弹簧压缩量的变化所附加的弹簧作用力的变化也很小，即 F_s 近似为常数，故 $\Delta p_j = p_m - p_2$ 基本不变，则通过节流阀的流量也不变，即通过调速阀的流量恒为定值，不受负载变化的影响。

上述调速阀是先减压后节流的结构。也可以设计成先节流后减压的结构，两者的工作原理基本相同。

2. 调速阀的静态特性及应用

图 5.39 所示为调速阀与节流阀的压差 Δp 与通过流量 q 的静特性曲线。由图 5.39 可知，当压差 Δp 较小时，调速阀与节流阀的特性曲线重合，即二者性能相同。这是因为压差过小，即小于弹簧的预紧力时，在弹簧力的作用下，减压阀阀芯处于最底端，阀口全部打开，减压阀不起作用。要保证调速阀正常工作，阀两端必须保持一定的压差，MSA 型调速阀两端的最小压差为 0.5MPa～1MPa。

调速阀的应用与前述节流阀的相似之处是：可与定量泵、溢流阀配合，组成节流调速回路；与变量泵配合，组成容积节流调速回路等。与节流阀不同的是，调速阀一般应用于有较高速度稳定性要求的液压系统中。

3. 温度补偿调速阀

调速阀对温度和堵塞也是敏感的。为了补偿温度对流量稳定性的影响，可以采用带温度补偿装置的调速阀。这种阀也是由减压阀和节流阀两部分组成的，且工作原理与调速阀相同。图 5.40 所示为温度补偿调速阀的节流阀部分。温度补偿装置的工作原理是：采用一种温度膨胀系数较大的材料附加控制节流口的大小。即在手柄 1 和节流阀芯 4 之间采用了温度补偿杆 2，温度补偿杆由热膨胀系数较大的材料(如聚氯乙烯塑料)制成。当节流口

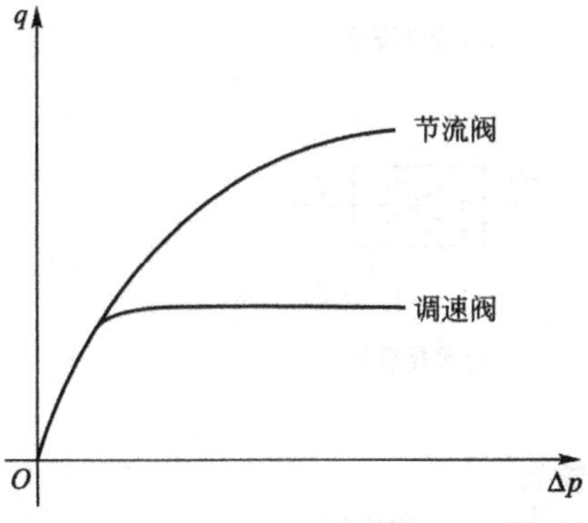

图 5.39 调速阀与节流阀的流量特性

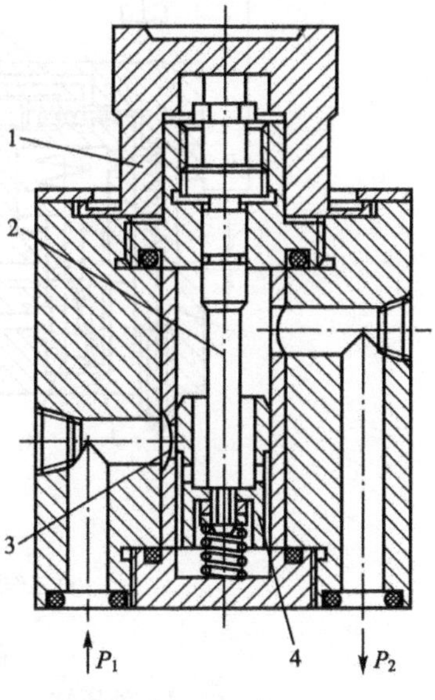

图 5.40 温度补偿调速阀的原理图

3 调整好后，节流阀正常工作。此时，若温度增高，油的黏度降低，通过节流口的流量势必增大，但由于温度升高使温度补偿杆 2 变长而推动节流阀阀芯，节流口随之减小，限制流量的增大。节流口减小正好能消除由于温度增高使流量变大的影响，使流量基本上能保持在原来的调定值。反之，若温度降低，黏度增加，流量将减小，此时温度补偿杆缩短，使节流口增大，流量仍然维持在原来的调定值。

如果要从根本上解决流量受温度变化影响的问题，还必须控制温度的变化。温度补偿调速阀多采用薄壁缝隙式节流口。

5.4.3　溢流节流阀

溢流节流阀是由定差溢流阀与节流阀并联而成的。在进油路上设置溢流节流阀，通过溢流阀的压力补偿作用达到稳定流量的效果。溢流节流阀也称为旁通调速阀。

图 5.41 为溢流节流阀的工作原理图。图中 1 是液压缸，2 是安全阀，3 是定差溢流阀，4 是节流阀。从液压泵输出的压力油 p_1，一部分通过节流阀 4 的阀口 y，由出油口处流出，压力降为 p_2，进入液压缸 1，使活塞克服负载 F 以速度 v 运动；另一部分则通过溢流阀 3 的阀口 x 溢回油箱。溢流阀阀芯上端的弹簧腔与节流阀 4 的出口(p_2)相通，其肩部的油腔和下端的油腔与入口压力油 p_1 相通。在稳定工况下，当负载力 F 增加，即出口压力 p_2 增大时，溢流阀阀芯上端的压力增加，阀芯下移，溢流口 x 减小，液阻加大，使液压泵供油压力 p_1 增加，因而使节流阀前后的压差 $\Delta p_j=p_1-p_2$ 可基本保持不变。当 p_2 减少时，溢流阀溢流口 x 加大，液阻减少，使液压泵出口 p_1 相应减小，同样使 $\Delta p_j=p_1-p_2$ 基本保持不变。另外，当负载 p_2 超过安全阀的调定压力时，安全阀 2 将开启。溢流阀阀芯的受力平衡方程为

$$p_1A=p_2A+F_s+G+F_f \tag{5-20}$$

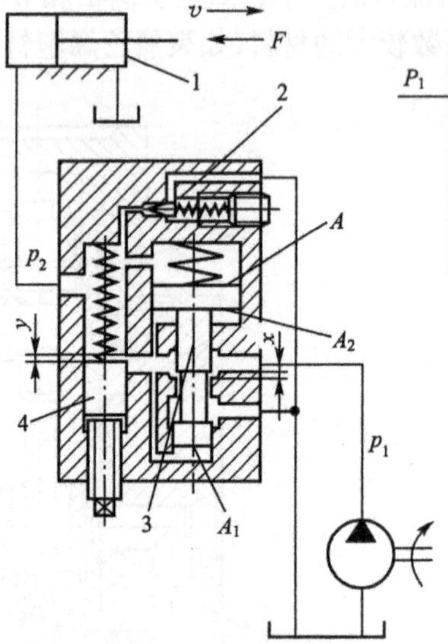

(a) 工作原理图

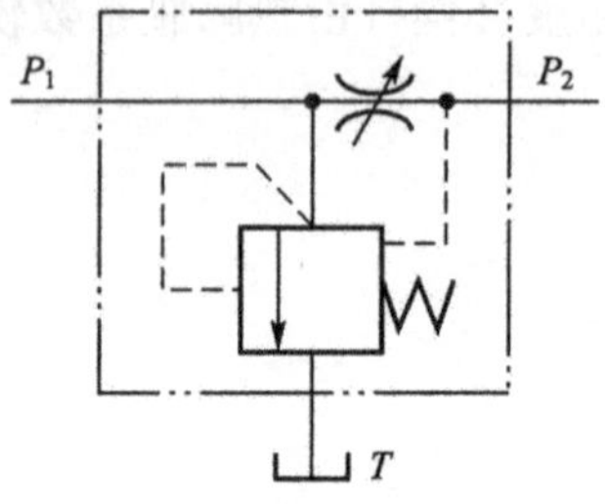

(b) 详细符号

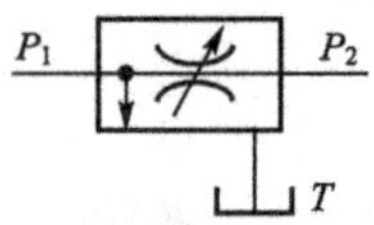

(c) 简化符号

图 5.41　溢流节流阀

1—液压缸　2—安全阀　3—溢流阀　4—节流阀

式中：p_1——节流阀的入端压力，即液压泵的供油压力；

p_2——节流阀的出端压力，即由外载荷决定的压力；

A——溢流阀阀芯的大端面积，即阀芯肩部面积 A_2 与下端的有效面积 A_1 之和；

F_s——节流阀阀芯大端的弹簧作用力；

G——溢流阀阀芯的自重(垂直安装时考虑)；

F_f——溢流阀阀芯移动的摩擦力。

如果不考虑 G 和 F_f 的影响，可得

$$p_1-p_2=\frac{F_s}{A} \tag{5-21}$$

从式(5-21)可知，溢流阀弹簧的预压缩量很大，而阀芯开口量 x 的变化较小，因此 F_s 可近似为常数，即节流阀前后压差 $\Delta p_j=p_1-p_2$ 基本为一常数，因此，保证了通过节流阀的流量的稳定。

调速阀和溢流节流阀虽然都是通过压力补偿来保持节流阀前后的压差不变，稳定过流流量，但在性能和应用上却不完全相同。调速阀常用于液压泵和溢流阀组成的定压系统的节流调速回路中，可安装在执行元件的进油路、回油路和旁油路上，系统压力要满足执行元件的最大载荷，因此消耗功率较大，系统发热量大。而溢流节流阀只能安装在节流调速回路的进油路上。这时，溢流节流阀的供油压力 p_1 随负载压力 p_2 的变化而变化，属变压系统，其功率利用比较合理，系统发热量小。但溢流节流阀中流过的流量是液压泵的全流量，阀芯运动时的阻力较大，因此溢流阀上的弹簧一般比调速阀的硬一些，这样就加大了节流阀前后的压差波动。如果考虑稳态液动力的影响，溢流节流阀入口压力的波动也影响节流阀前后压差的稳定，所以溢流节流阀的速度稳定性稍差，在小流量时尤其如此。故溢流节流阀不宜用于有较低稳定流量要求的场合，一般用于对速度稳定性要求不高、功率又较大的节流调速系统中，如拉床、插床和刨床中的进给液压系统。

5.4.4 分流集流阀

分流集流阀是分流阀、集流阀和分流集流阀的总称。分流阀的作用是使液压系统中由同一个能源向两个执行元件供应相同流量的油液(即等量分流)或按一定比例向两个执行元件供应油液(即比例分流)，实现两个执行元件的速度同步或成定比关系。集流阀的作用则是从两个执行元件中收集等流量或成一定比例的回流量，实现两个执行元件的速度同步或成定比关系。分流集流阀则兼有分流阀和集流阀的功能。它们的图形符号如图 5.42 所示。

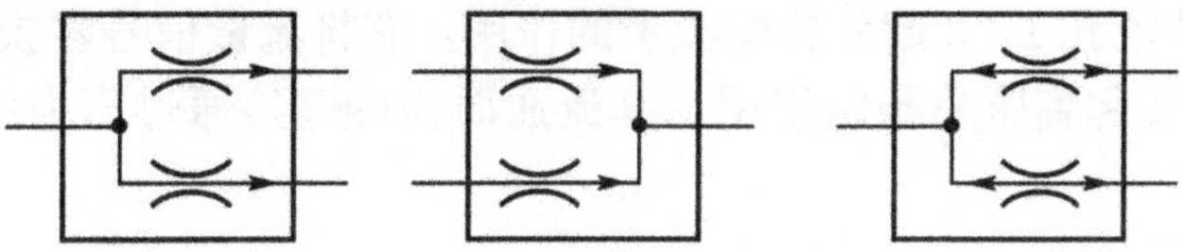

(a) 分流阀　(b) 集流阀　(c) 分流集流阀

图 5.42　分流集流阀的图形符号

1. 分流阀

图 5.43 所示为分流阀的结构原理图。这种分流阀由两个固定节流孔 1 和 2、阀体 5、阀芯 6 和两个对中弹簧 7 等零件组成。阀芯的中间台肩将阀分成完全对称的左、右两部

分，位于阀左边的油室 a 通过阀芯上的轴向小孔与阀芯右端的弹簧腔相通，位于阀右边的油室 b 通过阀芯上的另一轴向小孔与阀芯左端的弹簧腔相通。装配时由对中弹簧 7 保证阀芯与阀体对中，阀芯左右台肩与阀体沉割槽形成的两个可变节流口 3、4 的初始通流面积相等。

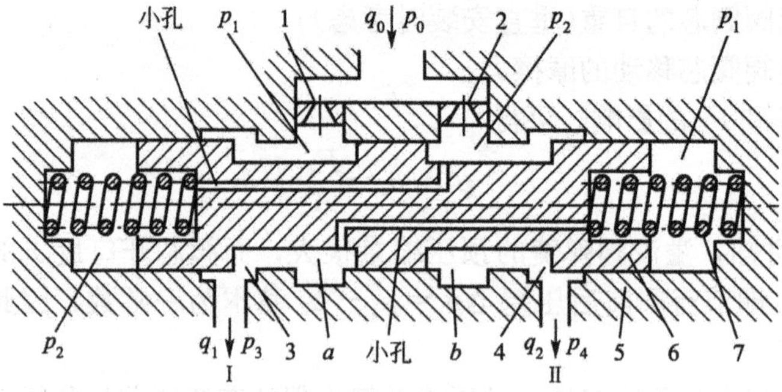

图 5.43　分流阀的结构原理图

1、2—固定节流孔　3、4—可变节流口　5—阀体
6—阀芯　7—对中弹簧　Ⅰ、Ⅱ—出油口

分流阀的等量分流原理是：设进口油液的压力为 p_0，流量为 q_0，进入阀后分两路经过液阻相等的固定节流孔 1 和 2，分别进入油室 a 和 b，其压力分别降低为 p_1 和 p_2，然后经可变节流口 3 和 4，压力分别降低为 p_3 和 p_4，再经出油口Ⅰ和Ⅱ通往两个执行元件工作。在两个执行元件的负载相等时，则分流阀的两出口压力 $p_3=p_4$，即两条支路的进出口压力差和总液阻(固定节流孔和可变节流口的液阻和)相等，因此，输出流量 $q_1=q_2=q_0/2$，且 $p_1=p_2$。当两个执行元件几何尺寸完全相同时，可实现运动速度同步。

分流阀的等量稳流原理是：当执行元件的负载发生变化而导致支路Ⅰ的出口压力 p_3 大于支路Ⅱ的出口压力 p_4 时，在阀芯来不及动作、两支路总液阻仍相等时，压力差$(p_0-p_3)<(p_0-p_4)$，势必导致输出流量 $q_1<q_2$。输出流量的偏差既使得执行元件的速度出现不同步，又使固定节流孔 1 的压力损失小于固定节流孔 2 的压力损失，即 $p_1>p_2$。因 p_1、p_2 被分别反馈到阀芯的右端和左端，其压力差将使阀芯向左移动，从而使可变节流口 3 的通流面积增大，液阻减小，可变节流口 4 的通流面积减小，液阻增大。于是支路Ⅰ的总液阻减小，支路Ⅱ的总液阻增大。支路总液阻的变化反过来使支路Ⅰ的流量 q_1 增加，支路Ⅱ的流量 q_2 减小，直至 $q_1=q_2$，$p_1=p_2$，阀芯受力重新平衡，稳定在新的工作位置上，即两个执行元件的运动速度恢复到同步为止。

分流阀中固定节流孔 1、2 起到检验流量的作用，它将流量信号转换为压力信号 p_1 和 p_2；可变节流口 3、4 起到压力补偿作用，其流通面积(液阻)通过压力 p_1 和 p_2 的反馈作用进行控制。

2. 分流集流阀

图 5.44 所示为一螺纹插装、挂钩式分流集流阀的结构原理图。图中二位三通电磁阀通电后接入右位起分流作用；断电后接入左位起集流作用。

这种阀中有两个完全相同的带挂钩的阀芯 1，装在阀套 2 中并可相对于阀套移动；阀芯两侧是两个相同的弹簧 3，其刚度比弹簧 5 的刚度小；阀芯 1 上有固定节流孔 4，此孔的直径和数量按流量的规格而定，流量越大，孔数和孔径越大；阀芯上还有通油孔和沉割

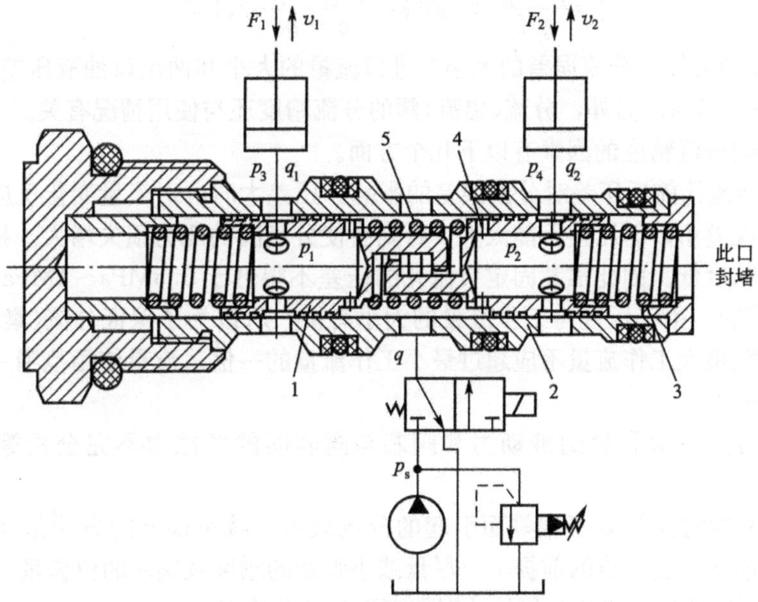

图 5.44 分流集流阀的结构及工作原理图

1—阀芯 2—阀套 3—弹簧 4—固定节流孔 5—弹簧

槽，其沉割槽与阀套上的圆孔组成可变节流口。作分流阀用时，右阀芯沉割槽右边与阀套孔的左侧，以及左阀芯沉割槽左边与阀套孔的右侧同时起可变节流阀的作用。作集流阀用时，左阀芯沉割槽左边与阀套孔的右侧，以及右阀芯沉割槽右边与阀套孔的左侧同时起可变节流阀的作用。两阀芯在各弹簧力的作用下处于中间位置的平衡状态。

该阀起分流阀作用时的工作原理是：如果两缸完全相同，开始时负载力 F_1 和 F_2 以及负载压力 p_3 和 p_4 完全相等。供油压力为 p_s，流量 q 等分为 q_1 和 q_2，活塞速度 v_1 和 v_2 相等。由于流量 q_1 和 q_2 流经固定节流孔产生的压差作用，p_0 大于 p_1 和 p_2，所以两阀芯处于相离状态，阀间挂钩互相勾住。此时两个相同的弹簧 3 产生相同的变形。若 F_1 或 F_2 发生变化，即两负载力及负载压力不再相等。假设 F_1 增大，p_3 升高，则 p_1 也将升高。这时两阀芯将同时右移，使左边的可变节流口开大，右边的可变节流口减小，从而使 p_2 也升高，阀芯处于新的平衡状态。如果忽略阀芯位移引起的弹簧力变化等影响，p_1 和 p_2 在阀芯位移后仍近似相等，则通过固定节流孔的流量即负载流量 q_1 和 q_2 也相等，此时左侧可变节流口两端压差 p_1-p_3 虽比原来减小，但阀口通流面积增大了，而右侧可变节流口两端的压差 p_2-p_4 虽增大了，但阀口通流面积减小了。因此两侧负载流量 q_1 和 q_2 在 $F_1>F_2$ 后仍基本相等。但 F_1 增大后，q_1 和 q_2 比原来的要减小，即一侧负载加大后，两侧的流量和速度虽仍能保持相等，但比原来的要小。由同样的分析可知，F_1 减小后，两侧流量和速度也能相等，但比原来的要增加。

该阀起集流阀作用时，两缸中的油液经阀集流后回油箱。此时，由于压差作用，两阀芯相抵。同理可知，两缸负载不等时，活塞速度和流量也能基本保持相等。

3. 分流精度及其影响因素

等量分流(集流)阀的分流精度用相对分流误差 ξ 表示，即

$$\xi=\frac{q_1-q_2}{q/2}\times 100\%=\frac{2(q_1-q_2)}{q_1+q_2}\times 100\% \tag{5-22}$$

由式(5-22)可知，分流误差的大小与进口流量的大小和两出口油液压差的大小有关，其值一般为2%～5%。另外，分流(集流)阀的分流精度还与使用情况有关。

通常，影响分流精度的因素有以下几个方面。

(1) 固定节流孔前后压差对分流误差的影响。压差大时，对流量变化反应灵敏，分流效果好，分流误差小。但压差不能太大，否则会使分流阀的压力损失增大。相反，若压差太小，则分流精度低。因此推荐固定节流孔的压差不得低于0.5MPa～1MPa(针对不同规格的固定节流孔)。由于压差与工作流量的大小有关，所以为了保证分流(集流)阀的分流精度，一般希望最大工作流量不应超过最小工作流量的一倍。流量使用范围一般为公称流量的60%～100%。

(2) 两个可变节流孔处的液动力和阀芯与阀套间的摩擦力不完全相等而产生分流误差。

(3) 阀芯两端的弹簧力不相等而引起的分流误差。减小误差的方法是在能克服摩擦力、保证阀芯能够恢复中位的前提下，尽量减小弹簧的刚度及阀芯的位移量。

(4) 两个固定节流孔口的几何尺寸误差而引起的分流误差。

必须指出的是，在采用分流(集流)阀构成的同步系统中，液压缸的加工误差及其泄漏、分流之后设置的其他阀的外部泄漏、油路中的泄漏等，虽然对分流阀本身的分流精度没有影响，但对系统中执行元件的同步精度却有直接影响。

5.5 其他控制阀

随着液压技术的发展，出现了一些新型结构的液压控制阀类，如逻辑阀、比例控制阀(简称比例阀)、数字控制阀等。它们的出现扩大了液压系统的使用范围，为普及和推广液压技术开辟了新的道路。

5.5.1 逻辑阀

逻辑阀是将其基本组件插入到特定的阀体内，配以盖板、先导阀等组成的一种多功能的复合阀。因基本组件只有两个主油口，阀的开启、闭合完全像一个受操纵的逻辑元件那样工作，故称作逻辑阀。因其结构为插装式结构，也称为插装阀。这种阀不仅能满足各种动作要求，而且与普通液压阀相比，具有流通能力大、密封性好、泄漏小、功率损失小、阀芯动作灵敏、抗污染能力强、结构简单、易于实现集成等优点，特别适用于大流量液压系统。

1. 逻辑阀的基本结构

图5.45所示为逻辑阀的基本组成，通常由先导阀1、控制盖板2、逻辑阀单元3和插装阀体4这4部分组成。

逻辑阀单元(又称主阀组件)为插装式结构，由阀芯、阀套、弹簧和密封件等组成，它插装在插装阀体4中，通过它的开启、关闭动作和开启量的大小来控制主油路的液流方向、压力和流量。

控制盖板 2 用来固定和密封逻辑阀单元，盖板可以内嵌具有各种控制机能的微型先导控制元件，如节流螺塞、梭阀、单向阀、流量控制器等；可安装先导控制阀、位移传感器、行程开关等电器附件；可建立或改变控制油路与主阀控制腔的连接关系。

先导阀 1 安装在控制盖板上，是用来控制逻辑阀单元工作状态的小通径液压阀。先导控制阀也可以安装在阀体上。

插装阀体 4 用来安装插装件，控制盖板和其他控制阀，以连接主油路和控制油路。由于逻辑阀主要采用集成式连接形式，一般没有独立的阀体，在一个阀体中往往插装有多个逻辑阀，所以也称之为集成块体。

2. 逻辑阀单元的结构与工作原理

逻辑阀单元——插装件有锥阀和滑阀两种结构。图 5.46 所示为逻辑阀单元的基本结构及图形符号。它主要由阀套 1、阀芯 2 和弹簧 3 组成。A、B 为主油路连接口，X 是控制油口。三者的压力分别为 p_a、p_b 和 p_x，各自的作用压面积为 A_a、A_b 和 A_x，面积比分别为

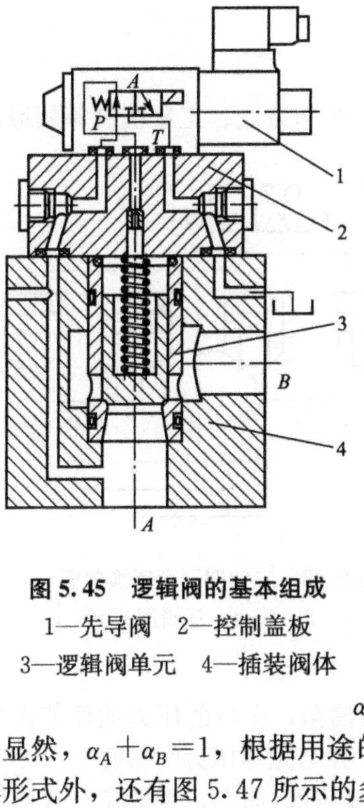

图 5.45 逻辑阀的基本组成

1—先导阀 2—控制盖板

3—逻辑阀单元 4—插装阀体

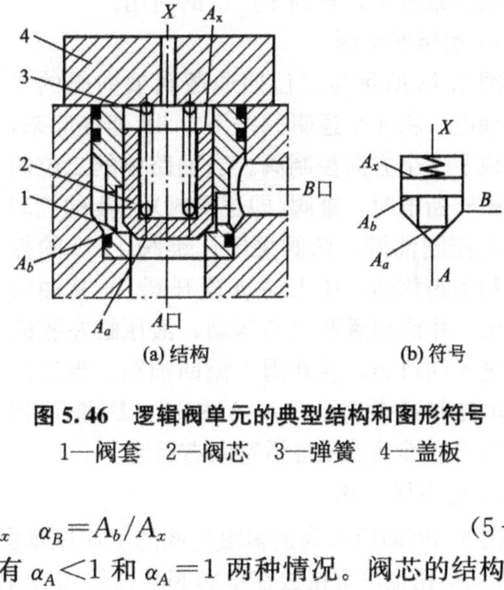

(a) 结构 (b) 符号

图 5.46 逻辑阀单元的典型结构和图形符号

1—阀套 2—阀芯 3—弹簧 4—盖板

$$\alpha_A = A_a/A_x \quad \alpha_B = A_b/A_x \tag{5-23}$$

显然，$\alpha_A + \alpha_B = 1$，根据用途的不同，有 $\alpha_A < 1$ 和 $\alpha_A = 1$ 两种情况。阀芯的结构除了基本形式外，还有图 5.47 所示的多种结构形式。

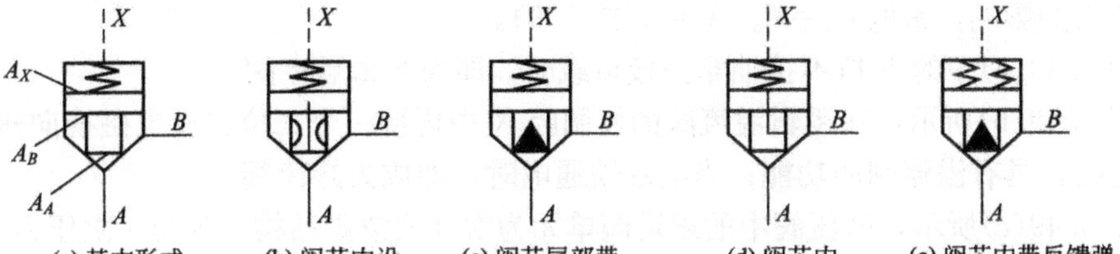

(a) 基本形式 (b) 阀芯内设节流小孔 (c) 阀芯尾部带节流窗口 (d) 阀芯内有通孔 (e) 阀芯内带反馈弹簧和节流窗口

图 5.47 $\alpha_A < 1$ 的锥阀形式

如果忽略锥阀的重量和阻力的影响，作用在阀芯上的力平衡关系为

$$F_s+F_w+p_xA_x-p_bA_b-p_aA_a=0 \tag{5-24}$$

式中：F_s——作用在阀芯上的弹簧力；

F_w——阀口液流产生的稳态液动力。

从式(5-24)中可以看出，锥阀的启、闭与控制压力 p_x 以及工作压力 p_a 和 p_b 的大小有关，同时还与弹簧力 F_s、液动力 F_w 的大小有关。当锥阀开启时，油流的方向根据 p_a 与 p_b 的具体情况而定。当 X 控制口与油箱连通时，$p_x=0$，则阀开启，如果 $p_b>p_a$，油液从 B 口流向 A 口；如果 $p_a>p_b$，油液从 A 口流向 B 口。若 X 口有控制油液，其压力大于或等于 B 口(或 A 口)油压，即 $p_x\geqslant p_b$(或 $p_x\geqslant p_a$)，则阀关闭，B 口与 A 口隔断。由此可见，逻辑阀接通和切断油路的作用相当于一个液控的二位二通换向阀。可以利用控制口 X 的压力 p_x 的大小来控制锥阀的启闭以及开口的大小，将这种关系用逻辑代数来处理，可以实现逻辑阀的不同功能。特别是对于复杂的液压控制系统或在与电气控制系统相结合的场合，运用逻辑设计方法去简化各种控制问题，可以得到既满足动作要求，又使所用元件最少、最为合理的液压回路。

3. 逻辑阀的应用

逻辑阀具有结构简单、制造容易、一阀多能等特点，在制造业、工程机械等领域的大流量液压系统中，得到了广泛的应用。

1) 逻辑换向阀

图 5.48 所示为二位四通逻辑换向阀的工作原理图。将 4 个逻辑阀按图 5.48 连接起来，就构成了一个方向控制阀。当油路中的二位四通电磁阀断电时，锥阀(即逻辑阀)2、4 的控制口通入控制油液，两阀关闭；锥阀 1、3 的控制口和油箱相通，压力油 p 顶开阀 3，从油口 B 流出，并推动活塞向左运动，液压缸左腔的排油进入油口 A，顶开阀 1 流回油箱。当二位四通电磁阀通电时，P 和 A 相通，B 和 T 相通，压力油推动液压缸活塞向右运动。

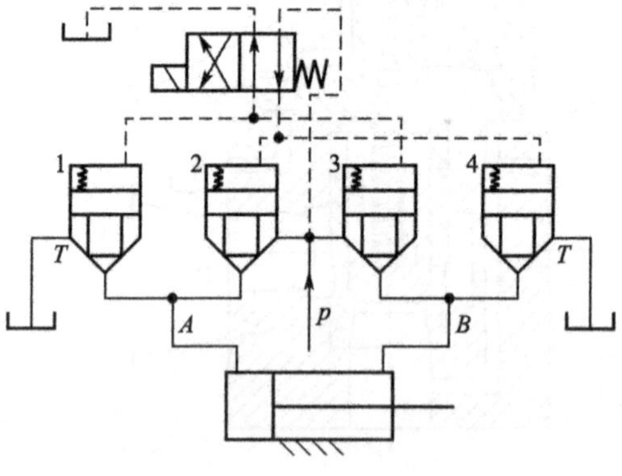

图 5.48　二位四通逻辑换向阀

1、2、3、4—逻辑阀单元

2) 逻辑压力阀

图 5.49(a)所示为逻辑溢流阀的工作原理图，B 口通油箱，A 口的压力油经节流小孔(此节流小孔也可直接放在锥阀阀芯内部)进入控制腔 X，并与先导压力阀相通。

必须指出的是，对于压力阀(包括溢流阀、顺序阀和减压阀)而言，为了减少 B 口压力对调整压力的影响，常取 $\alpha_A=A_a/A_x=1$(或 0.9)。

当图 5.49(a)中的 B 口不接油箱而接负载时，即为逻辑顺序阀。

如图 5.49(b)所示，在逻辑溢流阀的控制腔 X 中再接一个二位二通电磁换向阀。当电磁铁断电时，具有溢流阀的功能；当电磁铁通电时，即成为卸荷阀。

如图 5.49(c)所示，减压阀中的逻辑阀单元为常开式滑阀结构，B 为一次压力入进口，A 为出口，A 腔的压力油经节流小孔与控制腔 X 相通，并与先导阀进口相通。由于控制油取自 A 口，因而能得到恒定的二次压力 p_2，相当于定压输出减压阀。

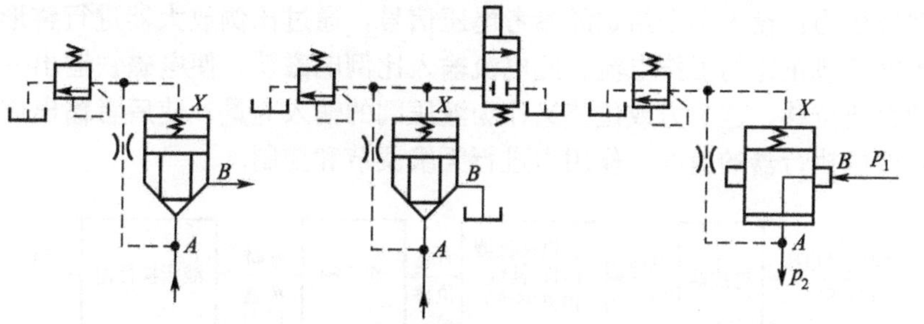

(a) 溢流阀、顺序阀　　(b) 卸荷阀　　(c) 减压阀

图 5.49　逻辑压力阀

3）逻辑流量阀

图 5.50 所示为逻辑节流阀。锥阀单元尾部带节流窗口(也有不带节流窗口的)，锥阀的开启高度由行程调节器(如调节螺杆)来控制，从而达到控制流量的目的。根据需要还可在控制口 X 与阀芯上腔之间加设固定阻尼孔(节流螺塞) a，如图 5.50(b)中的职能符号所示。

图 5.51 所示为逻辑调速阀的原理图，定差减压阀阀芯两端分别与节流阀进出口相通，从而保证节流阀进出口压差不随负载变化，成为调速阀。该阀一般装在进油路上使用。

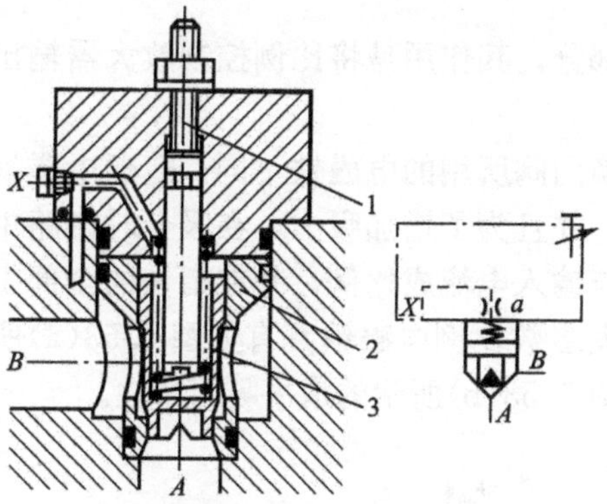

(a) 结构　　(b) 符号

图 5.50　逻辑节流阀

1—调节螺杆　2—阀套　3—锥阀芯

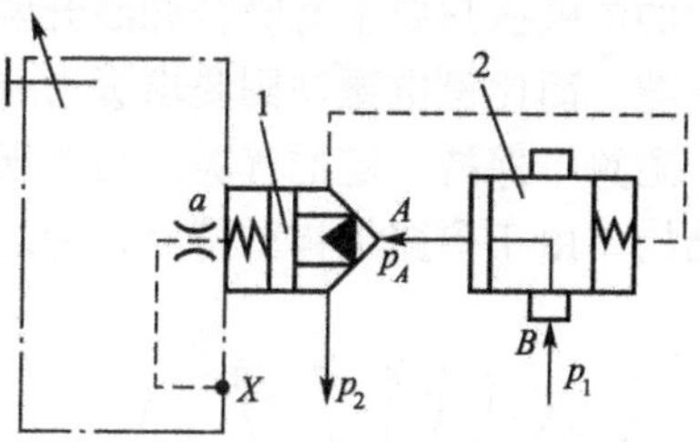

图 5.51　逻辑调速阀的原理图

1—节流阀　2—定差减压阀

5.5.2　电液比例控制阀

电液比例阀是一种输出量与输入信号成比例的液压阀。它可以按给定的输入电信号连续地、按比例地控制液流的压力、流量和方向。

比例阀是从两个方面发展起来的，一方面是在高性能伺服阀(见第 10 章)的基础上，适当简化伺服阀的结构，降低制造精度，增大电-机转换器的输出功率水平和改善阀的抗污染能力。另一方面是在普通液压阀的基础上，采用比例电磁铁作为电-机转换元件，取代原来阀的手动调节器或普通的开关电磁铁。后一种是目前流行的比例元件，以其可靠、节能和廉价获得了广泛的工业应用。这里主要介绍这类比例阀。

一个典型的电液比例元件或系统的控制信号流如图 5.52 所示。电液比例元器件控制功能的实现过程为：输入一个给定的参考电压信号，通过比例放大器进行整形、处理，转换成与输入电压成正比的工作电流。此电流输入比例电磁铁，使电磁铁输出一个与输入电流成比例的力或位移，这个力或位移又作为液压阀的输入变量，使后者输出成比例的压力或流量，对液压执行器的速度、作用力进行无级调节和控制。

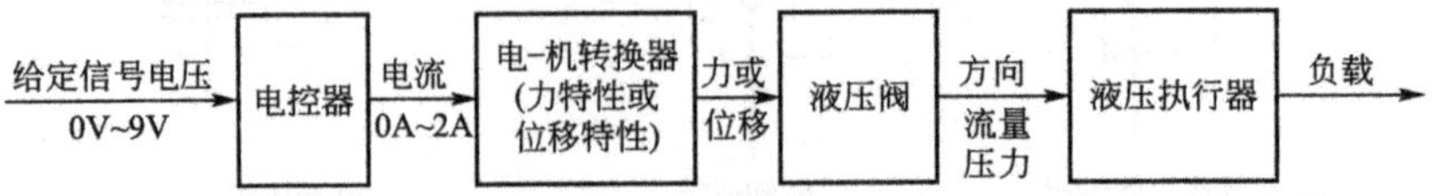

图 5.52 控制信号流

由图 5.52 可知，电液比例阀的结构主要包括电气-机械转换器(比例电磁铁)和阀本体两部分。比例阀与液压泵或液压马达、或液压缸组成一个整体就构成了比例容积式元件。

由以上可见，通过对电输入信号的无级调节，不但能对执行器运动部件的速度、力等进行无级调节，而且还能对其运动方向进行控制。此外，通过调节一段时间内电压或电流的变化量来对执行器的加减速度进行无级调节，可以实现各种工况的平稳快速转换。

根据用途和工作特点的不同，比例阀可分为比例压力控制阀、比例流量控制阀和比例方向流量阀。

1. 比例电磁铁

比例电磁铁是电液比例控制阀的重要组成部分，其作用是将比例控制放大器输出的电信号转换成与之成比例的力或位移。

比例电磁铁是一种直流电磁铁，它与普通换向阀所用的电磁铁不同。普通电磁换向阀所使用的电磁铁只要求有吸合和断开两个位置，并且为了增加吸力，在吸合时磁路中几乎没有气隙。而比例电磁铁则要求吸力(或位移)与输入电流成比例，并在衔铁的全部工作位置上，磁路中保持一定的气隙。目前所使用的大多数比例电磁铁具有如图 5.53(a)所示的盆底结构。由于磁路结构的特点，使之具有如图 5.53(b)所示的水平吸力特性。

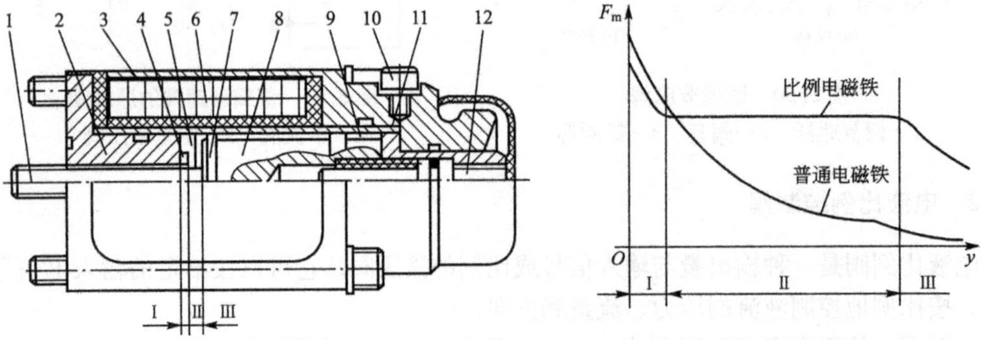

(a) 结构图　　(b) 吸力特性图

图 5.53 耐高压单向移动式比例电磁铁

Ⅰ—吸合区　Ⅱ—工作行程区　Ⅲ—空行程区

1—推杆　2—端盖(下轭铁)　3—外壳　4—隔磁环　5—工作气隙　6—线圈　7—支承环　8—衔铁　9—非工作气隙　10—放气螺钉　11—导套　12—调零螺钉

图 5.53 所示的比例电磁铁输出的是电磁力，故称为力输出型，还有一种带位移反馈的位置输出型比例电磁铁，它具有更为优良的稳态控制精度和抗干扰特性，这里不再赘述。

2. 比例压力阀

比例压力阀按用途不同，有比例溢流阀、比例减压阀和比例顺序阀之分；按照控制功率的大小不同，分为直动型与先导型。

1）直动型比例压力阀

图 5.54 所示为直动锥阀式比例压力阀的结构原理图和符号图。比例电磁铁 1 通电后产生吸力经推杆 2 和传力弹簧 3 作用在锥阀芯 4 上，当锥阀芯左端的液压力大于电磁吸力时，锥阀芯被顶开溢流。连续地改变控制电流的大小，即可连续按比例地控制锥阀的开启压力，即可调节溢流阀压力的大小，其关系式如下

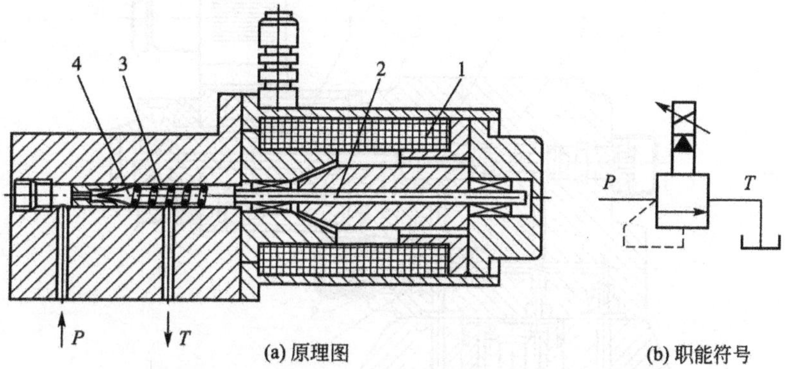

(a) 原理图 (b) 职能符号

图 5.54 直动锥阀式比例压力阀的结构原理与符号

1—比例电磁铁 2—推杆 3—传力弹簧 4—锥阀芯

电磁力

$$F_D = K_1 I$$

弹簧压缩力

$$F_s = pA$$

由于 $F_D = F_s$，所以 $pA = K_1 I$，有

$$p = \frac{K_1}{A} I = K_p I \qquad (5-25)$$

式中：p——溢流阀的调整压力；

K_p——比例常数；

A——锥阀在阀座上的受力面积；

I——通入比例电磁铁中的电流。

从式(5-25)中可以看出，若输入的电流是连续的或按一定程序变化，则比例阀所控制的压力也是与输入信号成比例的或按一定程序变化的。

直动式压力阀的控制功率较小，通常控制流量为 1L/min～3L/min，低压力等级的最大控制量可达 10L/min。直动式压力阀可用于小流量系统作溢流阀或安全阀，更主要的是作为先导阀，控制功率放大级主阀，构成先导型压力阀。

2）先导锥阀式比例溢流阀

图 5.55 所示为先导型锥阀式比例溢流阀，其下部为与图 5.19 所示的普通先导型溢流

阀相同的主阀，上部则为比例先导压力阀。它的工作原理与普通先导型溢流阀相同。其不同点是：普通阀的调压多是手调的，而比例溢流阀的压力是由电流(电信号)输入电磁铁后，产生与电流成比例的电磁力推动推杆，压缩弹簧作用在锥阀上。顶开锥阀的压力 p，从而调整压力。该阀还附有一个手动调整的先导阀 9，用以限制比例溢流阀的最高压力，以避免因电子仪器发生故障使得控制电流过大，从而使系统过载。

采用比例溢流阀可以显著地提高控制性能，使原来溢流阀控制的压力调整由阶跃式变为比例阀控制的缓变式，因而避免了压力调整引起的液压冲击和振动。

如将比例溢流阀的泄漏油路及先导阀 9 的回油单独引回油箱，主阀出油口也接压力油路，则图 5.55 所示的比例溢流阀可作比例顺序阀使用。若改变比例溢流阀的主阀结构，就可获得比例减压阀、比例顺序阀等不同类型的比例压力控制阀。

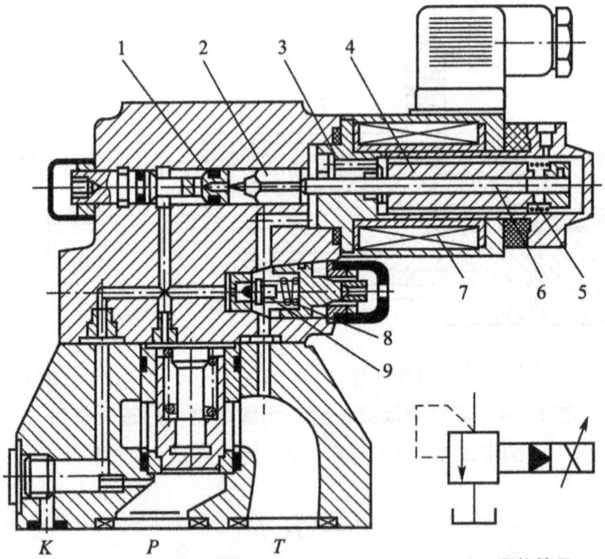

(a) 原理图　　(b) 职能符号

图 5.55　先导型锥阀式比例溢流阀

1—导阀阀座　2—先导锥阀　3—轭铁　4—衔铁
5—弹簧　6—推杆　7—线圈　8—弹簧　9—先导阀

3. 比例流量阀

在普通流量阀的基础上，利用电气-机械比例转换器对节流阀口进行控制，即成为比例流量阀。比例流量阀分为比例节流阀和比例调速阀两大类。

图 5.56 所示为比例调速阀的结构原理图。与普通调速阀相比，其主要区别是用直流比例电磁铁取代了手柄对节流阀的控制。比例电磁铁 1 的输出力作用在节流阀芯 2 上，与弹簧力、液动力、摩擦力相平衡，对应一定的控制电流，对应一定的节流开度。通过改变输入电流的大小，即可改变通过调速阀的流量。

若输入的电流是连续地或按一定程序变化，则比例调速阀所控制的流量也按比例或按一定程序变化。

比例调速阀可用于制造行业的注塑机、抛光机和多工位加工机床等速度控制系统中，当输入对应于多种速度的电流信号后，就可以实现对多种加工速度的控制。当输入的电信号连续变化时，被控制的机床执行元件的运动速度也可实现连续变化。

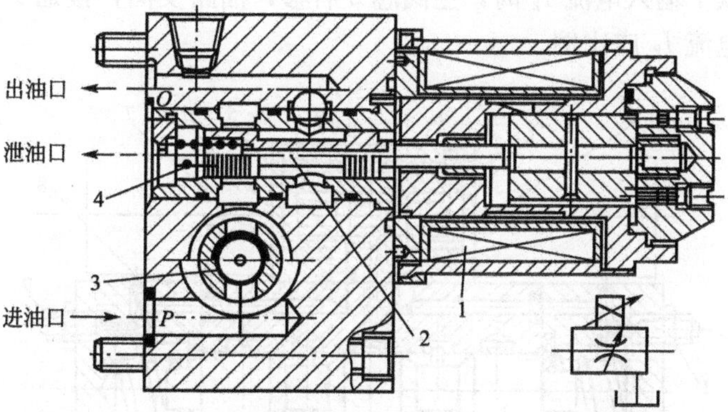

(a) 原理图 (b) 职能符号

图 5.56 比例调速阀

1—比例电磁铁 2—节流阀芯 3—定差减压阀 4—弹簧

4. 比例方向流量阀

比例方向流量阀不仅用来改变液流的方向，而且同时可以控制流量的大小。这种阀又分为比例方向节流阀和比例方向调速阀两类。下面主要介绍比例方向节流阀。

比例方向节流阀有直控型和先导型两种结构。直控型方向节流阀以比例电磁铁(或步进电机等电气-机械转换器)取代普通电磁换向阀中的电磁铁，即可构成直控型比例方向节流阀。当输入控制电流后，比例电磁铁的输出力与弹簧力平衡。滑阀开口量的大小与输入的电信号成比例。当控制电流输入到另一端的比例电磁铁时，即可实现液流换向。显然，比例方向节流阀既可改变液流的方向，也可控制流量的大小，兼有节流和换向两种功能。它可以有多种滑阀机能，既可以是三位阀，也可以是二位阀。直控型比例方向节流阀只适用于通径为 10mm 以下的小流量场合。

图 5.57 所示为先导型比例方向节流阀的结构原理图，它用双向比例减压阀作为先导阀，而用液动双向比例节流阀作为主阀。利用双向比例减压阀的出口压力来控制液动双向比例节流阀的正反开口量，进而来控制系统的油液方向和流量。

当比例电磁铁 2 得到电流信号 I_1 后，其电磁吸力 F_1 使阀芯 4 右移，于是腔 a 中的供油压力(一次压力)p_s 经阀芯中部右台肩与阀体孔之间形成的减压口减压，在流道 5 得到控制压力(二次压力)p_c，p_c 经反馈孔 6 的反馈作用到阀芯 8 的右端面，此时阀芯 8 的左端面通回油 p_d，于是形成一个与电磁吸力 F_1 方向相反的液压力。当液压力与 F_1 相等时，阀芯 8 停止运动，而处于某一平衡位置，控制压力 p_c 保持某一相应的稳定值。显然，控制压力 p_c 的大小与供油压力 p_s 无关，仅与比例电磁铁的电磁吸力 F_1 成比例，即与电流 I_1 成比例。同理，当比例电磁铁 7 得到电流信号 I_2 时，阀芯 4 左移，得到与电流 I_2 成比例的控制压力。

其主阀与普通液动换向阀相同。当先导阀输出的控制压力 p_c 经阻尼螺钉 9 构成的阻尼孔缓冲后，作用在主阀芯 8 的右端面时，液压力克服左端弹簧力使主阀芯 8 左移(左端弹簧腔通回油)，连通主油口 P、B 和 A、T。随着弹簧力与液压力的平衡，主阀芯 8 停止运动而处于某一平衡位置。此时，各油口的节流开口长度取决于 p_c，即取决于输入电流 I_1

的大小。如果节流口前后压差不变，则比例方向节流阀的输出流量与其输入电流 I_1 成比例。当比例电磁铁 7 输入电流 I_2 时，主阀芯 5 右移，油路反向，接通 P、A 和 B、T。输出的流量与输入电流 I_2 成比例。

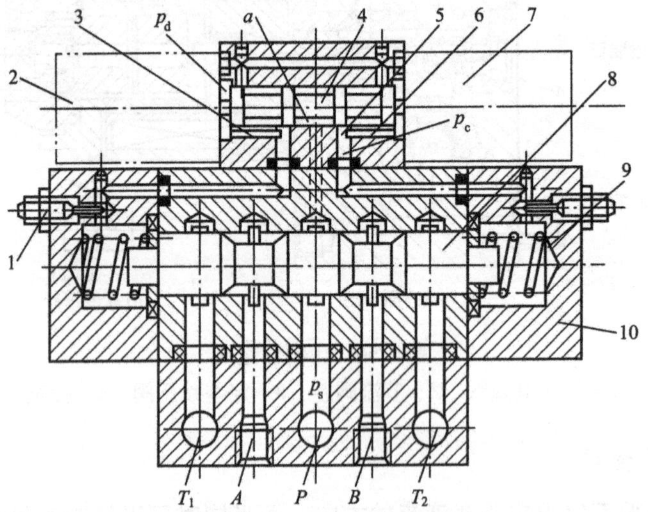

图 5.57　比例方向节流阀

1、9—阻尼螺钉　2、7—比例电磁铁　3、6—反馈孔
4—双向比例减压阀　5—流道　8—主阀芯　10—液动换向阀

如上所述，改变比例电磁铁 2、7 的输入电流，不仅可以改变比例方向节流阀的液流方向，而且可以控制各油口的输出流量。

实际上，比例方向节流阀的输出流量除了与输入电流有关外，还受外负载变化的影响。当输入电流一定时，为使输出流量不受负载压力变化的影响，必须在主阀阀口设置压力补偿机构，如定差减压阀或定差溢流阀，以构成比例方向调速阀。

图 5.58 所示为一种双向的进口压力补偿器的结构图。这是一种叠加式的压力补偿器，用于直接叠加在底板和比例方向节流阀之间。补偿器在 A 和 B 油口之间带有内置的梭阀 2，用来选择压力较高的一侧作为反馈压力。这种补偿器的工作原理是：控制阀芯 4 的右端面作用着比例阀的进口压力 p_1，左面作用着从梭阀 2 而来的出口压力 p_A 或 p_B。此外，

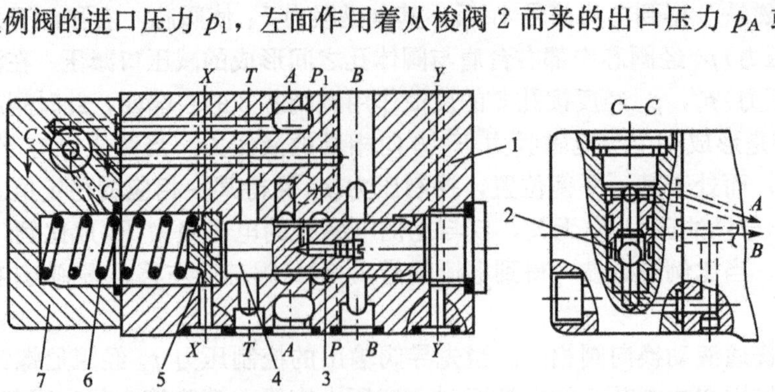

图 5.58　进口压力补偿器

1—阀体　2—梭阀　3—节流孔　4—控制阀芯　5—推板　6—控制弹簧　7—端盖

控制弹簧 6 还施加一个约相当 1MPa 压力的弹簧力，也作用在左面。当控制阀芯 4 两端的压差，即流过比例节流口的压差小于此弹簧力时，补偿器处于开启状态，当阀芯 4 两端的压差超过此弹簧力时，阀芯 4 左移，得到的开口状态能维持阀芯的受力平衡，而保持流经比例阀的压差为 1MPa，使输出的流量恒定。进口压力补偿器的实质就是一个定差减压阀。

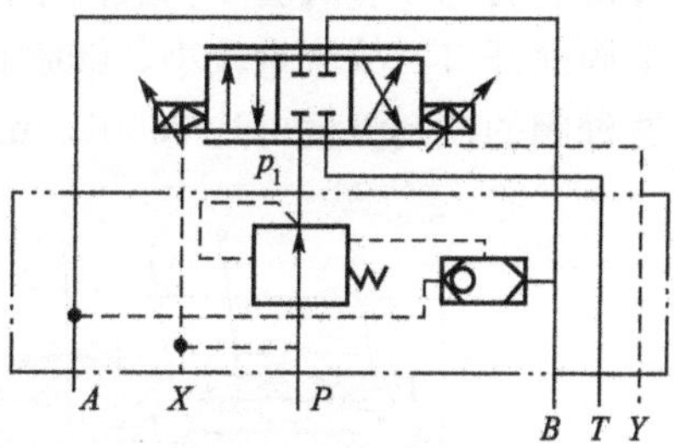

图 5.59 比例方向调速阀

进口压力补偿器与比例方向节流阀一起使用，就构成了比例方向调速阀，如图 5.59 所示。

必须指出，随着比例阀设计技术的完善，人们改进了阀内的结构设计，并引入了各种内反馈，如压力、流量、位移负反馈和动压反馈等控制方式以及电校正等方法，从而使比例阀的稳态精度、动态响应和稳定性都有了进一步的提高。因此产生了很多廉价的、耐污染性与普通控制阀相同、性能又能满足大部分控制要求的比例元件。现在市场上出现了比例复合阀、闭环比例阀，使用时可参阅液压元件手册或产品使用说明书，这里不再赘述。

电液比例控制阀是介于普通液压阀和伺服控制阀(第 10 章)之间的一种液压元件。它具有如下特点：①能把电的快速、灵活与液压传动功率大等特点结合起来。②能实现自动控制、远程控制和程序控制。③能连续地、按比例地控制执行元件的力、速度和方向，并能防止压力或速度变化及换向时的冲击现象。④简化了系统，减少了元件的数量。⑤抗污染性能好。⑥具有优良的静态性能和适宜的动态性能。它主要用于开环系统，也可组成闭环系统。

5.5.3 电液数字阀

用计算机的数字信息直接控制的液压阀称为电液数字阀，简称数字阀。数字阀可直接与计算机接口连接，不需要数/模转换器。这种阀具有结构简单、工艺性好、制造成本低廉、输出量准确、重复精度高、抗干扰能力强、工作稳定可靠、对油液清洁度的要求比比例阀低等特点。由于它将计算机与液压技术紧密结合，因而其应用前景十分广阔。

用数字量进行控制的方法很多，目前常用的是增量控制法和脉宽调制(PWM)控制法两种。相应地按控制方式，可将数字阀分为增量式数字阀和脉宽调制式数字阀两类。

1. 增量式数字阀

增量式数字阀由步进电机(作为电气-机械转换器)来驱动液压阀芯工作。步进电机直接用数字量控制，它每得到一个脉冲信号，便沿着控制信号给定的方向转动一个固定的步距角。显然，步进电机的转角与输入脉冲数成正比，而转速将随输入的脉冲频率而变化。当输入脉冲反向时，步进电机就反向转动。步进电机在脉冲数字信号的基础上，使每个采样周期的步数在前一采样周期基础上，增加或减少一些步数，而达到需要的幅值。这就是所谓的增量控制方式。由于步进电机采用这种控制方式工作，所以它所控制的阀称为增量式数字阀。按用途划分，增量式数字阀分为数字流量阀、数字压力阀和数字方向流量阀。

图 5.60 所示为直控式(由步进电机直接控制)数字节流阀。图中，步进电机 4 按计算机的指令而转动，通过滚珠丝杠 5 变为轴向位移，使节流阀阀芯 6 移动，控制阀口的开度，实现流量调节。阀套 1 上有两个通流孔口，左边一个为全周向开口，右边为非全周向

开口。阀芯 6 和阀套 1 构成两个阀口。阀芯 6 移动时，先打开右边的节流阀口 8，由于非全周向开口，故流量较小，继续移动时，则打开左边全周向开口的节流阀口 7，流量增大。这种阀的控制流量可达 3600L/min。

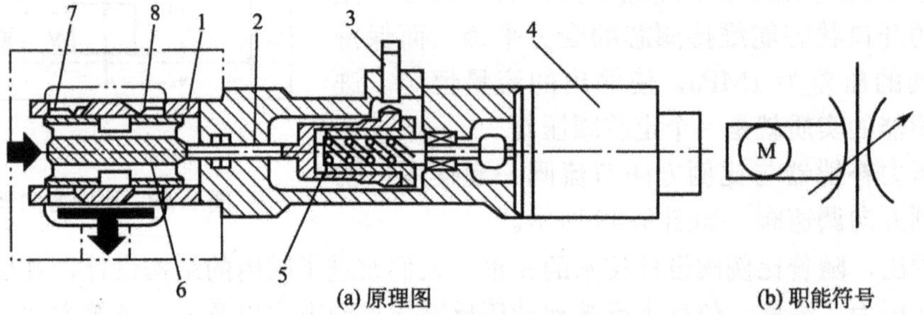

图 5.60　直控式数字节流阀

1—阀套　2—连杆　3—零位移传感器　4—步进电机
5—滚珠丝杠　6—节流阀阀芯　7、8—节流阀口

压力油沿轴向流入，通过节流阀口从与轴线垂直的方向流出，会产生压力损失，在这种情况下，阀开启时所引起的液动力可抵消一部分向右的液压力，并使结构紧凑。阀套 1、连杆 2 和节流阀阀芯 6 的相对热膨胀可起温度补偿作用，以减少因温度变化而引起的流量不稳定。零位移传感器 3 的作用是：在每个控制周期结束时，阀芯由零位移传感器检测，回到零位，使每个工作周期都从零位开始，以保证阀的重复精度。

将普通压力阀的手动调整机构改用步进电机控制，即可构成数字压力阀。用凸轮、螺纹等机构将步进电机的角位移变成直线位移，使调压弹簧压缩，从而控制压力。

图 5.61 为增量式数字阀控制系统的组成及工作原理框图。计算机发出需要的控制脉冲序列，经驱动电源放大后使步进电机工作。步进电机的转角通过凸轮或螺纹等机械式转换器转换成直线运动，控制液压阀阀口的开度，从而得到与输入脉冲数成比例的压力和流量值。

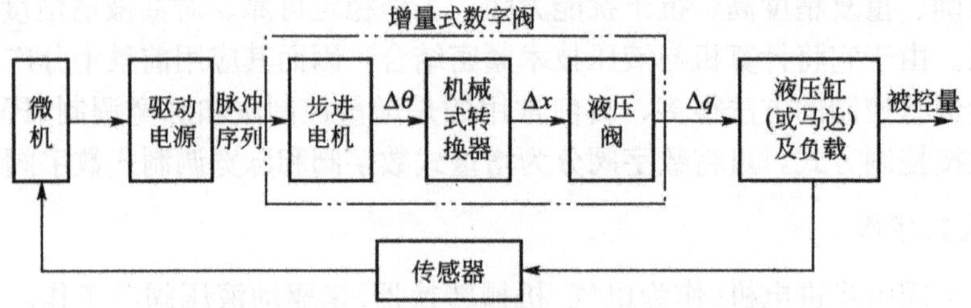

图 5.61　增量式数字阀控制系统的原理框图

必须指出的是，增量式数字阀的突出优点是重复精度和控制精度高，但响应速度较慢，不宜在要求快速响应的高精度系统中使用，应使用模拟量控制方式的液压阀类。

2. 脉宽调制式数字阀

脉宽调制式数字阀也称为快速开关式数字阀。这种阀也可以直接用计算机控制。由于计算机是按二进制工作的，最普通的信号可量化为两个量级的信号，即“开”和“关”。控制这种阀的开与关以及开和关的时间长度(脉宽)，即可达到控制液流的方向、流量或压力的目的。由于这种阀的阀芯多为锥阀、球阀或喷嘴挡板阀，均可快速切换，而且只有开和关两个位置，故称为快速开关型数字阀，简称快速开关阀。

这种阀的结构形式多种多样，这里仅介绍使用较多的二位二通和二位三通阀。其阀芯一般采用球阀或锥阀结构，目的是为了减少泄漏和提高压力。

图5.62所示为带液动力补偿的二位二通锥阀式快速开关型数字阀。当螺管电磁铁4有脉冲电信号通过时，电磁吸力使衔铁带动锥阀1开启。压力油从P口经阀体流入A口。为防止开启时锥阀因稳态液动力波动而关闭和影响电磁力，阀套6上有一阻尼孔5，用以补偿液动力。断电时，弹簧3使锥阀关闭。

图5.63所示为二位三通电液球式快速开关型数字阀。它由先导级(二位四通电磁球式换向阀)和功率级(二位三通液控球式换向阀)组合而成。力矩马达1通电时，衔铁2顺时针偏转，通过推杆3推动先导级球阀4向下运动，关闭油口P，而先导级左边的球阀7压在上边的位置，L_2与T口接通，L_1与P口接通；第二级的球阀6相应向下关闭，球阀5向上关闭，使得A与P相通，T封闭。反之，当交换线圈的通电方向改变时，情况将相反，A与T相通，P封闭。这种阀也有用电磁铁代替力矩马达的。

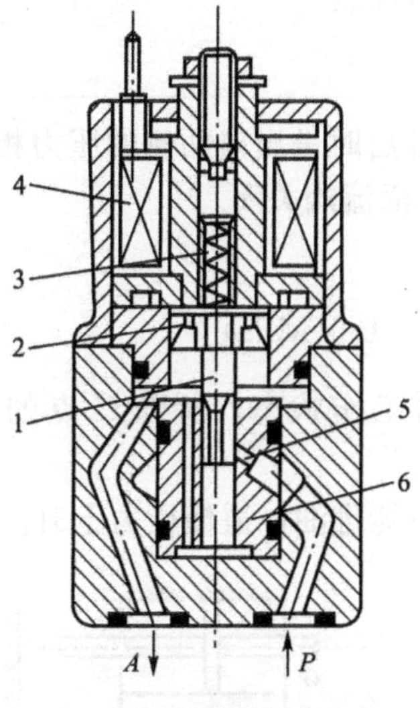

图5.62　二位二通电磁锥阀式快速开关型数字阀

1—锥阀　2—衔铁　3—弹簧
4—螺管电磁铁　5—阻尼孔　6—阀套

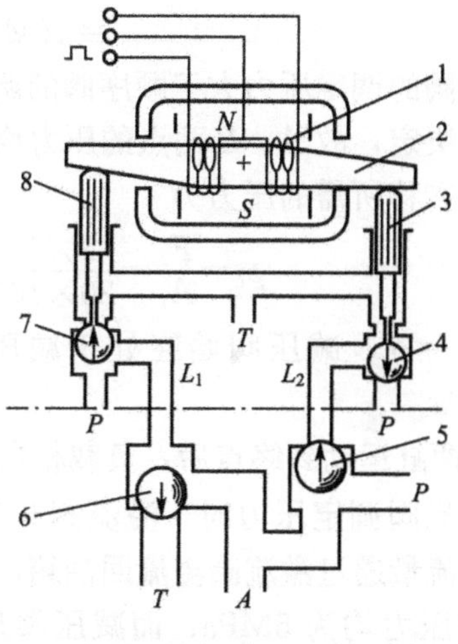

图5.63　二位三通电液球式快速开关型数字阀

1—力矩马达　2—衔铁　3、8—推杆
4、7—先导级球阀　5、6—功率级球阀

图5.64为快速开关式数字阀用于液压系统的原理框图。由计算机输出的脉冲信号经脉宽调制放大器调制放大后，送入快速开关数字阀中的电磁铁或力矩马达，通过控制开关

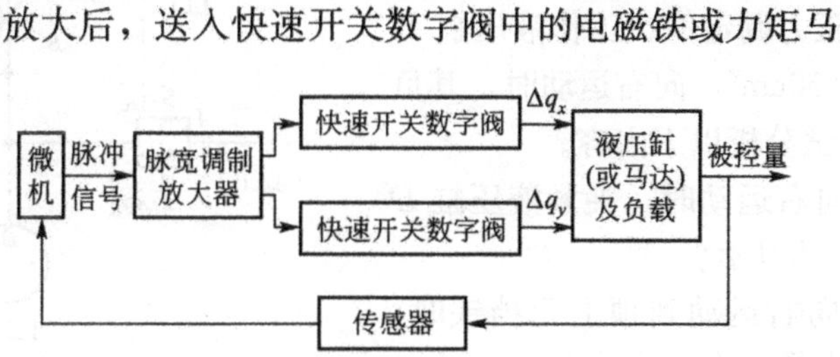

图5.64　快速开关式数字阀用于液压系统的原理框图

阀开启时间的长短来控制流量。在需要作两个方向运动的系统中，需要两个快速开关数字阀分别控制不同方向的运动。

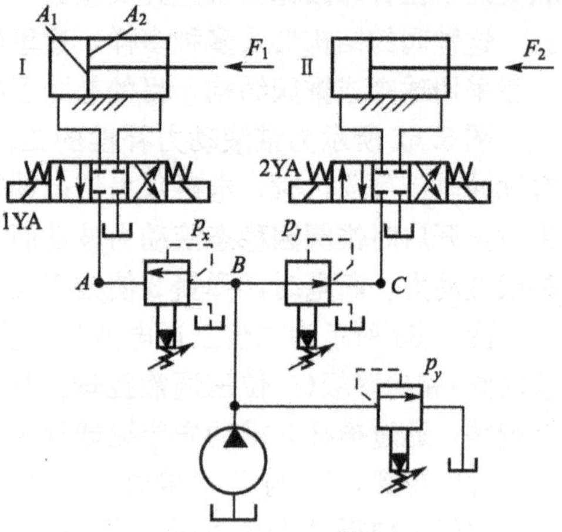

图 5.65　例 5.1 的液压回路

【例 5.1】　如图 5.65 所示的液压回路，两液压缸的结构完全相同，$A_1=20\text{cm}^2$，$A_2=10\text{cm}^2$，Ⅰ缸、Ⅱ缸的负载分别为 $F_1=8\times10^3\text{N}$、$F_2=3\times10^3\text{N}$，顺序阀、减压阀和溢流阀的调定压力分别为 3.5MPa、1.5MPa 和 5MPa，不考虑压力损失，求以下内容。

(1) 1YA、2YA 通电，两缸向前运动中，A、B、C 这 3 点的压力各是多少？

(2) 两缸向前运动到达终点后，A、B、C 这 3 点的压力又各是多少？

解：

(1) 缸Ⅰ右移所需的压力为

$$p_A=\frac{F_1}{A_1}=\frac{8\times10^3}{20\times10^{-4}}=4\times10^6(\text{Pa})$$
$$=4(\text{MPa})$$

溢流阀的调定压力大于顺序阀的调定压力，顺序阀开启时进出口两侧的压力相等，其值由负载决定，故 A、B 两点的压力均为 4MPa；此时，溢流阀关闭。

缸Ⅱ右移所需的压力为

$$p_c=\frac{F_2}{A_1}=\frac{3\times10^3}{20\times10^{-4}}=1.5\times10^6(\text{Pa})=1.5(\text{MPa})$$

因 $p_c=p_j$，减压阀始终处于减压、减压后稳压的工作状态，所以 C 点的压力均为 1.5MPa。

(2) 两缸运动到终点后，负载相当于无穷大，两缸不能进油，迫使压力上升。当压力上升到溢流阀调定压力时，溢流阀开启，液压泵输出的流量通过溢流阀溢流回油箱，因此 A、B 两点的压力均为 5MPa；而减压阀是出油口控制，当缸Ⅱ的压力上升到其调定压力时，减压阀工作，就恒定其出口压力不变，故 C 点的压力仍为 1.5MPa。

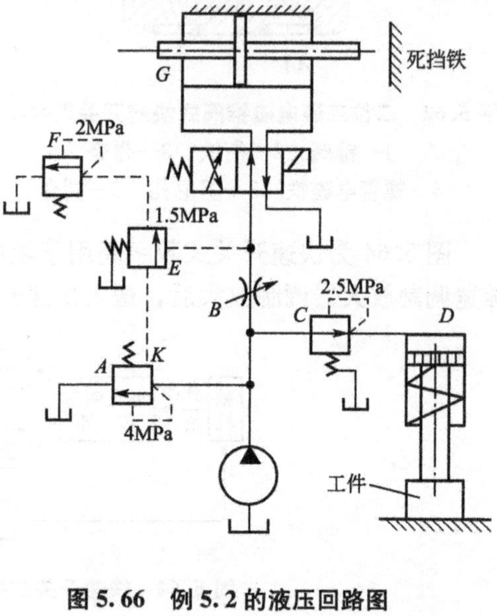

图 5.66　例 5.2 的液压回路图

【例 5.2】　如图 5.66 所示的液压回路，给出了阀 A、C、E、F 的压力调定值，工作液压缸 H 的有效工作面积 $A=50\text{cm}^2$，向右运动时，其负载为 $F=5\times10^3\text{N}$，试分析以下内容。

(1) 液压缸 H 向右运动时，夹紧液压缸 D 的工作压力是多少？为什么？

(2) 液压缸 H 向右运动到顶上死挡铁时，夹紧缸 D 的工作压力是多少？为什么？

(3) 液压缸 H 无负载地返回时，夹紧缸 D

的工作压力又是多少？为什么？

解：

(1) 液压缸 H 向右运动时，其工作压力由负载决定，为

$$p=\frac{5\text{kN}}{50\text{cm}^2}=1(\text{MPa})$$

该工作压力 p 小于液控顺序阀 E 的调定压力1.5MPa，E 阀不工作，先导式溢流阀 A 的外控口处于关闭状态。由于节流阀的作用，定量泵多余的油由阀 A 溢流回油箱，泵出口压力由溢流阀 A 调定为4MPa，大于减压阀 C 的调定压力2.5MPa，故减压阀工作，夹紧缸 D 的工作压力是减压阀的调定压力2.5MPa。

(2) 液压缸 H 向右运动顶上死挡铁时，相当于负载无穷大。此时无油液流过节流阀，因而油缸 H 的工作压力与泵出口压力相同，该压力大于顺序阀 E 的调定压力1.5MPa，该阀开启，先导式溢流阀的远程控制口起作用，其进口压力受调压阀 F 控制，为2MPa，即泵的出口压力为2MPa，低于减压阀 C 的调定压力2.5MPa，减压阀不起作用，所以夹紧缸 D 的工作压力为2MPa。

(3) 液压缸 H 无负载向左运行时，其工作压力为0，因而液控顺序阀 E 不工作，液压泵的出口压力由溢流阀调定为4MPa，大于减压阀的调定压力2.5MPa，故减压阀工作，D 缸的工作压力是减压阀的调定压力2.5MPa。

【例5.3】 如图5.67所示的夹紧回路，已知液压缸的有效工作面积分别为 $A_1=100\text{cm}^2$，$A_2=50\text{cm}^2$，负载 $F_1=14\times10^3\text{N}$，负载 $F_2=4250\text{N}$，背压 $p=0.15\text{MPa}$，节流阀的压差 $\Delta p=0.2\text{MPa}$，不计管路损失，试求以下内容。

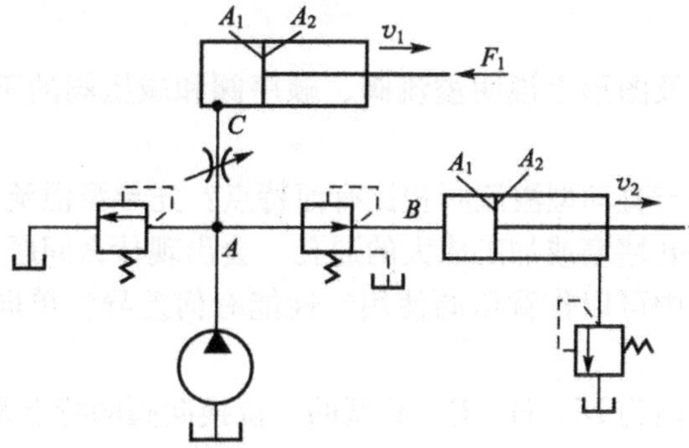

图5.67　例5.3的夹紧回路

(1) A、B、C 各点的压力各是多少？

(2) 各阀最小应选用多大的额定压力？

(3) 设进给速度 $v_1=3.5\text{cm/s}$，快速进给速度 $v_2=4\text{cm/s}$ 时，各阀应选用多大的额定流量？

解：

(1) A、B、C 各点的压力为

$$p_C=\frac{F_1}{A_1}=\frac{14\times10^3}{100\times10^{-4}}=14\times10^5(\text{Pa})$$
$$=1.4(\text{MPa})$$

$$p_A = p_C + \Delta p = 14\times10^5 + 2\times10^5 = 16\times10^5(\mathrm{Pa}) = 1.6(\mathrm{MPa})$$

$$p_B = \frac{F_2 + A_2\times p}{A_1} = \frac{4250 + 50\times10^{-4}\times1.5\times10^5}{100\times10^{-4}} = 5\times10^5(\mathrm{Pa}) = 0.5(\mathrm{MPa})$$

夹紧缸运动时，进给缸应不动，这时 A、B、C 各点的压力均为 0.5MPa。

当进给缸工作时，夹紧缸必须将工件夹紧，这时 B 点的压力为减压阀的调整压力，显然，减压阀的调整压力应大于或起码等于 0.5MPa。

(2) 各阀的额定压力。系统的最高工作压力为 1.6MPa，根据压力系列，应选用额定压力为 2.5MPa 系列的阀。

(3) 计算流量 q。通过节流阀的流量 q_1

$$q_1 = v_1 A_1 = 3.5\times100\times10^{-3}\times60 = 21(\mathrm{L/min})$$

夹紧缸运动时所需的流量，即通过减压阀的流量 q_2

$$q_2 = v_2 A_1 = 4.0\times100\times10^{-3}\times60 = 24(\mathrm{L/min})$$

通过背压阀流回油箱的流量 q_3

$$q_3 = v_2 A_2 = 4.0\times50\times10^{-3}\times60 = 12(\mathrm{L/min})$$

选用液压泵、溢流阀、减压阀和节流阀的额定流量应大于 q_2(24L/min)，根据液压元件产品样本，可选用额定流量为 25L/min 的阀。

选用额定流量为 16L/min 的背压阀。

思考与练习

5-1　什么是换向阀的“位”和“通”？换向阀有几种控制方式？其职能符号如何表示？

5-2　从结构原理图及图形上说明溢流阀、顺序阀和减压阀的不同点及各自的用途，绘出其职能符号。

5-3　先导型溢流阀与直动型溢流阀相比有何特点？先导型溢流阀中的各阻尼小孔有何作用？若将节流阻尼小孔堵塞或加工成大的通孔，会出现什么问题？

5-4　哪些阀在系统中可以作背压阀使用？性能有何差异？单向阀作背压阀使用时，需采取什么措施？

5-5　试说明中位机能为 M、H、P、Y 型的三位换向阀的特点及其使用场合。

5-6　什么是溢流阀的启闭特性？它表征溢流阀的什么性能？溢流阀的动态特性指标有哪些？各说明什么问题？

5-7　为什么减压阀的调压弹簧腔要接油箱？如果把这个油口堵死，会出现什么问题？

5-8　电液比例阀与普通阀相比有何特点？电液数字阀与比例阀相比有何特点？

5-9　节流阀的最小稳定流量的物理意义是什么？影响其稳定性的因素主要有哪些？

5-10　若将减压阀的进出油口反接(分压力高于减压阀的调定压力时和低于调定压力时两种情况)，会出现什么情况？

5-11　图 5.68 所示的夹紧回路中，若溢流阀的调定压力为 5MPa，减压阀的调定压力为 2.5MPa，试分析下列情况。

(1) 活塞快速运动时，A、B 两点的压力各为多少？减压阀阀芯处于什么状态？

(2) 工件夹紧后，A、B 两点的压力各为多少？此时减压阀阀口有无流量通过？为什么？

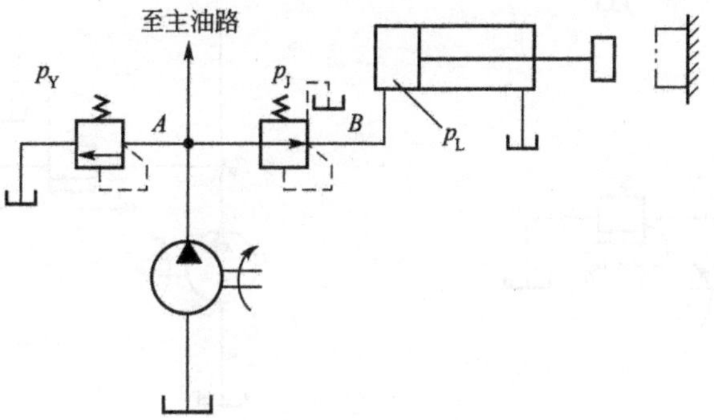

图 5.68 习题 5-11

5-12 已知液压泵的额定压力为 p_n、额定流量为 q_n，忽略管路的压力损失，试说明图 5.69 所示的各种情况下，液压泵的出口压力(压力表显示)分别是多少？并说明理由。

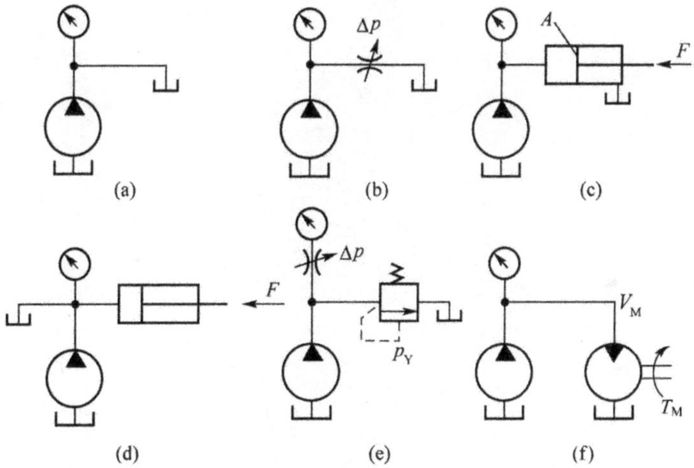

图 5.69 习题 5-12

5-13 图 5.70 所示的回路中，顺序阀的调定压力为 3MPa，溢流阀的调定压力为 5MPa，求在下列情况下，A、B 点的压力等于多少？

(1) 液压缸运动时，负载压力 $p_L=4MPa$。

(2) 负载压力变为 1MPa 时。

(3) 活塞运动到右端位不动时。

5-14 图 5.71 所示的回路中，顺序阀和溢流阀串联，其调整压力分别为 p_X 和 p_Y，求以下内容。

(1) 当系统负载趋向无穷大时，泵的出口压力 p_P 是多少？

(2) 若将两阀的位置互换一下，泵的出口压力 p_P 又是多少？

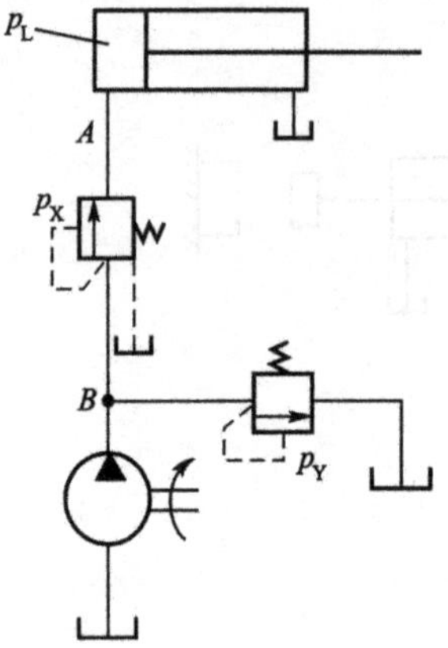

图 5.70　习题 5－13

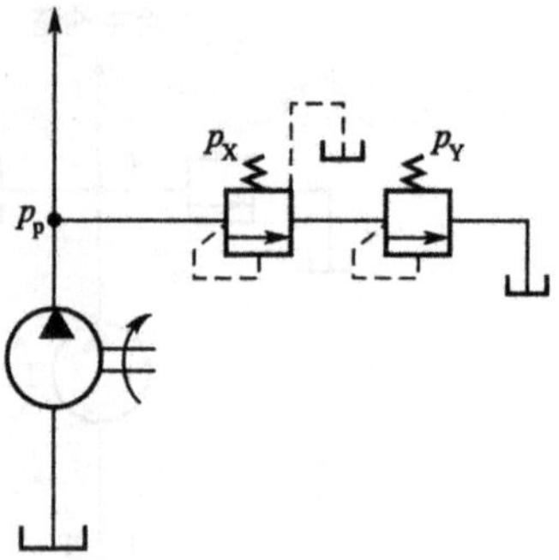

图 5.71　习题 5－14

第 6 章　液压系统的辅助装置

教学提示：液压系统的辅助元件包括蓄能器、滤油器、油箱、热交换器、管件等，这些元件的结构比较简单，功能也比较单一，但是对于液压系统的工作性能、寿命、噪声、温升等都有直接的影响，要给予足够的重视。在液压辅助元件中，油箱需要根据液压设备的要求按标准自行设计，其他元件基本都是标准件，设计时直接选用即可。

教学要求：本章要求学生了解各种液压辅助元件的工作原理、类型及应用。

液压辅助元件是指除动力元件、执行元件和控制元件以外的其他组成元件，它们虽然被称为辅助元件，但却是液压系统不可或缺的组成部分，它们对保证液压系统有效地传递力和运动、提升整个系统的工作性能起着重要的作用，因此对液压辅助元件的设计和选用应予以足够的重视。

6.1　油管和管接头

6.1.1　油管

1. 油管的种类

液压系统是通过油管将各种元件及装置连接起来传输油液的，所使用的油管种类也比较多，有钢管、铜管、尼龙管、塑料管、橡胶管等，在选用时要充分考虑液压系统压力的高低、液压元件安装的位置、液压设备的工作环境等因素的影响。表 6－1 详细列出了液压系统中常用的油管种类、特点及适用场合。

2. 油管的计算

油管的计算主要是确定油管内径和管壁的厚度，一般由下面公式计算，再查阅有关的标准选定。

(1) 油管内径的计算

$$d \geqslant 4.16\sqrt{\frac{q}{v}} \tag{6-1}$$

式中：d——油管内径，mm；

q——通过油管油液的流量，L/min；

v——油管内油液的推荐流速，m/s，具体取值参见相关技术手册。

(2) 油管壁厚的计算

$$\delta \geqslant \frac{pd}{2[\sigma]} \tag{6-2}$$

表 6-1 液压管路种类、特点及适用场合

种类		特点和适用场合
硬管	钢管	钢管的特点是承压能力强，价格低廉、耐油、抗腐蚀、刚度好，但装配和弯曲较困难，目前应用最广泛。钢管分为无缝钢管和焊接钢管两类，前者一般用于高压系统，后者用于中低压系统
	铜管	铜管具有装配方便、易弯曲等优点，但强度低、价格高，承压能力一般不超过 0.5MPa～10MPa，通常用于液压装置内部不易装配的地方。铜管分为黄铜管和紫铜管两类，紫铜管应用较多
软管	尼龙管	尼龙管为乳白色半透明的新型管材，加热后可以随意弯曲和扩口，冷却后定型。尼龙管的承压能力为 2.5MPa～8MPa，价格低廉，寿命较短，多用于低压系统，可替代铜管使用
	塑料管	塑料管价格低廉，安装方便，但承压能力低，易老化，只宜用于压力低于 0.5MPa 的回油路、泄油路使用
	橡胶管	橡胶管分为高压和低压两种，高压管由夹有钢丝编织层的耐油橡胶制成，钢丝层越多，油管耐压能力越高。低压管的编织层为帆布或棉线。橡胶管的价格较高，多用于中、高压液压系统中具有相对运动的液压件的连接

式中：δ——油管壁厚，mm；

p——工作压力，MPa；

$[\sigma]$——油管材料的许用应力，对于钢管取$[\sigma]=\sigma_b/n$，σ_b 为抗拉强度，n 为安全系数，当 $p<7$MPa 时，取 $n=8$；当 $p\leqslant17.5$MPa 时，取 $n=6$；当 $p>17.5$ 时，取 $n=4$；对于铜管取$[\sigma]\leqslant25$MPa。

6.1.2 管接头

管接头是连接油管与油管、油管与液压元件和部件的可拆卸连接件，它应满足拆装方便、密封可靠、连接牢固、外形尺寸小、通流能力强、压力降小、工艺性好等要求。

常用的管接头种类很多，其规格品种可查阅相关手册。如果按管接头的通路分，有直通式、角通式、三通式和四通式；按接头与阀体或阀板的连接方式分，有螺纹式、法兰式等；按油管与接头的连接方式分，有扩口式、焊接式、卡套式、扣压式、快换式等。表 6-2介绍了液压系统中比较常用的管接头。

表 6-2 液压系统中常用管接头种类、特点及适用场合

名称	结构简图	特点和适用场合
焊接式管接头	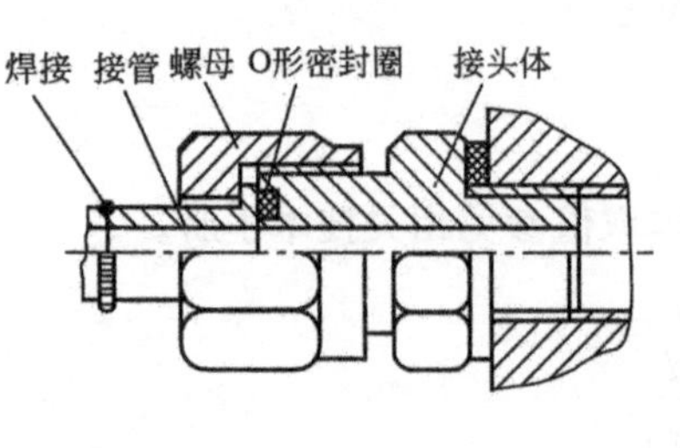	焊接式管接头的基本结构由接头体、接管、O 形密封圈和螺母等组成，接管与系统中的钢管焊接连接，当拧紧螺母时，接管端面将 O 形密封圈紧压在接头体端面上，起密封作用。这种管接头具有结构简单、耐压性强等优点，其缺点是焊接较麻烦，适用于高压厚壁钢管的连接

（续）

名称	结构简图	特点和适用场合
扩口式管接头	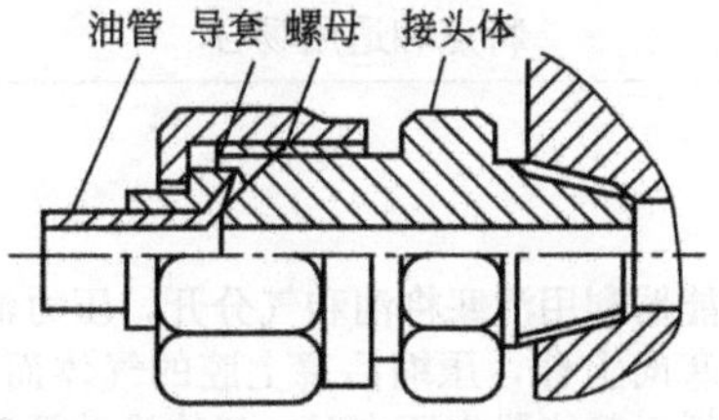	扩口式管接头的基本结构由接头体、导套和螺母等组成，它利用油管管端的扩口在导套的压紧下进行密封。这种管接头结构简单，适用于铜管、薄壁钢管、尼龙管和塑料管等的连接
卡套式管接头	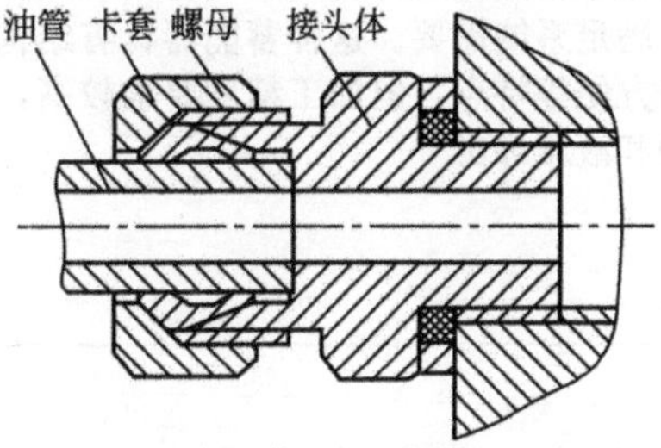	卡套式管接头的基本结构由接头体、卡套和螺母等组成，它利用弹性极好的卡套卡住油管而起到密封作用。其特点是结构简单、安装方便，耐高压，抗振防松效果好，适用于高压冷拔无缝钢管的连接
扣压式管接头	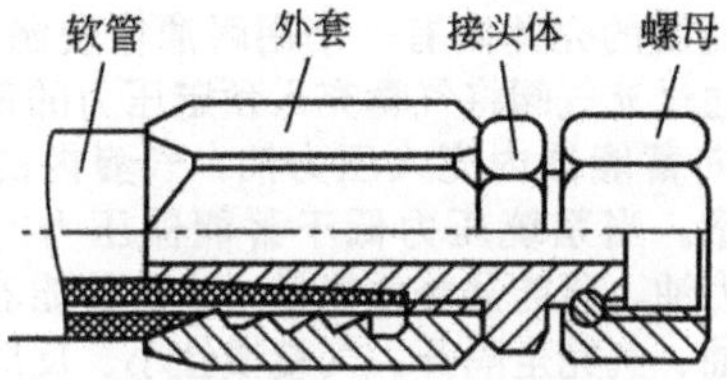	扣压式管接头主要由接头外套、接头体和螺母等组成，此接头适用于软管连接
快换式管接头	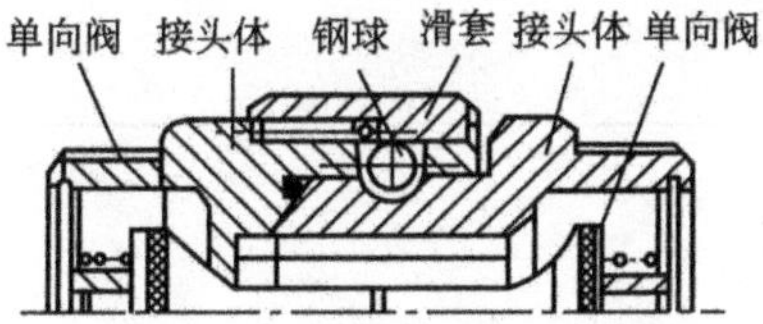	快换式管接头主要由接头体、滑套、单向阀、钢球等组成。滑套将钢球压入槽底，使接头体连接在一起，单向阀互相顶开，使油路接通。当需要断开时，推滑套，拉出接头体，油路断开，同时单向阀在弹簧作用下顶在接头体的阀座上，使两个油管内的油液封闭在油管中，滑套在弹簧的作用下复位。这种管接头适用于需要经常拆卸的软管连接

液压系统的泄漏问题大部分发生在管路的接头上，所以对接头形式、管路设计及管路的安装都要认真对待，以免影响整个液压系统的性能。

6.2　蓄　能　器

蓄能器是液压系统中的储能元件，在液压系统中贮存和释放压力能，并可以在短时间内为系统供油，还可以用于需要吸收压力脉动和减小冲击的系统中。

6.2.1　蓄能器的类型和结构

蓄能器主要有充气式蓄能器、重力式蓄能器和弹簧式蓄能器 3 种类型，其中充气式蓄能器最常用，它利用密封气体的压缩和膨胀来储存和释放能量，为安全起见，所充气体一般为惰性气体或氮气。充气式蓄能器分为活塞式、气囊式和隔膜式 3 种，表 6－3 介绍了几种常用蓄能器种类、原理和特点。

表 6－3　常用蓄能器种类、原理和特点

名称		结构简图	特点和适用场合
充气式蓄能器	活塞式	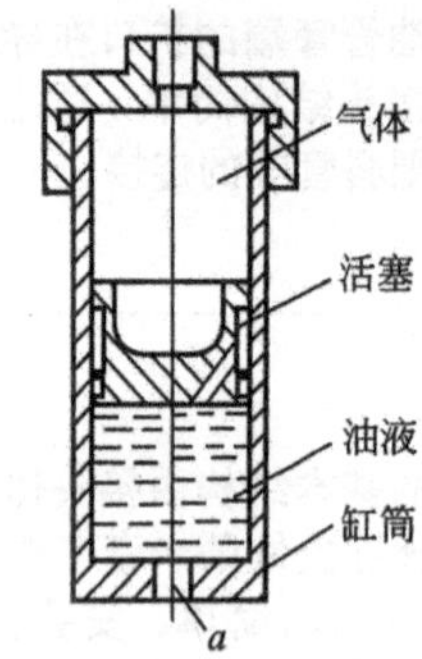	活塞式蓄能器利用活塞将油和气分开，压力油从 a 口进入，推动活塞向上移，压缩活塞上腔的气体而储存能量。当系统压力低于蓄能器内压力时，气体推动活塞下移，释放压力油，满足系统需要。这种蓄能器具有结构简单、寿命长、维修方便等特点，但加工精度要求较高，不适于吸收压力脉动和液压冲击
	气囊式	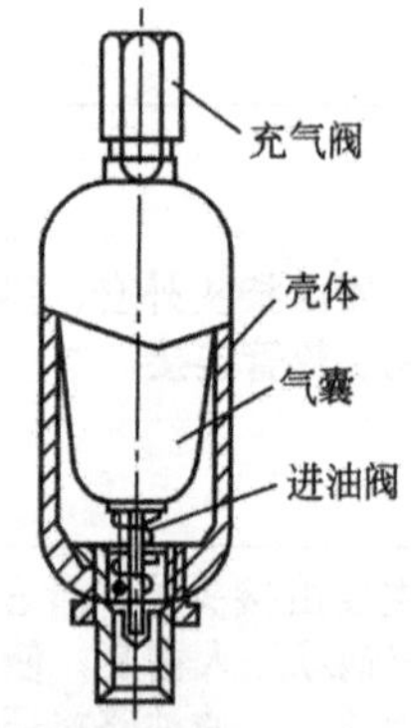	气囊式蓄能器的壳体内有一个用耐油橡胶制成的气囊，在使用前，通过充气阀将气囊充入预定压力的氮气，然后利用液压泵向蓄能器内充入压力油，气囊内的气体被压缩，储存能量。当系统压力低于蓄能器压力时，气囊膨胀，输出压力油，蓄能器释放能量。这种蓄能器的特点是利用气囊将油、气完全隔开，气囊惯性小、反应灵敏、安装维修方便，是目前应用最为广泛的蓄能器之一
	隔膜式	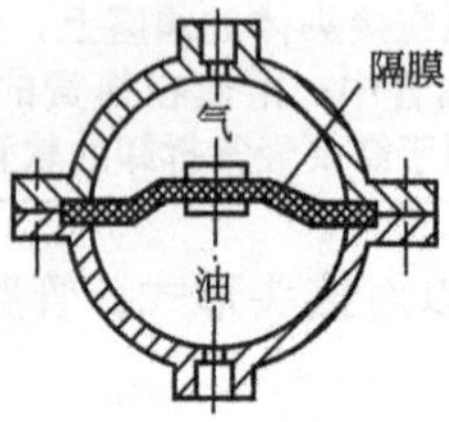	隔膜式蓄能器利用耐油橡胶将油和气分开，其特点是壳体为球形，重量与体积之比最小，容量也较小，一般在 0.95L～11.4L 范围内使用
重力式蓄能器		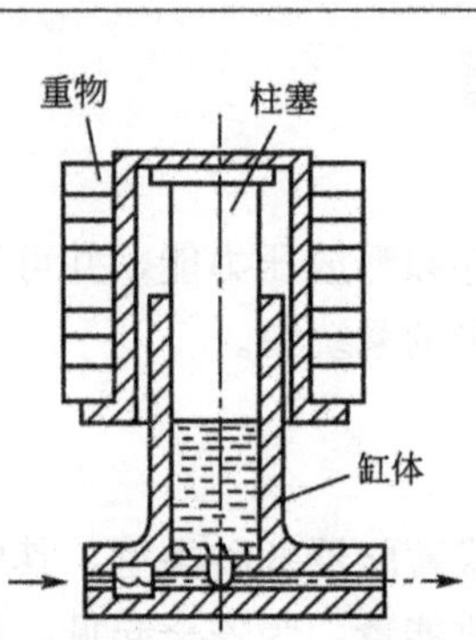	重力式蓄能器是利用重锤的重量，通过柱塞作用在液压油面上产生压力。存储能量时，压力油进入蓄能器，油液通过柱塞推动重物上升，储存压力能；释放能量时，柱塞同重物一起下降，油液从蓄能器中输出。这种蓄能器结构简单、压力稳定，但容量小、体积大、反应不灵活、易产生泄漏，目前只适于储能用

(续)

名称	结构简图	特点和适用场合
弹簧式蓄能器	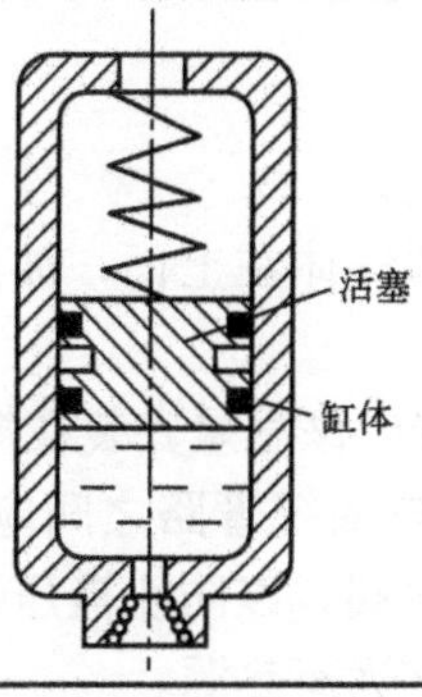	弹簧式蓄能器是利用弹簧的伸缩来储存和释放能量的，液面压力取决于弹簧的预压缩量和活塞的作用面积。由于弹簧伸缩时其作用力是变化的，所以蓄能器提供的压力也是变化的。这种蓄能器具有结构简单、反应较灵敏等特点，但容量较小、承压较低，多用于小容量、低压、循环频率低的系统

6.2.2 蓄能器的职能符号

蓄能器的职能符号见表 6-4。

表 6-4 蓄能器职能符号

蓄能器一般符号	气体隔离式	重力式	弹簧式

6.2.3 蓄能器的应用

蓄能器是一种能够储存和释放液压能的装置，合理利用蓄能器是液压系统节约能源的方法之一，蓄能器在液压系统中主要用途如下。

1. 作辅助动力源

蓄能器最常见的用途就是用作液压系统的辅助动力源，当液压系统做间歇运行时，或者在一个工作循环过程中系统中的流量变化较大时，可以采用一个小油量的液压泵和一个蓄能器；当需要供油量大时，液压泵和蓄能器同时供油；当需要小流量时，泵在对系统供油时，也对蓄能器充油。这样的系统具有节约能源、成本低、还控制温升等特点。

2. 作应急动力源

有些液压系统在液压泵发生故障或停电时还需要保持必要的压力，液压系统需安装适当容量的蓄能器预防紧急事件，如果液压泵突然停止供油，蓄能器可以将其储存的压力油释放出来，使系统在一定的时间内获得压力油，以防止事故发生。

3. 补偿泄漏，稳定压力

有的液压设备在一个工作周期内，需要维持长时间的恒定压力，通常可以利用蓄能器补偿泄漏，以稳定压力。

4. 吸收压力脉动和液压冲击

在液压系统中，当液压阀门突然关闭或液压阀换向时，系统会出现液压冲击，此时可以利用安装在产生液压冲击处的蓄能器来吸收液压冲击，使压力峰值降低。如果将蓄能器安装在液压泵的出口处，还可以降低压力脉动。

6.2.4 蓄能器的安装使用

蓄能器在液压系统中安装的位置由蓄能器的功能来确定。

(1) 蓄能器需要垂直安装，充气口朝上，油口朝下，即气体在上面，油液在下面，以防止气体与油液一起排出。

(2) 用于吸收压力脉动、液压冲击和降低噪声的蓄能器应该尽量安装在振源附近。

(3) 蓄能器需安装在方便检查和维修的位置，蓄能器与系统管路之间应安装截止阀，以备充气和检查维修使用；蓄能器与液压泵之间应安装单向阀，以防止液压泵停车时，蓄能器的压力油倒流而使液压泵反转；蓄能器的安装位置应该远离热源。

(4) 安装在管路中的蓄能器必须用支架或挡板固定，以承受因蓄能器储能或释放能量时所产生的反作用力。

6.3 滤 油 器

在液压系统中，液压油被污染后，会导致液压系统和液压元件在运行过程中磨损加剧，阀芯容易被卡死，密封件被划伤，液压元件的工作间隙和小孔被堵塞，这些都将影响液压系统和液压元件的使用寿命，降低其工作的可靠性，严重时还会导致液压系统失灵。有数据表明，液压系统中的许多故障都是由于液压油被污染造成的，因此，保证液压油洁净对液压系统的正常工作起着非常重要的作用。滤油器在液压系统中的应用非常广泛，它的功能就是过滤掉混在油液中的杂质，保证进入液压系统中油液的洁净度，从而保证液压系统能够正常工作。

6.3.1 滤油器的主要性能参数

决定滤油器基本性能的参数主要有过滤精度、压差特性和纳垢容量。

1. 过滤精度

过滤精度是指滤油器(或过滤材料)能够有效滤除的最小颗粒的尺寸，以直径 d 的公称尺寸(μm)表示，尺寸越小，精度越高。过滤精度是选择滤油器时首先要考虑的一个重要性能指标，它直接关系到系统油液所能达到的清洁度水平。过滤精度选用的原则是使所过滤污物颗粒的尺寸要小于液压元件密封间隙尺寸的一半。系统压力越高，液压件内相对运动零件的配合间隙越小，需要的滤油器过滤精度也就越高。在不同的液压系统中对过滤器的精度要求不同，具体要求见表 6-5。

表 6-5 各种液压系统滤油器过滤精度推荐值

系统类型	润滑系统	传 动 系 统			伺服系统
工作压力 p/MPa	0～2.5	<14	14<p<21	>21	≤21
过滤精度 d/μm	≤100	25～50	≤25	≤10	≤5

2. 压差特性

油液流经滤油器时，由于油液运动和黏性阻力产生一定的压力损失，在滤油器的入口和出口之间产生一定的压差。滤油器在使用过程中，滤芯不断被污染物堵塞，其压差逐渐增大。

影响滤油器压差特性的因素主要有过滤面积、过滤精度及油液黏度等，压差一定时，增大过滤面积可提高通过流量。过滤精度越高，压差越大；油液黏度越大，压差也越大。

3. 纳垢容量

过滤器在工作过程中会不断截留油液中的颗粒污染物，滤芯逐渐被污染物堵塞，压差逐渐增大，当压差增大到规定极限时，必须更换滤芯。滤芯在使用寿命期间容纳的颗粒污染物总量即为过滤器的纳垢容量，以重量(*g*)表示。过滤器的纳垢容量越大，过滤器的使用寿命就越长。

6.3.2 滤油器的类型

一般滤油器都是由滤芯、骨架和壳体等组成。滤芯常用材料有网状、纸质、金属等。

1. 网式滤油器(滤油网)

网式滤油器结构如图6.1所示，滤芯以铜丝为过滤材料，在周围开有很多孔的骨架上包着一层或两层铜丝网，网式滤油器的过滤精度取决于铜网层数和网孔的大小。

网式滤油器结构简单、通流能力大、清洗方便、压力损失小，但过滤精度低，一般安装在液压泵的吸油口处用以保护液压泵。这种滤油器的过滤精度与铜丝网的网孔大小、铜网的层数有关。由于网式滤油器需要经常清洗，安装时要注意拆装方便。

2. 线隙式滤油器

图6.2为线隙式滤油器结构图，它是由铜线或铝线密绕在滤芯架外端组成滤芯，依靠金属丝螺旋间的间隙截留住油液中的杂质。工作时，油液从孔 *a* 进入滤油器内部，经金属

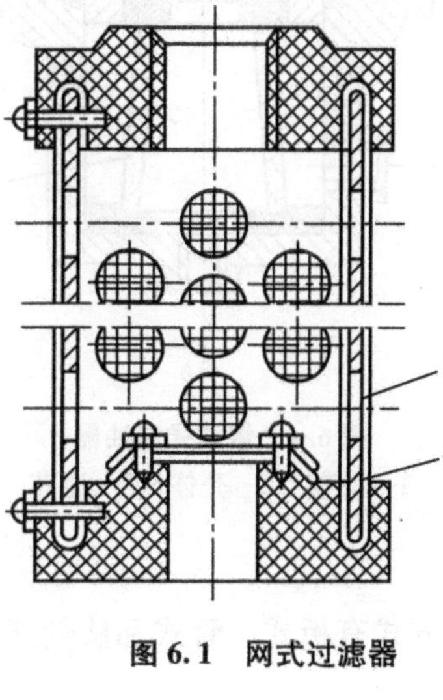

图6.1 网式过滤器

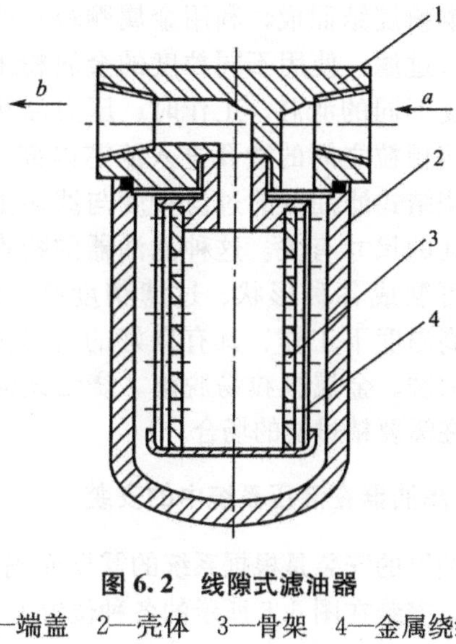

图6.2 线隙式滤油器

1—端盖 2—壳体 3—骨架 4—金属绕线

线间的间隙和骨架上的孔眼进入滤芯内部，然后由孔 b 流出。线隙式滤油器的过滤精度取决于金属丝螺旋间的间隙的大小，这种滤油器的特点是结构简单、通油性能好、过滤精度较高、所以应用较广泛；缺点是不易清洗、滤芯强度低。一般常用于压力低于 2.5MPa 的回路或液压泵的吸油管路上。

3. 纸芯式滤油器

纸芯式滤油器(图 6.3)的滤芯为平纹或波纹的酚醛树脂或木浆微孔滤纸制成的纸芯，纸芯厚度为 0.35mm～0.7mm，将纸芯围绕在带孔的镀锡铁做成的骨架上，这样可以增加强度。油液从滤芯外面经滤纸进入滤芯内部，然后从孔道 a 流出。为了增加滤纸的过滤面积，纸芯一般都做成折叠式。这种滤油器的特点为过滤精度高、通油能力强；缺点是堵塞后无法清洗、需定期更换滤芯、强度低，一般用于精过滤系统。

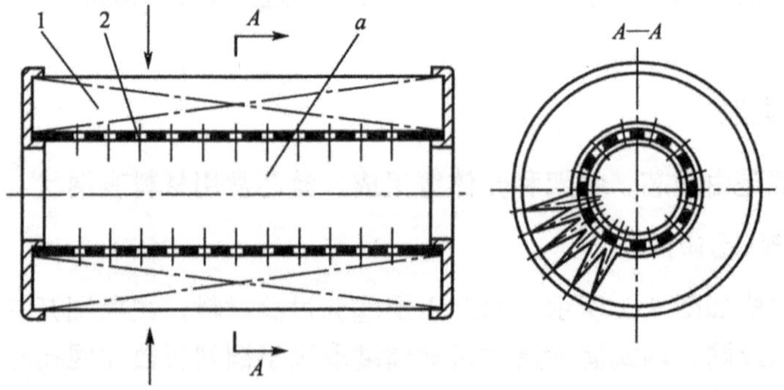

图 6.3　纸芯式滤油器

1—滤纸　2—骨架

纸芯式滤油器的滤芯承受压力较小，为了避免由于杂质累积导致纸芯压差增大而压破纸芯，以保证滤油器能够正常工作，一般在纸芯式滤油器上都装有堵塞状态发信装置。

4. 烧结式滤油器

图 6.4 为烧结式滤油器结构图，其滤芯是由颗粒状铜粉烧结而成，利用金属颗粒之间的复杂缝隙进行过滤，使用不同粒度的金属粉末可制成过滤精度不同的滤芯。工作时，压力油从 a 孔进入，经铜颗粒之间的微孔进入滤芯内部，从 b 孔流出。烧结式滤油器的过滤精度与滤芯上铜颗粒之间微孔的尺寸有关。这种滤油器的特点是制造简单、可制成各种形状、过滤精度高、强度大、能在较高温度下工作、具有良好的抗腐蚀性。缺点是难清洗、金属颗粒易脱落。烧结式滤油器一般应用在需要精过滤的场合。

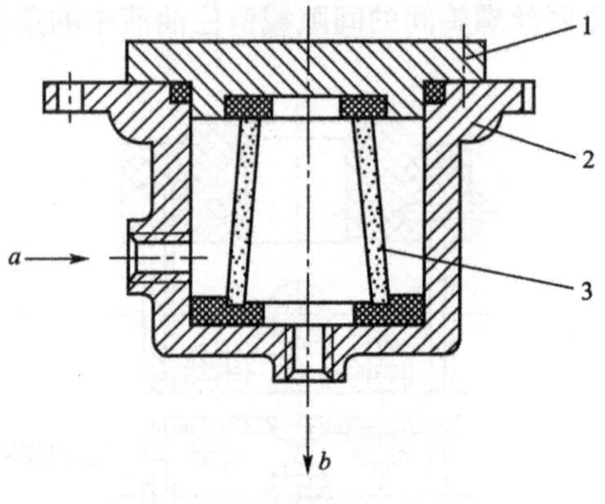

图 6.4　烧结式滤油器

1—端盖　2—壳体　3—滤芯

6.3.3　滤油器在液压系统中的安装

滤油器的安装是根据系统的需要而确定的，其连接方式有板式、管式和法兰式 3 种，通常可以安装在图 6.5 所示的各种位置上。

1. 安装在液压泵的吸油管路上

如图 6.5(a)所示，在泵的吸油口安装滤油器(一般是网状或线隙式滤油器)，可以免较大颗粒杂质进入液压泵对液压泵造成的损害。装在吸油管路上的滤油器的通油能力应大于液压泵流量的两倍。由于此处多采用网状或线隙式滤油器，过滤精度低，泵磨损所产生的颗粒将进入系统，因此还需在液压油路上串联其他滤油器。滤油器应经常清洗。

2. 安装在液压泵的压油管路上

在液压泵的压油管路上可以安装各种形式的净滤油器，如图 6.5(b)所示，这种安装方式可以有效地保护除液压泵以外的其他液压元件，但由于滤油器是在高压下工作，滤芯需要有较高的强度，滤油器的最大压力降不能超过 0.35MPa。为了防止滤油器堵塞而引起液压泵过载或滤油器损坏，一般在滤油器旁设置一个堵塞指示器或旁路阀对其加以保护。

3. 安装在回油路上

如图 6.5(c)所示，还可以将滤油器安装在回油管路上，这样可以过滤掉油液流入油箱以前的污染物，即将管壁氧化层的脱落或液压元件磨损所产生的颗粒过滤掉，保证油箱内液压油的清洁。由于回油压力较低，通常采用强度和刚度不高但过滤精度高的滤油器，背压不超过 1MPa。与过滤器并联一旁通阀，保证过滤器堵塞时回油路畅通。

4. 安装在系统的支路上

如图 6.5(d)所示，可以在液压系统支路上安装小规格的过滤器，系统工作时只需通过液压泵全部流量的 20%～30%，这样既不会给主油路造成压降，滤油器也不必承受系统的工作压力。

5. 单独过滤

如图 6.5(e)所示，用一个专用液压泵和滤油器单独组成一个独立于液压系统之外的过滤回路，这样可以连续清除系统内的杂质，保证系统内的清洁，此种过滤方式适用于大型机械设备中的液压系统。

除了在液压系统中安装过滤器外，还有各种其他的过滤装置，如滤油车、便携式滤油装置等，详细性能可以查阅各种相关资料。

需要指出的是，采用滤油器只是降低液压油污染程度的一种方法而已，如果对液压油的洁净度有更高要求的话，还需要与其他清除污染的方法相结合。

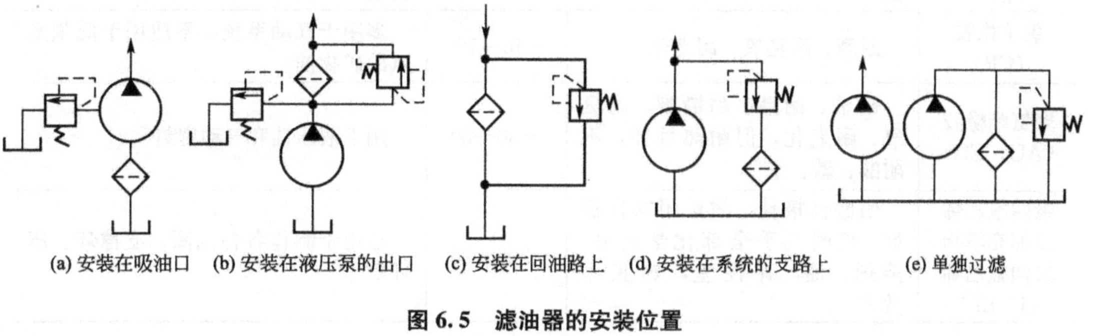

(a) 安装在吸油口　(b) 安装在液压泵的出口　(c) 安装在回油路上　(d) 安装在系统的支路上　(e) 单独过滤

图 6.5　滤油器的安装位置

6.4 密 封 件

6.4.1 密封的作用和分类

在液压系统中，液压油是在密闭的容腔内流动或暂存的，由于压力、黏度和间隙等因素的存在，会导致少量液压油越过容腔边界，由高压腔向低压腔或外界流动，这种现象就是泄漏。泄漏分为内泄漏和外泄漏，内泄漏会导致系统容积效率的急剧下降，以致达不到所需的工作压力，使设备无法正常工作；外泄漏会导致液压油外泄，造成环境污染和浪费。密封是解决液压系统泄漏问题的有效手段之一。

在液压系统和液压元件中，为了防止液压油泄漏和外界污染物的侵入，必须设计和安装密封装置及密封元件。将置于密封装置中起密封作用的元件称为密封件。

密封可分为静密封和动密封两种类型。静密封是指相对静止的结合面之间的密封，常用的静密封件有O形密封圈、各种垫片及密封带和密封胶等。动密封是指相对运动的结合面之间的密封，常用的动密封有O形密封圈、异形密封圈、唇形密封及填料密封等。

6.4.2 常用密封件材料

密封件材料应该满足液压系统对工作介质的密封要求，一般要求密封件必须具有良好的化学稳定性、材料密实、复原性好、温度适应性好、与结合面贴合的柔软性和弹性好、密封性好等，表6-6为常用密封件材料的品种及特点。

表6-6 为常用密封件材料的品种及特点

品种	主要特点	使用温度/℃	主要应用场合
天然橡胶（NR，WR）	弹性最佳，耐磨耗，耐寒性好，不适用于矿物油的密封，在空气中易老化	−50～120	多用于水和乙醇的密封
苯乙烯橡胶（SBR）	耐油、耐热、耐磨耗，性价比高，不适用于矿物油的密封	−20～120	多用于水和乙醇的密封及汽车刹车油密封
丁腈胶（NBR）	耐磨、耐油，抗老化，性能优良	−30～100	用于矿物系液压油、水压、气压传动
丁基橡胶（ⅡR）	耐热、耐寒、耐老化、耐腐蚀性	−30～100	用于磷酸酯液压油中，不能用于矿物油
氯丁橡胶（CR）	耐磨、耐臭氧、耐老化	−40～100	多用于气动系统，不适用于低苯氨点的矿物油
聚氨酯橡胶（AU，EU）	耐油、耐磨、耐撕裂、耐臭氧、耐老化，但耐热性差，不耐酸、碱、水	−30～80	用于液压油和气动密封
聚四氟乙烯及加充填物聚四氟乙烯（PTEE）	耐磨性极佳，耐热耐寒性极好，能耐几乎全部化学药品、溶剂、油，弹性差，热胀系数大	−200～260	适用于制作各种挡圈、支撑环、压环等

6.4.3　常用密封件

1. O 形密封圈

O 形密封圈(简称 O 形圈)是一种小截面的圆环形密封元件，常见截面为圆形，一般用合成橡胶制成，它具有良好的密封性能。O 形密封圈具有结构简单、体积小、密封性能好等优点，既可以用作静密封，也可以用作动密封，它是液压系统中应用最广泛的密封件。

图 6.6(a)为 O 形密封圈的外形截面图，图 6.16(b)为密封圈装入密封沟槽时的情况，从图中可以看出，O 形密封圈装入密封槽后，为保证其密封性，O 形密封圈有一初始压缩量，靠 O 形密封圈的弹性对接触面产生预接触压力，实现初始密封。有压力时，O 形密封圈在压力的作用下被挤到密封槽的一侧，如图 6.6(c)所示，密封面上的接触压力升高，提高了密封效果。

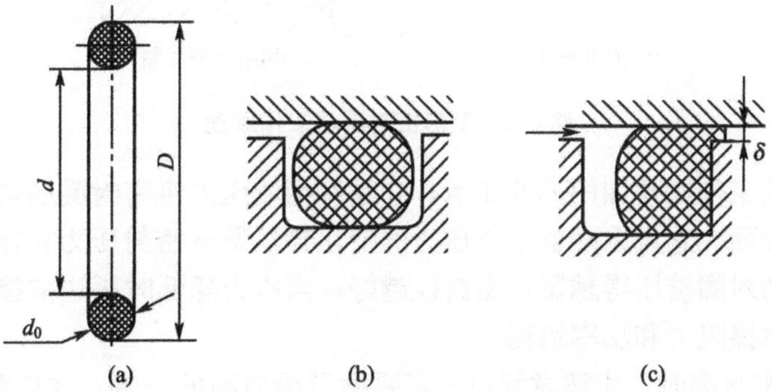

图 6.6　O 形密封圈的密封原理

在动密封中，当油液工作压力超过 10MPa 时，O 形圈很容易被油液压力挤入间隙而损坏，通常在 O 形圈的侧面安放聚四氟乙烯挡圈，厚度为 1.2mm～1.5mm。单向受力时在受力侧的对面安放一个挡圈；双向受力时则在两侧各放一个挡圈，如图 6.7所示。

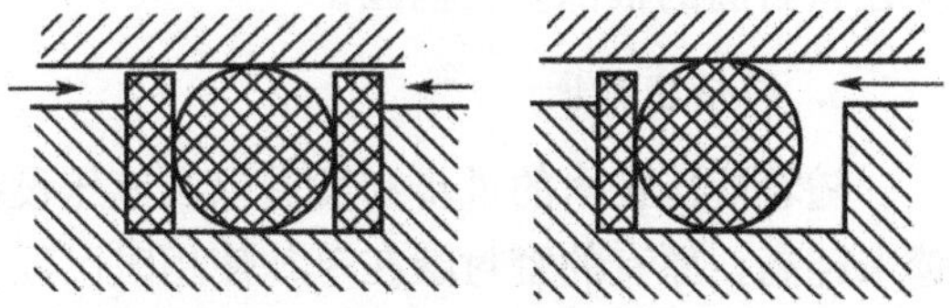

图 6.7　O 形圈密封挡圈设置

安装 O 形密封圈的沟槽有多种形式，其中矩形沟槽应用最广，适用于动、静密封。此外，O 形密封圈的安装沟槽还有 V 形、燕尾形、半圆形、三角形等，实际应用中可查阅有关手册。

2. 唇形密封圈

唇形密封圈是利用其唇边部分在受压时，与被密封面紧密接触，从而达到有效密封的元件，它主要用于往复运动的密封。唇形密封圈根据截面的形状可分为 Y 形、V 形、U 形、L 形等。唇形密封圈的尺寸、安装沟槽及挡圈等都已经系列化、标准化，在选用时可参考相关标准和样本。

图 6.8 为 Y 形密封圈，它的截面呈 Y 形，是一种典型的唇形密封圈。Y 形密封圈根据两唇是否等高，分为等高唇 Y 形密封圈(如图 6.8 所示)和不等高唇 Y 形密封圈(如图 6.9 所示)。

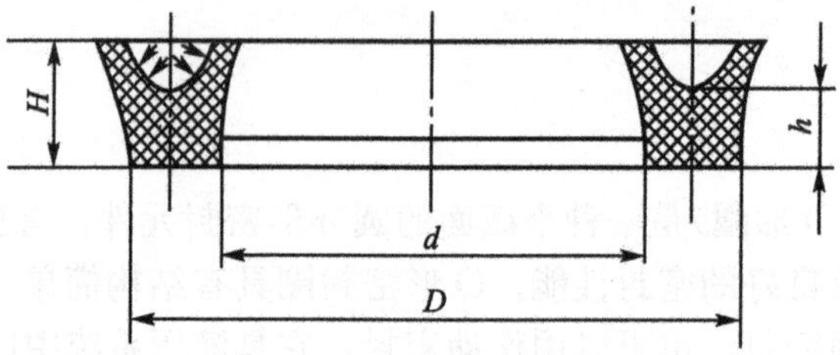

图 6.8 Y 形密封圈

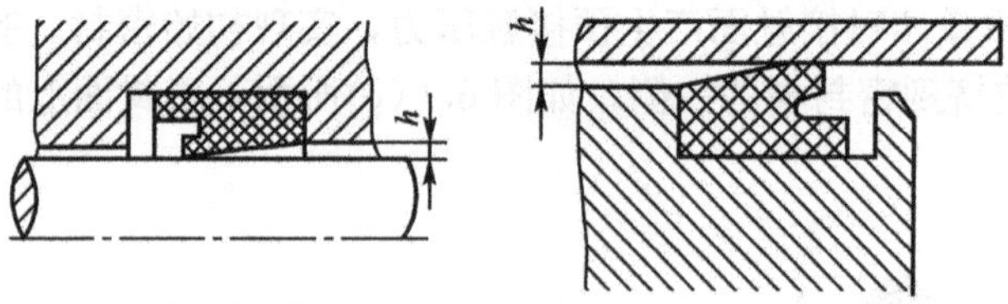

(a) 轴用密封圈 (b) 孔用密封圈

图 6.9 Y 形密封圈的工作原理

Y 形密封圈的工作原理如图 6.9 所示，它是利用液压力将密封圈的两唇边压向形成间隙的两个零件的表面，它可以随着工作压力的变化自动调整密封压力；压力越高，唇边的接触压力越大，密封圈被压得越紧，密封性越好；当压力降低时唇边的接触压力也随之降低，从而减少了摩擦阻力和功率消耗。

在安装 Y 形密封圈时，应注意唇口一定要面对压力高的一侧，才能起到密封的作用。为了防止 Y 形密封圈在往复运行过程中出现翻转和扭曲现象，可在 Y 形密封圈的唇口处设置支撑环。当工作压力高于 16MPa 时，为了防止 Y 形密封圈在高压时根部被挤入间隙，应在密封圈的根部安装挡圈。

3. 同轴密封圈

随着液压技术的进步和发展以及液压设备性能的提高，液压系统对密封装置的要求也越来越高，原有的密封圈在单独使用时已经不能满足液压设备的密封要求，因此，又开发出了同轴密封圈(俗称滑环式组合密封圈)，它是由加了填充材料的改性聚四氟乙烯滑环(如图 6.10 所示的格来圈和特康斯特封)和充当弹性体的橡胶环，如 O 形密封圈等组合而成，利用 O 形密封圈的预压缩量所产生的弹性力和流体压力，使滑环紧贴在密封面上，由于间隙的密封是滑环而不是 O 形密封圈，所以摩擦阻力小。这种密封方式具有良好的密封作用，目前被广泛地应用于中、高压液压缸的往复运动密封装置上。

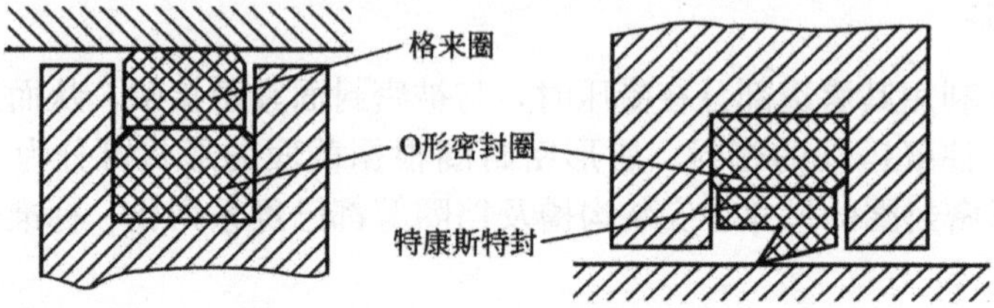

图 6.10 同轴密封圈

6.5 油 箱

油箱在液压系统中主要用来储存油液，散发液压系统在工作过程中产生的一部分热量，析出油液中的空气，并可以为系统提供元件的安装位置。

6.5.1 油箱的分类

油箱按照油箱液面是否与大气相通，分为开式油箱和闭式油箱两种。

开式油箱中的油液与大气相通，是目前应用最广的油箱，也是本节重点介绍的内容。开式油箱分为整体式油箱和分离式油箱。整体式油箱是利用主机的底座作为油箱，油箱其有结构紧凑、占用空间小、设备外观美观、容易回收液压元件的泄漏等特点，但是该结构整体散热性能差，维修不方便，油温的变化可能导致机件热变性，影响主机的加工精度和性能。分离式油箱需要单独建立一个供油泵站(如图 6.11 所示)，油箱与主机分离，这样占用空间大，但油箱的散热性、维护和维修性均好于整体式油箱，所以目前液压设备大多数都采用分离式油箱结构。开式油箱多用于固定设备上。

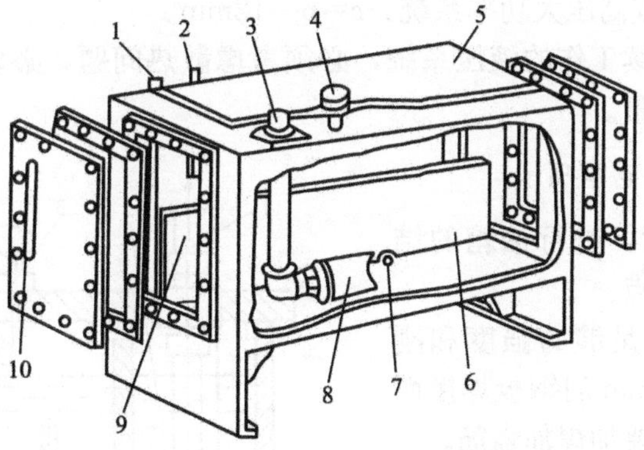

图 6.11 油箱结构示意图

1—回油管 2—泄油管 3—吸油管 4—空气滤清器 5—安装板
6—隔板 7—放油口 8—滤油器 9—清洗窗 10—液位计

闭式油箱中的油液与大气不相通，它分为隔离式和充气式两种。隔离式油箱通常带有折叠器或挠性隔离器，利用其可收缩性使外界空气不与油箱内的液面接触，但保证液面上的压力为大气压，避免空气中的尘埃混入油液中，此种油箱适合于粉尘污染比较严重的场合；充气式油箱又称为压力油箱，它是将油箱完全封闭，通入压缩空气，使箱内压力高于外界压力。闭式油箱多用于行走设备及车辆。

6.5.2 油箱的典型结构

图 6.11 为开式分离式油箱的结构简图。箱体一般用厚度为 2.5mm～4mm 的钢板焊接而成，油箱顶部的安装板 5 用较厚的钢板制造，用来安装电动机、液压泵、集成块等部件。油箱内部用隔板 6 将液压泵的吸油管 3 与回油管 1 隔离开，防止沉淀杂物及回油管产

生的泡沫进入吸油管路，油箱侧面装有液位计 10 用以显示油量；油箱底部装有放油口 7 用以换油时排油和排污。

6.5.3　油箱的设计

油箱属于非标准件，一般都是根据需要自行设计。油箱在设计时，主要考虑油箱的容量、结构、散热等问题。油箱的典型内部结构如图 6.12 所示。

1. 油箱容量的估算

油箱的容量是油箱设计时需要确定的最基本参数。油箱体积大时散热效果好，但用油多，成本高；油箱体积小时，占用空间少，成本降低，但散热不好，影响液压系统的正常工作。在实际设计时，先用经验公式初步确定油箱的容量，一般油箱的容量与液压泵额定流量有关，可用下述经验公式初步确定。

油箱容积的估算经验公式为

$$V=cq \tag{6-3}$$

式中：V——油箱的容积(L)；

q——液压泵的总额定流量(L/min)；

c——经验系数(min)，其数值为低压系统，$c=2\sim4$min；中压系统，$c=5\sim7$min，中、高压或高压大功率系统，$c=6\sim12$min。

对于功率较大、连续工作的液压系统，必须考虑散热问题，必要时进行热平衡计算，然后才能确定油箱的容量。

2. 油箱设计时的注意事项

在确定油箱容积后，进行油箱的结构设计时应注意以下几点。

(1) 油箱箱体要有足够的强度和刚度，一般用 2.5mm～4mm 的钢板焊接而成，对于大尺寸油箱需要加焊加强筋。

(2) 油箱吸油区必须与回油区用隔板隔开，二者间的距离尽量远些，一般应设置一到两个隔板，这样能够增加油液的循环距离，便于分离回油带来的污物和气泡，隔板高度一般取油面高度的 3/4。

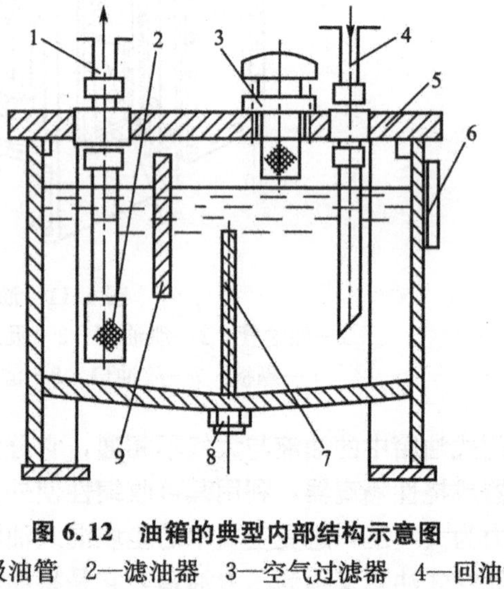

图 6.12　油箱的典型内部结构示意图

1—吸油管　2—滤油器　3—空气过滤器　4—回油管　5—顶盖　6—液位指示器　7、9—隔板　8—放油塞

(3) 泵的吸油管路上应安装滤油器，并采取容易取出滤油器的安装方式；滤油器与箱底间的距离不应小于 20mm，以防止将油箱底部的沉淀物吸入泵中；滤油器不允许露出油面，以防止液压泵卷吸空气，产生噪声。

(4) 系统的回油管要插入油面以下，并加工成 45°斜口，并面向箱壁，有利于散热；回油管要保证低于油箱中油液的最低液面，防止回油时带入空气，大流量时也不会剧烈扰动液面；回油管距离箱底要大于管径的 2～3 倍，避免飞溅起泡。

(5) 系统的泄油管应尽量单独接入油箱，其中各控制阀的泄油管应在液面之上，避免产生背压。

(6) 油箱底部应有倾斜度，箱底与地面间应有一定距离，箱底最低处要设置放油塞。

(7) 新油箱内壁表面做喷丸、酸洗和表面清洗处理后，可涂一层不与工作液相容的塑料薄膜或耐油清漆。如果油箱是用不锈钢加工而成，可不必涂层。较大容量的油箱应设置清洗窗。

6.6 热交换器

在液压系统中，热交换器分为冷却器和加热器两类。液压系统在工作时液压油的工作温度一般在15℃～65℃为宜，油温过高将使油液迅速裂化变质，油液的黏度下降，液压泵的容积效率下降；油温过低则会使油液黏度增大，造成液压泵吸油困难。为控制油温，油箱上常配有冷却器和加热器。

6.6.1 冷却器

液压系统中的功率损失基本上变成热量，使油液温度升高，如果油箱有足够的散热面积，最终油液的温度不致过高，但是如果散热面积不够，则必须采用冷却器进行降温，使油液的温度降至合理的范围内。

冷却器按冷却介质不同可分为水冷、风冷和氨冷等多种形式，在液压系统中水冷和风冷是常用的冷却形式。

水冷式冷却器有蛇形管式、多管和翘片式等。图 6.13(a)所示为常用的蛇形管式水冷却器，它直接安装在油箱内，冷却水从蛇形管管内流过，将油液内的热量带走。这种冷却器结构简单、成本低，但热交换效率低，耗水量大。

图 6.13(b)所示为多管式冷却器，它是一种强制对流式冷却器。多管式冷却器由壳体1、隔板 2 和铜管 3 等组成，工作时，冷却水通过壳体右隔箱 4 上部进水口流入，流过内部铜管，再经由壳体右隔箱 4 下部出水口流出。高温油液从进油口进入冷却器，经多条冷却铜管 3 外壁及隔板冷却后，从出油口流出。由于多条冷却铜管及隔板的作用，这种冷却器热交换效率高，应用比较广泛，但是这种机器体积大、重量大、价格高。

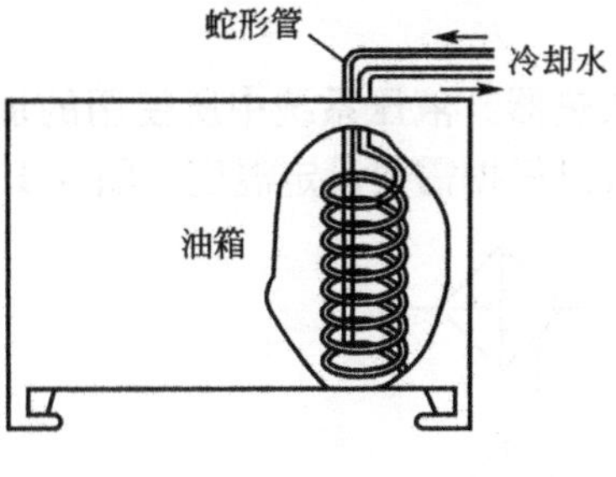

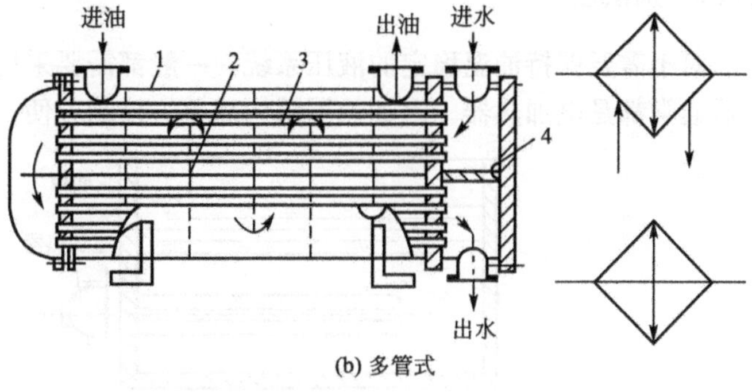

图 6.13　冷却器及职能符号

1—壳体　2—隔板　3—铜管　4—壳体隔箱

还有一种翅片式冷却器，它也是一种多管式冷却器，每一个管子都由内外两层构成，内层通水，外层通油，外层上还有许多设置成波浪形的翘片，如图 6.14 所示，其散热面积可为光滑管的 8～10 倍，这样大大提高了冷却器的散热效率。这种冷却器结构紧凑、体积小、重量轻、冷却效果好。

风冷式冷却器是通过空气流动带走热量，它由风扇(或鼓风机)和许多带散热片的管子组成，其中高温油从管内流过，风扇(或鼓风机)迫使空气穿过带有散热片的管子表面带走热量，起到降温的作用。风冷式冷却器适用于移动式液压设备。风冷式冷却器可以是排管式，也可以用翅片式(单层管壁)，其体积小，但散热效率不如水冷式高。

冷却器的安装位置应该根据液压系统的工作情况来确定。图 6.15 所示为冷却器安装位置的例子。

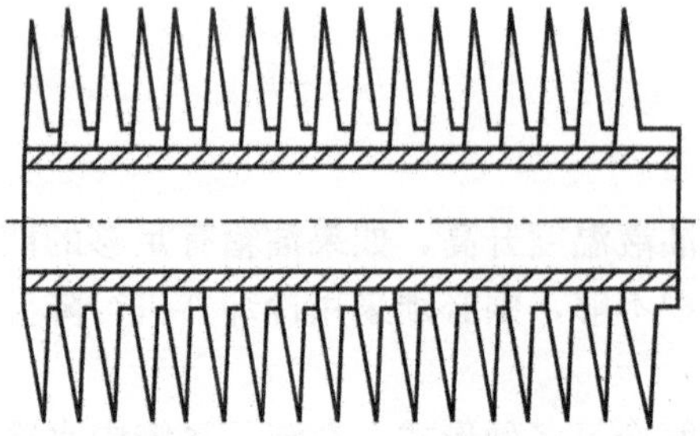

图 6.14　翘片管式冷却器结构

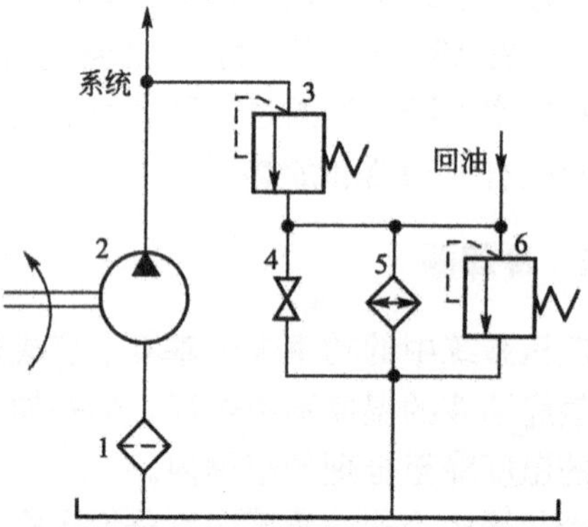

图 6.15　冷却器的安装位置

1—滤油器　2—液压泵　3—溢流阀

4—截止阀　5—冷却器　6—安全阀

冷却器一般安装在液压系统的回油管路上，可以对已经发热的主系统回油进行冷却。由于溢流阀溢流的油液带有大量的热量，通常将溢流阀与回油管路并联，这样同时可对溢流阀溢流的油液进行冷却，即主系统回油和溢流阀溢流的油一起经冷却器冷却后回到油箱。安全阀用来保护冷却器。当不需要冷却器冷却油液时，打开截止阀 4，油液不用经过冷却器直接回油箱。

6.6.2　加热器

对于需要保持油温稳定的液压系统，一般都需要采用加热器。液压系统中所使用的加热器通常都是电加热器。电加热器结构简单，控制方便，可以根据需要设定温度。图 6.16

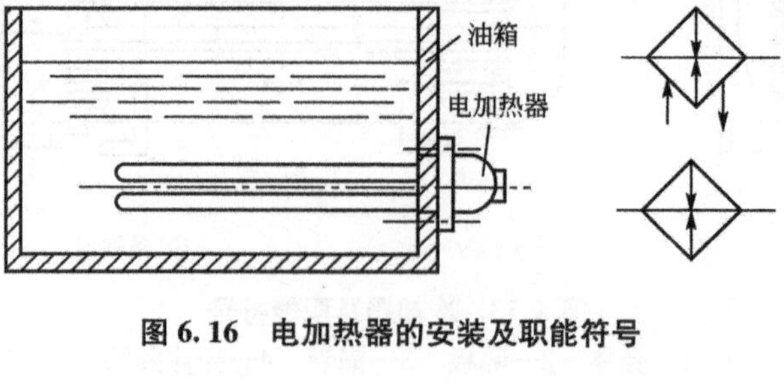

图 6.16　电加热器的安装及职能符号

为油箱中电加热器的应用，加热器安装在油箱的箱体壁上，一般为法兰连接。由于电加热器的加热管直接与液压油接触，容易造成箱体内油温不均匀，可设置多个加热器，加热过程中让油液循环，使油液加热均匀。

思考与练习

6-1 常用的密封装置有哪些？各具备哪些特点？主要可应用于液压元件哪些部位的密封？

6-2 过滤器有哪几种类型？分别有什么特点？

6-3 蓄能器的种类有哪些？安装使用时应注意哪些问题？

6-4 油管和管接头有哪些类型？各适用于什么场合？接头处是如何密封的？油管安装时应注意哪些问题？

6-5 在什么情况下需设置加热器和冷却器？

第 7 章　液压基本回路

教学提示：液压基本回路是指由一些液压元件与液压辅助元件按照一定关系进行组合，从而能够实现某种特定功能的油路结构。任何一个复杂的液压系统总可以分解为若干个基本回路。液压基本回路按在系统中所起的作用不同有多种类型，其中最常用的基本回路是压力控制回路、速度控制回路、方向控制回路和多缸动作控制回路。

教学要求：本章要求学生掌握常用的各种压力控制回路的工作原理及使用方法；掌握节流调速回路、容积调速回路、容积节流调速回路等速度控制回路的基本原理、连接形式和速度负载特性；掌握多缸顺序动作回路、同步回路的各种连接方法及工作特性；了解多缸快慢互不干涉回路、多缸卸荷回路的工作原理和应用场合。

随着工业现代化技术的发展，机械设备的液压传动系统为完成各种不同的控制功能有不同的组成形式，有些液压传动系统甚至达到了惊人的复杂程度，但无论何种机械，复杂程度如何，都是由一些最基本的液压回路构成的。所谓基本回路就是指能够完成某种特定控制功能的液压元件和管道的最简单组合。

7.1　压力控制回路

压力控制回路是利用压力控制阀来控制或调节整个液压系统或者某部分油路上的工作压力，以满足液压系统中不同执行元件对工作压力的不同要求。压力控制回路主要有调压回路、卸荷回路、减压回路、增压回路、平衡回路、保压回路等。

7.1.1　调压回路

调压回路用来调定或限制液压系统的最高工作压力，或者使执行元件在工作过程的不同阶段能够实现多种不同的压力变换。这一功能一般由溢流阀来实现。

1. 基本调压回路

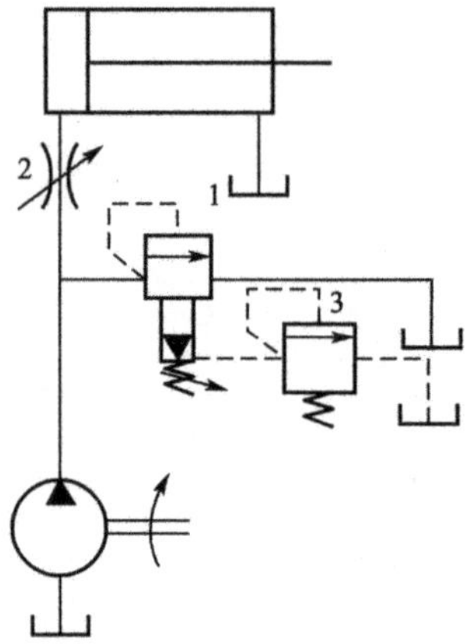

图 7.1　基本调压回路

图 7.1 为最基本的调压回路。在没有调压阀 3 接入的情况下，回路中使用的溢流阀可选用直动式或先导式结构。在转速一定的情况下，定量泵输出的流量基本不变。当通过改变节流阀 2 的开口大小来调节液压缸运动速度时，由于要排掉定量泵输出的多余流量，溢流阀 1 始终处于开启溢流状态，使系统工作压力稳定在溢流阀 1 调定压力值附近。若回路中没有节流阀 2，则泵出口压力将直接跟随负载压力变化而变化，溢流阀 1 作安全阀使用，对系统起安全保护作用。

当主溢流阀 1 选用先导式溢流阀，并在其远程控口处接上一个远程调压阀 3 时，回路压力可由阀 3 远程调节，实现对回路压力的远程调压控制。此时要求主溢流阀 1 的调定压力(阀 1 中先导阀的调定压力)必须大于阀 3 的调定压力，否则远程调压阀 3 将起不到远程调压的作用。

2. 多级调压回路

利用先导式溢流阀、远程调压阀和电磁换向阀的有机组合能够实现回路的多级调压。图 7.2 为三级调压回路。主溢流阀 1 的远控口通过三位四通换向阀 4 可以分别接到具有不同调定压力的远程调压阀 2 和 3 上。

当换向阀处于左位时，回路压力由阀 2 调定；换向阀处于右位时，回路压力由阀 3 调定；换向阀处于中位时，回路压力由阀 1 来调定。

在上述回路中要求阀 2 和阀 3 的调定压力必须小于阀 1 的调定压力。

3. 采用电液比例溢流阀的无级调压回路

当需要对一个动作复杂的液压系统进行更多级压力控制时，采用上述多级调压回路能够实现这一功能要求，但回路的组成元件多，油路结构复杂，而且系统的压力变化级数有限。

采用电液比例溢流阀同样可以实现多级调压的要求，实现在一定范围内连续无级的调压，且回路的结构会简单许多。图 7.3 为通过电液比例溢流阀进行无级调压的比例调压回路，系统根据执行液压元件工作过程各个阶段的不同压力要求，通过输入装置将所需要的多级压力所对应的电流信号输入到比例溢流阀 1 的控制器中，即可达到调节系统工作压力的目的。

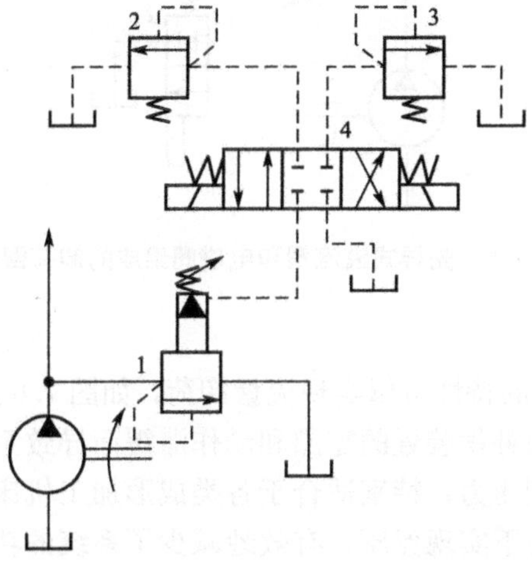

图 7.2　采用远程调压阀的多级调压回路

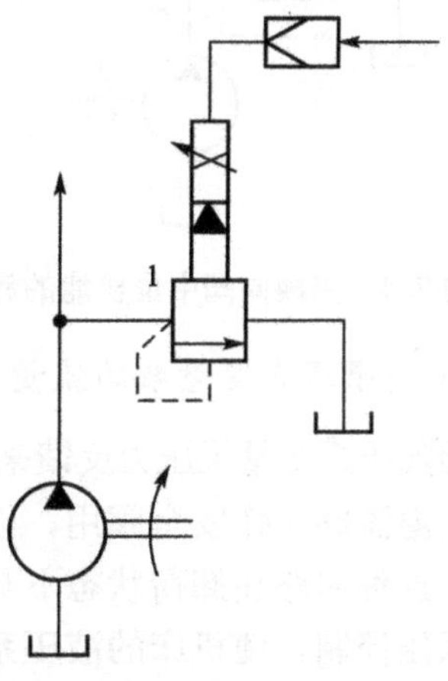

图 7.3　采用电液比例溢流阀的无级调压回路

7.1.2　卸荷回路

卸荷回路是指系统执行元件在短时间不工作时，不频繁启动停止电机而使泵在很小的输出功率下运转的回路。因为液压泵的输出功率等于压力和流量的乘积，因此使液压系统卸荷有两种方法：一种是将液压泵的出口通过液压阀的控制直接接回油箱，使液压泵在接近零压的状况下输出油液，这种卸荷方式称为压力卸荷；另一种是使液压泵在输出流量接近零的状态下工作，此时尽管液压泵工作的压力很高，但其输出流量接近零，液压功率也接近零，这种卸荷方式称为流量卸荷。

1. 采用换向阀中位机能的卸荷回路

在定量泵系统中，利用三位换向阀 M、H、K 型等中位机能的结构特点可以实现泵的压力卸荷。这种卸荷回路的结构简单，但当压力较高、流量大时易产生冲击，一般用于低压小流量场合。当流量较大时，可用液动或电液换向阀来卸荷，如图 7.4 所示为采用 M 型中位机能的电液换向阀卸荷回路。为了能够保持有 0.3MPa～0.5MPa 控制压力实现卸荷状态下对电液换向阀的操纵，应在其回油路上安装一个单向阀 1(作背压阀用)。

2. 采用先导式溢流阀和电磁阀组成的卸荷回路

图 7.5 是采用二位二通电磁阀控制先导式溢流阀的卸荷回路。当先导式溢流阀 1 的远控口通过二位二通电磁阀 2 接通油箱时，阀 1 的溢流压力为溢流阀的卸荷压力，使液压泵输出的油液以很低的压力经溢流阀 1 流回油箱，实现泵的卸荷。为防止系统卸荷或升压时产生压力冲击，一般在溢流阀远控口与电磁阀之间可设置阻尼孔 3。

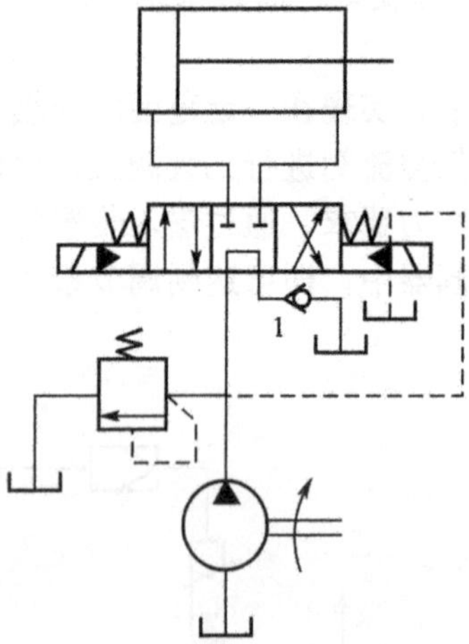

图 7.4　用换向阀中位机能的卸荷回路

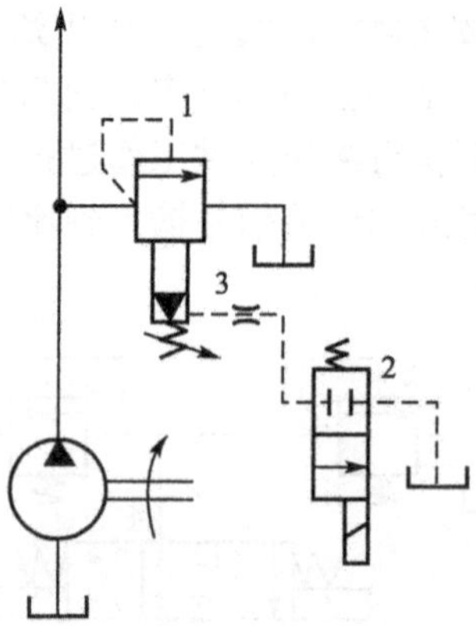

图 7.5　先导式溢流阀和电磁阀组成的卸荷回路

3. 采用限压式变量泵的流量卸荷回路

利用限压式变量泵压力反馈来控制流量变化的特性可以实现流量卸荷，如图 7.6 所示，系统中的溢流阀 4 作安全阀用，以防止泵的压力补偿装置的零漂和动作滞缓而导致系统压力异常。这种回路在卸荷状态下具有很高的控制压力，特别适合于各类成形加工机床模具的合模保压控制，使机床的液压系统在卸荷状态下实现保压，有效地减少了系统的功率匹配，极大地降低了系统的功率损失和发热。

4. 利用蓄能器保压的卸荷回路

图 7.7 所示的是系统利用蓄能器在使液压缸保持工作压力的同时实现系统卸荷的回路。当回路压力上升到卸荷溢流阀 2 的调定值时，定量泵通过阀 2 卸荷，此时单向阀 4 反向关闭，由充满压力油的蓄能器 3 向液压缸供油补充系统泄漏，以保持系统的压力；当泄漏引起的回路压力下降到低于卸荷溢流阀 2 的调定值时，阀 2 自动关闭，液压泵恢复向系统供油。

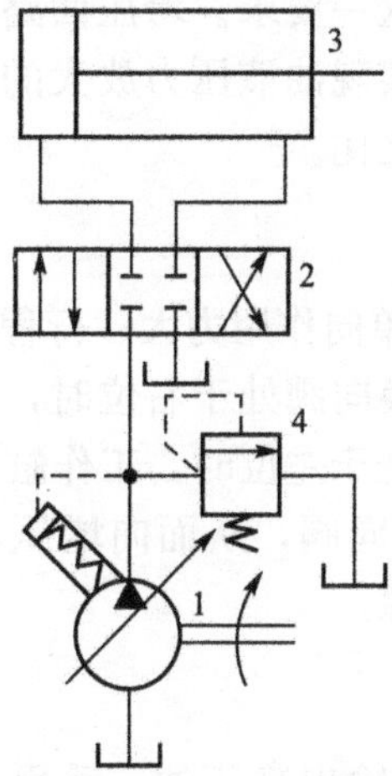

图 7.6　限压式变量泵卸荷回路

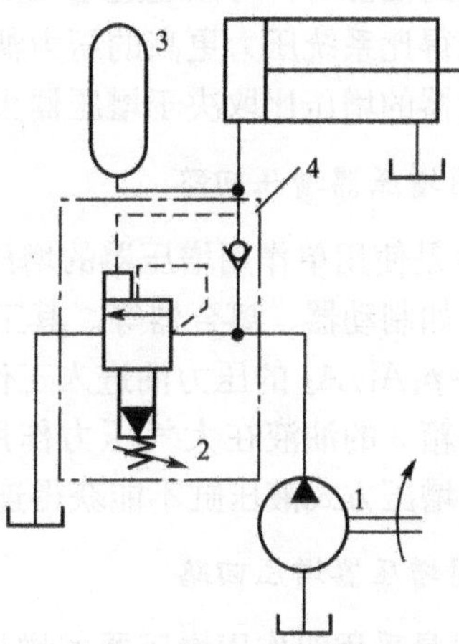

图 7.7　利用蓄能器保压的卸荷回路

7.1.3　减压回路

减压回路的功能在于使系统某一支路上具有低于系统压力调定值的稳定工作压力，如在机床的工件夹紧、导轨润滑及液压系统的控制油路中常需要用到减压回路。

最常见的减压回路是在所需低压的分支路上串接一个定值输出减压阀，如图 7.8(a)所示。回路中的单向阀 3 用于防止当主油路压力由于某种原因低于减压阀 2 的调定值时，使液压缸 4 的压力不受干扰而突然降低，起到短时保压作用。

图 7.8(b)是二级减压回路，阀 3 的调定压力必须低于阀 2。液压泵的最大工作压力由溢流阀 1 调定。减压回路也可以采用比例减压阀来实现无级减压。要使减压阀能稳定工作，其最低调整压力应高于 0.5MPa，最高调整压力应至少比系统压力低 0.5MPa。由于减压阀工作时存在阀口的压力损失和泄漏口的容积损失，这种回路不宜在需要压力降低很多或流量较大的场合使用。

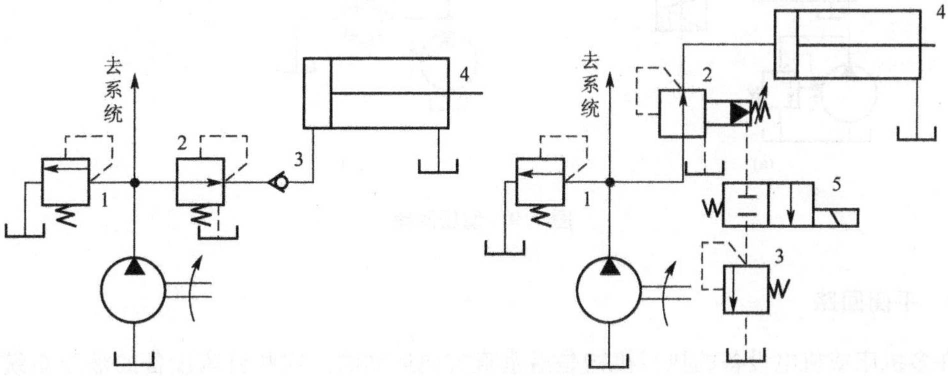

(a)　(b)

图 7.8　减压回路

7.1.4　增压回路

目前国内外常规液压系统的最高压力等级只能达到 32MPa～40MPa。当液压系统需要更高压力等级的油源时，可以通过增压回路等方法来实现这一要求。增压回路用来使系统中某一支路获得比系统压力更高的压力油源，增压回路中实现油液压力放大的主要元件是增压器，增压器的增压比取决于增压器大、小活塞的面积之比。

1. 单作用增压器增压回路

图 7.9(a)是使用单作用增压器的增压回路，它适用于单向作用力大、行程小、作业时间短的场合，如制动器、离合器等。其工作原理如下：当换向阀处于右位时，增压器 1 输出压力为 $p_2=p_1A_1/A_2$ 的压力油进入工作缸 2；当换向阀处于左位时，工作缸 2 靠弹簧力回程，高位油箱 3 的油液在大气压力作用下经油管顶开单向阀，从而向增压器 1 右腔补油。采用这种增压方式液压缸不能获得连续稳定的高压油源。

2. 双作用增压器增压回路

图 7.9(b)是采用双作用增压器的增压回路，它能连续输出高压油，适用于增压行程要求较长的场合。当工作缸 4 向左运动遇到较大负载时，系统压力升高，油液经顺序阀 1 进入双作用增压器 2。增压器活塞不论向左或向右运动，均能输出高压油。只要换向阀 3 不断切换，增压器 2 就不断往复运动，高压油就连续经单向阀 7 或 8 进入工作缸 4 右腔，此时单向阀 5 或 6 就有效地隔开了增压器的高低压油路。当工作缸 4 向右运动时，增压回路不起作用。

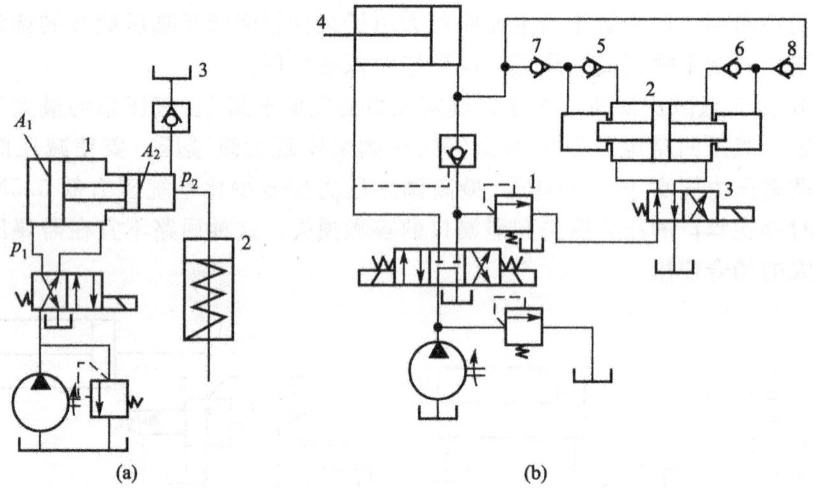

图 7.9　增压回路

7.1.5　平衡回路

许多机床或机电设备的执行机构是沿垂直方向运动的，这些机床设备的液压系统无论在工作或停止时，始终都会受到执行机构较大重力负载的作用。如果没有相应的平衡措施将重力负载平衡，就会造成机床设备执行装置的自行下滑或操作时的动作失控，其后果将十分严重。平衡回路的功能在于使液压执行元件的回油路上始终保持一定的背压力，用来平衡执行机构重力负载对液压执行元件的作用力，使之不会因自重作用而自行下滑，实现液压系统对机床设备动作的平稳、可靠控制。

1. 采用单向顺序阀的平衡回路

图 7.10(a)是采用单向顺序阀的平衡回路。调整顺序阀，使其开启压力与液压缸下腔作用面积的乘积稍大于垂直运动部件的重力。当活塞下行时，由于回油路上存在一定的背压来支承重力负载，只有在活塞的上部具有一定压力时活塞才会平稳下落；当换向阀处于中位时，活塞停止运动，不再继续下行。此处的顺序阀又被称作平衡阀。在这种平衡回路中，当顺序阀调整压力调定后，若工作负载变小，则泵的压力需要增加，这将使系统的功率损失增大。由于滑阀结构的顺序阀和换向阀存在内泄漏，很难使活塞长时间稳定地停在任意位置，这会造成重力负载装置下滑。故这种回路适用于工作负载固定且对液压缸活塞锁定定位要求不高的场合。

2. 采用液控单向阀的平衡回路

图 7.10(b)所示为采用液控单向阀的平衡回路。由于液控单向阀 1 为锥面密封结构，其闭锁性能好，能够保证活塞较长时间停止在某位置处不动。在回油路上串联单向节流阀 2，用于保证活塞下行运动的平稳性。假如回油路上没有串接节流阀 2，活塞下行时液控单向阀 1 被进油路上的控制油打开。由于回油腔没有背压，运动部件由于自重而加速下降，造成液压缸上腔供油不足而压力降低，使液控单向阀 1 因控制油路降压而关闭，加速下降的活塞突然停止。阀 1 关闭后控制油路又重新建立起压力，阀 1 再次被打开，活塞再次加速下降。这样不断重复，由于液控单向阀时开时闭，使活塞一路抖动向下运动，并产生强烈的噪声、振动和冲击。

3. 采用远控平衡阀的平衡回路

在工程机械液压系统中常采用图 7.10(c)所示的远控平衡阀的平衡回路。这种远控平衡阀是一种特殊阀口结构的外控顺序阀。它不但具有很好的密封性，能起到对活塞长时间的锁闭定位作用，而且阀口的开口大小能自动适应不同载荷对背压压力的要求，保证了活塞下降速度的稳定性不受载荷变化影响。这种远控平衡阀又称为限速锁。

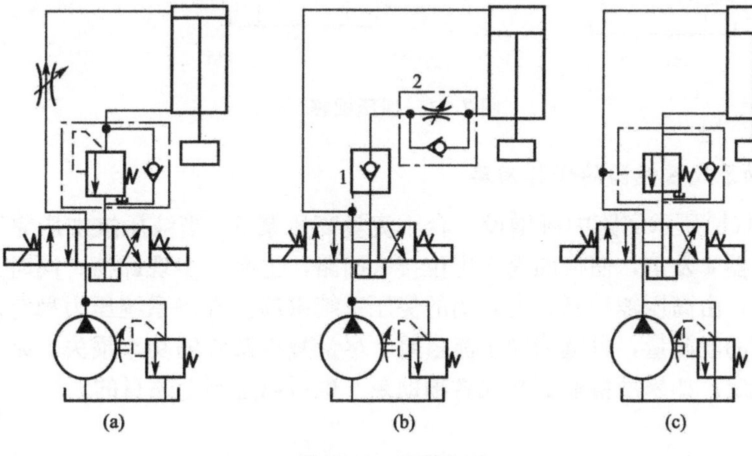

图 7.10　平衡回路

7.1.6　保压回路

保压回路的功能在于使系统在液压缸加载不动或因工件变形而产生微小位移的工况下

能保持稳定不变的压力，并且使液压泵处于卸荷状态。保压性能的两个主要指标为保压时间和压力稳定性。

1. 采用液控单向阀的保压回路

图 7.11(a)是采用密封性能较好的液控单向阀 3 的保压回路，但阀座的磨损和油液的污染会使保压性能降低。它适用于保压时间短、对保压稳定性要求不高的场合。

2. 自动补油保压回路

图 7.11(b)是采用液控单向阀 3、电接触式压力表 9 的自动补油保压回路。它利用了液控单向阀结构简单并具有一定保压性能的长处，避开了直接用泵供油保压而大量消耗功率的缺点。当换向阀 2 右位接入回路时，活塞下降加压；当压力上升到压力表 9 上限触点调定压力时，电接触式压力表发出电信号，使换向阀 2 中位接入回路，泵 1 卸荷，液压缸由液控单向阀 3 保压；当压力下降至电接触式压力表 9 下限触点调定压力时，电接触式压力表发出电信号，使换向阀 2 右位接入回路，泵 1 又向液压缸供油，使压力回升。这种回路的保压时间长，压力稳定性高，液压泵基本处于卸荷状态，系统功率损失小。

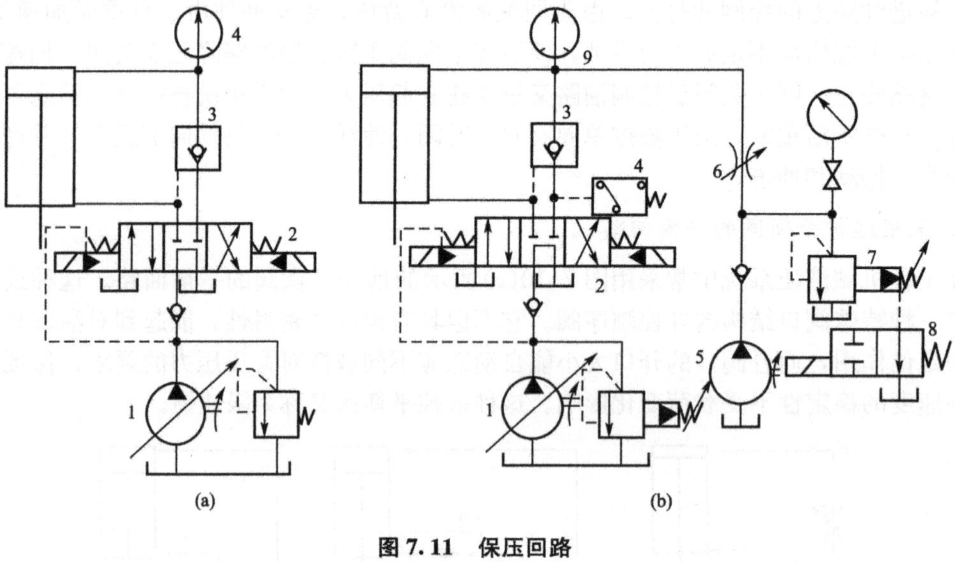

图 7.11 保压回路

3. 采用辅助泵或蓄能器的保压回路

在如图 7.11(b)所示回路中可增设一台小流量高压泵 5。当液压缸加压完毕要求保压时，由压力继电器 4 发信，使换向阀 2 中位接入回路，主泵 1 实现卸荷；同时二位二通换向阀 8 处于左位，由高压辅助泵 5 向封闭的保压系统供油，维持系统压力稳定。由于辅助泵只需补偿系统的泄漏量，可选用微小流量泵，尽量减少系统的功率损失。泵 5 保压的压力由溢流阀 7 确定。如果用蓄能器来代替辅助泵 5 也可以达到上述目的。

7.2 速度控制回路

速度控制回路是研究液压系统的速度调节和变换问题，常用的速度控制回路有调速回路、快速运动回路、速度换接回路等。

7.2.1　调速回路

调速回路的作用是满足执行元件对于工作速度的要求。在液压传动中执行元件主要是液压缸和液压马达。从液压马达的工作原理可知，液压马达的转速 n_M 由输入流量和液压马达的排量 V_M 决定，即 $n_M=q/V_M$，液压缸的运动速度 v 由输入流量和液压缸的有效作用面积 A 决定，即 $v=q/A$。

通过上面的关系可以知道，要想调节液压马达的转速 n_M 或液压缸的运动速度 v，可通过改变输入流量 q、改变液压马达的排量 V_M 和改变液压缸的有效作用面积 A 等方法来实现。由于液压缸的有效面积 A 是定值，只有改变输入流量 q 的大小才能调速，而改变输入流量 q 可以通过采用流量阀或变量泵来实现，改变液压马达的排量 V_M 可通过采用变量液压马达来实现。因此调速回路主要有以下 3 种方式。

(1) 节流调速回路：由定量泵供油，用流量阀调节进入或流出执行元件的流量来实现调速。

(2) 容积调速回路：用调节变量泵或变量马达的排量来调速。

(3) 容积节流调速回路：用限压变量泵供油，由流量阀调节进入执行元件的流量，并使变量泵的流量与调节阀的调节流量相适应来实现调速。

此外还可采用几个定量泵并联，按不同速度需要启动一个泵或几个泵供油来实现分级调速。

1. 节流调速回路

节流调速是通过调节节流元件的通流截面积大小来改变进入执行元件的流量，达到无级调速的目的。节流调速的优点是结构简单、造价低廉、维护方便、调速范围大、微调性能好，缺点是由于节流损失和溢流损失而造成效率低、发热高。节流调速回路根据节流元件所处的位置不同可以分为进油节流、回油节流和旁路节流 3 种形式。

1) 节流阀进油节流调速回路

图 7.12 为节流阀进油节流调速回路。回路由溢流阀和节流阀组成，节流阀串联在油泵和液压缸之间。在节流调速时，溢流阀一般处于开启溢流状态，油泵的工作压力 p_p 为溢流阀的开启压力 p_s，并基本保持定值。这样，油泵输出的油液中的一部分经过节流阀进入液压缸，推动活塞运动，定量泵多余的油液从溢流阀排回油箱。当调速时，调节节流阀的通流面积可通过调节节流阀的流量，从而调节液压缸的运动速度。

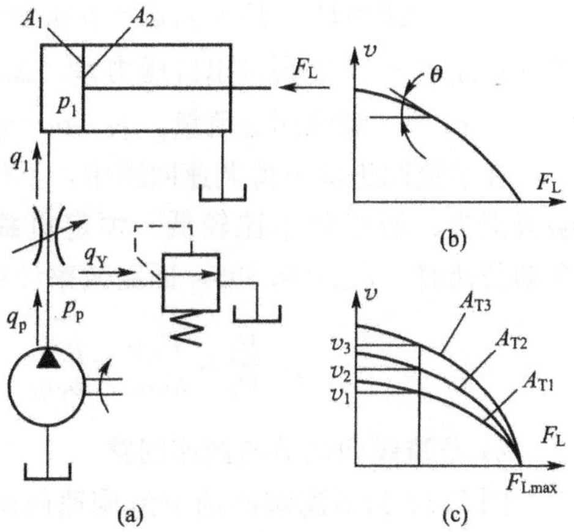

图 7.12　节流阀进油节流调速回路

(1) 速度负载特性。

液压缸的运动速度

$$v=\frac{q_1}{A_1}$$

流经节流阀的流量 $q_1=KA_T\Delta p^m=KA_T(p_P-p_1)^m$

液压缸活塞受力平衡方程式 $p_1A_1=F_L$

可得 $p_1=F_L/A_1$

故 $q_1=KA_T\left(p_P-\frac{F_L}{A_1}\right)^m$

$$v=\frac{q_1}{A_1}=\frac{KA_T}{A_1}\left(p_P-\frac{F_L}{A_1}\right)^m=\frac{KA_T}{A_1^{1+m}}(p_PA_1-F_L)^m \qquad (7-1)$$

式(7-1)为节流阀进油节流调速回路的速度负载特性，反映了液压缸运动速度 v 和负载 F_L 的相互关系。绘制成的曲线如图 7.12(b)所示。

改变节流阀的面积，可以得到一系列速度负载特性曲线，如图 7.12(c)所示。由式(7-1)和图 7.12(b)，7.12(c)可以看出，当其他条件不变时，活塞运动速度 v 与节流阀通流面积 A_T 成正比，调节 A_T 即可实现无级调速。当节流阀通流面积 A_T 一定时，活塞运动速度 v 随负载 F_L 的增加按抛物线规律下降。当负载 $F_L=0$ 时，活塞的运动速度为空载速度，且 $v_0=\frac{KA_T}{A_1}p_P{}^m$。当负载 $F_L=p_PA_1$ 时，不论节流阀通流面积 A_T 怎样变化，节流阀进出口压差为 0，活塞运动速度 $v=0$，液压泵输出的油液全部经溢流阀溢回油箱。由此可知，回路的最大承载能力为 $F_{Lmax}=p_PA_1$。不同通流面积的速度负载特性曲线均交于 F_{Lmax}点。

从速度负载特性曲线可以看到速度受负载影响的程度。这种程度可以用速度刚度来评价，速度刚度的定义为

$$k_v=-\frac{\partial F_L}{\partial v}=-\frac{1}{\tan\theta} \qquad (7-2)$$

速度刚度可以用来表示回路对外载荷变化的适应能力。当节流阀通流面积一定时，负载越小，速度刚度越大，说明该回路受外载荷波动的影响小，活塞在负载下的运动越平稳。当负载一定时，节流阀通流面积越小，活塞速度越低，速度刚度越大。

(2) 功率特性。

液压泵的输出功率 $P_P=p_Pq_P=$常量

液压缸的输出功率 $P_1=F_Lv=F_L\frac{q_1}{A_1}=p_1q_1$

功率损失

$$\Delta P=P_P-P_1=p_Pq_P-p_1q_1=p_P(q_1+q_Y)-(p_P-\Delta p)q_1=p_Pq_Y+\Delta pq_1 \qquad (7-3)$$

式中：Δp——节流阀进出口压力差，$\Delta p=p_P-p_1$；

q_Y——溢流阀溢流量，$q_Y=q_P-q_1$。

在节流阀进油节流调速回路中，不仅有节流损失，还有溢流损失，所以效率比较低。恒定负载时，$\eta=0.2\sim0.6$；变动载荷时，$\eta_{max}=0.385$。回路效率计算公式为

$$\eta=\frac{P_1}{P_P}=\frac{F_Lv}{p_Pq_P}=\frac{p_1q_1}{p_Pq_P} \qquad (7-4)$$

2) 节流阀回油节流调速回路

图 7.13 为节流阀回油节流调速回路，采用类似的推导过程进行分析。

(1) 速度负载特性。

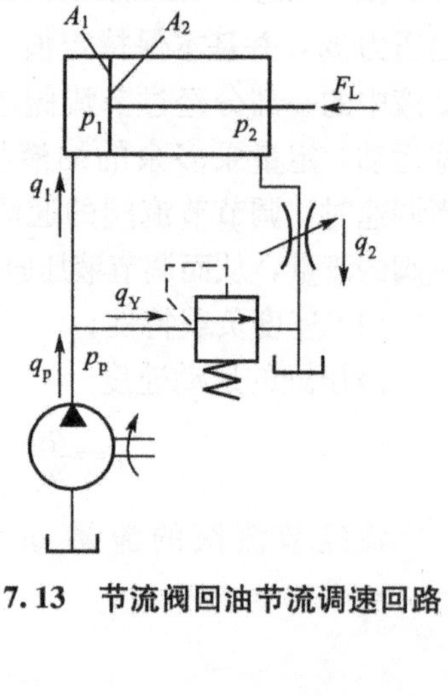

图 7.13 节流阀回油节流调速回路

液压缸的运动速度

$$v=\frac{q_2}{A_2}$$

流经节流阀的流量

$$q_2=KA_{\mathrm{T}}\Delta p^m=KA_{\mathrm{T}}{p_2}^m$$

液压缸活塞受力平衡方程式

$$p_{\mathrm{P}}A_1=p_2A_2+F_{\mathrm{L}}$$

可得

$$p_2=\frac{A_1p_{\mathrm{P}}-F_{\mathrm{L}}}{A_2}$$

故

$$q_2=KA_{\mathrm{T}}\left(\frac{A_1p_{\mathrm{P}}-F_{\mathrm{L}}}{A_2}\right)^m$$

$$v=\frac{q_2}{A_2}=\frac{KA_{\mathrm{T}}}{A_2}\left(\frac{A_1p_{\mathrm{P}}-F_{\mathrm{L}}}{A_2}\right)^m=\frac{KA_{\mathrm{T}}}{A_2^{1+m}}(p_{\mathrm{P}}A_1-F_{\mathrm{L}})^m \tag{7-5}$$

节流阀回油节流调速回路速度负载特性与进油节流调速回路相似，其最大承载能力相同。

(2) 功率特性。

液压泵的输出功率 $P_{\mathrm{P}}=p_{\mathrm{P}}q_{\mathrm{P}}=$常量

液压缸的输出功率 $P_1=F_{\mathrm{L}}v=(p_{\mathrm{P}}A_1-p_2A_2)v=p_{\mathrm{P}}q_1-p_2q_2$

功率损失

$$\Delta P=P_{\mathrm{P}}-P_1=p_{\mathrm{P}}q_{\mathrm{P}}-p_1q_1=p_{\mathrm{P}}(q_1+q_{\mathrm{Y}})-(p_{\mathrm{P}}q_1-p_2q_2)=p_{\mathrm{P}}q_{\mathrm{Y}}+p_2q_2 \tag{7-6}$$

回路效率

$$\eta=\frac{F_{\mathrm{L}}v}{p_{\mathrm{P}}q_{\mathrm{P}}}=\frac{p_{\mathrm{P}}q_1-p_2q_2}{p_{\mathrm{P}}q_{\mathrm{P}}}=\frac{\left(p_{\mathrm{P}}-p_2\dfrac{A_2}{A_1}\right)q_1}{p_{\mathrm{P}}q_{\mathrm{P}}} \tag{7-7}$$

由式(7-4)和式(7-7)可知，当负载 F_{L} 和活塞运动速度相同时，进油路节流调速和回油路节流调速回路的效率相同。

比较节流阀进油节流调速和节流阀回油节流的特性曲线可以发现它们是相似的。但在有些方面还是有一些不同之处。

(1) 承受负值负载能力。所谓负值负载是指和运动方向相同的负载。回油节流调速回路因节流阀装在液压缸的回油路中，节流阀的液阻形成回油背压，所以能够承受负值负载。而进油节流调速回路不能承受负值负载，为提高运动的平稳性，常在回油路中加背压阀，但这样增大了功率消耗。

(2) 油液发热对泄漏的影响。回油节流调速回路中节流口产生的热油直接回油箱，便于散热。进油节流调速回路中节流口产生的热油直接进入液压缸会增加泄漏。

(3) 启动性能。在回油节流调速回路中，若长时间停车，液压缸回油腔内的油液会流回油箱；当重新向液压缸供油时，由于回油路中的节流阀不能马上形成背压，进油路没有节流阀，故泵的流量会全部进入液压缸，造成活塞前冲。而在进油节流调速回路由于有节流阀控制流量，故活塞几乎没有前冲。

3) 节流阀旁路节流调速回路

图 7.14 为节流阀旁路节流调速回路。节流阀装在与液压缸并联的支路上。油泵输出的油液中的一部分进入液压缸，推动活塞运动，油泵多余的油液经过节流阀排回油箱。调

节节流阀的通流面积即可调节通过的流量 Δq，进而调节了进入液压缸的流量 q_1。回路正常工作时，溢流阀处于关闭状态，过载时打开，故溢流阀实际上是安全阀，其最大调定压力为最大负载压力的1.1倍～1.2倍。液压泵的供油压力 p_P 完全取决于负载而不恒定，所以这种调速方式又称为变压式节流调速。

(1) 速度负载特性。

旁路节流调速回路的速度负载特性可以按照进、回油节流调速回路同样的方法推得。考虑到泵的工作压力随负载而变化，泵的输出流量 q_P 应计入泵随压力变化的泄漏量 Δq_P。

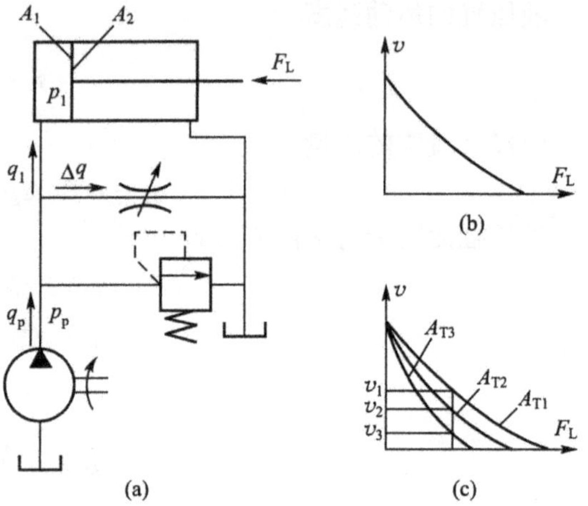

图7.14　节流阀旁路节流调速回路

$$v=\frac{q_1}{A_1}=\frac{q_{Pt}-\Delta q_P-\Delta q}{A_1}=\frac{q_{Pt}-k_1\left(\frac{F_L}{A_1}\right)-KA_T\left(\frac{F_L}{A_1}\right)^m}{A_1} \tag{7-8}$$

式中：q_{Pt}——泵的理论流量；

k_1——泵的泄漏系数。

节流阀旁路节流调速回路速度负载特性曲线如图7.14(b)和7.14(c)所示。可以看出，当节流阀通流面积一定时，液压缸运动速度随负载增加而显著下降，负载越大，速度刚性越大；当负载一定时，节流阀通流面积越小，活塞速度越快，速度刚性越大，这与前两种调速回路相反。由于负载变化引起泵的泄漏对速度产生附加影响，从而导致其速度负载特性较前两种差。

节流阀旁路节流调速回路最大承载能力随着节流阀通流面积 A_T 的增加而减小。当 $F_{Lmax}=(q_P/KA_T)^{\frac{1}{m}}$ 时，泵的全部流量经节流阀流回油箱，液压缸速度为零。

由于回油无背压，回路不能承受负值负载。

(2) 功率特性。

液压泵的输出功率　$P_P=p_Pq_P=p_1q_P$

液压缸的输出功率　$P_1=F_Lv=p_1A_1v=p_1q_1$

功率损失

$$\Delta P=P_P-P_1=p_1q_P-p_1q_1=p_1\Delta q \tag{7-9}$$

回路效率

$$\eta=\frac{p_1q_1}{p_1q_P}=\frac{q_1}{q_P} \tag{7-10}$$

可以看出，旁路节流调速回路只有节流损失，而无溢流损失，因而功率损失比前两种调速回路小、效率高。这种调速回路一般用于功率较大且对速度稳定性要求不高的场合。

4) 调速阀调速回路

使用节流阀的节流调速回路的速度-负载特性都比较软，回路的刚度都比较小，变载荷下的运动平稳性都比较差。为了克服这些缺点，可用调速阀代替节流阀。由于调速阀本身的矫正环节——定差减压阀能够保持通过节流口的压差近似不变，通过的流量也就近似不变，这样回路的刚度比较大，采用调速阀的调速这样回路及负载特性如图7.15所示。

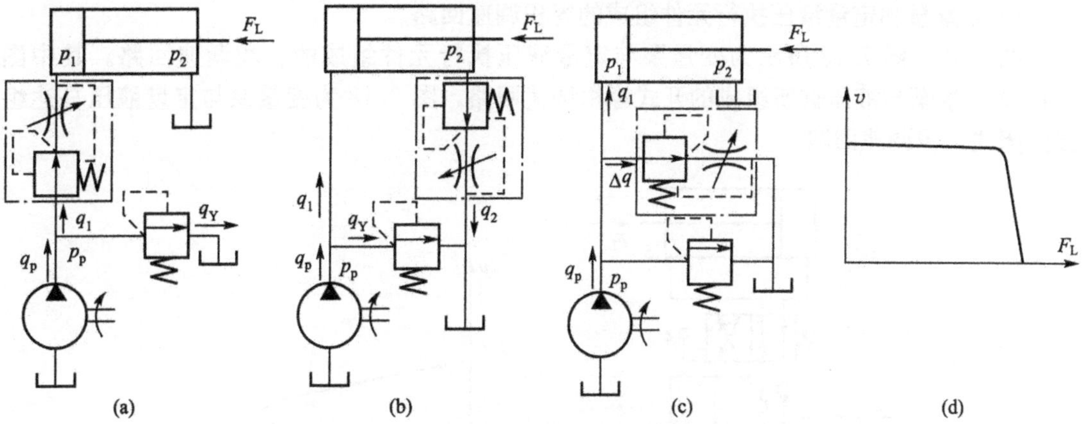

图 7.15 采用调速阀的调速回路及负载特性曲线

5）换向阀节流调速回路

在工程机械中经常通过控制换向阀(手动换向阀、节流式先导换向阀、减压式先导换向阀)的开度来实现节流调速。

图 7.16 为 M 型手动换向阀节流调速的例子。换向阀有微小开度，阀芯和阀体之间有环形的微小缝隙，形成进油节流和回油节流，使溢流阀打开。油泵的压力油中的一部分经溢流阀流回油箱，一部分经过换向阀的节流口进入液压缸。液压缸回油经过节流口到油箱。

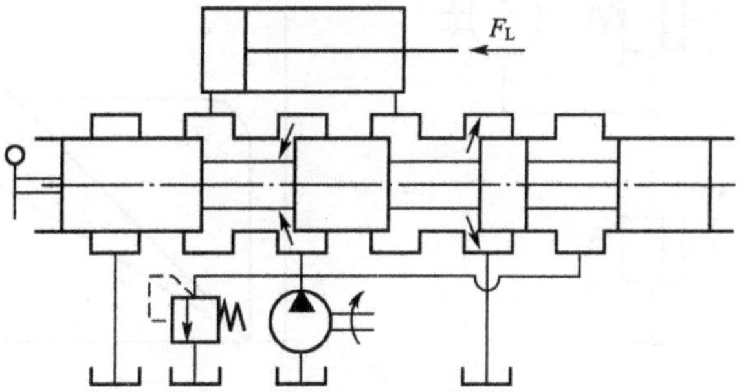

图 7.16 M 型手动换向阀节流调速

2. 容积调速回路

容积调速回路是通过改变液压泵或(和)液压马达的排量来实现无级调速的，其主要优点是没有节流损失和溢流损失，所以效率高、油液温升小，适用于大功率液压系统；缺点是调速范围比节流调速小，微调性能不如节流调速好，且结构复杂、造价高，按照油路循环方式不同，容积调速回路可以分为开式回路和闭式回路两种。开式回路中泵从油箱吸油，执行元件的回油直接回到油箱，油箱容积大，油液能得到充分冷却，但空气和脏物易进入回路。闭式回路中液压泵将油液输出进入执行元件的进油腔，执行元件的回油直接与泵的吸油腔相连，结构紧凑，只需很小的补油箱，但冷却条件差。为了补偿工作中油液的泄漏，需铺设补油泵，补油泵的流量为主泵流量的 10%～15%。压力调节为 3×10^5Pa～10×10^5Pa。容积调速回路通常有 3 种基本形式：变量泵和定量液压执行元件组成的容积调速回路；定量泵和变量马达组成的容积调速回路；变量泵和变量马达组成的容积调速回路。

1）变量泵和定量液压执行元件组成的容积调速回路

图7.17、图7.18所示为变量泵与定量液压执行元件组成的容积调速回路。其中图7.17为变量泵与液压缸所组成的开式容积调速回路，图7.18为变量泵与定量液压马达组成的闭式容积调速回路。

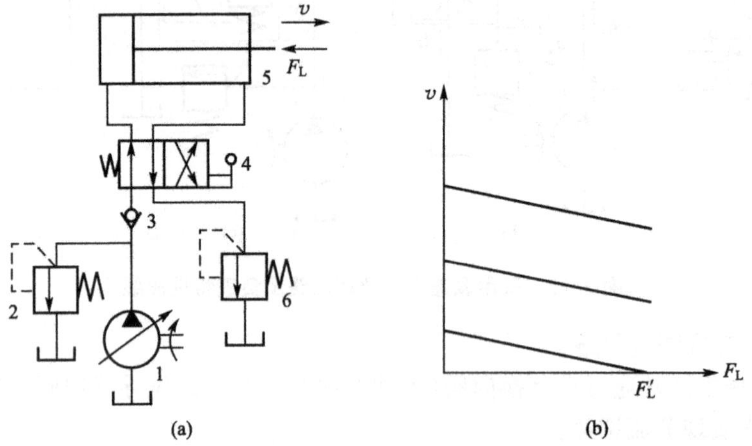

图7.17　变量泵-液压缸调速回路及其调速特性

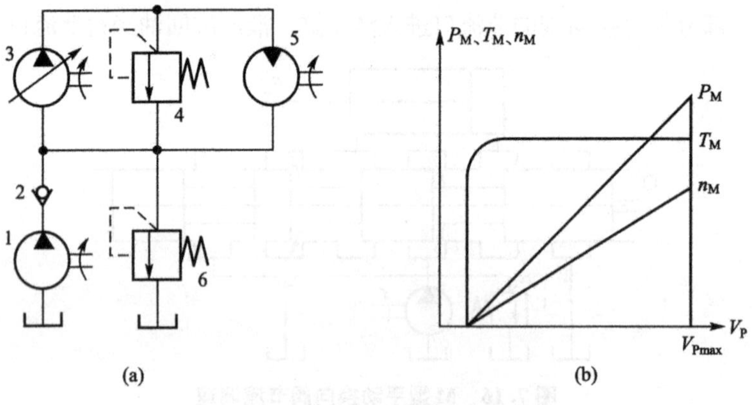

图7.18　变量泵-定量马达调速回路

在图7.17(a)中液压缸的运动速度 v 由变量泵1调节，2为安全阀，用来限制回路中的最大压力，4为换向阀，6为背压阀。若不考虑液压泵以外的元件和管道的泄漏，执行元件的运动速度为

$$v=\frac{q_P}{A_1}=\frac{q_{Pt}-k_1\left(\frac{F_L}{A_1}\right)}{A_1} \tag{7-11}$$

式中：q_{Pt}——变量泵的理论流量；

k_1——变量泵的泄漏系数，其余符号意义同前。

将式(7-11)按不同的 q_{Pt} 值作图，可得一组平行线，如图7.17(b)所示。由图可见，由于变量泵有泄漏，执行元件的运动速度会随负载的增大而减小。当负载增大至某值时，在低速下会出现停止运动的现象，这时变量泵的理论流量等于泄漏量，可见这种回路在低速下的承载能力很差。

在图7.18(a)所示由变量泵与定量马达组成的调速回路中，高压管路上设置安全阀4用于防止过载；变量泵3用来调节液压马达5的转速；低压辅助泵1用于补油，其补油压力由低压溢流阀6来调节。辅助泵与溢流阀使低压管路始终保持一定压力，不仅改善了主泵的吸油条件，而且可置换部分发热油液，降低系统温升。

在这种回路中，液压泵的转速 n_P 和液压马达的排量 V_M 视为常量，改变泵的排量 V_P 可使马达转速 n_M 和输出功率 P_M 随之成比例变化。马达的输出转矩 T_M 和回路的工作压力 Δp 取决于负载转矩，不会因调速而发生变化，所以这种回路常被称为恒转矩调速回路。由于泵和马达的泄漏，马达输出的转速同样会随着负载转矩增大而降低。这种调速回路的调速范围一般为 $R_c = n_{Mmax}/n_{Mmin} \approx 40$。

2）定量泵和变量马达组成的容积调速回路

图7.19所示为定量泵与变量马达组成的容积调速回路。定量泵2输出流量不变；调节变量马达5的排量 V_M 马达即可改变马达转速 n_M；4为安全阀；6为低压溢流阀；1为补油泵。

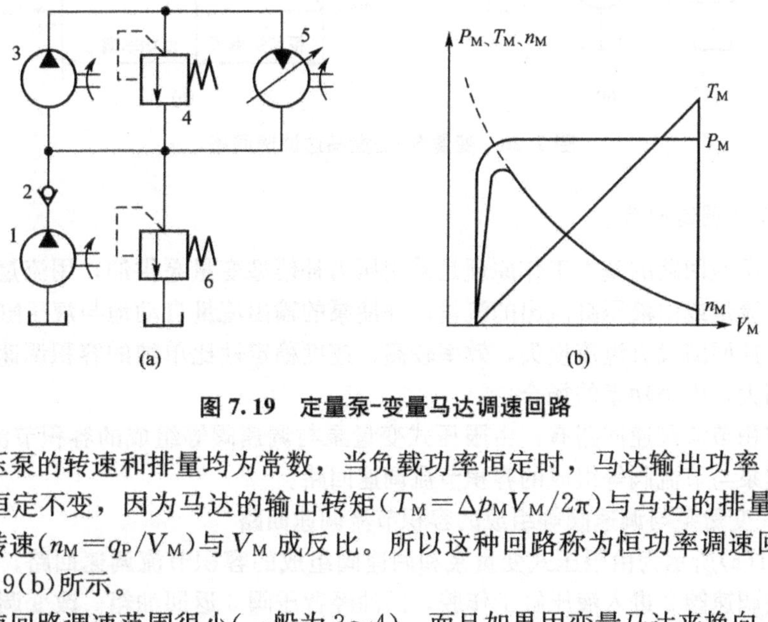

图7.19　定量泵-变量马达调速回路

由于液压泵的转速和排量均为常数，当负载功率恒定时，马达输出功率 P_M 和回路工作压力 p 都恒定不变，因为马达的输出转矩($T_M = \Delta p_M V_M / 2\pi$)与马达的排量 V_M 成正比，所以马达的转速($n_M = q_P / V_M$)与 V_M 成反比。所以这种回路称为恒功率调速回路，其调速特性如图7.19(b)所示。

这种调速回路调速范围很小(一般为3～4)，而且如果用变量马达来换向，在换向的瞬间要经过“高转速→零转速→反向高转速”的突变过程，不宜实现平稳换向，因而较少单独应用。

3）变量泵和变量马达组成的容积调速回路

图7.20所示为双向变量泵-双向变量马达调速回路。变换泵的供油方向可实现马达正反向旋转。单向阀4和5用于辅助泵3双向补油，单向阀4和5使溢流阀8在两个方向都起过载保护作用。一般机械往往要求低速时有较大的输出转矩，而高速时能输出较大的功率，采用这种回路恰好可以达到这一要求。在低速段，先将变量马达的排量 V_M 调到最大值并使之恒定，然后调节变量泵的排量 V_P 使之从最小逐渐加大到最大值，则马达的转速 n_M 便从最小逐渐升高到相应的最大值(变量马达的输出转矩 T_M 不变，输出功率 P_M 逐渐加大)，这一阶段相当于变量泵定量马达的容积调速回路。高速段将已调到最大值的变量泵的排量 V_P 固定不变，然后调节变量马达的排量 V_M，使之从最大逐渐调到最小，此时马

达的转速 n_M 便进一步逐渐升高到最高值(在此阶段中，马达的输出转矩 T_M 逐渐减小，而输出功率 P_M 不变)，这一阶段相当于定量泵变量马达的容积调速回路。回路特性曲线如图 7.20(b)所示。这种容积调速回路可使马达的换向平稳，且第一阶段为恒转矩调速，第二阶段为恒功率调速。其调速范围是变量泵调节范围和变量马达调节范围之乘积，所以其调速范围大(可达 100)，并且有较高的效率。它适用于大功率的场合，如矿山机械、起重机械以及大型机床的主运动液压系统。

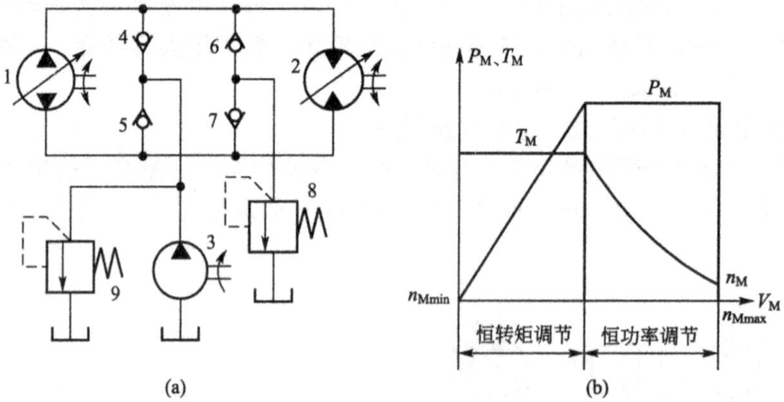

图 7.20　变量泵-变量马达调速回路

3. 容积节流调速回路

容积节流调速回路的基本工作原理是采用压力补偿型变量泵供油，用流量控制阀调节进入液压缸的流量或由液压缸流出的流量，并使泵的输出流量自动地与液压缸所需流量相适应。这种调速回路没有溢流损失，效率较高，速度稳定性比单纯的容积调速回路好，常用于速度范围大，中小功率的场合。

常用的容积节流调速回路有：由限压式变量泵与调速阀等组成的容积节流调速回路，由变压式变量泵与节流阀等组成的容积节流调速回路。

1) 限压式变量泵与调速阀等组成的容积节流调速回路

如图 7.21(a)所示为由限压式变量泵和调速阀组成的容积节流调速回路。变量泵 1 输出的压力油经调速阀 2 进入液压缸工作腔，回油经背压阀 3 返回油箱。改变调速阀中节流阀口通流截面面积 A_T 的大小，即可调节液压缸的运动速度，泵的输出流量 q_P 和通过调速阀进入液压缸的流量 q_1 相适应。例如，将 A_T 减小到某一数值，在关小阀口的瞬间，泵的输出流量 q_P 还未来得及改变，于是出现了 $q_P>q_1$，导致泵的出口压力 p_P 增大，其反馈作用使变量泵的流量 q_P 自动减小到与 A_T 对应的 q_1；反之，若将 A_T 增大到某一数值，瞬间会出现 $q_P<q_1$，此时泵的出口压力 p_P 减小，变量泵的流量 q_P 自动增大至 $q_P \approx q_1$。由此可见，调速阀不仅起调节作用，而且作为检测元件，是将其流量转换为压力信号控制泵的变量机构。对应于调速阀一定的开口，调速阀的进口(即泵的出口)具有一定的压力，泵就输出相应的流量。

图 7.21(b)为回路的特性曲线。图中曲线 ABC 是限压式变量泵的压力-流量特性，EDC 是调速阀在某一开度时液压缸的压力-流量特性，点 F 是泵的工作点。由图可见，这种回路无溢流损失，但有节流损失，其大小与液压缸工作压力 p_1 有关。当进入液压缸的

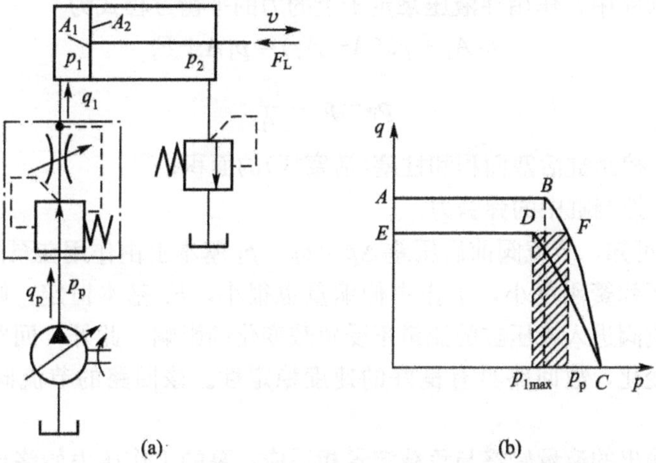

图 7.21 限压式变量泵与调速阀的容积节流调速回路

工作流量为 q_1、泵的出口压力为 p_P 时，为了保证调速阀正常工作所需的压差 Δp_1，液压缸的工作压力最大值应为 $p_{1\max}=p_P-\Delta p_1$；同时，由于背压力 p_2 的存在，p_1 的最小值必须满足 $p_{1\min}=\dfrac{p_2A_2}{A_1}$。当 $p_1=p_{1\max}$时，回路的节流损失最小［图 7.21(b)中阴影部分］；p_1 越小(D 点向左移动)，则节流损失越大。若不考虑泵的出口至缸的入口之间的流量损失，回路的效率为

$$\eta_c=\frac{\left(p_1-p_2\dfrac{A_2}{A_2}\right)q_1}{p_Pq_P}=\frac{p_1-p_2\dfrac{A_2}{A_2}}{p_P} \tag{7-12}$$

由式(7-12)可知，当负载变化较大且大部分时间处于低负载下工作时，回路效率较低。泵的出口压力应略大于($p_{1\max}+\Delta p_c+\Delta p_1$)，其中 $p_{1\max}$ 为液压缸最大工作压力，Δp_1 为调速阀正常工作所需的压差，Δp_c 为管路压力损失。这种调速回路中的调速阀也可装在回油路上。

2) 差压式变量泵与节流阀等组成的调速回路

这种调速回路采用差压式变量泵供油，节流阀控制进入液压缸或从液压缸流出的流量，并使变量泵输出流量 q_P 自动与进入液压缸的流量相适应。图 7.22 所示为节流阀安装在进油路上的调速回路，节流阀两端的压差反馈作用在泵内的两个控制活塞(柱塞)上。柱塞 1 的直径与活塞 2 的活塞杆直径相等。改变节流阀开口就可控制进入液压缸的流量 q_1，并使泵的输出流量 q_P 自动与之相适应。当 $q_P>q_1$ 时，泵的供油压力上升，泵内左、右的柱塞和活塞进一步压缩弹簧，推动定子向右移动，减小泵的偏心距，使泵的供油量下降到 $q_P\approx q_1$。反之，当 $q_P<q_1$ 时，泵的供油压力下降，弹簧推动活塞及定子向右移动，泵的偏心距增大，使泵的供油量上升到 $q_P\approx q_1$。

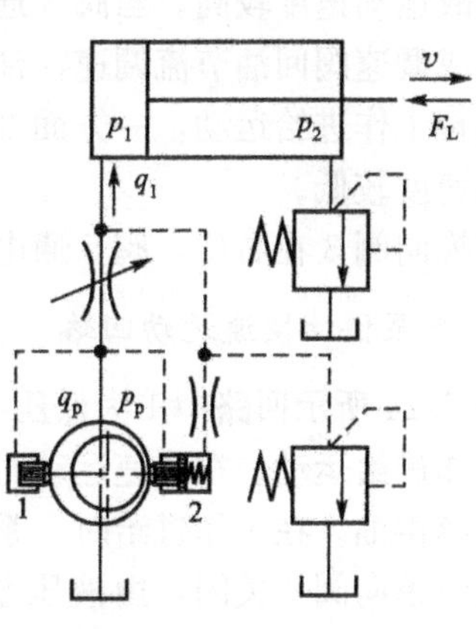

图 7.22 差压式变量泵与节流阀的调速回路

在这种调速回路中，作用在液压泵定子上的力的平衡方程式为

$$p_P A_1 + p_P (A - A_1) = p_1 A + F_s$$

即

$$p_P - p_1 = \frac{F_s}{A} \tag{7-13}$$

式中：A、A_1——控制缸活塞面积和柱塞(活塞杆)的面积；

F_s——控制缸中的弹簧力。

由式(7-13)可知，节流阀前后压差 $\Delta p = p_P - p_1$ 基本上由作用在泵的控制柱塞上的弹簧力来确定，由于弹簧刚度小，工作中伸缩量也很小，F_s 基本恒定，则 Δp 也近似为常数。所以通过节流阀进入液压缸的流量不受负载变化的影响。此外，回路能补偿负载变化引起的泵的泄漏变化，故回路具有良好的速度稳定性。该回路的节流阀也可串接在回油路上。

由于液压缸输出的流量始终与负载流量相适应，泵的工作压力始终比负载压力大且恒定值 F_s/A。回路不但没有溢流损失，而且节流损失也比限压式变量泵和调速阀的调速回路小，因此回路效率高，发热小。回路效率为

$$\eta_c = \frac{\left(p_1 - p_2 \frac{A_2}{A_2}\right) q_1}{p_P q_P} = \frac{p_1 - p_2 \frac{A_2}{A_2}}{p_1 + \Delta p} \tag{7-14}$$

由式(7-14)可知，只要适当控制 Δp(一般 $\Delta p \approx 0.3\text{MPa}$)，就可获得较高的效率。这种回路适宜于负载变化大，速度较低的中、小功率场合，如某些组合机床的进给系统中。

7.2.2 快速运动回路

在液压传动中，为了节省时间，提高工作效率并充分利用原动机的功率，执行元件在没有载荷的某一运动过程中要求快速运动，这就需要快速运动回路。

1. *液压缸差动连接快速运动回路*

图 7.23 所示的回路是利用二位三通电磁换向阀实现的差动连接快速运动回路，是机床中常用的实现“快进→工进→快退”的回路。当换向阀 3 在左位、阀 5 在上位时回路构成差动连接，实现快速进给运动，一方面油泵全流量供油，另一方面由于液压缸的作用面积小，故运动速度较高。当阀 5 通电时差动连接即被解除，液压缸的回油经过调速阀到油箱，形成调速阀回油节流调速，油泵一部分流量进入液压缸，另一部分流量经溢流阀回油箱，实现工作进给运动，一方面油泵部分流量供油，另一方面由于液压缸的作用面积大，故运动速度较低。

当换向阀 3 在右位，阀 5 通电在右位，液压缸实现快退功能。

2. *双泵供油快速运动回路*

图 7.24 所示回路中 1 为低压大流量泵，用于实现快速运动；2 为高压小流量泵，用于实现工作进给运动。在快速运动时，液压泵 1 输出的油经单向阀 4 和液压泵 2 输出的油共同向系统供油。在工作进给时，系统压力升高，打开液控顺序阀(卸荷阀)3 使液压泵 2 卸荷，此时单向阀 4 关闭，由液压泵 2 单独向系统供油。溢流阀 5 控制液压泵 1 的供油压力，其值是根据系统所需最大工作压力来调节的，而卸荷阀 3 使液压泵 1 在快速运动时供

油，在工作进给时则卸荷，因此它的调整压力应比快速运动时系统所需的压力要高，但比溢流阀 5 的调整压力低。

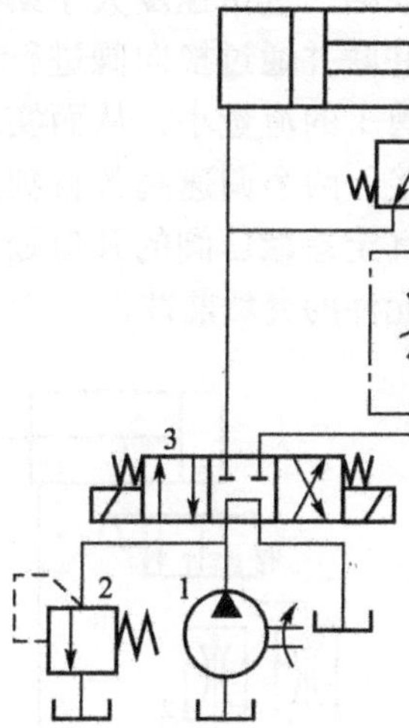

图 7.23　液压缸差动连接快速运动回路

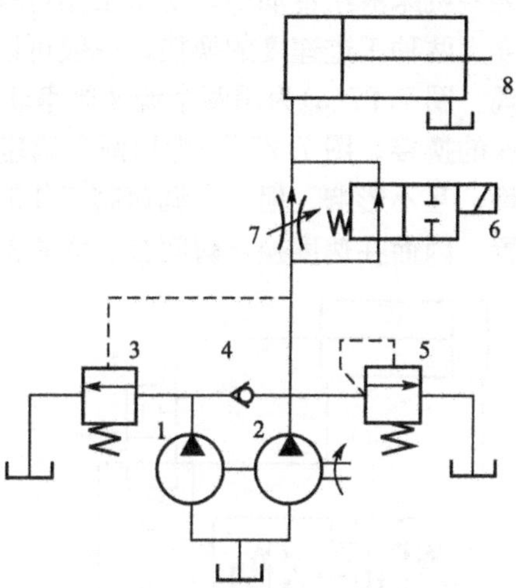

图 7.24　双泵供油快速运动回路

双泵供油回路功率利用合理、效率高，并且速度换接较平稳，在快、慢速度相差较大的机床中应用很广泛；缺点是要用一个双联泵，油路系统也比较复杂。

3. 采用蓄能器的快速运动回路

当液压系统在某个较短的时间内需要较高的速度时可以采用蓄能器增速。

图 7.25 所示为采用蓄能器的快速运动回路。当换向阀 5 在左位时，泵 1 和蓄能器 4 共同向液压缸供油，以提高液压缸的运动速度；当系统不工作时，换向阀 5 处于中位，油泵经单向阀 3 向蓄能器充液，蓄能器充满且压力达到预定值后打开卸荷阀使油泵卸荷。采用蓄能器的好处是可以用流量较小的油泵。

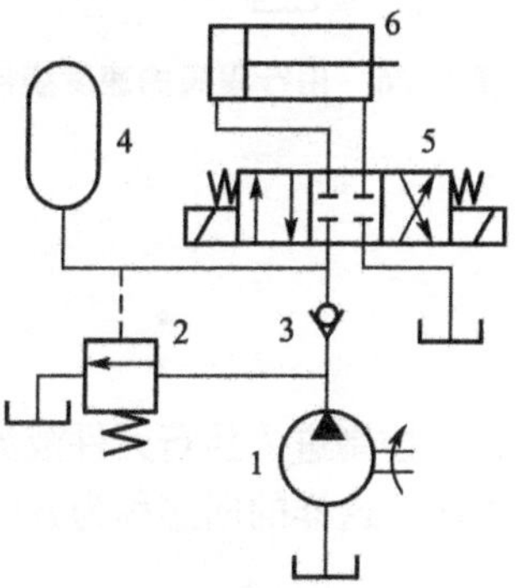

图 7.25　采用蓄能器的快速运动回路

7.2.3　速度换接回路

速度换接回路的作用是使执行元件在一个工作循环中从一种速度切换到另一种速度。根据切换前后速度的不同，可分为快速与慢速、慢速与慢速的换接。这种回路应该具有较高的换接平稳性和换接精度。

1. 快、慢速换接回路

图 7.26 为用行程阀控制的快速与慢速之间的换接回路。换向阀到左位时，活塞快进，当活塞杆上的挡块压下行程阀 6 时，液压缸的回油经过节流阀到油箱，进到回油节流调速状态，活塞转变为慢速工进；当换向阀 2 到右位时，活塞就快速返回。行程控制除了采用行程阀之外，还可以采用行程开关加电磁阀来实现。后者布置灵活，但电磁阀换向快，不如直接用行程阀换接平稳。

实现快、慢速换接的方法很多，图 7.23、图 7.24 均可用于实现快、慢速换接。

2. 两种慢速之间的换接

某些机床液压传动中，要求工作行程有两种工进速度，一般第一进给速度大于第二进给速度。两种工进速度的换接，一般可以用两个调速阀串联或并联并通过换向阀进行切换来实现。图 7.27(a)为用两个调速阀串联，调速阀 2 的流量比阀 1 的流量小，从而实现两种慢速的换接。图 7.27(b)为用两个调速阀并联，用电磁阀换接，两个调速阀各自独立调节流量，互不影响。但一个调速阀工作时，另一个无油通过，其定差减压阀的开口处于最大位置，因而在速度换接瞬间会有大量的油液通过，造成执行元件的突然前冲。

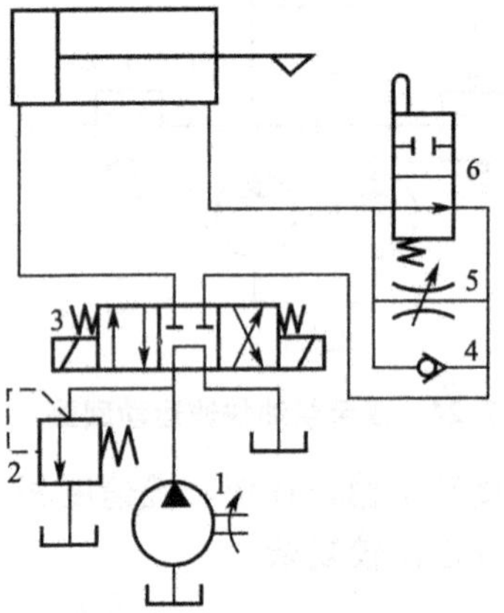

图 7.26 用行程阀的速度换接回路

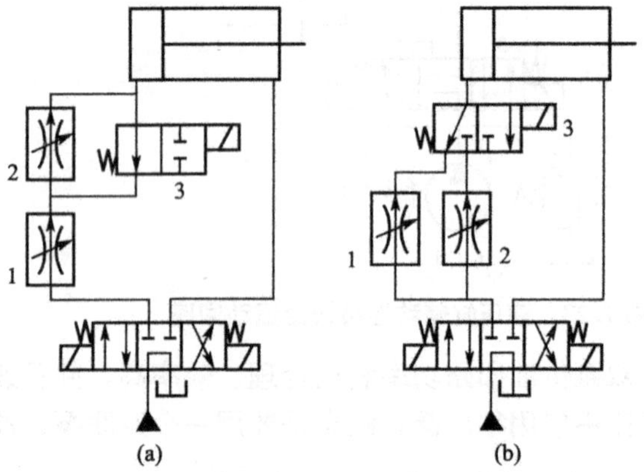

图 7.27 调速阀串、并联速度换接回路

7.3 方向控制回路

通过控制进入执行元件液流的通、断或变向来实现执行元件的启动、停止、制动或改变运动方向，这样的回路称为方向控制回路。常用的方向控制回路有换向回路、锁紧回路。

7.3.1 换向回路

1. 采用换向阀的换向回路

在液压系统中，利用换向阀换向是最常用的换向方式。采用二位四通(五通)、三位四通(五通)换向阀都可以使执行元件换向。图 7.28 所示为采用三位四通换向阀换向的例子。当换向阀处于左位时，油泵来的压力油进入油缸的左腔，载荷活塞杆伸出；当换向阀处于中位时，油泵来的油直接回油箱，油泵卸荷，油缸处于停止状态；当换向阀处于右位时，油泵来的压力油进入油缸的右腔，油缸的左腔回油，活塞杆缩回。使用三位四通换向阀换向可利用三位阀的不同中位机能使系统获得不同的性能。

2. 双向变量泵换向回路

在闭式回路中可用双向变量泵变更供油方向来实现液压缸(马达)换向，如图 7.29 所示。执行元件为双向定量马达，通过改变双向变量泵斜盘倾角的方向，可以改变进出口油流的方向从而实现马达的换向。其中泵 3 为补油泵，溢流阀 1 设定补油压力，溢流阀 6 是防止系统过载的安全阀。

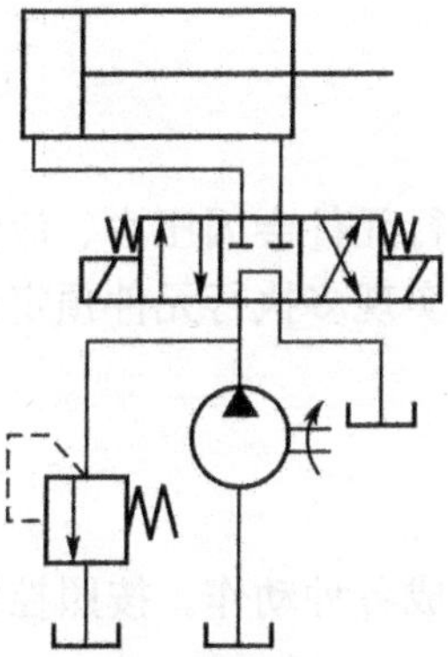

图 7.28　换向阀换向回路

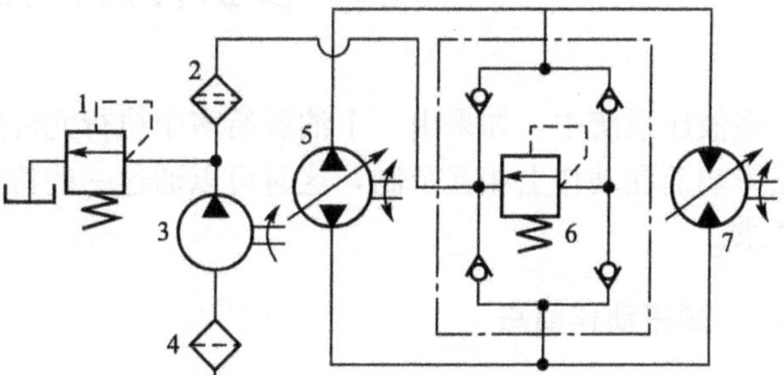

图 7.29　双向变量泵换向回路

7.3.2　锁紧回路

锁紧回路的作用是在执行元件不工作时，准确地停留在原来的位置上，不能因泄漏或外界因素而改变位置。使液压缸锁紧的最简单方法是利用三位换向阀的 M 形或 O 形中位机能来封闭缸的两腔。但由于滑阀的泄漏，不能长时间保持在某位置停止不动，锁紧精度不高。最常用的方法是采用液控单向阀作锁紧元件。

图 7.30 为起重机液压支腿的锁紧回路。回路中采用了两个液控单向阀(双向液压锁)，液控单向阀具有良好的锥面密封性，油缸可以长时间地被锁紧。配合液压锁最好采用 H 形或 Y 形中位机能的换向阀，这种换向阀一旦回到中位，液控单向阀的控制压力立即卸掉，因而液控单向阀马上关闭。双向液压锁一般直接装在油缸上，中间不用软管连接，这样就不会因软管爆裂而发生事故，具有安全保护作用。

当执行元件是液压马达时，切断其进、出油口后理应停止转动，但因马达还有一泄油口直接通入油箱，当马达在重力负载力矩作用下变成泵工况时，其出口油液将经泄油口流回油箱，使马达出现滑转。为此，在切断马达进、出油口的同时，需通过液压制动器来保证马达可靠的停转，如图 7.31 所示。

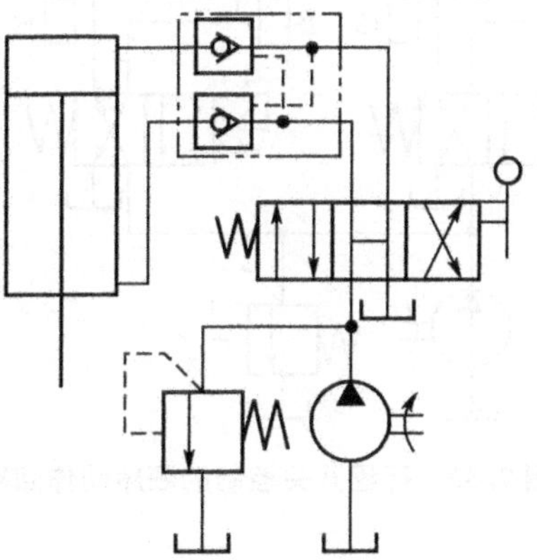

图 7.30　用液控单向阀的锁紧回路

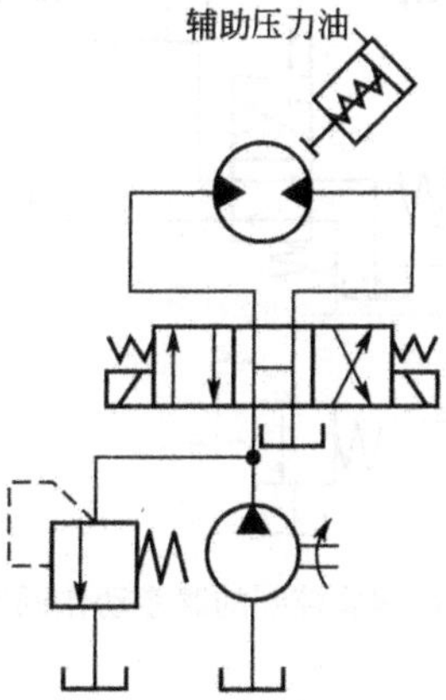

图 7.31　用制动器的马达锁紧回路

7.4　多执行元件控制回路

在液压系统中，如果由一个油源给多个执行元件供油，各执行元件会因压力、流量的相互影响而在动作上相互牵制，这时可以通过一些特殊的回路来实现多执行元件预定的动作要求。

7.4.1　顺序动作回路

顺序动作回路的作用是保证执行元件按照预定的先后次序完成各种动作。按照控制方式不同，可以分为行程控制和压力控制两种。

1. 行程控制顺序动作回路

图 7.32 为行程阀控制的动作回路，在图示状态下，1、2 两油缸活塞均在左端。当推动手柄，使阀 3 左位工作，缸 1 的活塞右行，完成动作①；当缸 1 的活塞运动到终点后挡块压下行程阀 4，缸 2 右行，完成动作②；手动换向阀 C 复位后，实现动作③；随着挡块的后移，阀 4 复位，缸 2 活塞退回，实现动作④。利用行程阀控制的优点是位置精度高、平稳可靠；缺点是行程和顺序不容易更改。

图 7.33 为行程开关控制的动作回路，在图示状态下，1、2 两油缸活塞均在左端。电磁阀 1YA 通电时使阀左位工作，缸 1 的活塞右行，完成动作①；当缸 1 的活塞运动到终点后触动行程开关 2S，使电磁阀 2YA 通电换到左位，缸 2 的活塞右行，完成动作②；当缸 2 的活塞运动到终点后触动行程开关 4S，电磁阀 1YA 断电复位，实现动作③；油缸 1 的活塞运动到终点后触动行程开关 1S，电磁阀 2YA 断电复位，缸 2 的活塞退回实现动作④。行程开关控制的顺序动作回路优点是位置精度高，调整方便，且可以更改顺序，所以应用较广，适合于工作循环经常要更改的场合。

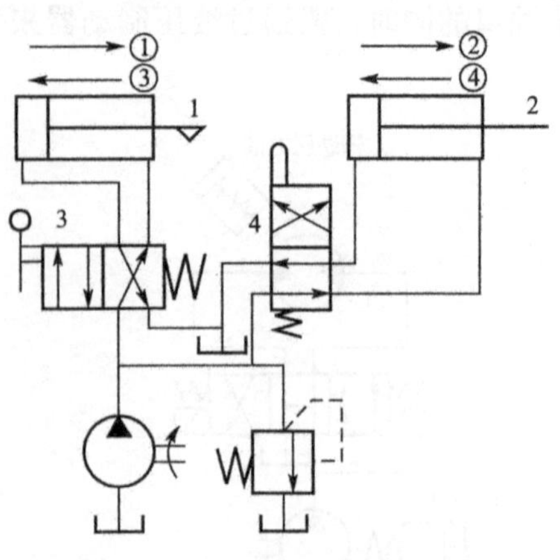

图 7.32　行程阀控制的顺序动作回路

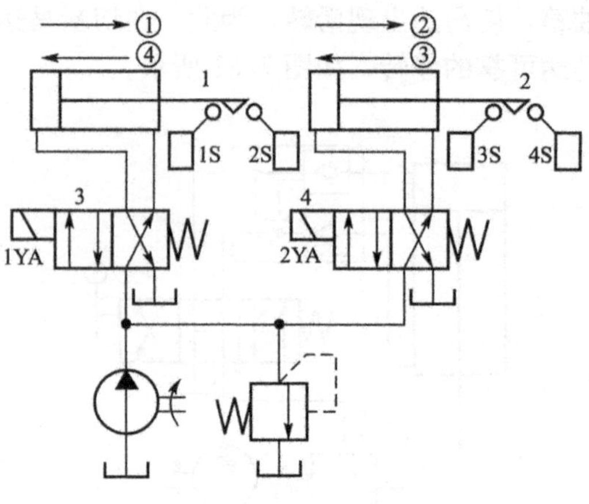

图 7.33　行程开关控制的顺序动作回路

2. 压力控制顺序动作回路

利用液压系统中的工作压力变化控制各个执行元件的顺序动作是液压系统独具的控制特

性。压力控制的优点是动作灵敏，安装布置比较方便；缺点是可靠性不高，位置精度低。

图 7.34 为顺序阀控制的动作回路。当换向阀左位接入回路且顺序阀 4 的调定压力大于液压缸活塞伸出最大工作压力时，顺序阀 4 关闭，压力油进入液压缸 1 的左腔，缸 1 的右腔经顺序阀 3 的单向阀回油，实现动作①；当缸 1 的伸出行程结束到达终点后，压力升高，压力油打开顺序阀 4 进入液压缸 2 的左腔，缸 2 的右腔回油，实现动作②；同样道理，当换向阀右位接入回路且顺序阀 3 的调定压力大于液压缸活塞缩回最大供油压力时，顺序阀 3 关闭，压力油进入缸 2 的右腔，缸 2 的左腔经顺序阀 2 的单向阀回油，实现动作③；当液压缸 2 的缩回行程结束到达终点后，压力升高，压力油打开顺序阀 3 进入缸 1 的右腔，缸 1 的左腔回油，实现动作④。为了保证顺序动作的可靠性，顺序阀的压力调定值应比前一个动作的最大工作压力高出 0.8MPa～1.0MPa，以免系统中的压力波动使顺序阀出现误动作，所以这种回路只适应于油缸数目不多且阻力变化不大的场合。

图 7.35 为压力继电器控制的顺序动作回路。其工作过程如下：当电磁铁 1YA 通电时，换向阀 5 左位接入油路，压力油进入液压缸的 1 左腔，缸 1 的右腔回油，实现动作①；当液压缸 1 的伸出行程结束到达终点后，压力升高，继电器 3 发出电信号，使电磁铁 3YA 通电，压力油进入液压缸 2 的左腔，缸 2 的右腔回油，实现动作②；同样道理，当 3YA 断电、4YA 通电时，换向阀 6 右位接入油路，压力油进入液压缸 2 右腔，实现动作③；当缸 2 的缩回行程结束到达终点后，压力升高，继电器 4 发出电信号，使电磁铁 2YA 通电，压力油进入液压缸 1 的右腔，实现动作④。这样就完成了一个工作循环。为了保证顺序动作的可靠性，压力继电器的压力调定值应比前一个动作的最大工作压力高出 0.3MPa～0.5MPa，但比溢流阀的调定值低 0.3MPa～0.5MPa。

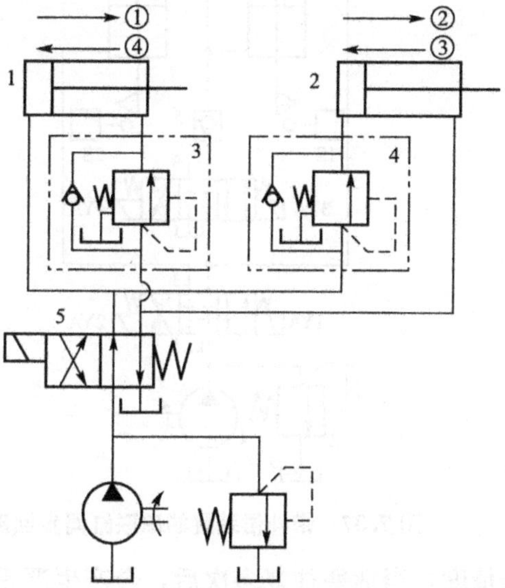

图 7.34　顺序阀控制的顺序动作回路

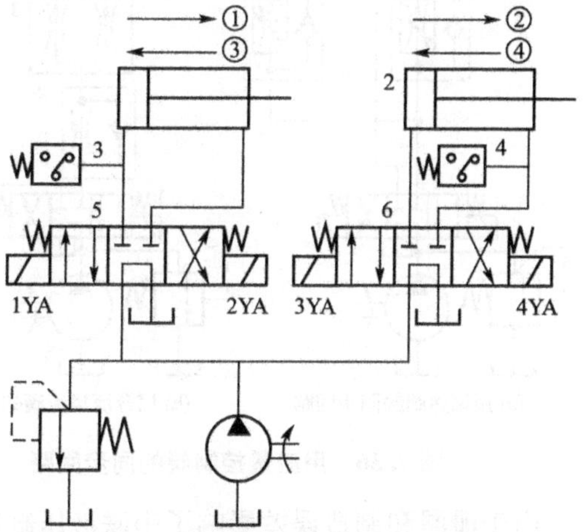

图 7.35　压力继电器控制的顺序动作回路

采用压力继电器控制顺序动作是比较方便的，但压力继电器的灵敏度较高，油路的压力冲击很容易使之产生误动作，所以系统中压力继电器的数目不宜过多。

7.4.2　同步回路

同步回路的作用是保证多个执行元件克服负载、摩擦阻力、泄漏、制造质量和结构变形上的差异，从而保证在运动上的同步。同步回路分为速度同步和位置同步两类。

1. 采用流量控制阀的同步回路

图 7.36(a)是两个并联的液压缸分别用调速阀控制的同步回路。两个调速阀分别调节两缸活塞的运动速度，当两缸有效面积相等时，则流量也调整得相同；若两缸面积不等时，则改变调速阀的流量也能达到同步的运动。这种回路结构简单，并且可以调速；但是调整比较麻烦，而且由于受到油温变化以及调速阀性能差异等影响，同步精度较低，一般在 5%～7%。图 7.36(b)所示回路，采用分流集流阀(同步阀)代替调速阀来控制两液压缸的进入或流出的流量，可使两液压缸在承受不同负载时仍能实现速度同步。回路中单向节流阀 2 用来控制活塞的下降速度，液控单向阀 4 用来防止活塞停止时两缸因负载不同而通过分流阀的内节流孔窜油。由于同步作用靠分流阀自动调整，使用较为方便，但效率低、压力损失大，不宜用于低压系统。

2. 采用串联液压缸的同步回路

图 7.37 是串联液压缸的同步回路。图中第一个液压缸回油腔排出的油液被送入第二个液压缸的进油腔。如果串联油腔活塞的有效面积相等时，便可实现同步运动。这种回路中两缸能承受不同的负载，但泵的供油压力要大于两缸工作压力之和。

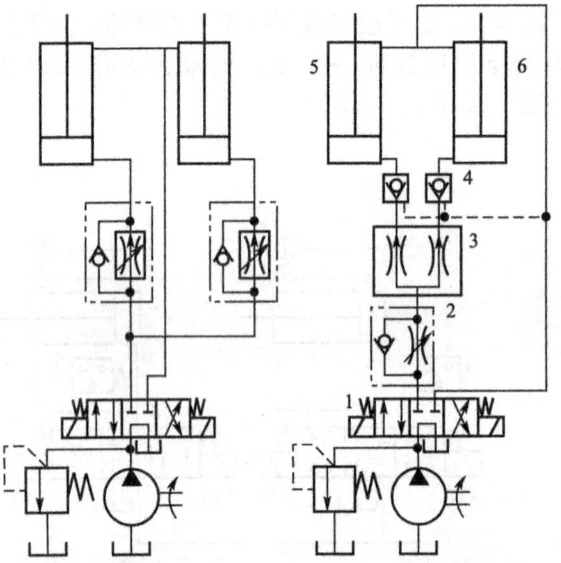

(a) 用调速阀的同步回路　　(b) 用分流集流阀的同步回路

图 7.36　用流量控制阀的同步回路

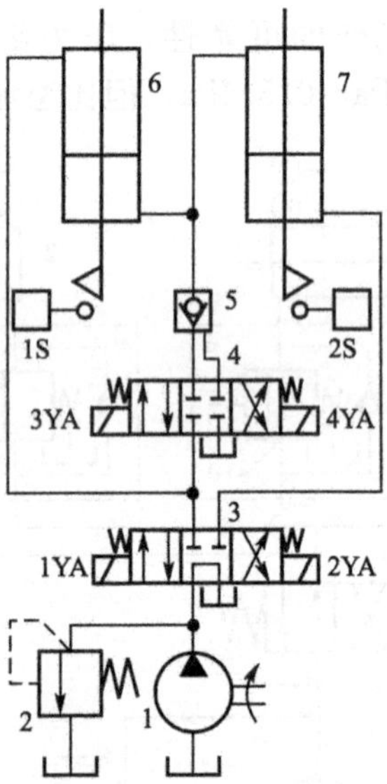

图 7.37　带补偿装置的串联缸同步回路

由于泄漏和制造误差影响了串联液压缸的同步精度，当活塞往复多次后，会产生严重的失调现象，为此要采取补偿措施。在活塞下行的过程中，如液压缸 6 的活塞先运动到底，触动行程开关 1S 发信使电磁铁 3YA 通电，此时压力油便经过三位四通电磁阀 4、液控单向阀 5，向液压缸 7 的上腔补油，使缸 7 的活塞继续运动到底。如果液压缸 7 的活塞先运动到底触动行程开关 2S，使电磁铁 4YA 通电，压力油便经三位四通电磁阀 4 进入液控单向阀的控制油口，则液控单向阀 5 反向导通，使缸 6 能通过液控单向阀 5 和三位四通电磁阀 4 回油，使缸 6 的活塞继续运动到底，从而对失调现象进行补偿。

3. 用同步缸或同步马达的同步回路

图7.38(a)所示为采用同步缸的同步回路，同步缸 A、B 两腔的有效面积相等，且两工作缸面积也相同，能实现同步。这种同步回路的同步精度取决于液压缸的加工精度和密封性，一般可达到1%～2%。由于同步缸一般不宜做的过大，所以这种回路仅适宜于小容量的场合。

图7.38(b)所示为采用两个同轴等排量的双向液压马达作为等流量分流装置的同步回路。液压马达把等量的液压油分别输入两个尺寸相同的液压缸中，使两液压缸实现同步。图中的节流阀用来在行程端点消除两缸的位置误差。这种同步回路的同步精度比节流控制的要高，但由于所用马达多为容积效率较高的柱塞式马达，所以费用较高。

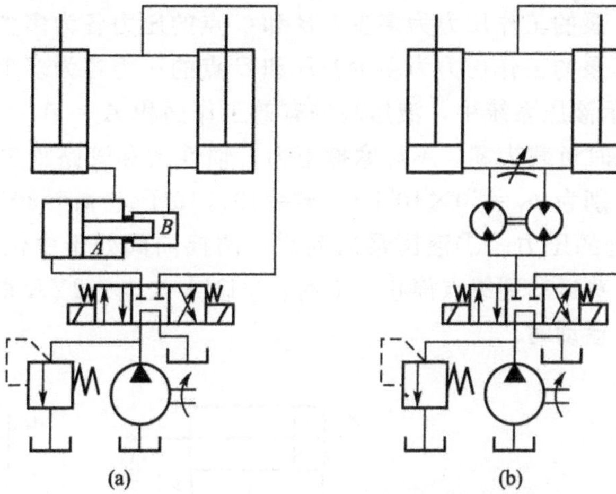

图7.38 同步缸和同步马达的同步回路

7.4.3 多缸快慢速互不干扰回路

多缸快慢速互不干扰回路的功用是防止液压系统中的几个液压缸因快慢不同而形成的动作上的干扰。

图7.39为双泵供油来实现多缸快慢速互不干扰回路。图中 A、B 缸各自要完成"快进→工进→快退"的自动循环。其工作原理为：在图示的状态下各缸原位停止。当阀5、阀6均通电时，各缸由大流量泵2供油，并为差动连接，实现快进。这时如果某一个油缸，例如 A 缸先完成快进动作，由挡块和行程开关使电磁阀7通电、阀6断电，此时大流量泵2进入缸 A 的油路被切断，而高压小流量泵1进油路打开，并且由调速阀8节流调速实现工进。此时缸 B 仍然快进，互不影响。

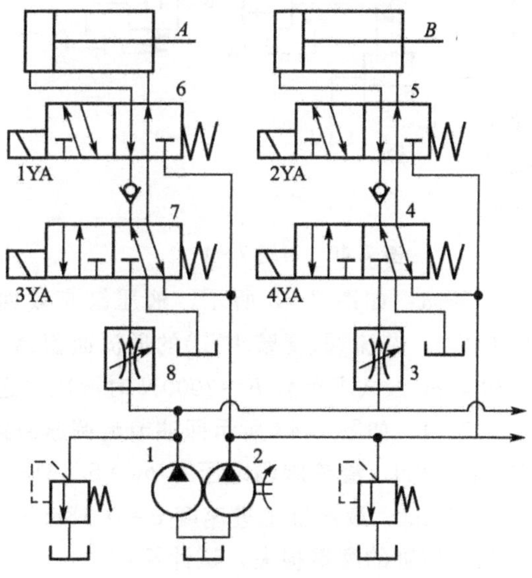

图7.39 多缸快慢速互不干扰回路

当各缸都转为工进后，它们都由小流量泵 1 供油。此后，若缸 A 又率先完成工进，行程开关应使阀 7 和阀 6 均通电，缸 A 即由大流量泵 2 供油快退。当电磁铁都断电时，各缸都停止运动，并被锁在其所在的位置上。由此可见，这个回路之所以能够防止多缸的快慢速运动互不干扰，是由于快速和慢速各由一个液压泵供油，加上各个电磁阀有机控制的缘故。

思考与练习

7－1　在图 7.40 所示回路中，若溢流阀的调整压力分别为 $p_{Y1}=6\text{MPa}$，$p_{Y2}=4.5\text{MPa}$。泵出口处的负载阻力无限大，试问在不计管道损失和调压偏差时：

(1) 1YA 断电时，泵的工作压力为多少？B 和 C 点的压力各为多少？

(2) 1YA 通电时，泵的工作压力为多少？B 和 C 点的压力各为多少？

7－2　图 7.41 所示液压系统中，液压缸的有效工作面积 $A_1=A_2=100\text{cm}^2$，缸 1 负载 $F=35000\text{N}$，缸 2 运动时负载为零。不计摩擦阻力、惯性力和管路损失。溢流阀、顺序阀和减压阀的调定压力分别为 $p_Y=50\times10^5\text{Pa}$、$p_S=40\times10^5\text{Pa}$、$p_J=30\times10^5\text{Pa}$，求在下列 3 种工况下 A、B、C 处的压力。①液压泵启动后，两换向阀处于中位；②1YA 得电，液压缸 1 活塞运动时及活塞运动到终点停止运动时；③1YA 失电，2YA 得电，液压缸 2 活塞运动时及碰到挡块停止运动时。

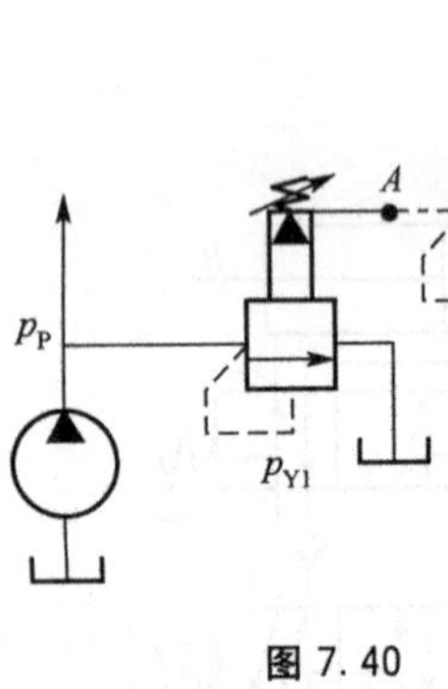

图 7.40　习题 7－1

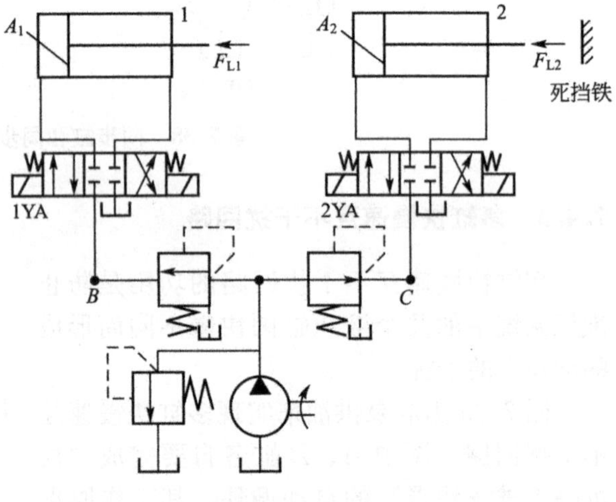

图 7.41　习题 7－2

7－3　如图 7.42 所示，液压缸有效面积 $A_1=2A_2=50\text{cm}^2$，溢流阀调定压力 $p_Y=2.4\text{MPa}$，节流阀(薄壁小孔)的通流面积 $A_T=0.02\text{cm}^2$，流量系数 $C_q=0.62$，油液密度 $\rho=900\text{kg/m}^3$，试求负载 $F=7000\text{N}$ 时液压缸运动速度。

7－4　如图 7.43 所示回油节流调速回路，已知液压泵的供油流量 $q=25\text{L/min}$，负载 $F=40000\text{N}$，溢流阀调定压力 $p_Y=5.4\text{MPa}$，液压缸无杆腔面积 $A_1=80\text{cm}^2$，有杆腔面积 $A_2=40\text{cm}^2$，液压缸工进速度 $v=0.18\text{m/min}$，节流阀为薄壁孔，$m=0.5$。不考虑管路损失和液压缸的摩擦损失，试计算：

(1) 液压缸工进时，液压系统的效率。

(2) 当负载为 0 时，活塞的运动速度和回油腔压力。

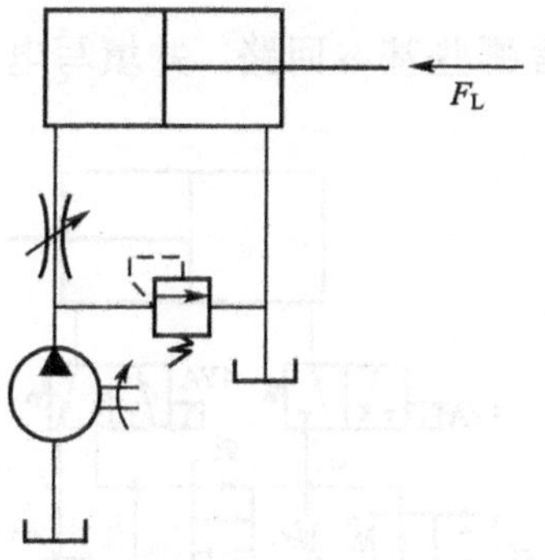

图 7.42 习题 7-3

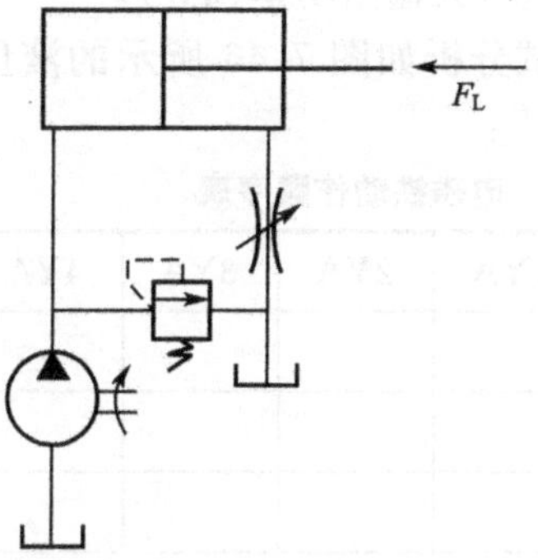

图 7.43 习题 7-4

7-5 如图 7.44 所示液压回路，设计要求为夹紧缸 1 把工件夹紧后，进给缸 2 才能动作；并且要求夹紧缸 1 的速度能够调节。实际试车后发现该方案达不到预想目的，试分析其原因并提出改进的方法。

7-6 如图 7.45 所示的液压系统中，立式液压缸活塞与运动部件的重量为 G，两腔面积分别为 A_1、A_2，泵 1 和泵 2 的最大工作压力为 p_1、p_2，若忽略管路上的压力损失，试问：

(1) 阀 3、5、6、9 各是什么阀？它们在系统中的功用各是什么？

(2) 阀 3、5、6、9 的压力应如何调整？

(3) 该系统由哪些基本回路组成？

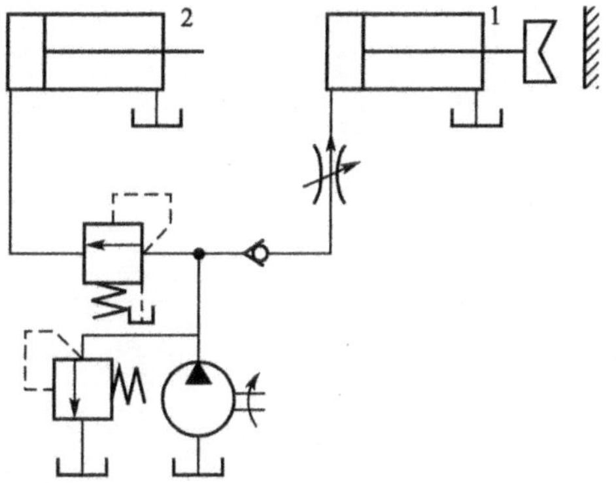

图 7.44 习题 7-5

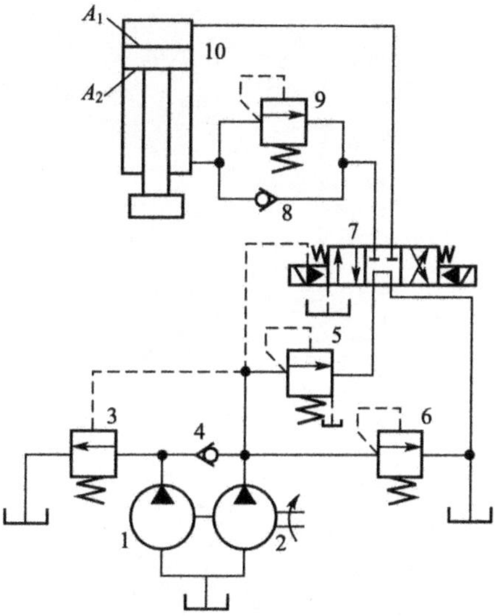

图 7.45 习题 7-6

7-7 有一液压泵和液压马达组成的容积调速回路，泵的排量 $V_P=0mL/r\sim40mL/r$，泵的转速是 1500r/min，马达的排量是 $V_M=50mL/r$，溢流阀调定压力为 80×10^5Pa，已知泵的容积效率为 $\eta_{VP}=0.95$，机械效率为 $\eta_{mP}=0.9$。马达的容积效率为 $\eta_{VM}=0.98$，机械效率为 $\eta_{mM}=0.8$。求：

(1) 马达的调速范围(r/min)。

(2) 系统最大输出扭矩(N·m)。

(3) 马达最大输出功率(kW)。

7-8　试分析如图 7.46 所示的液压系统包含哪些基本回路，并填写电磁铁动作顺序表。

电磁铁动作顺序表

电磁铁	1YA	2YA	3YA	4YA
快　进				
一工进				
二工进				
快　退				
停　止				

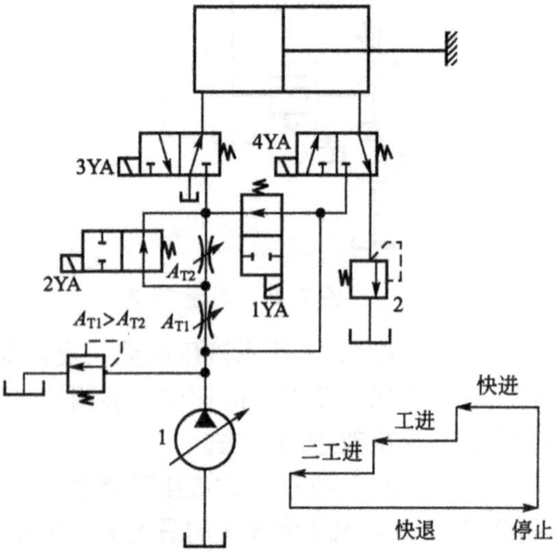

图 7.46　习题 7-8

第 8 章　典型液压传动系统

教学提示：液压传动因其输出力大，易于实现自动化等优点而在各种机械设备上有着广泛的应用。本章将通过几种不同类型的典型液压系统，介绍液压系统在各行各业中的应用，进一步熟悉组成系统的液压元件和基本回路，为液压系统的设计、调整、使用、维护打下基础。

任何液压系统的分析都必须针对主机的工作性能要求，才能正确分析、了解系统的组成、元件的作用和各部分之间的相互联系。一个较复杂的液压系统大致可按以下步骤分析。

(1) 了解设备的工艺对液压系统的动作要求。

(2) 了解系统的组成元件，并以各执行元件为核心将系统分为若干子系统。

(3) 分析各子系统，根据执行元件的动作要求，搞清楚其中含有哪些基本回路，并根据各执行元件的动作循环读懂子系统。

(4) 根据设备的工作要求分析各执行元件间实现互锁、同步、防干扰等要求的方法以及各子系统之间的联系。

(5) 总结归纳系统的特点，加深理解。

教学要求：通过本章的学习，使学生了解工业上常用的各种液压回路的连接形式和特点，能对各种典型液压回路的工作状态和各个液压元件的动作顺序进行正确分析。

液压系统种类繁多、应用广泛。在学习完液压基本回路后，就能根据机械设备的具体工作要求，选用适当的液压基本回路进行组合来达到工作需求了。本章将介绍一些典型的液压回路，以更好地加深对液压基本回路及其应用的理解。

8.1　组合机床动力滑台液压系统

动力滑台是组合机床上实现进给运动的一种通用部件，配上动力头和主轴箱后可以对工件完成各类孔的钻、镗、铰加工和端面铣削加工等工序。液压动力滑台用液压缸驱动，在电气和机械装置的配合下可以实现一定的工作循环。它对液压系统性能的主要要求是速度换接平稳，进给速度稳定，功率利用合理，效率高，发热少。

8.1.1　YT4543 型动力滑台液压系统

YT4543 型动力滑台的工作进给速度范围为 6.6mm/min～660mm/min，最大快进速度为 7300mm/min，最大推力为 45kN。YT4543 型动力滑台液压系统的原理图如图 8.1 所示，该系统可实现的工作循环是：快进→一工进→二工进→死挡铁停留→快退→原位停止，其元件的动作顺序见表 8-1，其工作情况分析如下。

表 8-1　元件动作顺序表

元件 / 动作	1YA	2YA	3YA	PS	行程阀
快进	+				通
一工进	+				断
二工进	+		+		断
死挡铁停留	+		+	+	断
快退		+			断→通
原位停止					通

注：表中的“+”表示电磁铁得电，其余为电磁铁失电。

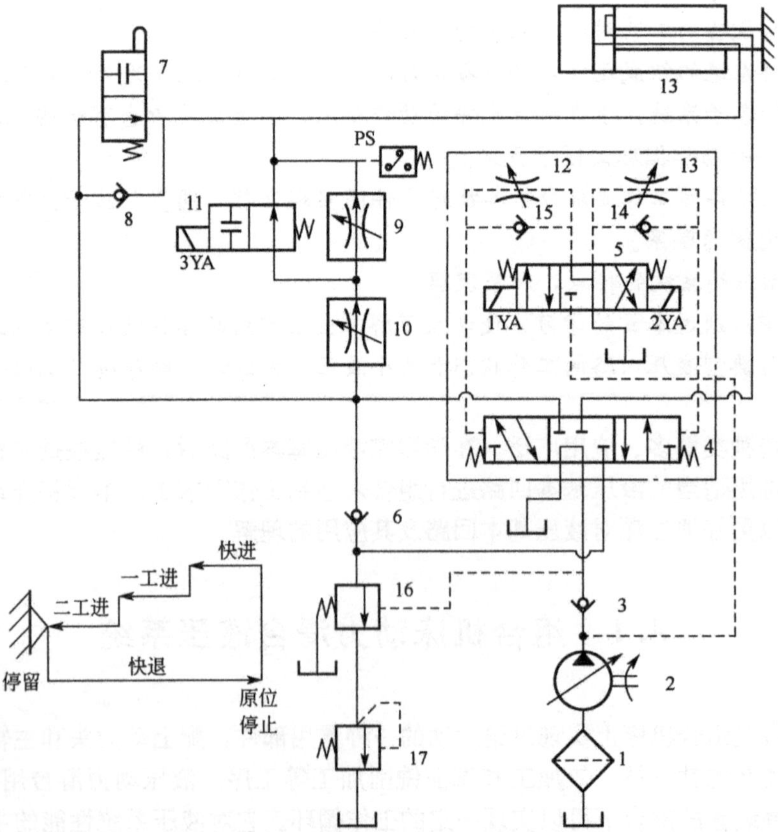

图 8.1　YT4543 型动力滑台液压系统原理图

1—过滤器　2—变量泵　3、6、8、14、15—单向阀　4—液动阀　5—先导电磁阀　7—行程阀　9、10—调速阀　11—电磁阀　12、13—节流阀　16—顺序阀　17—背压阀

1. 快进

按下启动按钮，电磁铁 1YA 首先通电，先导电磁阀 5 的左位接入系统，由变量泵 2 输出的压力油液经先导电磁阀 5 的左位进入液动阀 4 的左侧，推动阀芯运动，使液动阀 4

换至左位工作，液动阀 4 右侧的控制油液经先导电磁阀 5 流回油箱。这时系统中主油路的油液流动线路如下。

进油路：变量泵 2→单向阀 3→液动阀 4 左位→行程阀 7→液压缸左腔(无杆腔)。

回油路：液压缸右腔→液动阀 4 左位→单向阀 6→行程阀 7→液压缸左腔(无杆腔)。

因为快进时滑台液压缸负载小，系统压力低，外控顺序阀 16 关闭，这样液压缸右腔的回油和液压泵出口处的油液一起进入液压缸左腔，液压缸为差动连接。又因变量泵 2 在低压下输出流量大，所以滑台为低压快速进给。

2. 一工进

当滑台快速前进到预定位置时，滑台上的液压挡块压下行程阀 7，切断快进油路。此时，电磁铁 1YA 通电，其控制油路未变，液动阀 4 左位仍接入系统；电磁阀 11 的电磁铁 3YA 仍处于断电状态，进油路经调速阀 10 进入液压缸左腔，因工作进给时要带动负载，使主系统压力升高，外控顺序阀 16 被打开，单向阀 6 关闭，液压缸右腔的油液经顺序阀 16 和背压阀 17 流回油箱。系统中油液的流动线路如下。

进油路：变量泵 2→单向阀 3→液动阀 4 左位→调速阀 10→电磁阀 11 左位→液压缸左腔。

回油路：液压缸右腔→液动阀 4 左位→外控顺序阀 16→背压阀 17→油箱。

因工作进给使系统压力升高，变量泵 2 的流量会自动减少，以便与调速阀 10 的开口相适应，动力滑台作第一次工作进给。

3. 二工进

当滑台以一工进速度运动到一定位置时，动力滑台压下电气行程开关，使电磁铁 3YA 通电，电磁阀 11 处于油路断开位置，这时进油路须经过调速阀 10 和调速阀 9 两个调速阀，实现第二次工作进给，进给量大小由调速阀 9 确定。而调速阀 9 调节的进给速度应小于调速阀 10 的工作进给速度，即调速阀 9 的开口应小于调速阀 10 的开口。这时系统中油液的流动线路如下。

进油路：变量泵 2→单向阀 3→液动阀 4 左位→调速阀 10→调速阀 9→液压缸左腔。

回油路：与一工进回油路相同。

4. 死挡铁停留

动力滑台以二工进速度运动到行程终了碰到死挡铁时，不再前进，而变量泵仍在继续供油。这样系统压力进一步升高，直到变量泵的输出流量只能够补充系统泄漏时，压力不再升高，变量泵处于流量卸荷状态。同时在系统压力达到压力继电器 PS 调定压力时，压力继电器动作而发出信号给控制电路中的时间继电器，使滑台在停留一定时间后开始下一个动作。调整时间继电器可调整希望停留的时间。

5. 快退

滑台停留一定时间后，时间继电器发出信号，动力滑台快速退回。电磁铁 1YA、3YA 断电，2YA 通电，先导电磁阀 5 的右位接入控制油路，使液动阀 4 右位接入主油路。这时主油路油液的流动情况如下。

进油路：变量泵 2→单向阀 3→液动阀 4 右位→液压缸右腔。

回油路：液压缸左腔→单向阀 8→液动阀 4→油箱。

这时系统的压力较低，变量泵 2 的输出流量大，动力滑台快速返回。

6. 原位停止

当动力滑台快速退回到原始位置时，挡块压下原位行程开关，使电磁铁 2YA 断电，先导电磁阀 5 和液动阀 4 都处于中位位置，液压缸失去动力来源，液压滑台停止运动。这时，变量泵输出油液经单向阀 3 和液控换向阀 4 中位流回油箱，液压泵卸荷。

由上述分析可知，外控顺序阀 16 在动力滑台快进时必须关闭，工进时必须打开。因此，外控顺序阀 16 的调定压力应介于快进时的系统压力和工进时的系统压力之间。

单向阀 3 除有保护液压泵免受液压冲击的作用外，主要是在系统卸荷时使电液换向阀的先导控制油路有一定的控制压力，确保实现换向动作。

8.1.2 YT4543 型动力滑台液压系统的特点

(1) 采用限压式变量泵和调速阀组成的容积节流进油路调速回路，减少了功率损失，并具有较好的调速刚性和较大的工作速度调节范围；在回油路上设置了背压阀，使动力滑台能获得稳定的低速运动。

(2) 采用限压式变量泵和差动连接回路实现快进时，能量利用比较合理。工进时变量泵只输出与液压缸工进速度相适应的流量；死挡铁停留时，变量泵只输出补偿泵及系统泄漏所需要的流量。系统无溢流损失，效率高。

(3) 采用行程阀和顺序阀实现快进与工进的速度切换，动作平稳可靠、无冲击，转换位置精度高。两个工进速度的换接由于是在两个串联的调速阀之间变换，可以保证换接精度。

(4) 动力滑台在死挡铁位置停留时，位置精度高，适用于镗端面，镗阶梯孔、锪孔和锪端面等工序使用；压力升高时，可以利用压力继电器发出信号，控制下一步动作。

8.2 压力机液压系统

液压压力机是一种利用液压静压来加工金属、塑料、橡胶、粉末制品等的机械，在许多工业部门中都得到了广泛的应用。压力机的类型很多，其中四柱式液压机最为典型，应用也最广泛。这里简略介绍 YB32－200 型液压机液压系统的工作情况。

这种液压机在它的 4 个圆柱导柱之间安置有上、下两个液压缸，上液压缸驱动上滑块，实现“快速下行→慢速加压→保压延时→快速返回→原位停止”的动作循环；下液压缸驱动下滑块，实现“向上顶出→向下退回→原位停止”的动作循环，如图 8.2 所示为该液压机的动作循环图。

8.2.1 YB32－200 型液压机的液压系统

在 YB32－200 型液压机上，可以进行冲剪、弯曲、翻边、拉深、装配、冷挤、成形等多种加工工艺。图 8.3 所示为这种液压机的液压系统图，表 8－2 为 YB32－200 型液压机的动作循环表。

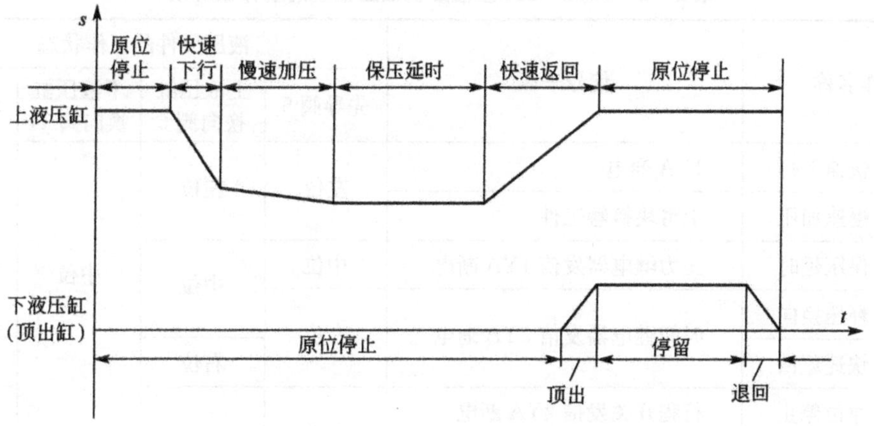

图 8.2 YB32-200 型液压机的动作循环图

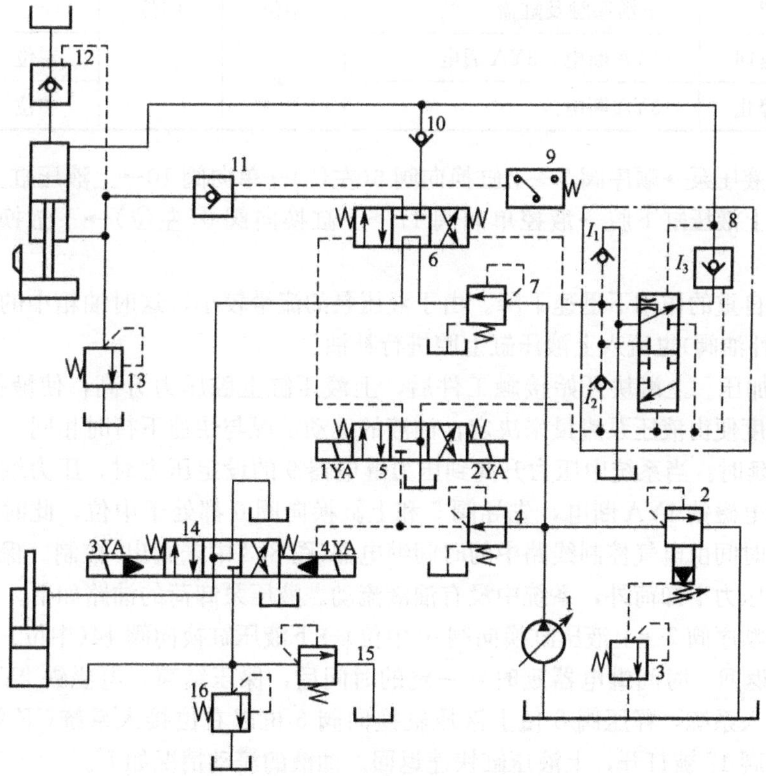

图 8.3 YB32-200 型液压机的液压系统图

1—液压泵 2—先导式溢流阀 3—远程调压阀 4—减压阀 5—先导阀 6—上缸换向阀 7—顺序阀 8—释压阀 9—压力继电器 10—单向阀 11、12—液控单向阀 13、15、16—背压阀 14—下缸换向阀

1. 液压机上滑块的工作原理

(1) 快速下行。电磁铁 1YA 通电，先导阀 5 和上缸换向阀 6 左位接入系统，压力油进入上液压缸上腔，同时液控单向阀 11 被打开，上液压缸下腔油液可以经液控单向阀 11 流回油箱，上液压缸快速下行。这时，系统中油液流动的情况如下。

表 8-2 YB32-200 型液压机液压系统的动作循环表

<table>
<tr><th colspan="2" rowspan="2">动作名称</th><th rowspan="2">信号来源</th><th colspan="4">液压元件的工作状态</th></tr>
<tr><th>先导阀 5</th><th>上液压缸换向阀 6</th><th>下液压缸换向阀 14</th><th>释压阀 8</th></tr>
<tr><td rowspan="6">上滑块</td><td>快速下行</td><td>1YA 通电</td><td rowspan="2">左位</td><td rowspan="2">左位</td><td rowspan="6">中位</td><td rowspan="4">上位</td></tr>
<tr><td>慢速加压</td><td>上滑块接触工件</td></tr>
<tr><td>保压延时</td><td>压力继电器发信 1YA 断电</td><td>中位</td><td rowspan="2">中位</td></tr>
<tr><td>释压换向</td><td rowspan="2">时间继电器发信 2YA 通电</td><td rowspan="2">右位</td></tr>
<tr><td>快速返回</td><td>右位</td><td>下位</td></tr>
<tr><td>原位停止</td><td>行程开关发信 2YA 断电</td><td rowspan="5">中位</td><td rowspan="5">中位</td><td rowspan="5">上位</td></tr>
<tr><td rowspan="4">下滑块</td><td>向上顶出</td><td>4YA 通电</td><td rowspan="2">右位</td></tr>
<tr><td>停留</td><td>下活塞触及缸盖</td></tr>
<tr><td>向下返回</td><td>4YA 断电、3YA 通电</td><td>左位</td></tr>
<tr><td>原位停止</td><td>3YA 断电</td><td>中位</td></tr>
</table>

进油路：液压泵→顺序阀 7→上缸换向阀 6(左位)→单向阀 10→上液压缸上腔。

回油路：上液压缸下腔→液控单向阀 11→上缸换向阀 6(左位)→下缸换向阀 14(中位)→油箱。

上滑块在自重的作用下迅速下降。由于液压泵的流量较小，这时油箱中的油经液控单向阀 12(也称补油阀)也流入上液压缸上腔进行补油。

(2) 慢速加压。上滑块开始接触工件后，上液压缸上腔压力升高，使液控单向阀 12 关闭，加压速度便由液压泵流量来决定，油液的流动情况与快速下行时相同。

(3) 保压延时。当系统中压力升高到压力继电器 9 的设定压力时，压力继电器 9 发出电信号，控制电磁铁 1YA 断电，先导阀 5 和上缸换向阀 6 都处于中位，此时系统进入保压状态。保压时间由电气控制线路中的时间继电器(图 8.3 中未画出)控制。保压时除了液压泵在较低的压力下卸荷外，系统中没有油液流动。液压泵卸荷的油路如下。

液压泵→顺序阀 7→上液压缸换向阀 6(中位)→下液压缸换向阀 14(中位)→油箱。

(4) 快速返回。时间继电器延时到一定的时间后，保压结束，电磁铁 2YA 通电，先导阀 5 右位接入系统，释压阀 8 使上液压缸换向阀 6 也以右位接入系统(下文说明)。这时，液控单向阀 12 被打开，上液压缸快速返回。油液的流动情况如下。

进油路：液压泵→顺序阀 7→上液压缸换向阀 6(右位)→液控单向阀 11→上液压缸下腔。

回油路：上液压缸上腔→液控单向阀 12→油箱。

(5) 原位停止。当上滑块上升至挡块撞上原位行程开关时，电磁铁 2YA 断电，先导阀 5 和上液压缸换向阀 6 都处于中位。这时上液压缸停止不动，液压泵在较低的压力下卸荷。

液压系统中的释压阀 8 是为了防止保压状态向快速返回状态转变过快，在系统中引起压力冲击而使上滑块动作不平稳而设置的。它的主要功用是：在上液压缸上腔释压后，压力油才能通入该缸下腔。其工作原理如下：在保压阶段，这个阀上位接入系统；当电磁铁

2YA 通电，先导阀 5 右位接入系统时，控制油路中的压力油虽到达释压阀 8 阀芯的下端，但由于其上端的高压未曾释放，阀芯不动。而液控单向阀 I_3 是可以在控制压力低于其主油路压力下打开的，因此有如下工作顺序。

上液压缸上腔→液控单向阀 I_3→释压阀 8(上位)→油箱。

于是上液压缸上腔的压力便被卸除，释压阀 8 的阀芯向上移动，以其下位接入系统；控制油路中的压力油输到上液压缸换向阀 6 阀芯的右端，使该阀右位接入系统，以便实现上滑块的快速返回。由图 8.3 可见，上液压缸换向阀 6 在由左位转换到中位时，阀芯右端由油箱经单向阀 I_1 补油；在由右位转换到中位时，阀芯右端的油经单向阀 I_2 流回油箱。

2. *液压机下滑块的工作原理*

(1) 向上顶出。当电磁铁 4YA 通电时，系统中油液流动情况如下。

进油路：液压泵→顺序阀 7→上液压缸换向阀 6(中位)→下液压缸换向阀 14(右位)→下液压缸下腔，下液压缸活塞向上运动，下滑块顶出。

回油路：下液压缸上腔→下液压缸换向阀 14(右位)→油箱。

下滑块上移至下液压缸中活塞碰上液压缸盖时，便停在这个位置上。

(2) 向下退回。当电磁铁 4YA 断电、3YA 通电时，系统中油液流动情况如下。

进油路：液压泵→顺序阀 7→上液压缸换向阀 6(中位)→下液压缸换向阀 14(左位)→下液压缸上腔，下液压缸活塞向下运动，下滑块退回。

回油路：下液压缸下腔→下液压缸换向阀 14(左位)→油箱。

(3) 原位停止。电磁铁 3YA、4YA 都断电，下液压缸换向阀 14 处于中位。

3. *液压机拉深压边的工作原理*

有些模具工作时需要对工件进行压紧拉深。当在压力机上用模具作薄板拉深压边时，要求下滑块上升到一定位置实现上下模具的合模，使合模后的模具既保持一定的压力将工件夹紧，又能使模具随上滑块的下压而下降(压边)。这时，下缸换向阀 14 处于中位，由于上液压缸的压紧力远远大于下液压缸向上的上顶力，上液压缸滑块下压时下液压缸活塞被迫随之下行。上液压缸下腔的油液进入下液压缸上腔，下液压缸下腔的油液经下液压缸溢流阀 16 流回油箱，这样可以通过调整溢流阀 16 的开启压力值来调整所需的下液压缸的上顶力。

8.2.2 YB32－200 型液压机液压系统的特点

(1) 系统使用一个高压轴向柱塞式变量泵供油，系统压力由远程调压阀 3 调定。

(2) 系统中的顺序阀 7 规定了液压泵必须在 2.5MPa 的压力下卸荷，从而使控制油路能确保具有一定的控制压力；而在系统压力过高时，用减压阀 4 来降低控制油路的压力。

(3) 系统采用了专用的 QF1 型释压阀来实现上滑块快速返回时上缸换向阀的换向，保证液压机动作平稳，不会在换向时产生液压冲击和噪声。

(4) 系统利用管道和油液的弹性形变来实现保压，方法简单，但对液控单向阀和液压缸等元件的密封性能要求高。

(5) 系统中上、下两液压缸的动作协调是由两个换向阀互锁来保证的。

(6) 系统中的两个液压缸各设有一个安全阀进行过载保护。

8.3　汽车起重机液压系统

汽车起重机是将起重机安装在汽车底盘上的一种起重运输设备。它主要由起升、回转、变幅、伸缩和支腿等工作机构组成，这些工作机构动作的完成由液压系统来实现。对于汽车起重机的液压系统，一般要求输出力大，动作要平稳，耐冲击，操作要灵活、方便、可靠、安全。

8.3.1　汽车起重机液压系统的机构

图 8.4 所示为 Q2-8 型汽车起重机的外形简图。这种起重机采用液压传动，最大起重量为 80kN(幅度为 3m 时)，最大起重高度为 11.5m，起重装置连续回转。该机具有较高的行走速度，可与装运工具的车编队行驶，机动性好。当装上附加吊臂后(图中未表示)，可用于建筑工地吊装预制件，吊装的最大高度为 6m。液压起重机的承载能力大，可在有冲击、振动、温度变化大和环境较差的条件下工作。其执行元件要求完成的动作比较简单、位置精度较低。因此液压起重机一般采用中、高压手动控制系统，以方便操纵，同时系统对安全性要求也较高。

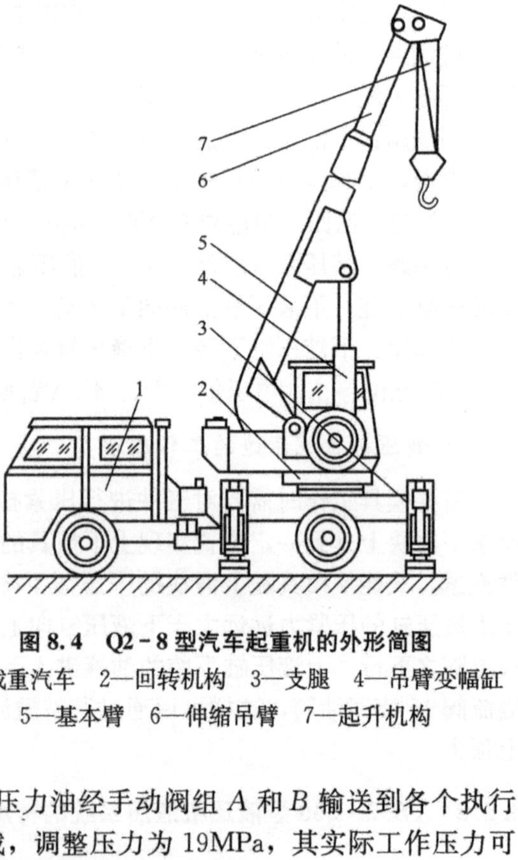

图 8.4　Q2-8 型汽车起重机的外形简图

1—载重汽车　2—回转机构　3—支腿　4—吊臂变幅缸　5—基本臂　6—伸缩吊臂　7—起升机构

图 8.5 所示为 Q2-8 型汽车起重机液压系统的原理图。该系统的液压泵由汽车发动机通过装在汽车底盘变速箱上的取力箱传动。液压泵的工作压力为 21MPa，排量为 40mL/r，转速为 1500r/min。液压泵通过中心回转接头从油箱中吸油，输出的压力油经手动阀组 A 和 B 输送到各个执行元件。溢流阀 12 是安全阀，用以防止系统过载，调整压力为 19MPa，其实际工作压力可由压力表读取。这是一个单泵、开式、串联(串联式多路阀)液压系统。

系统中除液压泵、过滤器、安全阀、阀组 A 和 B 及支腿部分外，其他液压元件都装在可回转的上车部分。其中油箱也在上车部分，兼作配重。上车和下车部分的油路通过中心回转接头(液压系统原理图中未表示)连通。

起重机液压系统包含支腿收放、回转机构、起升机构、吊臂变幅机构等 5 个部分，各部分都有相对的独立性。

1. *支腿收放回路*

由于汽车轮胎的支承能力有限，在起重作业时必须放下支腿，使汽车轮胎架空，形成

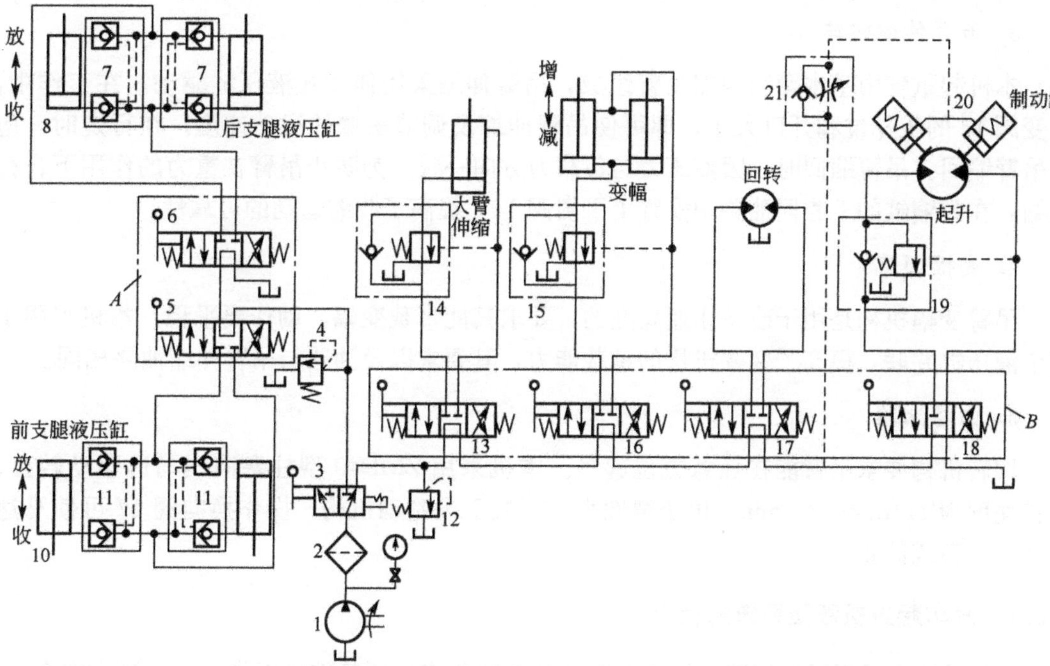

图 8.5 Q2－8 型汽车起重机液压系统的原理图

一个固定的工作基础平台。但当汽车行驶时，则必须收回支腿。前后各有两条支腿，每一条支腿的伸缩运动由一个液压缸驱动。两条前支腿用一个三位四通手动换向阀 5 控制其收放，而两条后支腿则用另一个三位四通阀 6 控制。换向阀都采用 M 型中位机能，油路上是串联的。每一个油缸都配有一个双向液压锁，以保证支腿被可靠地锁住，防止在起重作业过程中发生“软腿”现象(液压缸上腔油路泄漏引起)或行车过程中液压支腿自行下落(液压缸下腔油路泄漏引起)。

2. 起升回路

起升机构要求所吊重物可升降或在空中停留。速度要平稳、变速要方便、冲击要小、启动转矩和制动力要大，本回路中采用 ZMD40 型柱塞液压马达带动重物升降，换向通过操纵手动换向阀 18 来实现，变速主要通过改变发动机的转速来调节。用液控单向顺序阀(平衡阀)19 来限制重物自由下降。单作用液压缸 20 是制动缸。单向节流阀 21 一是保证液压油先进入马达，使马达产生一定的转矩，再解除制动，以防止重物带动马达旋转而向下滑；二是保证吊物升降停止时，制动缸中的油马上与油箱相通，使马达迅速制动。

起升重物时，手动阀 18 切换至左位工作，液压泵 1 输出的油经过滤器 2、换向阀 3 右位、换向阀 13 中位、换向阀 16 中位、换向阀 17 中位、换向阀 18 左位、平衡阀 19 中的单向阀进入马达左腔。同时压力油经单向节流阀到制动液压缸 20，从而解除制动，使马达旋转。

重物下降时，手动换向阀 18 切换至右位工作。液压马达反转，回油经阀 19 的液控顺序阀和换向阀 18 右位回油箱。

当停止作业时，换向阀 18 处于中位，泵卸荷。制动缸 20 上的制动瓦在弹簧的作用下使液压马达制动。

3. 吊臂伸缩回路

本机起重臂由基本臂和伸缩吊臂组成，吊臂伸缩采用伸缩式液压缸驱动。在工作中，改变阀13的工作位和开口大小，即可使吊臂伸缩及调节吊臂的运动速度。在行走时，应将吊臂缩回。吊臂缩回时，因液压力与负载力方向一致，为防止吊臂在重力的作用下自行收缩，在收缩缸的下腔回油路中安置了平衡阀14，提高了收缩运动的可靠性。

4. 变幅回路

吊臂变幅机构是用于改变作业高度的，要求其能带载变幅，动作要平稳。本机采用了两个液压缸并联，提高了变幅机构的承载能力，其要求以及油路与吊臂伸缩油路相同。

5. 回转油路

回转机构要求吊臂能在任意方位起吊。本机采用ZMD40型柱塞液压马达驱动转盘，回转速度为1r/min～3r/min。由于惯性小，一般不设制动机构，操作换向阀17可使马达正转、反转或停止。

8.3.2 汽车起重机液压系统的特点

(1) 系统中采用平衡回路、锁紧回路和制动回路来保证起重机工作可靠，操作安全。

(2) 采用手动换向阀不仅可以灵活方便地控制换向动作，还可通过手柄操纵来控制流量，以实现节流调速。在起升工作中，将此节流调速方法与控制发动机转速的方法结合使用，可以实现各工作部件微速动作。

(3) 换向阀串联组合可使任意一个或几个执行机构同时运动(不满载时)；采用M型中位机能，当换向阀处于中位时，各执行元件的进油路均被切断，液压泵出口接通油箱使泵卸荷，减少了功率损失。

8.4 SZ-250A型塑料注射成形机液压系统

塑料注射成形机简称注塑机。它将颗粒的塑料加热熔化到流动状态后，快速高压注入模腔并保压一定的时间，冷却后即成形为塑料制品。

8.4.1 SZ-250A型塑料注射成形机液压系统的原理

SZ-250A型注塑机属中小型注射机，每次的最大注射容量为250mL。该机要求液压系统完成的主要动作有：合模和开模、注射座整体前移和后退、注射、保压及顶出等。根据塑料注射成形工艺，注射机的工作循环如图8.6所示。

图8.7所示为SZ-250A型注塑机液压系统的原理图，表8-3是SZ-250A型注塑机动作循环及电磁铁动作顺序表。现将液压系统的原理说明如下。

1. 合模

合模过程按“慢→快→慢”3种速度进行。合模时首先应将安全门关上，如图8.7所示。此时行程阀V_4恢复常位，控制油液可以进入液动换向阀V_2阀芯的右腔，使液动换向阀

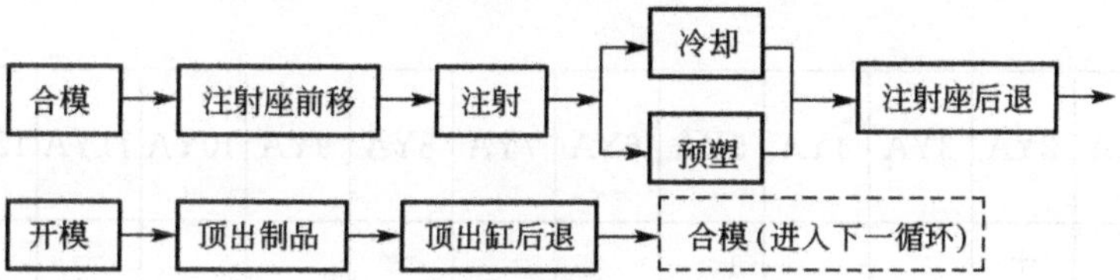

图 8.6　注塑机的工作循环

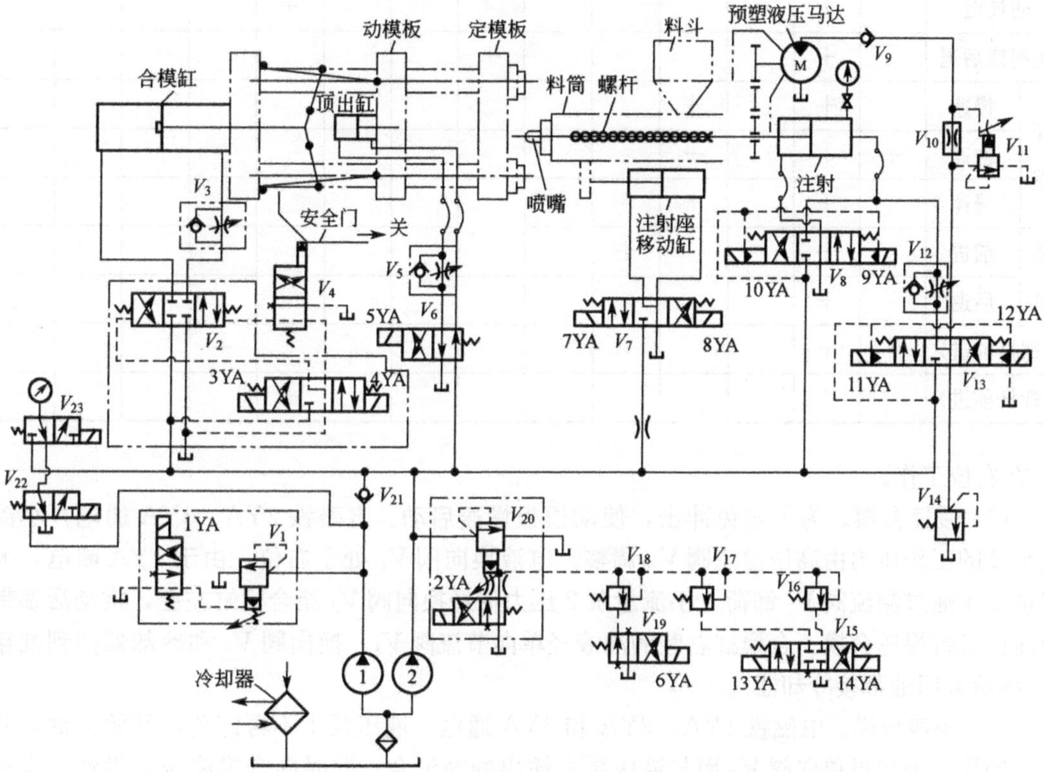

图 8.7　SZ－250A 型注塑机液压系统的原理图

表 8－3　SZ－250A 型注塑机动作循环及电磁铁动作顺序表

动作循环 \ 电磁铁		1YA	2YA	3YA	4YA	5YA	6YA	7YA	8YA	9YA	10YA	11YA	12YA	13YA	14YA
合模	慢速		+	+											
	快速	+	+	+											
	慢速		+	+											
	低压		+	+										+	
	高压		+	+											
注射座前移			+						+						
注射	慢速		+				+		+			+			
	快速	+	+				+		+	+		+			

（续）

动作循环 \ 电磁铁		1YA	2YA	3YA	4YA	5YA	6YA	7YA	8YA	9YA	10YA	11YA	12YA	13YA	14YA
保压			+						+			+			+
预塑		+	+						+				+		
防流涎			+						+		+				
注射座后退			+					+							
开模	慢速		+		+										
	快速	+	+		+										
	慢速		+		+										
顶出	前进		+			+									
	后退		+												
（螺杆前进）			+									+			
（螺杆前进）			+								+				

V_2 在右位工作。

（1）慢速合模。为了避免冲击，使动模板慢速启动。电磁铁 2YA、3YA 通电，小流量泵 2 的工作压力由高压溢流阀 V_{20} 调整，电液换向阀 V_2 处于右位。由于 1YA 断电，大流量泵 1 通过溢流阀 V_1 卸荷，小流量泵 2 压力油经换向阀 V_2 至合模缸左腔，推动活塞带动连杆进行慢速合模。合模缸右腔的油液经单向节流阀 V_3、换向阀 V_2 和冷却器回到油箱（系统所有回油都接冷却器）。

（2）快速合模。电磁铁 1YA、2YA 和 3YA 通电。液压泵 1 不再卸荷，开始供油，其输出的压力油通过单向阀 V_{21} 而与液压泵 2 输出的油汇合，同时向合模液压缸供油，实现快速合模。此时压力由 V_1 调整。

（3）慢速低压合模。电磁铁 2YA、3YA 和 13YA 通电。液压泵 2 的压力由溢流阀 V_{20} 的低压远程调压阀 Y 控制。由于是慢速低压合模，缸的推力较小，所以即使在两个模板间有硬质异物时，继续进行合模动作也不会损坏模具表面。

（4）慢速高压合模。电磁铁 2YA 和 3YA 通电。系统压力由高压溢流阀 V_{20} 控制。大流量泵 1 卸荷，小流量泵 2 的高压油用来进行高压合模；模具闭合并使连杆产生弹性变形，牢固地锁紧模具。

2．注射座整体前移

电磁铁 2YA 和 3YA 通电。液压泵 1 卸荷，液压泵 2 的压力油经电磁阀 V_7 进入注射座，移动液压缸右腔，推动注射座整体向前移动，注射座移动缸左腔液压油则经电磁换向阀 V_7 和冷却器而回油箱。

3．注射

（1）慢速注射。电磁铁 1YA、2YA、6YA、8YA 和 11YA 通电，液压泵 1 和液压泵 2

的压力油经电液阀V_{13}和单向节流阀V_{12}进入注射缸右腔，注射缸的活塞推动注射头螺杆进行慢速注射，注射速度由单向节流阀V_{12}调节。注射缸左腔的油液经电液阀V_8中位回到油箱。

(2) 快速注射。电磁铁1YA、2YA、6YA、8YA、9YA和11YA通电，液压泵1和液压泵2的压力油经电液阀V_8进入注射缸右腔，由于未经过单向节流阀V_{12}，压力油全部进入注射缸右腔，使注射缸活塞快速运动。注射缸左腔回油经电液阀V_8回到油箱。快、慢注射时的系统压力均由远程调节阀V_{18}调节。

4. 保压

电磁铁2YA、8YA、11YA和14YA通电。由于保压时只需要极少量的油液，所以大流量液压泵1卸荷，仅由小流量液压泵2单独供油，多余油液经溢流阀V_{20}溢回油箱。保压压力由远程调压阀V_{17}调节。

5. 预塑

电磁铁1YA、2YA、8YA和12YA通电。液压泵1和液压泵2的压力油经电液阀V_{13}、节流阀V_{10}和单向阀V_9驱动预塑液压马达。液压马达通过齿轮减速机构使螺杆旋转，料斗中的塑料颗粒进入料筒，被转动着的螺杆带至前端，进行加热塑化。注射缸右腔的油液在螺杆反推力的作用下，经单向节流阀V_{12}、电液阀V_{13}和背压阀V_{14}回到油箱，其背压力由背压阀V_{14}控制。同时，注射缸左腔产生局部真空，油箱的油液在大气压力的作用下，经电液阀V_8中位而被吸入到注射缸左腔。液压马达的旋转速度可由节流阀V_{10}调节，并由于差压式溢流阀V_{11}(由节流阀V_{10}和溢流阀V_{11}组成溢流节流阀)的控制，使节流阀V_{10}两端的压差保持定值，故可得到稳定的转速。

6. 防流涎

电磁铁2YA、8YA、和10YA通电。液压泵1卸荷，液压泵2的压力油经电磁换向阀V_7，使注射座前移，喷嘴与模具保持接触。同时，压力油经电液阀V_8进入注射缸左腔，强制螺杆后退，以防止喷嘴端部流涎。

7. 注射座后退

电磁铁2YA和7YA通电。液压泵1卸荷，液压泵2的压力油经电磁换向阀V_7使注射座移动缸后退。

8. 开模

(1) 慢速开模。为了防止撕裂制品，应慢速开模。电磁铁2YA和4YA通电，液压泵1卸荷，液压泵2的压力油经先导减压阀V_2和单向节流阀V_3进入合模缸右端，左腔则经先导减压阀V_2回油。

(2) 快速开模。电磁铁1YA、2YA和4YA通电，液压泵1和液压泵2的压力油同时经先导减压阀V_2和单向节流阀V_3进入合模缸右腔，开模速度提高。

9. 顶出

(1) 顶出缸前进。电磁铁2YA和5YA通电，液压泵1卸荷，液压泵2的压力油经电磁阀V_6和单向节流阀V_5进入顶出缸左腔，推动顶出杆顶出制品，其速度可由单向节流阀

V_5 调节，顶出缸右腔则经电磁阀 V_6 回油。

(2) 顶出缸后退。电磁铁 2YA 通电，液压泵 2 的压力油经电磁阀 V_6 右腔使顶出缸后退。

10. 螺杆前进和后退

为了拆卸和清洗螺杆，有时需要螺杆后退。这时电磁铁 2YA 和 10YA 通电，液压泵 2 的压力油经电液阀 V_8 使注射缸携带螺杆后退。当电磁铁 10YA 断电、11YA 通电时，注射缸携带螺杆前进。

在注塑机液压系统中，执行元件的数量较多，因此它是一种速度和压力均变化的系统。在完成自动循环时，主要依靠行程开关，而速度和压力的变化主要靠电磁阀切换不同的调压阀来得到。近年来，开始采用比例阀来改变速度和压力，这样可使系统中的元件数量减少。

8.4.2 注塑机液压系统的特点

(1) 系统采用液压-机械组合式合模机构时，合模液压缸通过具有增力和自锁作用的五连杆机构来进行合模和开模，这样可使合模缸压力相应减小，且合模平稳、可靠。最后合模是依靠合模液压缸的高压使连杆机构产生弹性形变来保证所需的合模力，并能把模具牢固地锁紧。这样可确保熔融的塑料以 40MPa～150MPa 的高压注入模腔时，模具闭合严密，不会产生塑料制品的溢边现象。

(2) 系统采用双泵供油回路来实现执行元件的快速运动，这样可以缩短空行程的时间，以提高生产率。合模机构在合模与开模过程中可按“慢速→快速→慢速”的顺序变化，平稳而不损坏模具和制品。

(3) 系统采用了节流调速回路和多级调压回路。这样可保证在塑料制品的几何形状、品种、模具浇注系统不相同的情况下，压力和速度是可调的。采用节流调速可保证注射速度的稳定。为保证注射座喷嘴与模具浇口紧密接触，注射座移动液压缸右腔，在注射时一直与压力相通，使注射座移动缸有足够的推力。

(4) 注射动作完成后，注射缸仍通高压油保压，可使塑料充满容腔而获得精确的形状。同时在塑料制品冷却收缩的过程中，熔融的塑料可不断补充，防止浇料不足而出现残次品。

(5) 当注塑机安全门未关闭时，行程阀切断了电液换向阀的控制油路。这样合模缸不通压力油，合模缸不能合模，保证了操作的安全。

该液压传动系统所用的元件较多，能量利用不够合理，系统发热较大。近年来，多采用比例阀和变量泵来改进注塑机液压系统，如采用比例压力阀和比例流量阀，系统的元件数量可大为减少；以变量泵来代替定量泵和流量阀，可提高系统效率、减少发热；采用计算机控制其循环，可优化其注塑工艺。

8.5 加工中心液压系统

加工中心是机械、电气、液压、气动技术一体化的高效自动化机床。它可在一次装夹中完成铣、钻、扩、镗、锪、铰、螺纹加工、测量等多种工序及轮廓加工。在大多数加工中心中，液压传动主要用于实现下列功能。

(1) 刀库、机械手自动进行刀具交换及选刀的动作。

(2) 加工中心主轴箱、刀库机械手的平衡。

(3) 加工中心主轴箱的齿轮拨叉变速。

(4) 主轴松夹刀动作。

(5) 交换工作台的松开、夹紧及其自动保护。

(6) 丝杆等的液压过载保护等。

下面以卧式镗铣加工中心为例，简要介绍加工中心的液压系统。图 8.8 所示为卧式镗铣加工中心液压系统的原理图。

1. 液压系统泵站的启动时序

接通机床电源，启动电机 1，变量叶片泵 2 运转，调节单向节流阀 3，构成容积节流调速系统。溢流阀 4 起安全阀作用，手动阀 5 起卸荷作用。调节变量叶片泵 2，使其输出压力达到 7MPa，并把安全阀 4 调定压力设为 8MPa。回油滤油器的过滤精度为 10，滤油器两端的压力差超过 0.3MPa 时系统报警，此时应更换滤芯。

2. 液压平衡装置的调整

加工中心的主轴、垂直拖板、变速箱、主电机等连成一体，由 Y 轴滚珠丝杠通过伺服电机带动而上下移动，为了保证零件的加工精度，减少滚珠丝杠的轴向受力，整个垂直运动部分的重量需采用平衡阀加以处理。平衡回路有多种，本系统采用平衡阀与液压缸来平衡重量。

平衡阀 7、安全阀 8、手动卸荷阀 9、平衡缸 10 组成了平衡装置，蓄油器 11 起吸收液压冲击的作用。调节平衡阀 7 使平衡缸 10 处于最佳工作状态，这可通过测量 Y 轴伺服电机电流的大小来判断。

3. 主轴变速

当主轴变速箱需换挡变速时，主轴处于低转速状态。调节减压阀 12 至所需的压力(由测压接头 16 测得)，通过减压阀 12、换向阀 13、换向阀 14 完成高速向低速换挡。直接由系统压力经换向阀 13、换向阀 14 完成低速向高速换挡。换挡液压缸速度由双单向节流阀 15 调整。

4. 换刀时序

加工中心在加工零件的过程中，前道工序完成后需换刀，此时主轴应返回机床 Y 轴、Z 轴设定的换刀点坐标，主轴处于准停状态，所需刀具在刀库上已预选到位。

(1) 机械手抓刀。当系统接收到换刀的各准备信号后，控制电磁阀 17 处于左位，推动齿轮齿条组合液压缸活塞上移，机械手同时抓住安装在主轴锥孔中的刀具和刀库上预选的刀具。双单向节流阀 18 控制抓刀、回位速度，Z2S 型双液控单向阀 19 保证系统失压时位置不变。

(2) 刀具的松开和定位。抓刀动作完成后发出信号，控制电磁阀 20 处于左位、控制电磁阀 21 处于右位，通过增压缸 22 使主轴锥孔中的刀具松开，松开压力由减压阀 23 调

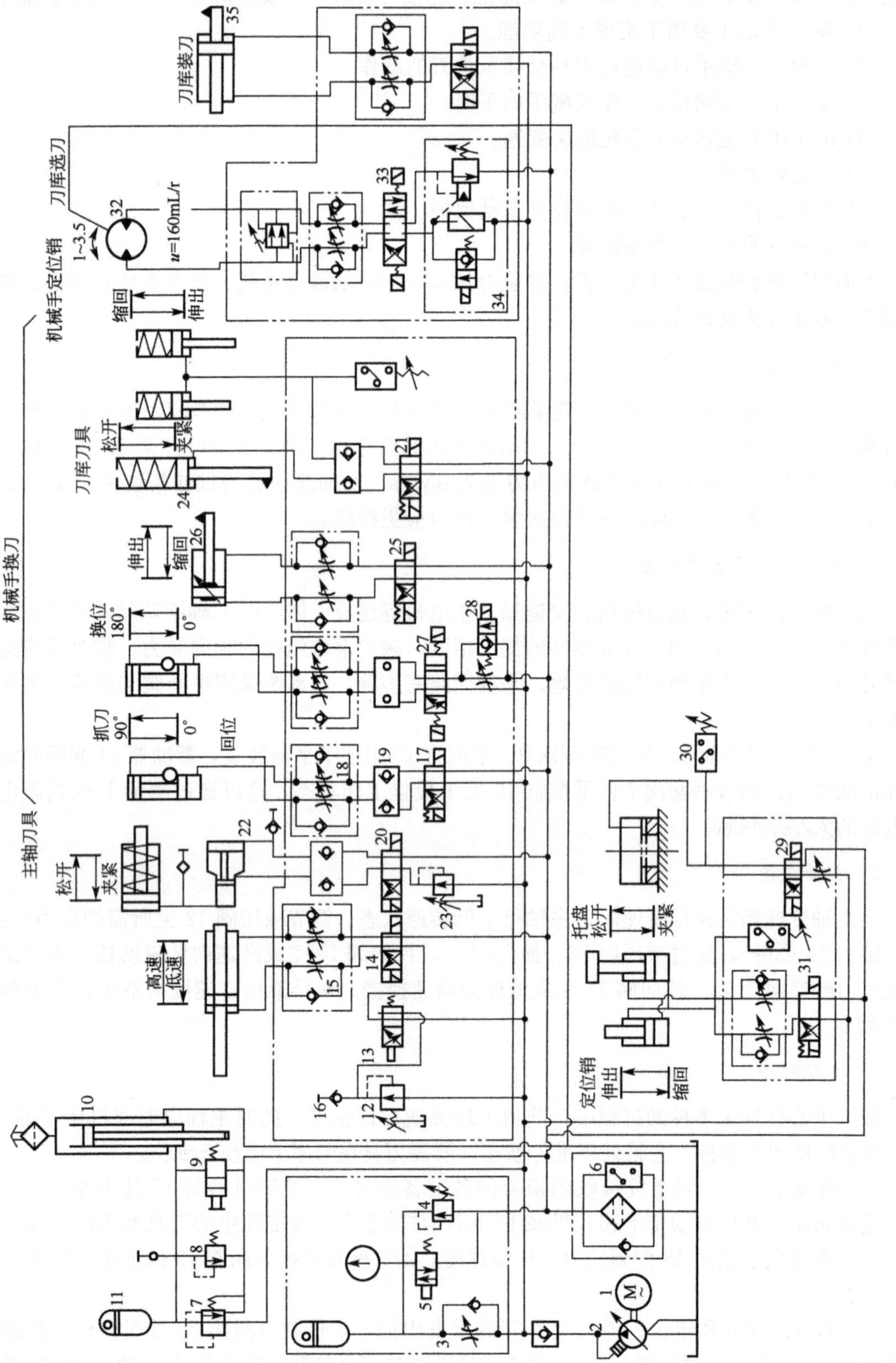

图 8.8 卧式镗铣加工中心液压系统的原理图

节。同时，油缸24的活塞上移，松开刀库刀具；机械手上两定位销在弹簧力的作用下伸出，卡住机械手上的刀具。

(3) 机械手的伸出。主轴、刀库上的刀具松开后，无触点开关发出信号，控制电磁阀25处于右位，机械手由液压缸26推动而伸出，使刀具从主轴锥孔和刀库链节上拔出。液压缸26带缓冲装置，防止其在行程终点发生撞击，引起噪声，影响精度。

(4) 机械手换刀。机械手伸出后，发出信号控制电磁阀27换位，推动齿条传动组合液压缸的活塞移动，使机械手旋转180°，转位速度由双单向节流阀调整，并根据刀具重量由换向阀28确定两种转位速度。

(5) 机械手的缩回。机械手旋转180°后发出信号，电磁阀25换位，机械手缩回，刀具进入主轴锥孔和刀库链节。

(6) 刀具的夹紧和松销。此时电磁阀20、电磁阀21换位，使主轴中的刀具和刀库链节上的刀具夹紧，机械手上的定位销缩回。

(7) 机械手回位。刀具夹紧信号发出后，电磁阀17换位，机械手旋转90°，回到起始位置。至此，整个换刀动作结束，主轴启动进入零件加工状态。

5. NC旋转工作台的液压动作

(1) NC工作台的夹紧。零件连续旋转加工进入固定位置加工时，电磁阀29换至左位，使工作台夹紧，并由压力继电器30发出夹紧信号。

(2) 托盘交换。当交换工件时，电磁阀31处于右位，定位销缩回，同时松开托盘，由交换工作台交换工件，结束后电磁阀31换位，托盘夹紧，定位销伸出定位，即可进入加工状态。

(3) 刀库选刀、装刀。零件在加工过程中，刀库需将下道工序所需刀的具预选到位。首先判断所需刀具所在刀库的位置，确定液压马达32的旋转方向，使电磁阀33换位，液压马达控制单元34控制马达的启动、中间状态、到位旋转速度，刀具到位由旋转编码器组成的闭环系统控制发出信号。液压缸35用于刀库装刀位置装卸刀具。

8.6 M1432B型万能外圆磨床液压系统

外圆磨床主要用来磨削圆柱形、阶梯形、锥形外圆表面，在使用附加装置时还可以磨削圆柱孔和圆锥孔。液压系统完成的动作有：工作台的往复运动和抖动，砂轮架的间歇进给运动和快进、快退，工作台手动和机动的互锁，尾架的松开。这些运动中要求最高的是工作台的往复运动，其性能要求如下。

(1) 一般要求能在0.05m/min～6m/min范围内无级调速。高精度外圆磨床在修整砂轮时要求最低稳定速度为10mm/min～30mm/min。

(2) 自动换向。要求换向频繁，换向过程要平稳、无冲击，制动和反向启动迅速。

(3) 换向精度高。磨削阶梯轴和盲孔时，工作台应有准确的换向点。一般来说，在相同的速度下，换向点的变化应小于0.02mm(称为同速换向精度)；在不同速度下，换向点的变化应小于0.2mm(称为换向精度)。

(4) 端点停留。磨削外圆时，砂轮一般不应越出工件。为避免工件两端由于磨削时间较短而尺寸偏大，要求工作台在换向点作短暂停留。停留时间在 0s～5s 范围内可调。

(5) 抖动。切入磨削或加工工件长度略大于砂轮宽度时，为了改善工件表面粗糙度，工作台需作短行程频繁的往复运动，这种磨削运动称为抖动。抖动行程为 1mm～3mm，抖动频率为 100 次/min～150 次/min。

上述几项要求除调速要求一项外，其余 4 项都和工作台的换向有关，所以工作台的换向问题是外圆磨床的核心问题。由于这些要求很难用标准液压换向阀来实现，往往用专门设计制造的操纵箱来实现这些要求。

8.6.1 M1432B 型万能外圆磨床的液压系统的组成

M1432B 型万能外圆磨床的最大磨削直径为 320mm，最大磨削长度有 750mm、1000mm、1500mm 共 3 种规格。磨削精度可达 1 级～2 级，表面粗糙度可达 $R_a0.4$～$R_a0.1$。该磨床液压传动系统的原理图如图 8.9 所示。该液压系统主要由工作台往复运动回路、砂轮架快速进退回路、砂轮进给回路和润滑回路等 4 部分组成。

1. 工作台的往复运动

工作台的往复运动是由 Z 型行程控制式液压操纵箱(HYY21/4P－25T)控制的，其中，机动换向阀 E 是液动换向阀 A 的先导阀。

1) 工作台运动的实现

如图 8.9 所示，开停阀 C 处于“开”的位置，先导阀 E 及换向阀 A 的阀芯处于左端位置。此时，手摇机构松开、工作台向左运动。

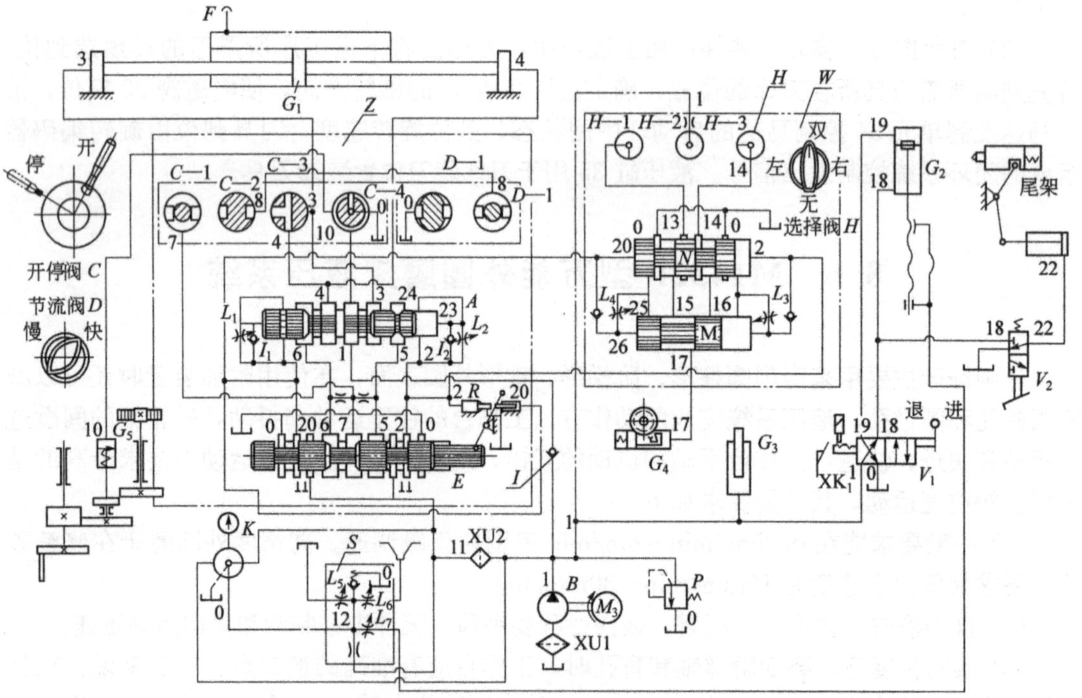

图 8.9　M1432B 型万能外圆磨床液压系统的原理图

手摇机构松开的油路如下。

滤油器 XU1→齿轮泵 B→单向阀 I→油路 1→换向阀 A→开停阀(C—4)→油路 10→液压缸 G_5，压缩弹簧，使手摇机构松开。

工作台向左运动的主油路如下。

进油路：XU1→齿轮泵 B→单向阀 I→油路 1→换向阀 A→油路 3→液压缸 G_1 左腔，推动工作台左移。

回油路：液压缸 G_1 右腔→油路 4→换向阀 A→油路 6→先导阀 E→油路 7→开停阀 C(C—1)→开停阀 C(C—2)→油路 8→节流阀 D(D—1)→油路 0→油箱。

若先导阀的阀芯处于右端位置，则工作台向右运动。

2) 工作台的换向过程

在外圆磨床或万能外圆磨床上常需要磨削带台肩的轴和阶梯轴，万能外圆磨床上有时也磨不通孔，因此对工作台的换向精度要求很高。该磨床在换向时采用了行程制动换向回路，如图 8.10(a)所示。当工作台向左运动到调定位置时，固定在工作台右端的挡铁推动先导阀 E 的换向拨杆向左摆动，使阀 E 的阀芯移动到右端，切换控制油路。此时，控制油路如下。

进油路：滤油器 XU1→液压泵 B→精密滤油器 XU2→油路 11→先导阀 E→油路 20→单向阀 I_1→换向阀 A 阀芯左端。推动换向阀 A 的阀芯向右移动，但其右移速度受右端回油油路的控制。

回油路：为保证工作台的换向性能良好，回油路设计了 3 种不同的通道，使换向阀 A 的阀芯能够产生 3 种连续运动：第一次快跳、慢移和第二次快跳。这样使工作台的换向相应经历了迅速制动、端点停留和迅速反向启动 3 个阶段。

(1) 迅速制动时控制油路的回油路为：换向阀 A 阀芯右端→油路 2→先导阀 E→油路 0→油箱。

由于控制油路的回路上无节流元件，使换向阀 A 阀芯快速右移，即产生第一次快跳。这时液压缸 G_1 通过油路 3、4 使两腔互通压力油，工作台停止运动。

(2) 端点停留时控制油路的回油路为：换向阀 A 阀芯右端→节流阀 L_2→油路 2→先导阀 E→油路 0→油箱。

当阀 A 快跳到其右端部遮住油路 2 的油口时，回油只能通过节流阀 L_2 开始慢移，如图 8.10(a)所示。调节节流阀 L_2 可以控制换向阀 A 的换向速度，从而控制工作台端点的停留时间。这一阶段换向阀芯慢速移动，液压缸 G_1 左右两腔通过油路 3、油路 4 继续互通压力油，工作台仍保持不运动，至图 8.10(b)时工作台停留阶段即将结束。

(3) 迅速反向启动时控制油路的回油路为：换向阀 A 阀芯右端→油路 23→油路 24→油路 2→先导阀 E→油路 0→油箱。

换向阀 A 的阀芯由图 8.10(b)所示的位置继续右移，换向阀 A 阀芯右端的沉割槽使油路 24 与油路沟通，这时换向阀 A 右端的回油压力油的回路畅通。换向阀 A 的阀芯在左端控制压力油的作用下快跳到右位终点，这就是换向阀 A 阀芯的第二次快跳。换向阀 A 使主油路迅速切换，工作台迅速反向启动，如图 8.10(c)所示。

换向阀 A 移到右端后的主油路如下。

进油路：滤油器 XU1→齿轮泵 B→单向阀 I→油路 1→换向阀 A→油路 4→液压缸 G_1 的右腔。

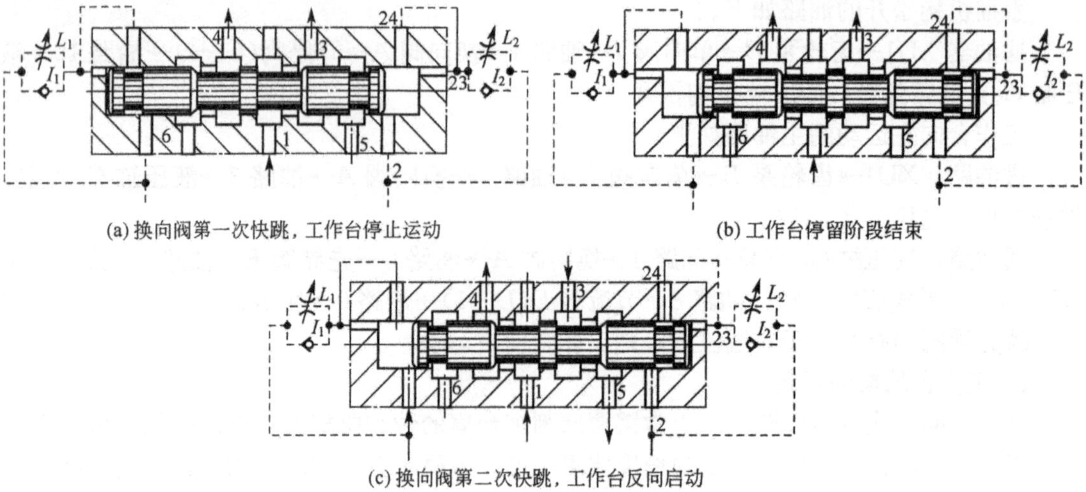

(a) 换向阀第一次快跳，工作台停止运动　　(b) 工作台停留阶段结束

(c) 换向阀第二次快跳，工作台反向启动

图 8.10 工作台换向过程中液动换向阀所处的位置

I_1、I_2—单向阀　L_1、L_2—节流阀

回油路：液压缸 G_1 左腔→油路 3→换向阀 A→油路 5→先导阀 E→油路 7→开停阀 C(C—1)→开停阀 C(C—2)→油路 8→节流阀 D(D—1)→油路 0→油箱。

工作台的右端换向与上述相似。

工作台返回前的左右停留时间可分别通过调节节流阀 L_1 和节流阀 L_2 来实现。旋转节流阀 D 即可调节节流口通流面积的大小，因而可使工作台的往复运动无级调速。这里采用了回油节流调速，使液压缸的回油腔产生背压，因此工作台的运动比较平稳。

2. 工作台抖动

把工作台上的两个挡铁间的距离调整得很近，甚至夹住换向拨杆。这时磨床启动后，换向拨杆和先导阀在抖动阀的作用下进行左、右快跳，换向阀阀芯也同时作左、右快跳(这时节流阀 L_1 和节流阀 L_2 应调至最大)，使工作台液压缸 G_1 两腔的压力油迅速交替变换，工做台便可作短距离的往复运动，即抖动。

3. 工作台位置的手动调整

根据被加工工件的磨削部位，往往需要调整磨床工作台往返行程的大小及换向点的位置，这时需要通过手摇机构使工作台移动。置开停阀 C 于“停”的位置，主油路 7 与油路 8 被切断，油路 3 与油路 4 沟通，使液压缸 G_1 的两端互通压力油，工作台停止运动。同时，手摇机构通道 10 与油路 0 相通回油箱，液压缸 G_5 靠弹簧力复位，使齿轮与工作台上的齿条啮合，通过手摇机构可使工作台实现手动。

4. 砂轮架快速进退

装卸工件和测量工件尺寸时要求砂轮架快速后退，磨削开始时砂轮架应快速移近工件，以节省辅助时间。砂轮架的快速进退由快动阀 V_1 控制快动油缸 G_2 来实现。图 8.9 所示的位置是快退位置。当扳动快动阀 V_1 使阀右位接入回路时，砂轮架快速前进，这时的油路如下。

进油路：油路 1→快动阀 V_1→油路 19→液压缸 G_2 后腔。压力油推动活塞向前，驱动砂轮架快速前进。

回油路：液压缸 G_2 前腔→油路18→快动阀 V_1→油路0→油箱。

砂轮架前进的同时，行程开关 XK_1 闭合，接通砂轮架电机及冷却泵电机，使砂轮旋转及提供冷却液。当砂轮架快退时，行程开关 XK_1 断开，使砂轮主轴和冷却泵停止转动。

为使砂轮架快进快退时不产生冲击和提高快进的重复精度，在液压缸 G_2 两端设有缓冲装置。同时设有闸缸 G_3，以消除丝杠和螺母之间的间隙。

5. *砂轮架的周期进给*

M1432B型外圆磨床的自动周期进给由进给操纵箱 W(M1432B－56/1)实现，该操纵箱包括选择阀 H、进给阀 M 和进刀阀 N。选择阀有4个不同的位置，即双进给、左进给、无进给和右进给，可以根据磨削工件的工艺要求来选择，其工作原理如下。

1) 双向进给

如图8.9所示，进给箱 W 内选择阀 H 置于“双进给”位置。当工作台的右撞块撞及杠杆而带动先导阀 E 换向后，辅助压力油经油路11→油路20，推动进刀阀 N 的阀芯右移。压力油经油路1→油路13→油路15→油路17，进入进给液压缸 G_4 右端，推动活塞向左移动。通过柱塞上的棘爪拨动棘轮转动，再通过齿轮、丝杠、螺母使砂轮架作微动进给一次。

当阀 N 移动一段距离后，辅助压力油经油路20→油路25→节流阀 L_4→油路26，推动进给阀 M 的阀芯右移，阀芯的移动速度可调节 L_4，使进给液压缸有足够的通油时间。当阀 M 的阀芯移动一段距离后，辅助压力油经油路20→油路25，推动进给阀 M 的阀芯快速右移，使油路15→油路17的油路切断，而油路17→油路16→油路0，接通油箱。此时进给液压缸 G_4 在弹簧力的推动下使柱塞复位，为下次进给做好准备。

反之，当工作台左撞块撞及杠杆换向后，辅助压力油经油路11→油路2，推动进刀阀 N 阀芯左移，并经油路1→选择阀 H→油路14→进刀阀 N→油路16→进给阀 M→油路17，推动进给液压缸柱塞左移。进给液压缸 G_4 的进给原理同上所述。

2) 右端进给

将选择阀 H 从双向进给位置顺时针旋转90°，置于“右进给”位置，这时选择阀 H 只连通油路1和油路13。当工作台的右撞块撞及杠杆而带动先导阀 E 换向后，辅助压力经油路11→油路20，推动进刀阀 N 右移。压力油经油路1→油路13→油路15→油路17，进入液压缸 G_4 右端，进给原理同双向进给时的右端进给。而当工作台左撞块撞及杠杆换向时，辅助压力油经油路11→油路2，推动进刀阀 N 左移。这时由于油路1与油路14不相通，故不能实现工作台在左端换向时砂轮架的进给。

3) 左进给

将选择阀 H 从双向进给位置逆时针旋转90°，置于“左进给”位置，这时选择阀 H 只连通油路1和油路14。砂轮架的进给原理同右进给，这时仅实现砂轮架在工件左端的进给。

4) 两端无进给

将选择阀 H 置于“无进给”位置时，油路13及油路14均与油路1断开，所以进刀阀 N 及进给阀 M 虽然随着先导阀 E 的换向也相应作换向移动，但由于选择阀 H 将压力油油路1与油路13及油路14均切断，压力油不能进入进给液压缸 G_4，故无进给动作。

6. 尾架顶尖的自动松开

这个动作由一个脚踏式尾架阀 V_2 操纵，由尾架缸实现。当砂轮架处于图示快退位置时，如欲装卸工件，脚踏尾架阀 V_2，使压力油经油路 1→油路 18→油路 22，进入尾架液压缸，通过铰链机构压缩弹簧，使尾架顶尖右移退出；不踏时，阀 V_2 靠弹簧复位，尾架液压缸储油经油路 22→油路 0 回油箱。尾架顶尖靠弹簧力复位，顶住工件。当砂轮架处于“快进”位置时，若误踏了尾架阀 V_2，并不能使压力油进入尾架液压缸，这是因为尾架液压缸通过油路 22→油路 18→快进退阀 V_2→油路 0，接通油箱。这样就实现了“在磨削时若误踏了尾架阀，工件也不会松落”的连锁作用。

7. 机床的润滑

导轨润滑油：油路 1→精滤油器 XU2→润滑油稳定器 S→

→ ┌→ 节流阀 L_5→平导轨润滑。
→ ├→ 节流阀 L_6→工作台三角导轨润滑。
→ └→ 节流阀 L_7→丝杆、螺母副等润滑。

为不导致因润滑油过多而使工作台浮升过高，所以采用了工作台开槽卸荷的润滑形式。

8.6.2 M1432B 型万能外圆磨床液压系统的特点

(1) 系统采用活塞杆固定式双杆液压缸，不仅保证了工作台左、右两个方向运动速度相等，而且减小了机床的占地面积。

(2) 系统采用 HYY21/4P-25T 型快跳式操纵箱，结构紧凑、操纵方便，换向精度和换向平稳性都较高。此外，这种操纵箱设置有抖动阀 20，还能使工作台高频抖动，有利于提高切入磨削时的加工质量。

(3) 系统采用出口节流的调速形式，液压缸回油腔中有背压，这样工作台的工作稳定性好，有助于加速工作台的制动，并能有效地防止空气渗入系统。

(4) 尾架顶尖采用弹簧力顶紧工件，由液压油顶出。系统设计为顶尖退出与砂轮架进给互锁，可防止造成事故。

(5) 工作台液压驱动和手动操纵互锁。

思考与练习

8-1　组合机床的液压系统包括哪几种典型回路？说明单向阀 3、6 的作用。

8-2　分析 YB32-200 型液压机液压系统的特点，并说明上液压缸快速下行、保压和快速返回时管路中油的流向，说明液控单向阀 12 在系统工作过程中都有哪些作用。

8-3　SZ-250A 型塑料注射成形机液压系统由哪些基本回路组成？

8-4　在加工中心液压系统中，主要完成哪些动作？

8-5　在外圆磨床的液压系统中，工作台换向经历了哪几个阶段？

第 9 章　液压系统的设计计算

教学提示：液压传动系统是机械设备动力传动系统，因此它的设计是整个机械设备设计的一部分，必须与主机设计联系在一起同时进行。一般在分析主机的工作循环、性能要求、动作特点等的基础上，经过认真分析比较，在确定全部或局部采用液压传动方案之后，才会提出液压传动系统的设计任务。本章主要介绍液压系统的设计步骤、元器件的选择和计算、性能验算以及图纸绘制和技术文件的编制。

教学要求：通过本章的学习，使学生了解液压传动系统设计计算的一般方法，在将来生产实际中能运用这些方法、思想进行液压系统的设计与开发工作。

液压系统设计必须从实际出发，注重调查研究，吸收国内外先进技术，采用现代设计思想，在满足工作性能要求、工作可靠的前提下，力求使系统的结构简单、成本低、效率高、操作维护方便、使用寿命长。

液压系统设计步骤如下。

(1) 明确液压系统的设计要求及工况分析。

(2) 主要参数的确定。

(3) 拟定液压系统原理图，进行系统方案论证。

(4) 设计、计算、选择液压元件。

(5) 对液压系统主要性能进行验算。

(6) 设计液压装置，编制液压系统技术文件。

9.1　液压系统的设计步骤

9.1.1　明确设计要求，进行工况分析

1. 明确设计要求

设计时，首先要明确整机对液压系统提出的要求，包括以下几个方面。

(1) 整机的动作要求：是指哪些动作由液压传动来实现，这些动作之间的联系、自动循环过程、转换方式及自锁要求等。

(2) 整机的性能要求：是指液压系统的各执行元件在各工作阶段所需的力和速度的大小、调速范围、速度的平稳性以及完成一个工作循环的时间等。

(3) 液压系统的工作环境：例如温度、湿度、振动、污染以及是否有腐蚀性和易燃性物质存在等。

(4) 其他要求：如液压装置的重量、外形尺寸方面的限制以及经济性等。

2. 工况分析

液压系统工况分析是指对液压系统各执行元件在工作过程中的速度和负载的变化规律进行分析。通过工况分析可以进一步明确整机在性能方面的要求，这是设计液压系统的基本依据。

1）运动分析

按工作要求和执行元件的运动规律，绘制执行元件的工作循环图和速度循环图。图 9.1 所示为某组合机床动力滑台的运动分析图。由图可见，工作循环为“快进→工进→快退”。

2）负载分析——绘制执行元件的负载循环图

负载循环图是按照设备的工艺要求，把执行元件在各阶段的负载用曲线表示，由此图可直观地看出在运动过程中何时受力最大，何时受力最小等各种情况，为系统设计提供依据。图 9.2 所示为某组合机床动力滑台的负载-位移(时间)曲线图。

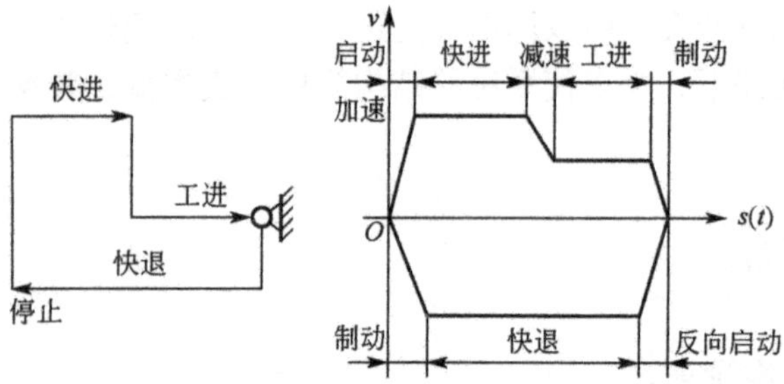

图 9.1 组合机床动力滑台的运动分析图

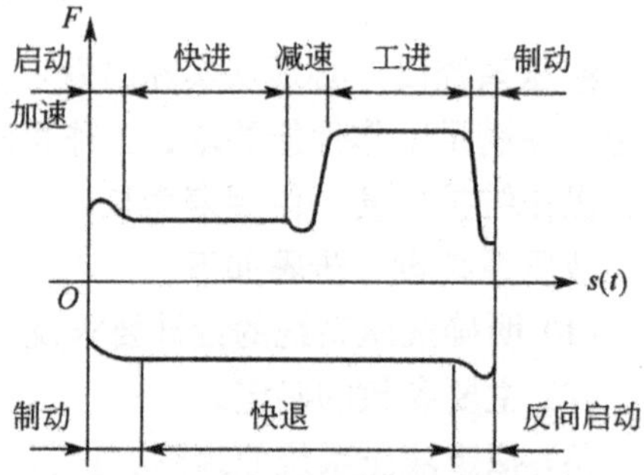

图 9.2 负载-位移(时间)曲线图

一般情况下，液压缸带动工作部件作直线往复运动时，所需克服的外负载 F 包括工作负载 F_w、摩擦负载 F_f、惯性负载 F_a 等。即

$$F=F_w+F_f+F_a$$

(1) 工作负载 F_w。不同液压设备工作负载的形式各不相同。对于金屑切削机床，工作负载就是作用在工作部件运动方向上的切削力；对于提升机械，其重物的重量就是工作负载。工作负载可以是恒定值，也可以是变值；可能是正值，也可能是负值。其大小可用有关公式计算或由实验测出。

(2) 摩擦负载 F_f。摩擦负载是指液压缸驱动工作部件移动时，需要克服的导轨或支承面上的摩擦力。

摩擦力的大小和导轨的形状有关，常用的两种导轨的摩擦力，可按下列公式计算。

平面导轨 $$F_f=fN$$

V 形导轨 $$F_f=\frac{fN}{\sin(\alpha/2)}$$

式中：N——作用于导轨摩擦面上的正压力；

α——V 形导轨的夹角；

f——导轨的摩擦系数，与导轨种类和材料有关。

一般来说，静摩擦系数 $f_j=0.2\sim0.3$；动摩擦系数 $f_d=0.06\sim0.1$。

(3) 惯性负载 F_a。惯性负载是工作部件在启动加速和制动减速时的惯性力，其大小可按牛顿第二定律计算。

$$F_a = \frac{G}{g}\frac{\Delta v}{\Delta t}$$

式中：G——部件所受的重力；

g——重力加速度，m/s^2；

Δt——加速或减速时间，一般取 0.1s～0.5s；工作部件重量较轻时取小值，反之取大值；

Δv——Δt 时间内的速度变化量，m/s。

实际上在液压缸工作时，还要克服内部密封装置产生的摩擦阻力和液压缸回油腔的背压阻力。密封装置的摩擦阻力的详细计算比较繁琐，一般用液压缸的机械效率加以考虑，常取 $\eta_{cm}=0.9 \sim 0.95$；而背压阻力在系统方案和结构未确定以前是无法计算的，常在确定系统工作压力时再考虑。

液压缸在各个工作阶段的工作负载可按下面的式子计算。

启动时 $F=(F_{fj} \pm F_G)/\eta_{cm}$

加速时 $F=(F_{fd} \pm F_G + F_a)/\eta_{cm}$

快进时 $F=(F_{fd} \pm F_G)/\eta_{cm}$

工进时 $F=(F_q + F_{fd} \pm F_G)/\eta_{cm}$

快退时 $F=(F_{fd} \pm F_G)/\eta_{cm}$

3. 执行元件的参数确定

1）选定工作压力

液压缸的工作压力的选定是否合适直接关系到液压系统设计的合理程度。在负载一定的条件下，工作压力选得低，则元件尺寸和重量增大，经济性较差。若选用工作压力高，能获得紧凑的结构，但对元件的性能和密封性能要求提高，并使成本增加，容积效率下降。所以应结合实际情况选取适当的工作压力。

初选液压缸的工作压力，可根据液压缸的总负载和液压设备的类型，按表 9-1 和表 9-2选取。

表 9-1 各类液压设备常用系统压力 (MPa)

设备类型	机床				农业机械 小型工程机械	液压机重型机械 起重运输机械
	磨床	组合机床	龙门刨床	拉床		
工作压力 p	0.8～2	3～5	2～8	8～10	10～16	20～32

表 9-2 根据负载选择系统压力

负载 F/kN	<5	5～10	10～20	20～30	30～50	>50
工作压力 p/MPa	0.8～1	1.5～2	2.5～3	3～4	4～5	>5

2）确定执行元件的几何参数

对于液压缸来说，其几何参数是有效工作面积 A，对于液压马达来说就是排量 V。

液压缸有效工作面积 $A(m^2)$ 为

$$A=\frac{F}{p}$$

式中：F——液压缸的工作负载，N；

p——液压缸工作压力，Pa。

由面积 A 可以进一步确定液压缸的缸筒内径 D、活塞直径 d。

当工作速度很低时，需按液压缸最低运动速度的要求，验算液压缸的有效作用面积 A，即应满足

$$A \geqslant \frac{q_{\min}}{v_{\min}}$$

式中：$q_{\min}$——流量阀的最小稳定流量，可从流量阀产品目录上查得；

$v_{\min}$——液压缸的最低运动速度。

3）绘制液压执行元件工况图

根据负载图（或负载转矩图）和液压执行元件的有效工作面积（或排量）就可绘制液压执行元件的工况图，即压力图、流量图、功率图。图 9.3 所示为某组合机床液压缸工况图。根据工况图可以直观、方便地找出最大工作压力、最大流量和最大功率，根据这些参数即可选择液压泵、液压阀及其电动机。

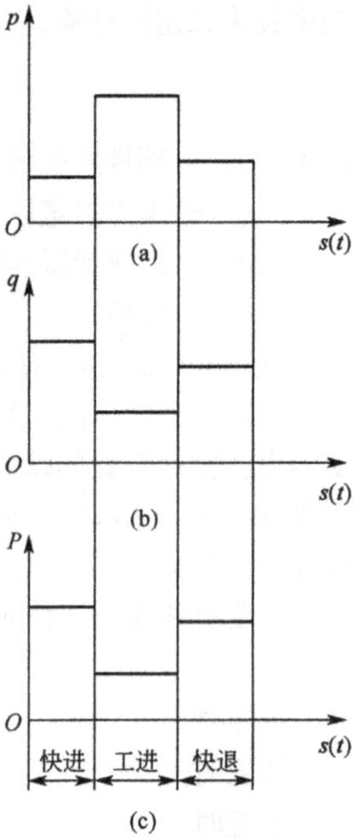

图 9.3　液压缸工况图

9.1.2　拟定液压系统原理图

拟定液压系统原理图是液压系统设计的一个重要步骤。在拟定时，需要先根据整机的性能和动作要求选择基本回路，然后在它的基础上增加辅助回路，便可组成一个完整的液压系统。

1. 液压回路的选择

在机床液压系统中，调速回路是液压系统的核心，往往调速方案一经确定，系统中的其他回路也就基本上确定了。调速方案主要根据调速范围、功率大小、低速稳定性、允许温升以及经济性等因素来考虑选择。节流调速的结构简单、低速稳定性好，但系统效率低，在小功率、温升限制不严的条件下可优先选用。在功率较大的中高压系统中，为节约能源，以选用容积调速为宜。如同时对节能和低速稳定性都有较高要求时，则可选用容积节流调速。

油路循环方式和油源结构形式主要取决于调速方案。节流调速、容积节流调速采用开式油路；容积调速则采用闭式油路。节流调速都采用定量泵供油，而容积节流调速和容积调速则通常采用变量泵供油。

系统中的其他基本回路，如换向、压力控制等回路都与供油方式有关。换向控制回路主要根据自动化程度、换向性能以及通过流量和压力的大小等来确定。压力控制回路，有的由调速回路而定，如节流调速系统中的定压控制回路、卸荷回路，容积调速回路中的限压控制回路，根据系统的要求有的还要选择保压回路、平衡回路等。

如果执行元件要求完成一定自动循环动作，一般采用行程控制，可使动作可靠。合理地使用压力控制可简化系统。时间控制一般不单独使用，常与行程或压力控制组合使用。

此外，对有多个执行元件的系统，还需考虑选择顺序、同步或互不干扰回路。

2. 基本回路组合成液压系统

液压基本回路确定之后，即可综合成完整的液压系统，在组合液压系统时，需考虑以下几点。

(1) 防止回路间的相互干扰，保证实现所要求的工作循环。

(2) 力求提高系统效率，合理利用功率，减少系统的发热和温升。

(3) 防止液压系统出现液压冲击。

(4) 在满足设计要求的前提下，力求系统结构简单、工作安全可靠。

9.1.3 液压元件的计算和选择

1. 液压泵的选择

1) 确定液压泵的最高工作压力 p_P

液压泵的最高工作压力 p_P 按下式计算

$$p_P \geqslant p_{max} + \sum \Delta p$$

式中：p_{max}——执行元件的最高工作压力，由工况图中选取最大值；

$\sum \Delta p$ ——总压力损失。初算时，按经验数据选取：一般节流调速和简单的系统，取 $\sum \Delta p = 0.2\text{MPa} \sim 0.5\text{MPa}$；进油路上有调速阀和管路较复杂的系统，取 $\sum \Delta p = 0.5\text{MPa} \sim 1.5\text{MPa}$。

2) 确定液压泵的最大流量 q_P

当一个液压泵向多个同时动作的执行元件供油时，可按下式计算

$$q_P \geqslant K_1 \sum q_{max}$$

式中： K_1——系统泄漏系数，一般取 $K_1 = 1.1 \sim 1.3$，小流量取大值，大流量取小值；

$\sum q_{max}$ ——同时动作各液压缸所需流量之和的最大值，可由流量循环图中查得。

对于节流调速系统，如果最大供油量出现在调速时，尚需加溢流阀的最小溢流量 $0.05\text{m}^3/\text{s}$，从而保持溢流阀溢流稳压状况。

3) 选择液压泵规格

(1) 液压泵的额定压力 p_n 为

$$p_n \geqslant (1.25 \sim 1.6) p_P$$

(2) 液压泵的额定流量 q_n 为

$$q_n = q_P$$

4) 确定液压泵驱动功率

(1) 使用定量泵时，

$$p_n \geqslant \frac{pq}{\eta_P}$$

式中：p——液压泵的工作压力，Pa；

q——液压泵流量，m^3/s；

η_P——液压泵的总效率。

当不同工况时取最大值作为选择电动机规格的依据。

(2) 使用限压式变量泵时，用限压式变量泵的压力－流量特性曲线的最大功率点(拐点)估算。

$$p_n \geqslant \frac{p_B q_B}{\eta_p}$$

式中：p_B——限压式变量泵的拐点压力，Pa；

q_B——限压式变量泵的拐点流量，m^3/s；

η_p——限压式变量泵的总效率。

2. 液压控制阀的选择

按所拟定的液压系统原理图，并根据系统的最高工作压力和通过该阀的最大流量，或根据分支路的工作压力及通过该阀的最大流量，从产品样本中选取标准液压控制阀。要求阀的额定压力和额定流量一般应大于系统最高工作压力和通过该阀的最大流量。必要时允许通过阀的最大流量可超过额定流量的20%，但不能过大，以免引起发热、噪声、压力损失增大。溢流阀应按泵的最大流量选取，流量阀应按系统中流量调节范围选取，其最小稳定流量应能满足工作部件最低稳定速度的要求。

3. 辅助元件的选择

根据液压系统对各辅助元件的要求，选择油箱、滤油器、蓄能器、油管、管接头、冷却器等液压辅助元件。

9.1.4 液压系统的性能验算

为了判断设计质量和正确调整系统的工作压力，常需验算系统的压力损失和发热后的温升等技术性能。

1. 系统压力损失的验算

系统的压力损失验算是在系统管路安装图的基础上进行的。系统的压力损失包括管路的沿程压力损失 Δp_λ 和局部压力损失 $\Delta p_{\zeta 1}$、阀类元件的局部损失 $\Delta p_{\zeta 2}$，即

$$\sum \Delta p = \Delta p_\lambda + \Delta p_{\zeta 1} + \Delta p_{\zeta 2}$$

在实用中管路简单且较短时，Δp_λ、$\Delta p_{\zeta 1}$ 这些数值较小可略去不计，在管路较长时进行计算。

$$\Delta p_\lambda = \lambda \frac{l}{d} \frac{\rho v^2}{2}$$

式中：λ——沿程阻力系数，与流态有关；

ρ——油液密度，kg/m^3；

v——通过管路的流速，m/s；

l——油管长度，mm；

d——油管内径，mm。

$$\Delta p_{\zeta 1} = (0.05 \sim 0.1) \Delta p_\lambda$$

$$\Delta p_{\zeta 2}=\Delta p_{n}\left(\frac{q}{q_{n}}\right)^{2}$$

式中：Δp_n——阀的额定压力损失，MPa；

q_n——阀的额定流量，L/min；

q——阀的实际流量，L/min。

Δp_n、q_n 的值从产品目录中查取。

应当注意，液压缸回油路上的压力损失在计算时要折算到进油路上去，以便确定系统的工作压力。在系统工作循环的不同阶段，进油路和回油路上的压力损失并不相同，应分别计算，其后按下式求出管路系统的总压力损失。

$$\sum \Delta p = \Delta p_{进} + \Delta p_{回}\frac{A_{回}}{A_{进}}$$

式中：$\sum \Delta p_{进}$、$\sum \Delta p_{回}$——液压缸进、回油路上的总压力损失；

$A_{进}$、$A_{回}$——液压缸进、回油腔的有效作用面积。

2. 压力阀的调整压力

(1) 定量泵节流调速回路中溢流法调整压力，按工进时泵的工作压力 p_P 调整。

(2) 双联泵供油系统，溢流法调整压力同上。卸荷阀(液控顺序阀)按高于快进、快退时泵工作压力 0.5MPa～0.8MPa 调整。

(3) 减压阀、背压阀、顺序阀按实际工作需要调整。

3. 液压系统发热温升的验算

液压系统的压力、容积和机械 3 方面的损失构成总的能量损失，这些能量损失转化为热量，使油温升高，油液黏度下降。为保证系统正常工作，必须控制油液温升在允许范围以内。一般机床 $\Delta T \leqslant 25℃ \sim 30℃$；精密机床 $\Delta T \leqslant 10℃ \sim 15℃$；工程机械 $\Delta T < 35℃ \sim 40℃$。

系统的总发热量可按下式估算，为

$$q=P_{m}(1-\eta)$$

式中：P_m——液压泵的输入功率；

η——液压系统的总效率。

液压系统工作时产生的热量可由系统各个散热面散发到空气中去，但绝大部分热量是由油箱散发的。油箱散发到空气中的热量 q_1 可由下式计算。

$$q_{1}=C_{T}A\Delta T$$

式中：ΔT——液压系统的温升，℃；

A——油箱的散热面积，m^2；

C_T——油箱的散热系数，$kW/m^2 \cdot ℃$，取 $C_T=(15\sim18)\times10^{-3}$。

达到热平衡时的温升为

$$\Delta T=\frac{q}{C_{T}A}$$

当计算所得的温升大于允许温升时，可采取增大油箱散热面积或增设冷却装置的方法。

9.1.5 绘制工作图和编制技术文件

1. 绘制工作图

(1) 液压系统原理图。应附有液压件明细表，表中标明各液压元件的型号和压力阀、流量阀的调整值，画出执行元件工作循环图，列出相应电磁铁和压力继电器的工作状态表。

(2) 液压系统装配图。液压系统装配图包括泵站装配图、集成油路装配图、管路装配图。

(3) 非标准件的装配图和零件图。

2. 编制技术文件

液压系统设计应编制的技术文件包括：液压系统设计计算书和使用说明书；零部件目录表；标准件、通用件和易损件总表等。

9.2 组合机床液压系统设计实例

本节以设计一台铣削专用机床为例，要求系统完成的工作循环是：工作台快进—工作台工进—工作台快退—停止。运动部件的重量为3000N，快进、快退速度为4m/min，工进速度为0.05～1m/min，最大行程为400mm，其中工进行程为200mm，最大切削力为30000N。采用平面导轨，静摩擦系数 $f_j=0.2$，动摩擦系数 $f_d=0.1$。启动、制动时间为 $\Delta t=0.25s$。

9.2.1 工况分析

1. 根据已知条件绘制运动部件的速度循环图

如图9.4所示为速度循环图，计算出个阶段的负载并绘制负载图。液压缸在工作过程中各阶段的负载为

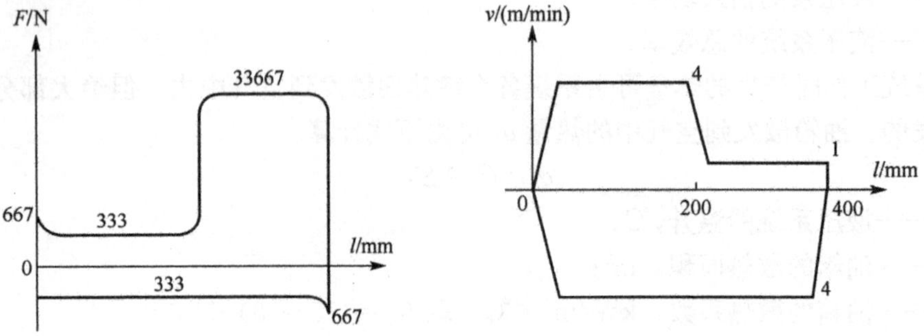

图9.4 速度循环图

启动阶段 $F=F_{fj}/\eta_{cm}=f_jG/\eta_{cm}=0.2\times3000/0.9=667(N)$

加速阶段 $F=(F_{fd}+F_a)/\eta_{cm}=\left(f_dG+\frac{G}{g}\frac{G\Delta v}{\Delta t}\right)/\eta_{cm}$

$$=\left(0.1\times3000+\frac{3000}{9.81}\times\frac{4}{0.25\times60}\right)/0.9=424(\mathrm{N})$$

快进、快退阶段 $F=F_{fd}/\eta_{cm}=f_dG/\eta_{cm}=0.1\times3000/0.9=333(\mathrm{N})$

工进阶段 $F=(F_{fd}+F_G)/\eta_{cm}=(0.1\times3000+30000)/0.9=33667(\mathrm{N})$

根据上述计算结果，列出各工作阶段所受的外负载，见表 9－3；画出负载循环图，如图 9.4 所示。

表 9－3 液压缸在各阶段的压力、流量、功率计算

<table>
<tr><th colspan="2">工况</th><th>计算公式</th><th>速度/m/s</th><th>有效面积/m²</th><th>负载/N</th><th>压力/MPa</th><th>流量/L/min</th><th>功率/kW</th><th>背压 p_2/MPa</th></tr>
<tr><td rowspan="3">差动快进</td><td>启动</td><td rowspan="3">$p=F/A_3$
$q=v_3A_3$
$P=pq$</td><td rowspan="7">$v_2=0.067$
$v_1=0.008\sim0.017$
$v_3=0.067$</td><td rowspan="7">$A_1=78.5\times10^{-4}$
$A_2=40\times10^{-4}$
$A_3=38.5\times10^{-4}$</td><td>667</td><td>0.2</td><td rowspan="2"></td><td rowspan="2"></td><td rowspan="3"></td></tr>
<tr><td>加速</td><td>424</td><td>0.11</td></tr>
<tr><td>恒速</td><td>333</td><td>0.1</td><td>15.4</td><td>0.03</td></tr>
<tr><td colspan="2">工进</td><td>$p=\frac{F+p_2A_2}{A_1}$
$q=v_1A_1$
$P=pq$</td><td>33667</td><td>4.5</td><td>0.39～7.85</td><td>0.03～0.59</td><td>0.4</td></tr>
<tr><td rowspan="3">快退</td><td>启动</td><td rowspan="3">$p=\frac{F+p_2A_1}{A_2}$
$q=v_2A_2$
$P=pq$</td><td>667</td><td>0.75</td><td rowspan="2"></td><td rowspan="2"></td><td rowspan="3">0.3</td></tr>
<tr><td>加速</td><td>424</td><td>0.70</td></tr>
<tr><td>恒速</td><td>333</td><td>0.67</td><td>16</td><td>0.18</td></tr>
</table>

2. 确定液压缸的工作压力和尺寸

根据负载查表 9－1 并类比同类组合机床，取液压缸的工作压力为 4.5MPa。

液压缸的内径为

$$D=\sqrt{\frac{4F}{\pi p}}=\sqrt{\frac{4\times33667}{3.14\times4.5\times10^6}}=98(\mathrm{mm})$$

取标准直径，$D=100\mathrm{mm}$。

液压缸快进速度与快退速度相等，采用单或塞杆缸差动连接，有 $d=0.71D$，故

$$d=0.71D=0.71\times100=71(\mathrm{mm})$$

取标准活塞杆直径，$d=70\mathrm{mm}$。

由 $D=100\mathrm{mm}$，$d=70\mathrm{mm}$ 可计算出液压缸无杆腔有效作用面积 $A_1=78.5\times10^{-4}\mathrm{m}^2$，有杆腔有效作用面积 $A_2=40\times10^{-4}\mathrm{m}^2$，活塞杆面积 $A_2=38.5\times10^{-4}\mathrm{m}^2$。

工进采用调速阀调速，由产品样本上查得其最小稳定流量 $q_{min}=0.1\mathrm{L/min}$，已知最小工进速度 $v_{min}=0.05\mathrm{m/s}$，则

$$\frac{q_{min}}{v_{min}}=\frac{0.1\times10^{-3}}{0.05}=20\times10^{-4}(\mathrm{m}^2)<A_2<A_1$$

液压缸有效作用面积能满足其最低工进速度要求。

根据负载循环图、速度循环图和缸的有效作用面积、并取工进时的背压 $p_b=0.4\mathrm{MPa}$，快进时的背压 0.3MPa，计算出液压缸在工作循环个阶段的压力、流量和功率，见表9－3；绘制出液压缸的工况图，如图 9.5 所示。

9.2.2 拟定液压系统原理图

1. 确定供油方式及调速方式

由工况图可知，本系统功率小、负载变化不大、工进速度低且要求稳定，故选用调速阀节流调速。为获得更低的稳定速度并防止前冲现象，采用进油节流调速在回油路上加背压阀的调速方案。油路循环形式则采用开式油路。同时从工况图可见，液压缸工进时压力高、流量小，快进、快退时压力小、流量大，为提高系统的效率，本例采用双泵的供油方式。

2. 速度换接方式的选择

本例已决定采用单活塞杆缸，为实现快进和快退速度相等，采用差动快速运动回路。为使快进转工进时位置准确，平稳可靠，选用行程阀控制的速度换接回路。

3. 换向回路的选择

本系统对换向平稳性要求不高，所以选用电磁换向阀控制的换向回路。为了实现液压缸差动连接，故选用Y型机能的三位五通电磁换向阀。

4. 压力控制回路的选择

本例采用双泵供油方式，故用液控顺序阀实现低压大流量泵卸荷，而用溢流阀调整高压小流量泵的供油压力。

5. 合成液压系统

将上述选定的液压回路进行组合，并根据需要作必要的修改调整，即可绘制出液压系统原理图，如图9.6所示。

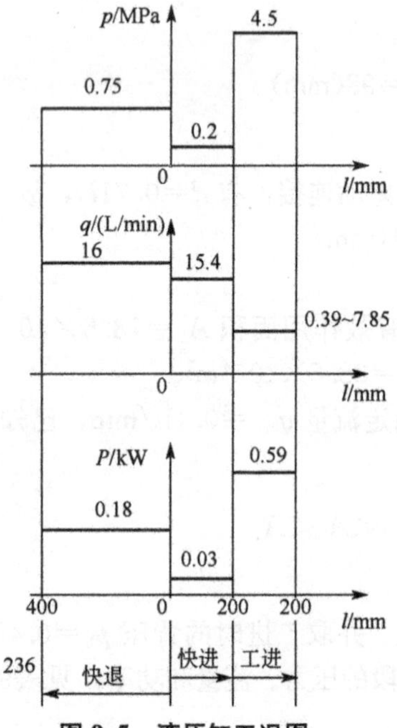

图9.5 液压缸工况图

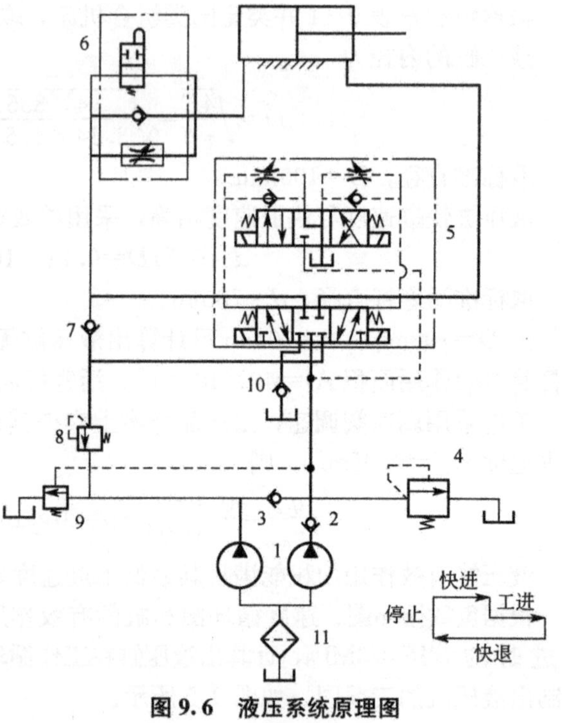

图9.6 液压系统原理图

9.2.3 液压元件的选择

1. 液压泵选择

(1) 液压泵最高工作压力。

$$p_P \geqslant p_1 + \sum \Delta p = 4.5 + 0.6 = 5.1(\text{MPa})$$

(2) 泵的流量确定。取 $K_l=1.1$，则

$$q_P \geqslant K_l\left(\sum q\right)_{\max} = 1.1 \times 16 = 17.6(\text{L/min})$$

(3) 液压泵的规格：查阅有关手册，现选用 YB_1 - 10/10 限压式变量叶片泵，其基本参数为：排量 $V=10\text{mL/r}$，泵的额定压力 $p_n=6.3\text{MPa}$，效率 $\eta=0.8$。

(4) 与液压泵匹配的电动机的选定。根据分析，最大功率发生在停止时，如溢流阀调定压力为 5.5MPa，卸荷阀卸荷压力为 0，则所需电机功率为

$$P = 10 \times 10^{-3} \times 5.5 \times 10^6 / (60 \times 0.8) = 1.15(\text{kW})$$

查阅电动机产品样本，选用 Y90L - 4 型电动机，其额定功率为 1.1kW，额定转速为 1400r/min。

2. 液压阀的选择

按通过各元件的最大流量选择液压元件的规格，见表 9 - 4。

表 9 - 4 液压元件明细表(GE 系列元件)

<table>
<tr><th rowspan="2">序号</th><th rowspan="2">名　称</th><th rowspan="2">型　号</th><th colspan="3">规　格</th><th colspan="6">实际流量</th></tr>
<tr><th>p_n/MPa</th><th>q_n/L/min</th><th>Δp_n/MPa</th><th colspan="2">快进</th><th colspan="2">工进</th><th colspan="2">快退</th></tr>
<tr><td>1</td><td>双联泵</td><td>YB_1 - 10/10</td><td>6.3</td><td>10/10</td><td></td><td colspan="2">10/10</td><td colspan="2"></td><td colspan="2"></td></tr>
<tr><td>2</td><td rowspan="2">单向阀</td><td rowspan="2">AF_3 - Fa10B</td><td rowspan="2">6.3</td><td rowspan="2">63</td><td rowspan="2">< 0.2</td><td colspan="2" rowspan="2">10</td><td colspan="2" rowspan="2">10</td><td colspan="2" rowspan="2">10</td></tr>
<tr><td>3</td></tr>
<tr><td>4</td><td>溢流阀</td><td>YF_3 - 10B</td><td>6.3</td><td>63</td><td></td><td colspan="2"></td><td colspan="2">停时 10</td><td colspan="2"></td></tr>
<tr><td rowspan="2">5</td><td rowspan="2">三位五通电液阀</td><td rowspan="2">35E - 63BY</td><td rowspan="2">6.3</td><td rowspan="2">63</td><td rowspan="2">< 0.2</td><td>进</td><td>回</td><td>进</td><td>回</td><td>进</td><td>回</td></tr>
<tr><td>20</td><td>20</td><td><10</td><td><5</td><td>20</td><td>40</td></tr>
<tr><td>6</td><td>单向行程调速阀</td><td>AXQF3 - E10L</td><td>6.3</td><td>63</td><td><0.3
反向<0.2</td><td colspan="2">40</td><td colspan="2">10</td><td colspan="2">40</td></tr>
<tr><td>7</td><td>单向阀</td><td>AF_3 - Fa10B</td><td>6.3</td><td>63</td><td>< 0.2</td><td colspan="2">10</td><td colspan="2"></td><td colspan="2"></td></tr>
<tr><td>8</td><td>溢流阀</td><td>YF_3 - 10B</td><td>2.5</td><td>63</td><td></td><td colspan="2"></td><td colspan="2">< 5</td><td colspan="2"></td></tr>
<tr><td>9</td><td>液控顺序阀</td><td>XF_3 - 10B</td><td>6.3</td><td>63</td><td></td><td colspan="2"></td><td colspan="2">< 15</td><td colspan="2"></td></tr>
<tr><td>10</td><td>背压阀</td><td>AF_3 - Eb20B</td><td>6.3</td><td>63</td><td></td><td colspan="2"></td><td colspan="2"></td><td colspan="2">40</td></tr>
<tr><td>11</td><td>滤油器</td><td>XU - J40×80</td><td></td><td>40</td><td>< 0.02</td><td colspan="6">20</td></tr>
</table>

3. 确定管道尺寸

一般参照选用的液压元件接口尺寸而定，也可按管路允许流速进行计算。本系统主油路流量为差动时流量 $q=40\text{L/min}$，压油管的允许流速取 4m/s，则内径为

$$d=\sqrt{\frac{4q}{\pi v}}=\sqrt{\frac{4\times40\times10^{-3}}{3.14\times4\times60}}=14.5(\text{mm})$$

查手册采用 $\Phi18\times1.5$ 的铜管。

4. 液压油箱容积的确定

本例为中压液压系统，液压油箱有效容积按泵的流量的 5～7 倍来确定，现选取容量为 120L 的油箱。

9.2.4 液压系统的验算

1）判断流态

该系统油管长度为 2m，规格为 $\Phi18\times1.5$，选用 L－HM32 液压油，按 40℃时计算。

$$Re=\frac{v\cdot d}{\nu}=\frac{4\times15\times10^{-3}}{32\times10^{-6}}=1875<Rec=2320\quad 为层流$$

2）沿程压力损失 Δp_{λ}

$$\Delta p_{\lambda}=\frac{128\mu lq}{\pi d^4}$$

3）局部压力损失 $\Delta p_{\zeta1}$

$$\Delta p_{\zeta1}=0.1\Delta p_{\lambda}$$

Δp_{λ} 与 $\Delta p_{\zeta1}$ 较小，在此不作详细分析。

4）局部压力损失 $\Delta p_{\xi2}$

按 $\Delta p_{\zeta2}=\Delta p_{n}\left(\frac{q}{q_{n}}\right)^2$ 进行计算。

(1) 快进时。

进油路上：阀 5 $\Delta p_{\zeta2}=0.2\times\left(\frac{20}{63}\right)^2=0.02(\text{MPa})$

阀 6 $\Delta p_{\zeta2}=0.3\times\left(\frac{40}{63}\right)^2=0.12(\text{MPa})$

回油路上：阀 5 $\Delta p_{\zeta2}=0.2\times\left(\frac{20}{63}\right)^2=0.02(\text{MPa})$

阀 7 $\Delta p_{\zeta2}=0.3\times\left(\frac{40}{63}\right)^2=0.12(\text{MPa})$

快进时总压力损失：$\sum\Delta p_{\zeta2}=0.02+2\times0.12+0.04=0.30(\text{MPa})$

(2) 工进时。

进油路上：阀 5 $\Delta p_{\zeta2}=0.2\times\left(\frac{10}{63}\right)^2=0.005(\text{MPa})$

阀 6 $\Delta p_{\zeta2}=0.5(\text{MPa})$

回油路上：阀 5 $\Delta p_{\zeta2}=0.2\times\left(\frac{5}{63}\right)^2=0.001(\text{MPa})$

阀 8　$\Delta p_{\zeta 2}=0.4\text{MPa}$(已计入背压)

阀 9　$\Delta p_{\zeta 2}=0.5\text{MPa}$

工进时总压力损失

$$\sum\Delta p_{\zeta 2}=0.005+0.505+(0.001+0.4+0.5)\times\frac{A_2}{A_1}=0.76(\text{MPa})$$

(3) 快退时。

进油路上：阀 5　$\Delta p_{\zeta 2}=0.2\times\left(\frac{20}{63}\right)^2=0.02(\text{MPa})$

回油路上：阀 6　$\Delta p_{\zeta 2}=0.2\times\left(\frac{40}{63}\right)^2=0.08(\text{MPa})$

阀 5　$\Delta p_{\zeta 2}=0.2\times\left(\frac{40}{63}\right)^2=0.08(\text{MPa})$

阀 10　$\Delta p_{\zeta 2}=0.6\times\left(\frac{40}{63}\right)^2=0.24(\text{MPa})$

快退时总压力损失

$$\sum\Delta p_{\zeta 2}=0.02+(0.08+0.08+0.24)\times\frac{A_1}{A_2}=0.82(\text{MPa})$$

5) 压力阀调整压力

溢流阀　$p_Y=4.5+0.76=5.26(\text{MPa})$　取 $p_Y=5.5\text{MPa}$

卸荷阀　$p_X=0.75+0.82=1.57(\text{MPa})$　取 $p_X=2\text{MPa}$

溢流阀 8 用作背压阀，取 0.4MPa。

6) 系统温升验算

本机床的主要工作时间是工进阶段，为了简化计算，主要按工进阶段验算系统温升。

(1) 液压缸输出功率。取工进时运动速度 $v=0.05\text{m/min}$，液压缸的负载 $F_q=30000\text{N}$，则液压缸的输出功率为

$$P_2=F_q v=3\times10^4\times0.5/60=250(\text{W})$$

(2) 液压泵输入功率。此时低压大流量泵卸荷，压力近似为 0，高压小流量泵的压力为 5.5MPa，则液压泵的输入功率为

$$P_1=\frac{pq}{\eta_P}=\frac{5.5\times10^6\times10\times10^{-3}}{60\times0.85}=1146(\text{W})$$

(3) 液压油的温升验算。取 $A=2\text{m}^2$，$C_T=18\times10^{-3}(\text{kW/m}^2\cdot℃)$，则

$$\Delta T=\frac{P_1-P_2}{C_T A}=\frac{1146-250}{18\times2}=24.9℃\leqslant(25\sim30℃)$$

温升在允许范围内。

思考与练习

9－1　设计一台卧式单面多轴钻孔组合机床的液压系统，要求能驱动它的动力滑台实现“快进→工进→快退→停止”的工作循环。已知：机床上有主轴 16 个，加工 $\Phi13.9\text{mm}$ 的孔有 14 个，$\Phi8.5\text{mm}$ 的孔有两个；刀具材料为高速钢，工件材料为铸铁，硬度为 240HB。机床工作部件总重量为 $G=9810\text{N}$；快进、快退速度为 $v_1=v_2=7\text{m/min}$，快进行

程长度为 l_1=100mm，工进行程长度为 l_2=50mm，往复运动的加速、减速时间不希望超过 0.2s；动力滑台采用平导轨，其静摩擦系数为 f_j=0.2，动摩擦系数为 f_d=0.1。液压系统中的执行元件使用液压缸。

9-2 设计一台铣削专用机床液压系统，要求系统完成的工作循环是“工作台快进→工作台工进→工作台快退→停止”。运动部件的重量为 3000N，快进、快退速度为 4m/min，工进速度为 0.05m/min～1m/min，最大行程为 400mm，其中工进行程为 200mm，最大切削力为 30000N。采用平面导轨，静摩擦系数 f_j=0.2，动摩擦系数 f_d=0.1。启动、制动时间 Δt= 0.25s。

第10章　液压伺服系统

教学提示： 伺服系统又称为随动系统或跟踪系统，是一种自动控制系统。在伺服系统中，执行元件能以一定的精度自动地按照输入信号的变化规律而动作。用液压元件组成的伺服系统称为液压伺服系统。液压伺服系统主要分为机液伺服系统和电液伺服系统，除了具有液压传动的各种优点外，还具有体积小、反应快、系统刚度大和控制精度高等优点。本章主要就伺服控制系统的基本工作原理，以及电液伺服和电液比例阀等主要伺服控制元件进行介绍。

教学要求： 掌握液压伺服系统的概念和工作原理，了解常用的液压伺服控制元件。

液压伺服系统是随着液压传动技术的发展和应用而发展起来的新型液压控制技术，其控制精度和响应的快速性远远高于普通的液压传动，因此广泛应用于机床、重型机械、起重机械、汽车、飞机、船舶和军事装备等技术要求较高的领域。

10.1　概　　述

10.1.1　液压伺服系统的工作原理

液压伺服系统是以液压伺服阀为核心的高精度控制系统。液压伺服阀是一种通过改变输入信号，连续、成比例地控制流量和压力进行液压控制的。下面以车床液压仿形刀架为例来说明液压伺服系统的工作原理和特点，如图10.1所示。液压仿形刀架装在车床溜板的后部，可以保留车床原来的方刀架，不影响原有的性能，样件安装在床身侧面的支架上固定不动。工作时液压仿形刀架随溜板一起作纵向移动，并按照样件的轮廓形状车削工件；液压泵站则放在车床附近，用软管与仿形刀架上的伺服阀相连。

液压缸的活塞杆固定在仿形刀架的底座上，缸体6、杠杆8及伺服阀体7是和刀架3连在一起的，在导轨上沿液压缸轴向移动。伺服阀芯10在弹簧的作用下通过阀杆9将杠杆8上的触销11压在样件12上。由液压泵14来的油经滤油器13通入伺服阀的A口，并根据阀芯所在位置经B或C通入液压缸的上腔或下腔，使刀架3和车刀2退离或切入工件1。

工作时，当杠杆上的触销还没有碰到样件时，伺服阀阀芯在弹簧的作用下处于最下端的位置处，液压泵14输入的油液通过伺服阀上的C口进入液压缸的下腔，液压缸上腔的油液则经伺服阀上的B口流回油箱，仿形刀架快速向左下方移动，接近工件。当杠杆的触销与样件接触时，触销不再移动，刀架继续向前运动，使杠杆8绕触销尖摆动，阀杆和阀芯便在阀体中相对地后退，直到A和C间的通路被切断、液压缸下腔不再进入压力油、刀架不再前进时为止。这样就完成了刀架的快速趋近运动。

车削圆柱面时，溜板沿床身导轨4纵向移动。杠杆触销在样件上方水平段内滑动，滑

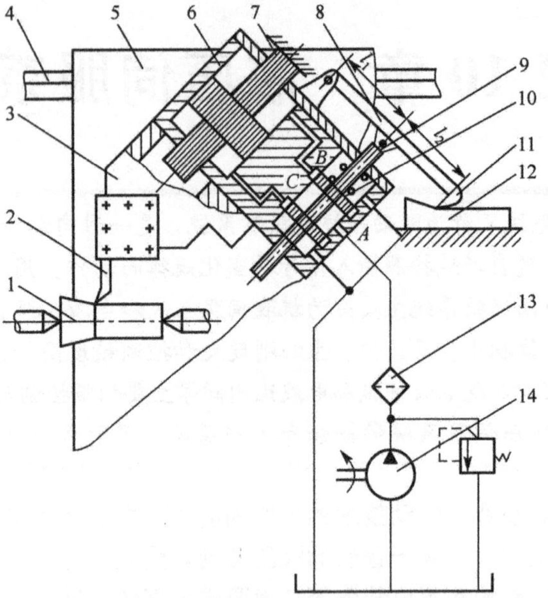

图 10.1　车床液压仿形刀架的工作原理

1—工件　2—车刀　3—刀架　4—导轨　5—溜板　6—缸体　7—阀体　8—杠杆
9—阀杆　10—阀芯　11—触销　12—样件　13—滤油器　14—液压泵

阀阀口不打开，刀架只能跟随溜板一起纵向移动，车刀在工件 1 上车出圆柱面。

车削圆锥面时，触销沿样件斜线滑动，使杠杆 8 向上方偏摆，从而带动阀芯上移，打开阀口，压力油通过伺服阀上的 B 口进入液压缸上腔，推动缸体连同阀体和刀架沿轴向后退。阀体后退又逐渐使阀口关小，直至关闭为止。在溜板不断地作纵向运动的同时，触销在样件上不断抬起，刀架也就不断地后退运动，这两个运动的合成就使刀具在工件上车出圆锥面。

其他曲面形状或凸肩也都是这样合成切削的结果，如图 10.2 所示。图中，v_1、v_2 和 v 分别表示溜板带动刀架的纵向运动速度、刀具沿液压缸轴向的运动速度和刀具的实际合成速度。

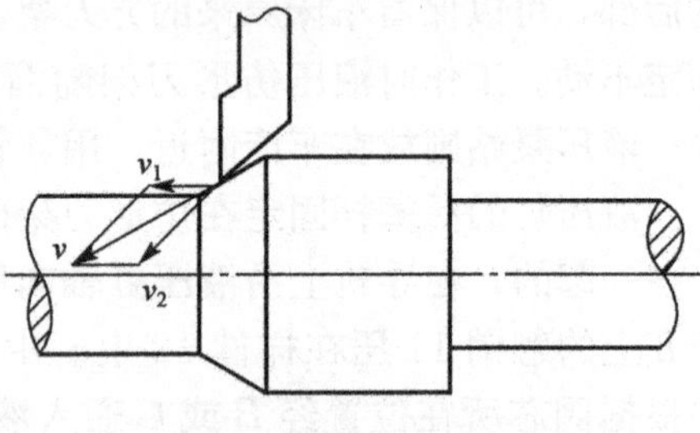

图 10.2　进给运动合成示意图

从仿形刀架的工作过程中可以看出，刀架液压缸(执行元件)是以一定的仿形精度按触销输入位移信号的变化规律而运动的，所以仿形刀架液压系统是液压伺服系统。

通过分析仿形刀架的工作情况，可以归纳出液压伺服系统有如下特点。

(1) 随动系统。刀架(液压缸)的位置(输出)完全跟随杠杆触销的位置(输入)而变化。

(2) 放大功能。推动触销所需的力很小，只需几牛顿到几十牛顿，但仿形刀架液压缸输出的力很大，可达数千到数万牛顿。输出的能量是由液压泵供给的。

(3) 反馈系统。把输出量的一部分或全部按一定方式回送到输入端，和输入信号进行比较，这就是反馈。仿形刀架中的反馈信号是以负值回送到输入端的，不断抵消输入信号，故称为负反馈。仿形刀架中的负反馈是通过阀体和缸体的刚性连接来实现的，所以它是一种刚性位置负反馈。自动控制系统中的大多数反馈是负反馈。

(4) 靠偏差工作。要使液压缸输出一定的速度和力，伺服阀须有一定的开口量，因而使输出和输入之间产生位置偏差。液压缸运动的结果又力图消除这个偏差，但在伺服系统工作的任何时刻都不能完全消除这一偏差，也就是说伺服系统是依靠偏差信号进行工作的。

液压伺服系统的工作原理可以用方块图来说明，如图 10.3 所示。因为系统有反馈，方块图自行封闭，可见液压伺服系统是一种闭环控制系统。

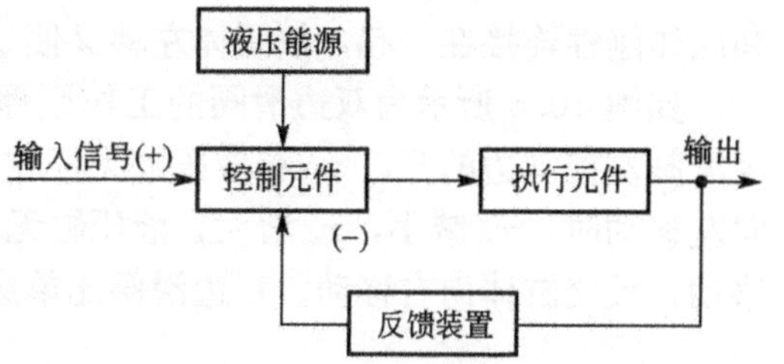

图 10.3 液压伺服系统的工作原理方块图

10.1.2 液压伺服系统的分类

液压伺服系统可以从不同的角度加以分类。

(1) 按输出的物理量分类，液压伺服系统有位置伺服系统、速度伺服系统、力（或压力)伺服系统等。

(2) 按控制信号分类，液压伺服系统有机液伺服系统、电液伺服系统、气液伺服系统。

(3) 按控制元件分类，液压伺服系统有阀控系统和泵控系统两大类。在机械设备中以阀控系统应用较多，故本章重点介绍阀控系统。

10.1.3 液压伺服系统的优缺点

液压伺服系统除具有液压传动所固有的一系列优点外，还具有承载能力大、控制精度高、响应速度快、自动化程度高、体积小、重量轻等优点。但是，液压伺服系统中的元件加工精度高，价格较贵；对油液污染比较敏感，因此可靠性受到影响；在小功率系统中，液化伺服控制不如微电子控制灵活。随着科学技术的发展，液压伺服系统的缺点将不断得到克服。在自动化技术领域中，液压伺服控制有着广阔的应用前景。

10.2 典型的液压伺服控制元件

伺服控制元件是液压伺服系统中最重要、最基本的组成部分，它起着信号转换、功率放大及反馈等控制作用。常见的液压伺服控制元件有滑阀、射流管阀和喷嘴挡板阀等，下面简要介绍它们的结构原理及特点。

10.2.1 滑阀

滑阀的典型结构已在前述仿形刀架中作过介绍。根据滑阀控制边数(起控制作用的阀口数)的不同，滑阀有单边控制式、双边控制式和四边控制式 3 种类型。

如图 10.4 所示为单边滑阀的工作原理。滑阀控制边的开口量 x_s 控制着液压缸右腔的压力和流量，从而控制液压缸运动的速度和方向。来自泵的压力油进入单杆液压缸的有杆腔，通过活塞上的小孔 a 进入无杆腔，压力由 p_s 降为 p_1，再通过滑阀唯一的节流边流回油箱。在液压缸不受外负载作用的条件下，$p_1A_1=p_sA_2$。当阀芯根据输入信号向左移动时，开口量 x_s 增大，无杆腔压力 p_1 减小，于是 $p_1A_1<p_sA_2$，缸体向左移动。由于缸体和阀体刚性连接在一起，故阀体左移又使 x_s 减小(负反馈)，直至平衡。

如图 10.5 所示为双边滑阀的工作原理。压力油一路直接进入液压缸有杆腔，另一路经滑阀左控制边的开口 x_{s1} 和液压缸无杆腔相通，并经滑阀右控制边 x_{s2} 流回油箱。当滑阀向左移动时，x_{s1} 减小，x_{s2} 增大，液压缸无杆腔压力 p_1 减小，两腔受力不平衡，缸体向左移动；反之缸体向右移动。双边滑阀比单边滑阀的调节灵敏度高，工作精度高。

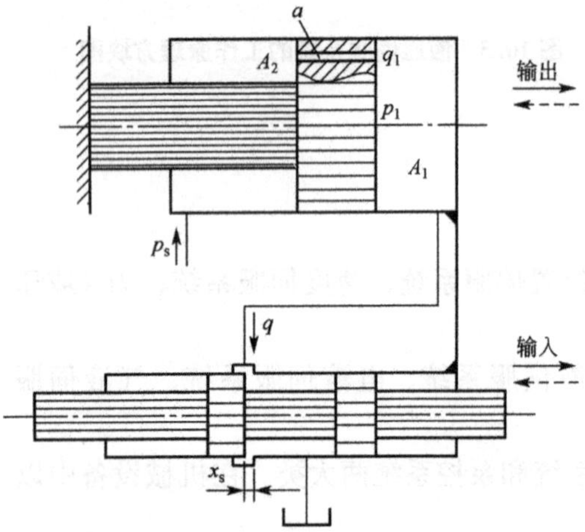

图 10.4　单边滑阀的工作原理

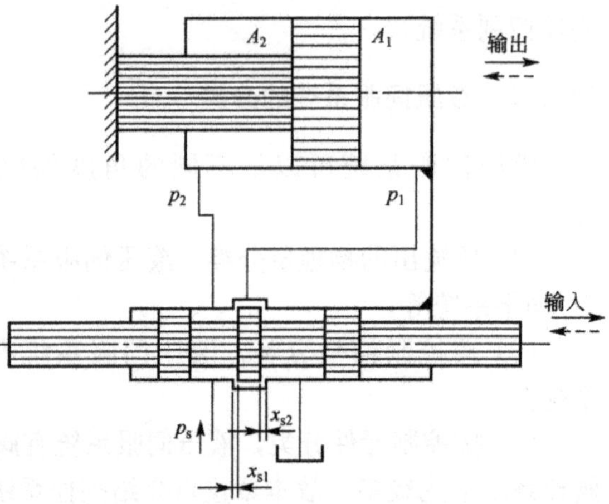

图 10.5　双边滑阀的工作原理

如图 10.6 所示为四边滑阀的工作原理。滑阀有 4 个控制边，开口 x_{s1}、x_{s2} 分别控制进入液压缸两腔的压力油，开口 x_{s3}、x_{s4} 分别控制液压缸两腔的回油。当滑阀向左移动时，液压缸左腔的进油口 x_{s1} 减小，回油口 x_{s3} 增大，使 p_1 迅速减小；与此同时，液压缸右腔的进油口 x_{s2} 增大，回油口 x_{s4} 减小，使 p_2 迅速增大，这样就使活塞迅速左移。与双边滑阀相比，四边滑阀能同时控制液压缸两腔的压力和流量，故调节灵敏度更高，工作精度也更高。

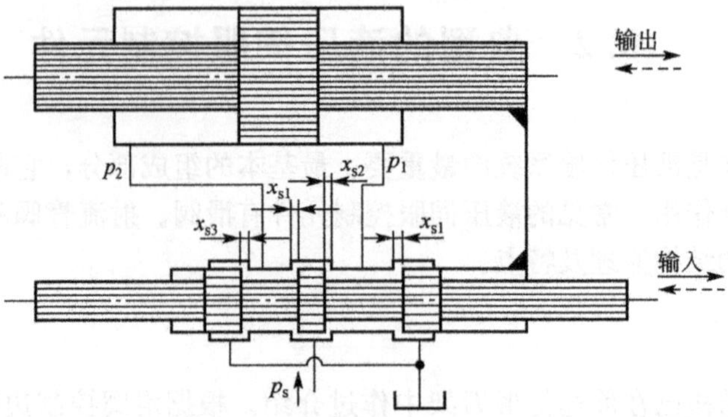

图 10.6　四边滑阀的工作原理

由上可知，单边、双边和四边滑阀的控制作用是相同的，均能起到换向和节流作用。控制边数越多，控制质量越好，但其结构工艺性也越差。在通常情况下，四边滑阀多用于精度要求较高的系统；单边、双边滑阀用于一般精度系统。

滑阀在初始平衡的状态下，阀的开口有负开口($x_s<0$)、零开口($x_s=0$)和正开口($x_s>0$)3 种形式，如图 10.7 所示。具有零开口的滑阀，其工作精度最高；负开口有较大的不灵敏区，较少采用；具有正开口的滑阀，工作精度较负开口高，但功率损耗大，稳定性也较差。

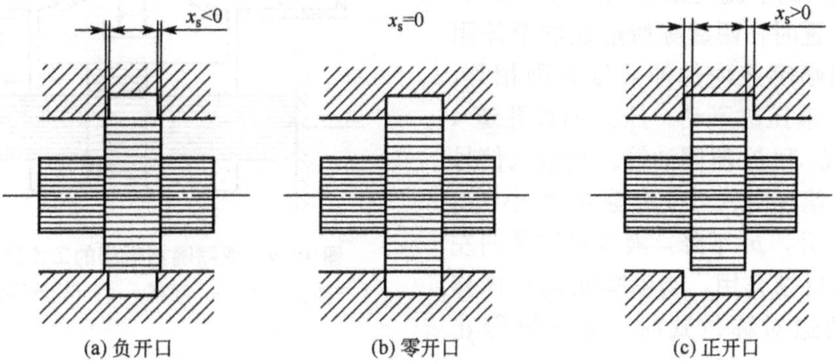

图 10.7　滑阀的 3 种开口形式

10.2.2　射流管阀

如图 10.8 所示为射流管阀的工作原理。射流管阀由射流管 1 和接收板 2 组成。射流管可绕 O 轴左右摆动一个较小的角度，接收板上有两个并列的油孔 a、b，分别与液压缸两腔相通。压力油从管道进入射流管后从锥形喷嘴射出，经油孔 a、b 进入液压缸两腔。当喷嘴处于两油孔的中间位置时，液压缸左右两腔内油液的压力相等，这时缸不动。当输入信号使射流管绕 O 轴向左摆动一小角度时，进入孔 b 的油液压力就比进入孔 a 的油液压力大，这时液压缸向左移动。由于接收板和缸体连接在一起，接收板也向左移动，形成负反馈，喷嘴恢复到中间位置，液压缸停止运动。同理，当输入信号使射流管绕 O 轴向右摆动一小角度时，进入孔 a 的油液压力大于孔 b 的油液压力，液压缸向右移动，在负反馈信号的作用下，喷嘴逐渐恢复到中间位置，缸停止运动。

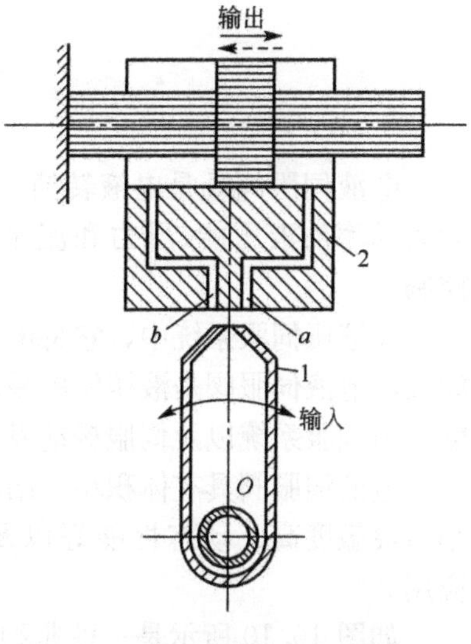

图 10.8　射流管阀的工作原理图

1—射流管　2—接收板

射流管阀的优点是结构简单、动作灵敏、工作可靠。它的缺点是射流管运动部件惯性较大，工作性能较差；射流能量损耗大，效率较低；供油压力过高时易引起振动。因此，这种控制阀多用于低压小功率场合。

10.2.3　喷嘴挡板阀

喷嘴挡板阀有单喷嘴式和双喷嘴式两种，两者的工作原理基本相同。如图 10.9 所示为双喷嘴挡板阀的工作原理，它主要由挡板 1、喷嘴 2 和 3、固定节流小孔 4 和 5 等元件组成。挡板和两个喷嘴之间形成两个可变截面的节流缝隙 δ_1 和 δ_2。当挡板处于中间位置时，两缝隙所形成的节流阻力相等，两喷嘴腔内的油液压力则相等，即 $p_1=p_2$，液压缸不动。压力油经孔道 4 和 5、缝隙 δ_1 和 δ_2 流回油箱。当输入信号使挡板向左偏摆时，可变缝隙 δ_1 关小，δ_2 开大，p_1 上升，p_2 下降，液压缸缸体向左移动。因负反馈作用，当喷嘴跟随缸体移动到挡板两边对称位置时，液压缸停止运动。

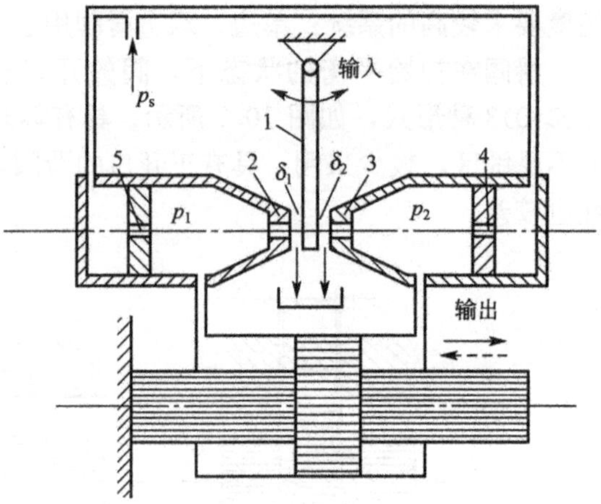

图 10.9　双喷嘴挡板阀的工作原理

1—挡板　2、3—喷嘴　4、5—节流小孔

喷嘴挡板阀的优点是结构简单、加工方便、运动部件惯性小、反应快、精度和灵敏度高；缺点是无功损耗大，抗污染能力较差。喷嘴挡板阀常用作多级放大伺服控制元件中的前置级。

10.3　电液伺服阀

电液伺服阀既是电液转换元件，又是功率放大元件，它将小功率的电信号输入转换为大功率的液压能(压力和流量)输出，实现对执行元件的位移、速度、加速度及力的控制。

在液压伺服系统中，它将电气部分与液压部分连接起来，实现电液信号的转换与液压放大，电液伺服阀是液压伺服系统控制的核心。电液伺服阀广泛地应用于电液位置、加速度、力伺服系统以及伺服振动发生器中。

电液伺服阀具有体积小、结构紧凑、功率放大系数高、控制精度高、直线性好、死区小、灵敏度高、动态性能好以及响应速度快等优点，在液压控制系统中得到了广泛的应用。

如图 10.10 所示是一种典型的电液伺服阀的工作原理图。它由电磁和液压两部分组成，电磁部分是一个力矩马达，液压部分是一个两级液压放大器。液压放大器的第一级是双喷嘴挡板阀，称为前置放大级；第二级是四边滑阀，称为功率放大级。

10.3.1　力矩马达

力矩马达是一种具有旋转运动的电-机械转换器，其结构主要由一对永久磁铁 1、导磁体 2 和 4、衔铁 3、线圈 5 和内部悬置挡板 7 的弹簧管 6 等组成，如图 10.10 所示。永

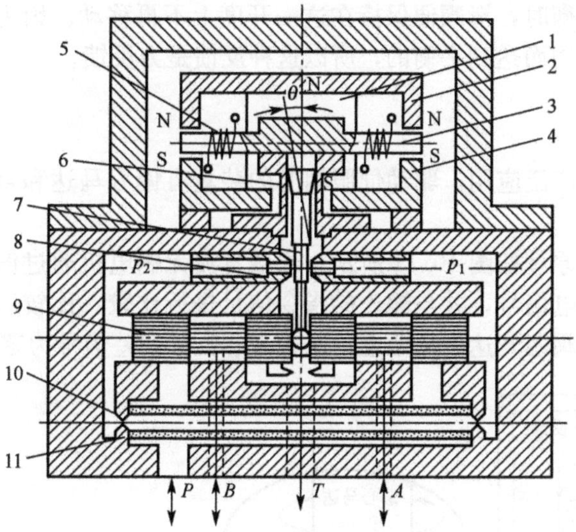

(a) 结构

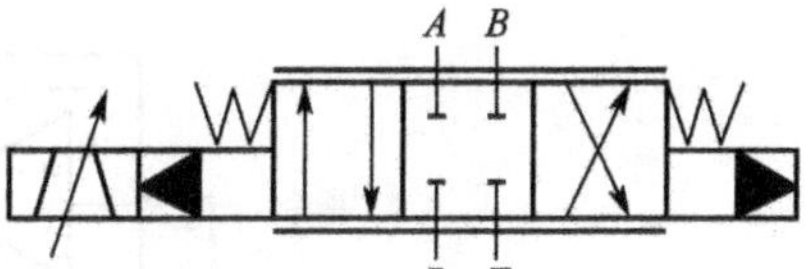

(b) 符号

图 10.10 电液伺服阀的结构原理图

1—永久磁铁 2、4—导磁体 3—衔铁 5—线圈 6—弹簧管 7—挡板
8—喷嘴 9—滑阀 10—固定节流孔 11—滤油器

久磁铁把上下两块导磁体磁化成 N 极和 S 极，形成一个固定磁场。衔铁和挡板连在一起，由固定在阀坐上的弹簧管支撑，使之位于上下导磁铁中间。挡板下端为一球头，嵌放在滑阀的中间凹槽内。

当线圈无电流通过时，力矩马达无力矩输出，挡板处于两喷嘴的中间位置。当输入信号电流通过线圈时，衔铁 3 被磁化，如果通入的电流使衔铁左端为 N 极，右端为 S 极，则根据同性相斥、异性相吸的原理，衔铁向逆时针方向偏转。于是弹簧管弯曲变形，产生相应的反力矩，致使衔铁转过 θ 角便停止下来。电流越大，θ 角就越大，两者成正比关系。这样力矩马达就把输入的电信号转换为力矩输出。

10.3.2 液压放大器

由于力矩马达产生的力矩很小，无法操纵滑阀的启闭以产生足够的液压功率，所以要在液压放大器中进行两级放大，即前置放大和功率放大。

前置放大级是一个双喷嘴挡板阀，如图 10.10 下半部分所示。它主要由挡板 7、喷嘴 8、固定节流孔 10 和滤油器 11 组成。压力油经滤油器和两个固定节流孔流到滑阀左、右两端的油腔及两个喷嘴腔，由喷嘴喷出，经滑阀 9 的中部油腔流回油箱。当力矩马达无输出信号时，挡板不动，左右两腔压力相等，滑阀 9 也不动。若力矩马达有信号输出，即挡板偏转，使两喷嘴与挡板之间的间隙不等，造成滑阀两端的压力不等，便推动阀芯移动。

功率放大级主要由滑阀 9 和挡板下部的反馈弹簧片组成。当前置放大级有压差信号输出时，滑阀阀芯移动，传递动力的液压主油路即被接通(如图 10.10 下方油口的通油情况所示)。因为滑阀位移后的开度是正比于力矩马达输入电流的，所以阀的输出流量也和输入电流成正比。输入电流反向时，输出流量也反向。

滑阀移动的同时，挡板下端的小球亦随之移动，使挡板弹簧片产生弹性反力，阻止滑阀继续移动；另一方面，挡板变形又使它在两喷嘴间的位移量减小，从而实现了反馈。当滑阀上的液压作用力和挡板弹性反力平衡时，滑阀便保持在这一开度上不再移动。因为这一最终位置是由挡板弹性反力的反馈作用而达到平衡的，所以这种反馈是力反馈。

10.3.3　直动式伺服阀

直动式伺服阀由于性价比高而得到广泛应用。驱动伺服阀芯的装置有偏心马达和直线马达两种。

偏心马达驱动直动式电液伺服阀的原理如图 10.11 所示，永磁直流无刷电机通过偏心机构推动阀芯，阀芯实际位移成正比的电信号，并与输入的指令信号进行比较，比较后得到的偏差信号将改变马达的电流，直到阀芯到达所需位置，这时阀芯位移偏差信号为零。

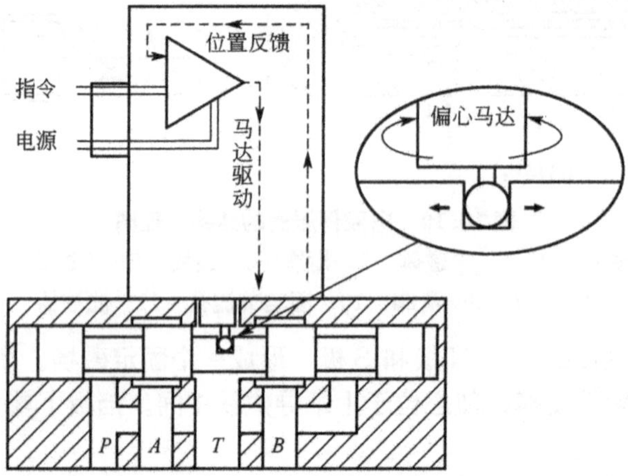

图 10.11　偏心马达驱动直动式电液伺服阀原理

这种阀的线性度高，内泄漏最小，动态性能和稳定性好，不易产生振动和冲击。

电信号输入到阀的放大电路，该电路将信号转换为脉宽调制(PWM)电流，作用在直线马达上，力马达产生的推力推动阀芯产生一定的位移，位移量经位移传感器转换为与阀芯实际位移成正比的电信号，并与输入的指令信号进行比较，比较后得到的偏差信号将改变力马达的电流，直到阀芯到达所需位置，这时阀芯位移偏差信号为零，如图 10.12 所示。

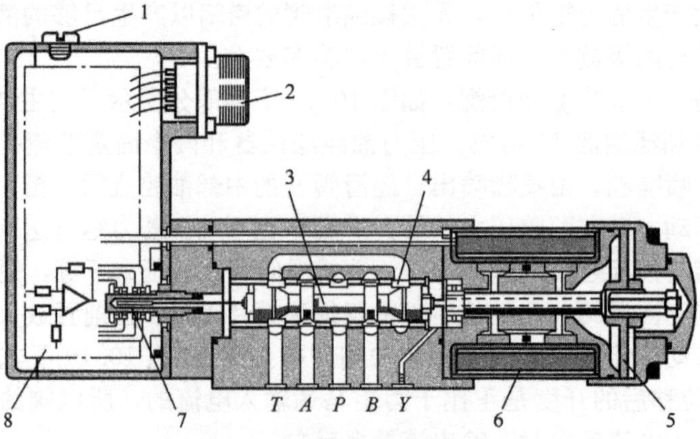

图 10.12　直动式电液伺服阀原理

1—零位调节　2—插座　3—阀芯　4—阀套　5—阀芯对中弹簧
6—线性力马达　7—位移传感器　8—控制电路

阀芯在复位过程中，对中弹簧力与马达的输出力一起推动阀芯回到零位，这使得阀芯对油液污染的敏感程度减弱。

10.4　液压伺服系统应用实例

10.4.1　机械手伸缩运动伺服系统

一般机械手能实现机械手的伸缩、回转、升降和手腕的动作，每一个动作都是由液压伺服系统控制的，其原理相同。现仅以伸缩伺服系统为例，介绍它的工作原理。图 10.13 所示是机械手手臂伸缩电液伺服系统的原理图，它主要由电液伺服阀 1、液压缸 2、活塞杆带动的机械手手臂 3、齿轮齿条机构 4、电位器 5、步进电机 6 和放大器 7 等元件组成。当电位器的触头处在中位时，触头上没有电压输出。当它偏离这个位置时，就会输出相应的电压。电位器触头产生的微弱电压，需经放大器放大后才能对电液伺服阀进行控制．电位器触头由步进电机带动旋转，步进电机的角位移和角速度由数控装置发出的脉冲数和脉冲频率控制。齿条固定在机械手手臂上，电位器固定在齿轮上，所以当手臂带动齿轮转动时，电位器同齿轮一起转动，形成负反馈。机械手伸缩系统的工作原理如下。

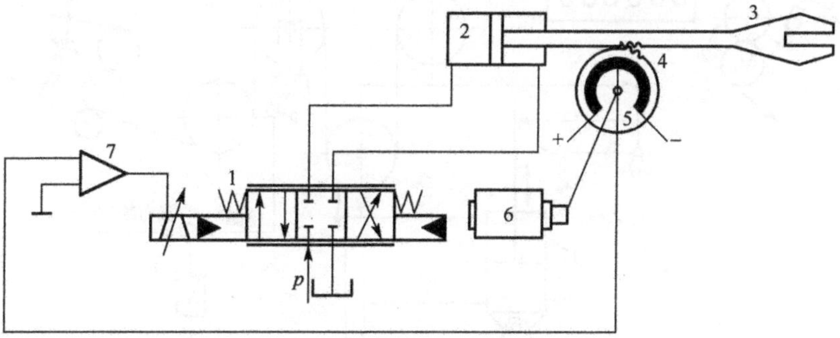

图 10.13　机械手手臂伸缩电液伺服系统的原理图

1—电液伺服阀　2—液压缸　3—机械手手臂　4—齿轮齿条机构　5—电位器　6—步进电机　7—放大器

当数控装置发出一定数量的脉冲，步进电动机带动电位器 5 的动触头转过一定的角度 θ_i(假定为顺时针转动)时，动触头偏离电位器中位，产生微弱电压 u_2，经放大器 7 放大成 u_2 后输入电液伺服阀 1 的控制线圈，使伺服阀产生一定的开口量。这时压力油以流量 q 流经阀的开口进入液压缸的左腔，推动活塞连同机械手手臂一起向右移动，行程为 x_v；液压缸右腔的回油经伺服阀流回油箱。由于同电位器相连的齿轮和机械手手臂上齿条相啮合，手臂向右移动时，电位器跟着作顺时针方向转动。当电位器的中位和触头重合时，动触头的输出电压为零，电液伺服阀失去信号，阀口关闭，手臂停止移动。手臂移动的行程取决于脉冲的数量，速度取决于脉冲的频率。当数控装置发出反向脉冲时，步进电机沿逆时针方向转动，手臂缩回。由于机械手手臂移动的距离与输入电位器的转角成比例，机械手手臂完全跟随输入电位器的转动而产生相应的位移，所以它是一个带有反馈的位置控制电液伺服系统。如图 10.14 所示为机械手手臂伸缩运动电液伺服系统的方块图。

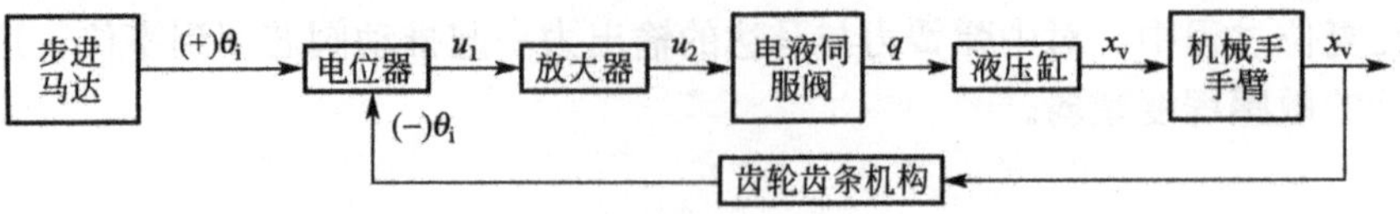

图 10.14　机械手手臂伸缩运动电液伺服系统的方块图

10.4.2　钢带张力控制系统

在带钢生产过程中，为了保证钢带的质量，常要求控制带材的张力，为此，常用伺服系统来实现恒张力控制。图 10.15 所示为钢带张力控制系统的原理图，2 为牵引辊，8 为张力辊加载装置，它们使钢带具有一定的张力。但由于种种原因，张力可能有波动，为此需在转向辊 4 的轴承上设置力传感器 5，以检测带材的张力，并用伺服液压缸 1 带动浮动辊 6 来调节张力。如果实际张力与给定值相等，则偏差信号为零，电液伺服阀没有输出伺服。液压缸保持不动，浮动辊不动。当实测张力与要求张力有偏差时，偏差电压经放大器 9 放大后，使得电液伺服阀 7 有输出，伺服液压缸活塞带动浮动辊 6 上下移动，调节钢带的张紧程度以减少其偏差，因此该系统是一个恒值力控制系统。它保证了钢带的张力符合要求，提高了钢材的质量。张力控制系统的方块图如图 10.16 所示。

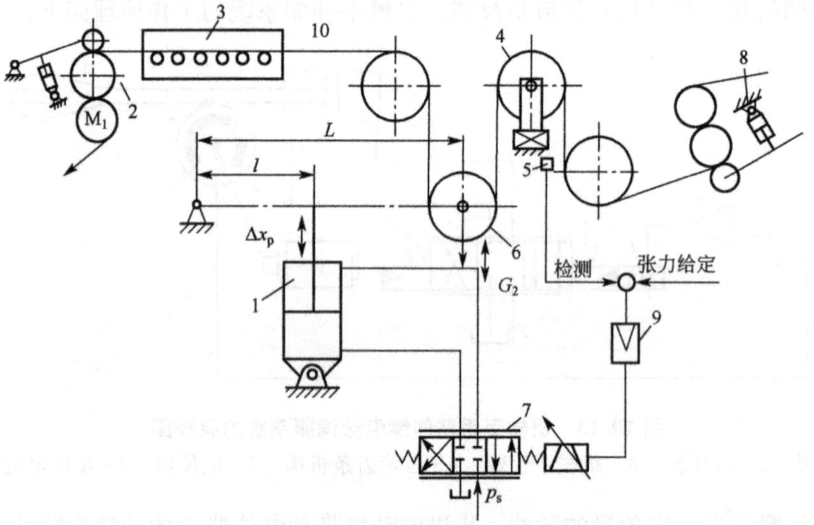

图 10.15　钢带液压张力控制系统的原理图

1—伺服液压缸　2—牵引辊　3—加热装置　4—转向辊　5—力传感器
6—浮动辊　7—电液伺服阀　8—张力辊加载装置　9—放大器　10—钢带

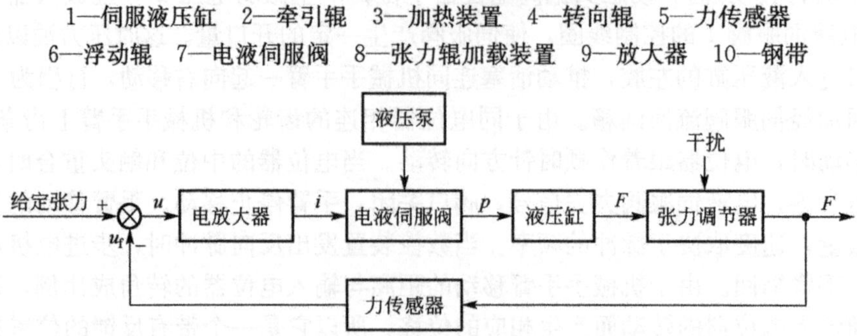

图 10.16　液压张力控制系统方块图

10.4.3 液压助力转向器

汽车液压助力转向器是机液伺服系统。系统的反馈、给定和比较环节均由机械构件实现，如图 10.17 所示为液压助力转向器机液位置的控制伺服系统。主要部件包括齿条 1、随动阀芯 2、转向扭杆 7、阀套 9、差动小齿轮 12 等。转向扭杆为给定环节，齿条、差动小齿轮为反馈环节，阀套、差动小齿轮为比较环节。该系统与一般液压传动系统的主要差别在于：随动转阀与液压缸间通过差动小齿轮、齿条把两者联系起来，从而使它构成位置反馈控制伺服系统。

阀内部有可供液流通过的连续 12 个凹槽，阀芯和阀套上各有 6 个，中间的夹角均是 60°；阀套内凹槽上相间隔地开有 3 个与油腔 A 相连的油口 A 和 3 个与油腔 B 相连的油口 B，阀套内凸槽相间隔地开有 3 个阀进油口和 3 个阀出油口；阀外部在阀套上沿轴向分布有 3 个平行的环形凹槽，这 3 个槽相互不连通且分别与阀套内部的各 3 个油口 A、3 个油口 B、3 个进油口相通。

若给转向扭杆 7 上输入一个逆时针转动的运动，这时液压缸中的活塞因负载阻力较大而暂时不移动，阀套与阀芯相对位置的改变，通过阀芯凹槽与阀套凸槽间的开口变化甚至关闭来控制阀内液流的分配。

如图 10.18 所示，此时 A、P 口间控制槽和 B、R 口间控制槽的开口变大，而 B、P

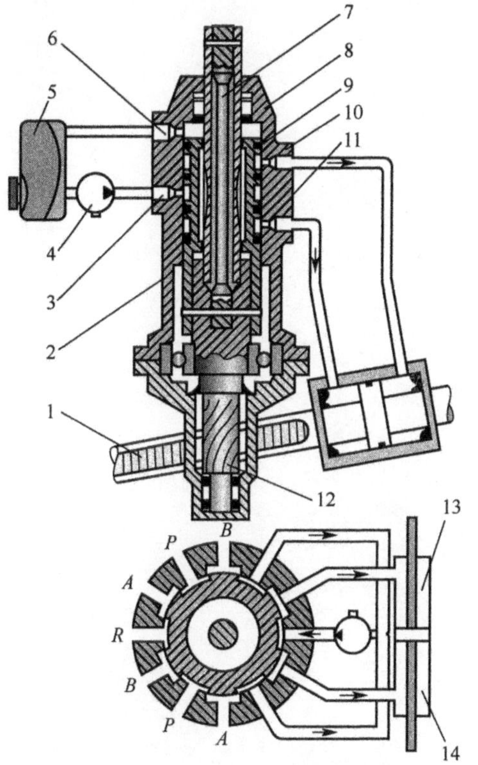

图 10.17 机液位置的控制伺服系统

1—齿条 2—阀芯 3—进油口 4—液压泵 5—油箱 6—回油口 7—转向扭杆 8—阀壳 9—阀套 10—油口 A 11—油口 B 12—小齿轮 13—液压缸油腔 A 14—液压缸油腔 B

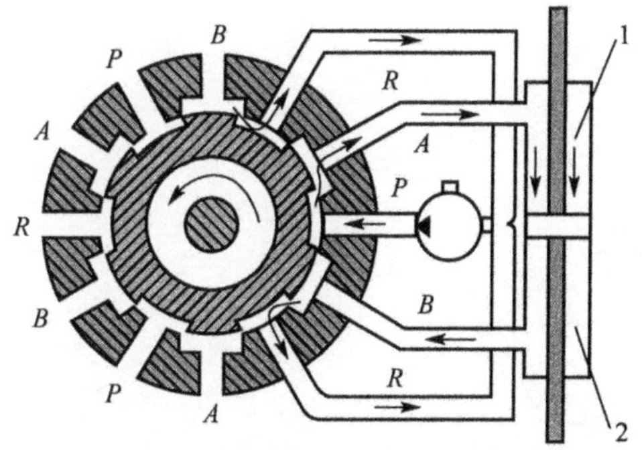

图 10.18 转向阀逆时针转动工作原理图

1—液压缸油腔 A 2—液压缸油腔 B

口间控制槽和 A、R 口间控制槽的开口变小并关闭；液压油由 P 口进入 A 口，再经由内部油管进入壳体缸筒内油腔 A；从而导致液压缸的 A 腔压力增高而 B 腔压力减小，活塞向左移动；同时油腔 B 内的液压油经由内部油管回到 B 口，再从 R 口回到储油罐；这样驱动齿条沿油腔 A 向油腔 B 方向前进。活塞的运动通过齿条、差动小齿轮又反馈回来，使转阀阀芯顺时针转动，这时阀口关闭，系统在新的位置上平衡。若转向扭杆上端的角度连续不断地变化，则活塞的位置也连续不断地跟随转向扭杆上端的位置变化而移动。

反之，转阀顺时针转动，可驱动齿条沿油腔 A 向油腔 B 方向前进。

思考与练习

10-1　若将液压仿形刀架上的控制滑阀与液压缸分开，成为一个系统中的两个独立部分，仿形刀架能工作吗？试作分析说明。

10-2　如果双喷嘴挡板式电液伺服阀有一喷嘴被堵塞，会出现什么现象？

10-3　试述电液伺服阀的功用、主要结构及工作原理，画出原理方框图。

第 11 章　气压传动基本知识

教学提示：气压传动是以压缩气体作为工作介质，以气体的压力能传递动力的一种传动方式。它具有成本低、效率高、污染少、便于控制等特点，在木工机械、包装机械、修理机械、轻工机械等设备中应用十分广泛。本章主要对气压传动中的一些基本概念进行介绍。

教学要求：本章要求学生掌握气压传动的概念、气体的基本性质、气压系统的组成部分以及气压传动的优缺点。

以压缩气体为工作介质，靠气体的压力传递动力或信息的流体传动称为气压传动。传递动力的系统是将压缩气体经由管道和控制阀输送给气动执行元件，把压缩气体的压力能转换为机械能而做功；传递信息的系统是利用气动逻辑元件或射流元件以实现逻辑运算等功能，亦称气动控制系统。气压传动包含传动技术和控制技术两个方面的内容。气压传动具有防火、防爆、节能、高效、无污染等优点，在国防工业生产中的得到了广泛应用。

1829 年出现了多级空气压缩机，为气压传动的发展创造了条件。1871 年风镐开始用于采矿。1868 年美国人 G・威斯汀豪斯发明气动制动装置，并在 1872 年用于铁路车辆的制动。后来，随着兵器、机械、化工等工业的发展，气动机具和控制系统得到广泛的应用。1930 年出现了低压气动调节器。20 世纪 50 年代研制成功用于导弹尾翼控制的高压气动伺服机构。20 世纪 60 年代发明射流和气动逻辑元件，使气压传动得到很大的发展。

11.1　空气的物理性质

空气是由多种气体混合而成，其主要成分是氮气(N_2)和氧气(O_2)，其他成分如二氧化碳(CO_2)、水蒸气(H_2O)等含量很少。含有水蒸气的空气称为湿空气，不含水蒸气的空气称为干空气。大气中的空气基本上都是湿空气。

在基准状态(温度 $t=0℃$，压力 $p=1.013\times10^5$ Pa)下，干空气的组成成分见表 11－1。

表 11－1　干空气的组成

成　分	氮气(N_2)	氧气(O_2)	氩气(Ar)	二氧化碳(CO_2)	其他气体
体积含量/%	78.03	20.93	0.932	0.03	0.078
质量含量/%	75.50	23.10	1.28	0.045	0.075

11.1.1　空气的密度

空气的密度是指单位体积内空气的质量，用 ρ 表示。

$$\rho=\frac{m}{V} \tag{11-1}$$

习惯上还会用到重度，重度是指单位体积的空气的重量，用γ表示。

$$\gamma=\rho g \tag{11-2}$$

式中：g——重力加速度，$g=9.81\text{m/s}^2$。

11.1.2 空气的黏性

空气质点相对运动时产生阻力的性质称为气体的黏性，黏性的大小常用黏度来表示。空气黏度的变化主要受温度的影响，且随温度的升高而增大。因为温度升高后，空气内分子运动加剧，原本间距较大的分子之间碰撞增多，因而阻力增大。压力的变化对黏度的影响很小，且可忽略不计。空气的黏度随温度的变化见表 11-2。

表 11-2 不同温度下空气的黏度($p=1.013\times10^5$Pa)

温度 t/℃	运动黏度/($10^{-5}\text{m}^2/\text{s}$)	动力黏度/(10^{-5}Pa·s)	温度 t/℃	运动黏度/($10^{-5}\text{m}^2/\text{s}$)	动力黏度/(10^{-5}Pa·s)
0	1.322	1.710	60	1.885	1.998
10	1.410	1.760	70	1.986	2.044
20	1.501	1.809	80	2.089	2.089
30	1.594	1.852	90	2.194	2.133
40	1.689	1.904	100	2.300	2.176
50	1.786	1.951			

11.1.3 空气的压缩性与膨胀性

与液体相比，气体的最大特点是分子间的距离大，分子运动起来比较自由。在空气中，分子间的距离是分子直径的 9 倍左右，约为 3.35×10^{-9}m。运动的分子由其运动起点到到碰撞其他分子的移动距离叫该分子的自由通路，其长度对每个分子是不同的。但对任意气体，当压力和温度决定之后，分子自由通路的平均值就决定了，该值称为平均自由通路。在基准状态下，空气的平均自由通路长度等于空气分子直径的 170 倍左右，约为 6.4×10^{-8}m。由于气体分子间的距离大，内聚力小，体积容易变化，体积随压力和温度的变化而变化。与液体和固体相比，气体具有明显的压缩性和膨胀性。

11.2 气体状态方程

11.2.1 理想气体状态方程

所谓理想气体是指没有黏性的气体，当气体处于某一平衡状态时，气体的压力、温度和体积之间的关系为

$$pV=mRT \tag{11-3}$$

式中：p——气体的绝对压力，/N/m²；

V——气体的体积，m³；

m——空气的质量，kg；

R——气体常数，干空气 $R=281.1\text{N}\cdot\text{m}/(\text{kg}\cdot\text{K})$，水蒸气 $R=462.05\text{N}\cdot\text{m}/(\text{kg}\cdot\text{K})$；

T——空气的热力学温度，K。

由于实际气体具有黏性，因而并不严格遵循理想气体方程。当压力在 0～10MPa，温度在 0℃～200℃之间变化时，$pV/mRT\neq1$，一般其误差小于 4%。在气压传动中，气体的压力一般在 2MPa 以下，误差很小，因而可近似将实际气体看作理想气体进行各种计算。

11.2.2 理想气体的状态变化过程

1. 等容变化过程(查理定律)

一定质量的气体，在体积不变的条件下，所进行的状态变化过程，称为等容变化过程。由式(11-3)可得

$$\frac{p_1}{T_1}=\frac{p_2}{T_2}=\text{常数} \tag{11-4}$$

式(11-4)表明，当体积不变时，压力与温度的变化成正比。在等容过程中，气体对外部不做功，气体随温度升高，压力增大，内能增加。

2. 等压变化过程(盖-吕萨克定律)

一定质量的气体若在状态变化过程中，压力始终保持不变，这个过程称为等压变化过程。由式(11-3)可得

$$\frac{V_1}{T_1}=\frac{V_2}{T_2}=\text{常数} \tag{11-5}$$

式(11-5)表明，在压力不变时，气体温度上升，体积增大；温度下降，体积减小。

3. 等温变化过程(波意尔定律)

一定质量的气体，若再状态变化过程中，温度始终保持不变，这个过程称为等温变化过程。由式(11-3)可得

$$p_1V_1=p_2V_2=\text{常数} \tag{11-6}$$

式(11-6)表明，在等温过程中，气体压力上升，气体被压缩，体积减小；气体压力下降，体积增大。在气动系统中，有许多过程，如气缸和气动马达工作、气体在管路中流动等均可视为等温过程。

4. 绝热变化过程

一定质量的气体在与外界没有热量交换的情况下所进行的状态变化过程，称为绝热过程。在绝热过程中，各状态参数之间有如下关系

$$p_1V_1^k=p_2V_2^k \tag{11-7}$$

式中：k——绝热指数，对于空气 $k=1.4$，饱和蒸汽 $k=1.3$。

在绝热过程中，系统靠消耗自身内能对外做功。在气动系统中，快速充气、排气过程

可被认为是绝热变化过程。如压缩机活塞在气缸中的运动速度极快，缸中气体的热量来不及与外界交换，这个过程就被认为是绝热过程。应该指出，在绝热过程中，气体温度的变化是很大的。空气压缩机压缩空气时，温度可高达 250℃；而在排气时，温度可降至－100℃。

5. 多变过程

在实际工作中，气体的状态变化过程，是一个非常复杂的过程，不能用某一个简单的过程来解释。不加任何限制条件的气体状态变化过程称为多变过程，多变过程中各个参数之间的关系为

$$p_1V_1^n=p_2V_2^n \tag{11-8}$$

式中：n——多变指数。

多变指数 n 在状态变化过程中是一个不变的常数，其数值是根据具体的状态变化性质而定的。前述 4 种状态变化过程均是多变过程的特例。

当 $n=0$ 时，$p=$常数，为等压变化过程。

当 $n=1$ 时，$p_1V_1=p_2V_2$，为等温变化过程。

当 $n=k$ 时，$p_1V_1^k=p_2V_2^k$，为绝热变化过程。

当 $n=\pm\infty$时，$V=$常数，为等容变化过程。

在实际计算时，n 的数值往往在 1 和 k 之间变化，即 $k>n>1$。在研究气缸的启动和活塞运动速度时，可取 $n=1.2\sim1.25$。

思考与练习

11－1　气压传动及控制系统由哪几部分组成？各部分的作用是什么？

11－2　气体的温度对其黏性有什么影响？气体的黏温特性与液体的黏温特性有什么差别？

11－3　请写出理想气体状态方程，说明其状态变化过程。

第 12 章　气源装置及辅助元件

教学提示：气压传动系统中的气源装置是为气动系统提供满足一定质量要求的压缩空气的，它是气压传动系统的重要组成部分。由空气压缩机产生的压缩空气必须经过一系列处理后，才能供给控制元件和执行元件使用。而用过的压缩空气排向大气时会产生噪声，应采取措施来降低噪声，改善劳动条件和环境质量。因而还必须要有相应的辅助装置才能使整个气压系统良好地运转起来。本章主要介绍气源装置和一些辅助元件的工作原理及组成。

教学要求：本章要求学生掌握气源装置和辅助元件的工作原理和基本功能。

为了使气动系统具有动力，必须有提供动力的装置。压缩空气由空气压缩机产生，具有一定的压力和流量，同时也含有一定的水分、油分和灰尘。要满足气动系统对空气质量的要求，还必须对压缩空气进行降温、净化和稳压等一系列处理，才能供给控制元件及执行元件使用。

气源装置一般由 3 部分组成，如图 12.1 所示。

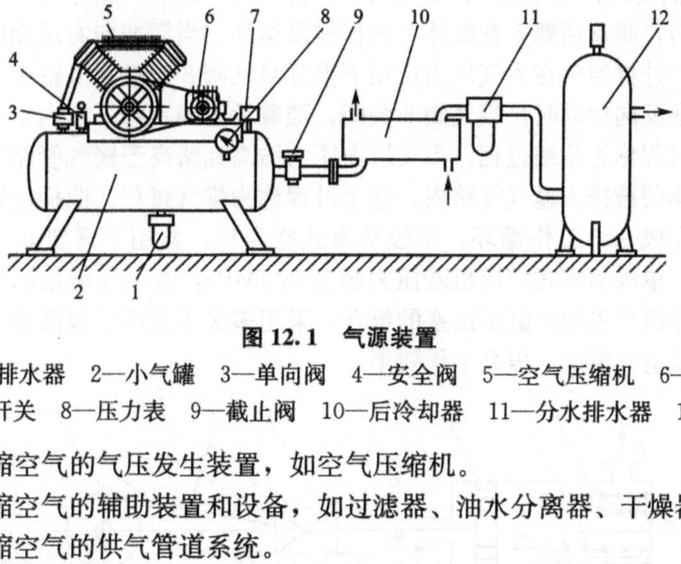

图 12.1　气源装置

1—自动排水器　2—小气罐　3—单向阀　4—安全阀　5—空气压缩机　6—电动机
7—压力开关　8—压力表　9—截止阀　10—后冷却器　11—分水排水器　12—气罐

(1) 产生压缩空气的气压发生装置，如空气压缩机。

(2) 净化压缩空气的辅助装置和设备，如过滤器、油水分离器、干燥器等。

(3) 输送压缩空气的供气管道系统。

除压缩空气净化设备外，气动元件的润滑，气压信号的放大、延时、转换、显示，气动噪声的消除以及管路的连接等都需要由不同的辅助元件来完成。这些辅助元件是气动系统中的环节之一，同样应给予充分重视。

12.1　气 源 装 置

空气压缩机是将原动机(电动机)提供的机械能转换成气体压力能的一种能量转换装

置，即气压发生装置，它为气动装置提供具有一定压力和流量的压缩空气。

1. 空气压缩机的分类

空气压缩机的种类很多，按工作原理可分为容积式和速度式两大类。容积式压缩机的工作原理是压缩空气的体积，使气体分子的密度增大以提高压缩空气的压力；速度式压缩机的工作原理是提高气体的运动速度，使气体的动能转化为压力能，从而提高空气的压力。容积式压缩机按结构不同又可分为活塞式、膜片式和螺杆式等；速度式压缩机按结构不同可分为离心式和轴流式等。目前应用最广泛的是活塞式空气压缩机。

按输出压力的不同可分为低压压缩机($0.2MPa<p\leqslant 1MPa$)、中压压缩机($1MPa<p\leqslant 10MPa$)、高压压缩机($10MPa<p\leqslant 100MPa$)和超高压压缩机($p\geqslant 100MPa$)。

按输出流量的不同可分为微型($q<1m^3/min$)、小型($1\leqslant q<10m^3/min$)、中型($10m^3/min\leqslant q<100m^3/min$)和大型($q\geqslant 100m^3/min$)。

按润滑方式的不同可分为有油润滑(采用润滑油润滑，其结构中有专门的供油系统)和无油润滑(不由润滑油润滑，零件由自润滑材料制成)。

2. 空气压缩机的工作原理

活塞式压缩机是通过曲柄连杆机构使活塞作往复运动而实现吸气、压气，并达到提高气体压力的目的。图12.2所示为单级活塞式压缩机工作原理图。它主要由缸体2、活塞3、活塞杆4、曲柄连杆机构6和7、吸气阀8和排气阀1组成。工作时，曲柄7由原动机(电动机)带动旋转，驱动活塞3在缸体2内作往复运动。当活塞向右运动时，气缸内容积增大而形成真空，外界空气在大气压力作用下推开吸气阀8而进入气缸中，这个过程称为吸气过程；当活塞反向运动时，吸气阀8关闭，随着活塞的左移，缸内空气受到压缩而使压力升高，这个过程称为压缩过程。当气缸内压力增高到略高于输气管路中的压力时，排气阀1打开，气体便被排入输气管路内，这个过程称为排气过程。曲柄旋转一周，活塞往复运动一次，即完成一个工作循环。单级活塞式空压机，常用于需要0.3MPa～0.7MPa压力范围的系统。单级活塞式空压机若压力超过0.6MPa，各项性能指标将急剧下降，因此大多数空气压缩机是采用多缸多活塞的组合。采用多级压缩可以提高输出压力。通过进行中间冷却，降低空气温度，提高工作效率。

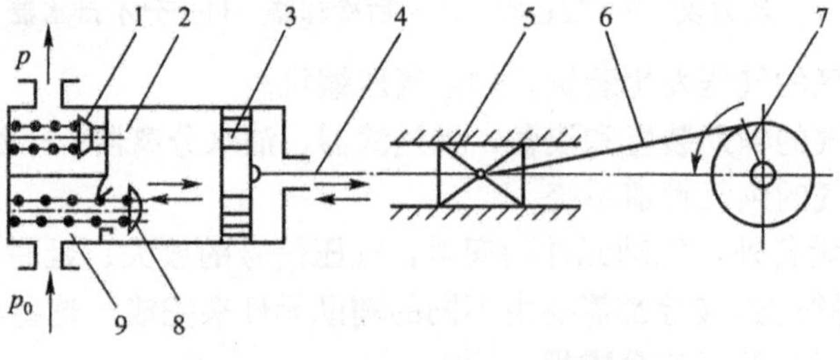

图12.2 活塞式压缩机工作原理图

1—排气阀 2—缸体 3—活塞 4—活塞杆 5—滑块
6—连杆 7—曲柄 8—吸气阀 9—阀门弹簧
p—压缩机排气口压力 p_0—压缩机吸气口压力

图12.3为二级活塞式空气压缩机示意图。活塞式空压机具有结构简单、使用寿命长、维修容易、活塞的密封性好的优点，容易实现大排气量和高压输出。缺点是振动大、噪声

大，排气为断续进行，输出有脉动，需要设置贮气罐。工业上应用最广泛的是活塞式压缩机。

图 12.4 为膜片式压缩机，膜片式压缩机能提供 0.5MPa 的压缩空气。由于它无需油润滑、无污染，因此广泛应用于食品、医药和相类似的工业中。其工作原理如图 12.4 所示，膜片使气室容积发生变化，在下行程时吸入空气，上行程时压缩空气。

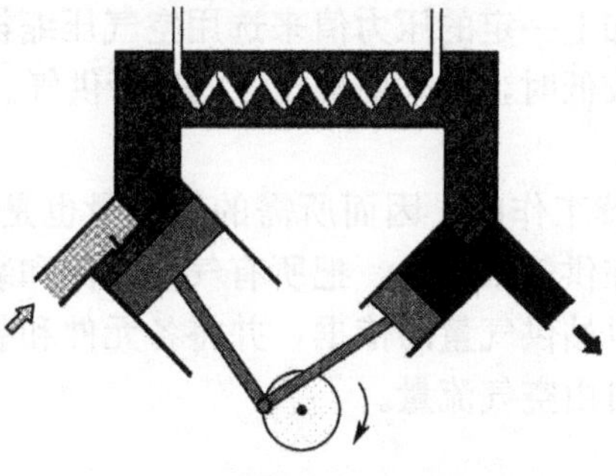

图 12.3 二级活塞式压缩机示意图

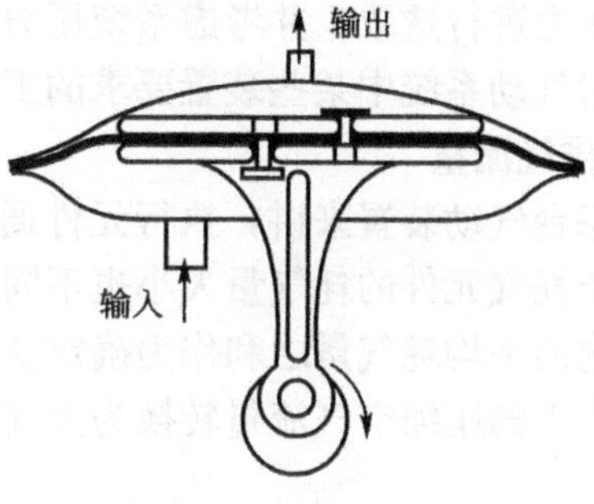

图 12.4 膜片式压缩机

图 12.5 为叶片式压缩机。叶片式压缩机的主要结构由定子、转子和叶片组成，转子上有一定数量的沟槽，每个槽内嵌入一个叶片，转子偏心地装在定子内，如图 12.5 所示。当转子旋转时，离心力使叶片与定子内部相接触，从进口到出口，相邻两叶片间的空间逐渐减少，压缩空气被压缩，达到一定压力后即被排出。

叶片式压缩机具有能连续排出脉动小的额定压力的压缩空气的优点，所以一般不需要设置贮气罐，且结构简单、制造容易、操作维修方便、运转噪声小。缺点是叶片、转子和机体之间机械摩擦较大，产生较高的能量损失，因而效率也较低。

螺杆式压缩机压缩由壳体和两个互相啮合的螺杆转子组成空间内的气体。如图 12.6 所示，两个啮合的转子以相反方向作旋转运动时，它们逐渐啮合，转子的凹槽与气缸内壁所形成的工作容积在一端逐渐增大，在另一端逐渐减少。通过两螺杆表面上所特有的螺旋凹凸型的气道与气缸内壁之间形成的容积逐渐变化来实现对气体的吸入、压缩和排出过程。由于压缩机的转速很高，气体的吸入和排出又是连续的，吸排气可看成是无脉动的，因此可以不设置贮气罐。

螺杆式空压机的优点是排气压力脉动小，输出流量大，不需要设置贮气罐，结构中无易损件，寿命长，效率高。缺点是制造精度要求高，运转噪声大。并且由于结构刚度的限制，只适用于中低压范围。

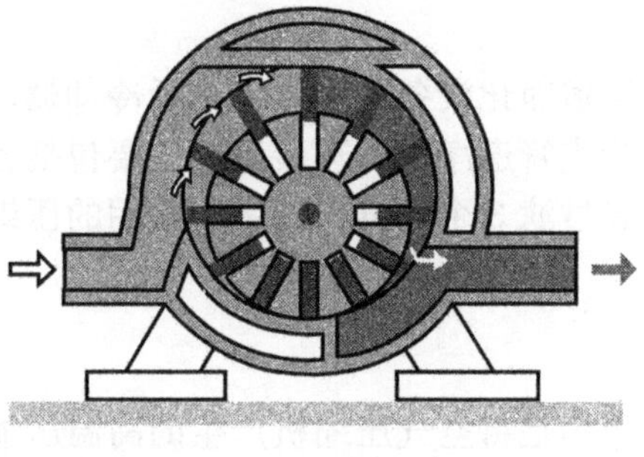

图 12.5 叶片式压缩机

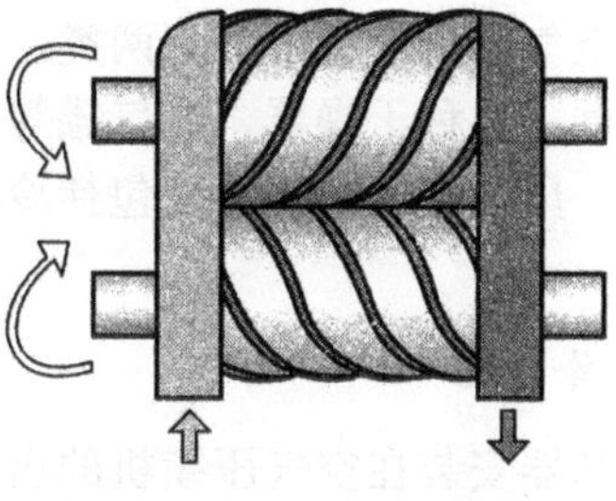

图 12.6 螺杆式空压机

3. 空气压缩机的选用

选择空气压缩机主要是用于确定空气压缩机的排气压力和排气流量。

1) 排气压力

一般若气动系统的工作压力为0.5MPa～0.6MPa，则选用额定排气压力为0.7MPa～0.8MPa的空气压缩机。若气动系统中各装置对气源有不同的压力要求时，则按其中最高的工作压力进行选取，并考虑系统压力损失再加上一定的压力值来选用空气压缩机的输出压力。对气动系统中某些装置要求的工作压力较低时，可采用减压方式进行供气。

2) 排气流量

对每台气动装置来讲，执行元件通常是断续工作的，因而所需的耗气量也是断续的，并且每个耗气元件的耗气量大小也不同。因此在供气系统中，把所有气动元件和装置在一定时间内的平均耗气量之和作为确定空气压缩机站供气量的依据，并将各元件和装置在其不同压力下的压缩空气流量转换为大气压下的自由空气流量。

12.2 气源净化装置

压缩空气要具有一定的清洁度和干燥度，以满足气动装置对压缩空气的质量要求。清洁度是指气源中含有的杂质(油、水及灰尘)粒径在一定的范围内；干燥度是指压缩空气中含水分的程度，气动装置要求压缩空气的含水量越小越好。

在气压传动系统中，较常使用活塞式空气压缩机，其多用油润滑。它排出的压缩空气温度较高(100℃～170℃)，使空气中的水分和部分润滑油变成气态，再与吸入的灰尘混合，形成了混合的杂质，这些杂质会给气源装置及气动系统带来以下不良影响。

(1) 油蒸气聚集在贮气罐，有燃烧爆炸危险；同时油分被高温汽化后会形成一种有机酸，对金属设备有腐蚀作用。

(2) 油、水、尘埃的混合物沉积在管道内会减小管道通流面积，增大气流阻力。

(3) 在寒冷季节，水蒸气凝结后会使管道及附件冻结而损坏，或使气流不通畅。

(4) 颗粒的杂质会引起气缸、马达、阀等相对运动表面间的严重磨损，破坏密封，降低设备使用寿命，可能堵塞控制元件的小孔，影响元件的工作性能，甚至使控制失灵等。

因此必须设置气源净化设备去除油、水和灰尘等，对压缩空气进行净化处理。压缩空气中的灰尘和油分常用过滤的方法除掉，所含的水分是以液滴状态和水蒸气状态与空气混合在一起的。对前者用冷却器和油水分离器就可排除，对后者需用冷冻式干燥器或吸附式干燥器来排除。

压缩空气净化设备可分为两类：一类为主管道净化设备，主要包括后冷却器、各种大流量过滤器、各种干燥器、贮气罐等；另一类为支管道净化处理装置，主要包括各种小流量过滤器。压缩空气净化过程包括冷却，干燥和过滤3个部分，以下为常用的压缩空气净化设备。

1. 后冷却器

后冷却器安装在空气压缩机的出口，它的作用是将空气压缩机产生的高温压缩空气由120℃～170℃降低到40℃～50℃，使压缩空气中的油雾和水汽达到饱和，这样其大部分析出并凝结成油滴和水滴分离出来，以便将其清除，达到初步净化压缩空气的目的。后冷却器主要有风冷式和水冷式两种。

图 12.7 所示为风冷式后冷却器，其工作原理是：压缩空气通过管道，由风扇产生的冷空气强迫吹向管道，冷热空气在管道壁面进行热交换，被冷却的压缩空气输出口温度大约比室温高 15℃左右。风冷式后冷却器能将压缩机产生的高温压缩空气冷却到 40℃以下，有效地除去空气中水分。它具有结构紧凑、重量轻、安装空间小、便于维修、运行成本低等优点，但处理气量较少。

图 12.8 所示为水冷式后冷却器，其工作原理是：压缩空气在管内流动，冷却水在管外水套中流动，在管道壁面进行热交换。水冷式后冷却器出口空气温度约比冷却水的温度高 10℃。水冷式后冷却器散热面积比风冷式大许多倍，热交换均匀，分水效率高。它具有结构简单，使用和维修方便等优点，应用比较广泛。

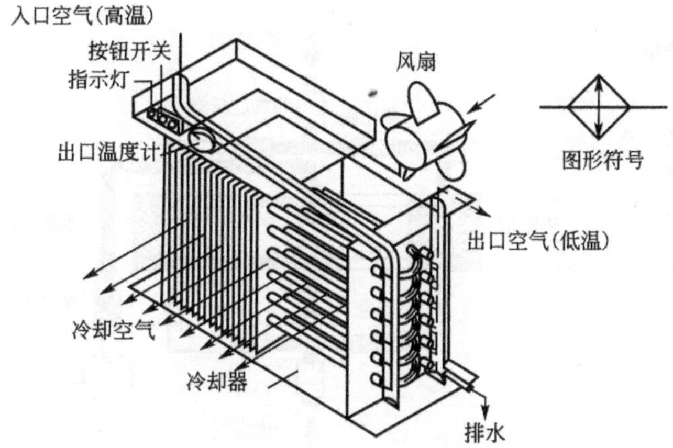

图 12.7　风冷式后冷却器

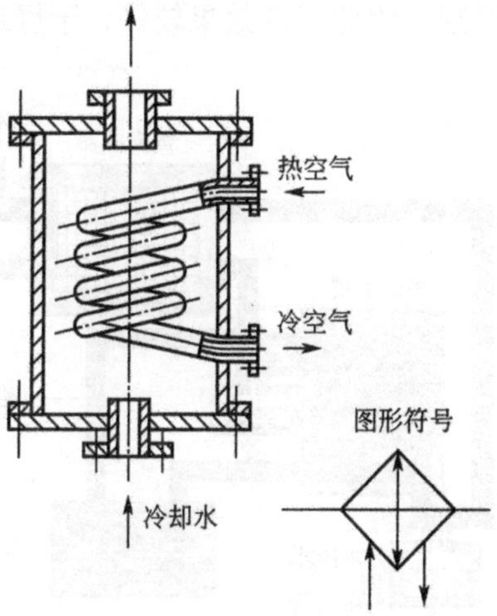

图 12.8　水冷式后冷却器

2. 贮气罐

贮气罐的作用是贮存一定数量的压缩空气以备应急时使用；减少气源输出流量脉动和压力波动，保证供气的连续性、稳定性；减弱由于气流脉动引起的管道振动，进一步分离压缩空气中的油分、水分等。图 12.9 所示为立式贮气罐的结构示意图和职能符号。

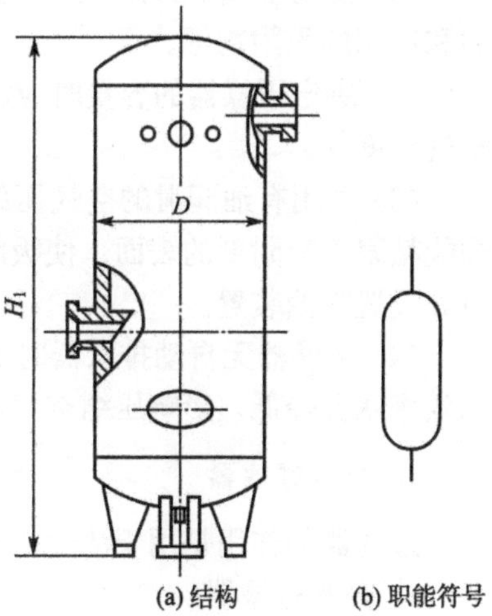

图 12.9　立式贮气罐

3. 干燥器

空气干燥器的作用是用于除去压缩空气中的水分，得到干燥的空气。它在气动元件中是属于大型、高价的元件。

压缩空气中的水分除了会对气动元件和配管产生腐蚀外，对油漆、电镀和塑料制品表面的变质、气泡的产生、润滑油的稀释、化学药品和食品的污染等也有很大的影响。因此在气源净化处理上，水分是应该与油分、灰尘同等考虑的重要因素之一。在考虑气源净化时，应尽量安装空气干燥器。

冷冻式空气干燥器是利用制冷设备将空气冷却到一定的露点温度，空气中水蒸气饱和析出水分，凝结成水滴并清除出去。冷冻式干燥器由于受水的冰点温度的限制，其冷冻温度不可能很低，一般在 0.7MPa 时的压力露点温度约 2℃～10℃。冷冻式空气干燥机的工作原理如图 12.10 所示：最初进入空气干燥机是湿热空气，先在热交换器中，靠已除湿的干燥冷空气预冷却。然后进入冷却装置，被制冷剂冷却到 2℃～5℃以除湿。最后冷凝变成的水滴被分水排水器排走，而除湿后的冷空气进入热交换器，被入口进来的暖空气加热，其湿度降低后由出口输出。

吸附式干燥器是利用硅胶、活性氧化铝、分子筛等吸附剂(干燥剂)表面能物理性吸附水分的特性来清除水分的，如图 12.11 所示。由于水分和这些干燥剂之间没有化学反应，因此不需要更换干燥剂，但必须定期对干燥剂进行再生。按再生的方法不同分为带加热器的加热再生和使用部分干燥空气吹干的无热再生。吸附式干燥器由于不受水的冰点温度的限制，因此干燥效果较好，干燥后的空气在大气压下的露点温度可达－40℃～－70℃。

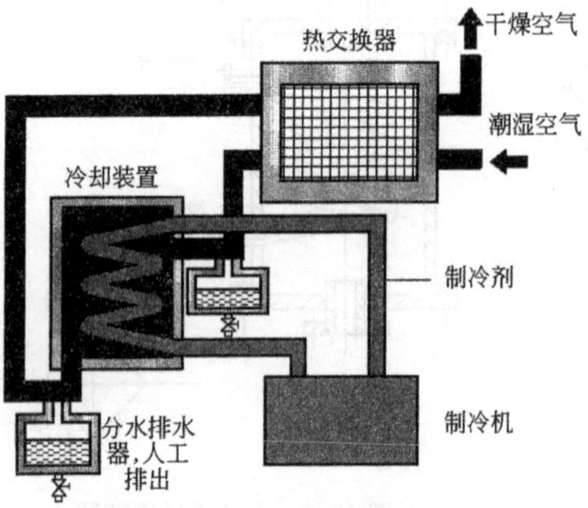

图 12.10 冷冻式空气干燥器工作原理

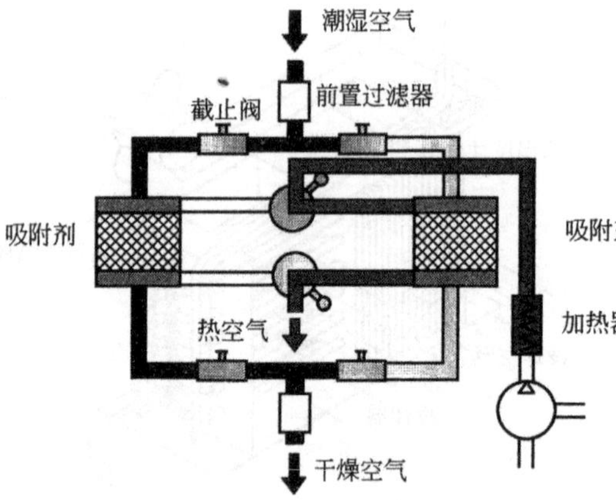

图 12.11 吸附式干燥器

空气干燥器的选择掌握应如下要点。

(1) 使用空气干燥器时必须确定气动系统的露点温度，然后才能确定选用干燥器的类型和使用的吸附剂等。

(2) 决定干燥器的容量时应注意整个气动系统所需流量大小以及输入压力、输入端的空气温度等。

(3) 若用有油润滑的空气压缩机作气压发生装置，须注意若压缩空气中混有油粒子，油能粘附于吸附剂的表面，使吸附剂吸附水蒸气的能力降低。对于这种情况，应在空气入口处设置除油装置。

(4) 干燥器无自动排水器时需要定期手动排水，否则一旦混入大量冷凝水后，干燥器的效率就会降低，影响压缩空气的质量。

4. 分水过滤器

过滤器的作用是用于滤除空气中含有的固体颗粒、水分、油分等各类杂质的。

1) 分水过滤器

典型的分水过滤器结构如图 12.12 所示。其工作原理为：压缩空气由输入口进入过滤器内部后，由于旋风叶子 1 的导向，在内部产生强烈的旋转。在离心力的作用下，空气中混有的大颗粒固体杂质、液态水滴和油滴等被甩到贮水杯 3 的内表面上，在重力作用下沿壁面沉降到底部，由手动或自动排水器 5 排出。气体通过滤芯 2 进一步清除其中的固态粒子，洁净的空气便从输出口输出。挡水板 4 可防止气流的旋涡卷起沉积的污水，造成二次污染。

分水过滤器分为主管道过滤器和支管道过滤器。主管道过滤器安装在贮气罐的出口，除去压缩空气中的油污、水和其他杂质，增加下游干燥效果及延长精密过滤器的寿命，防止设备故障。它设有标准过滤器的导流板，过滤面积大，装在内部的自动排水器能确保排出积聚的水。

分水过滤器的主要性能指标有流量特性、分水效率和过滤精度。

流量特性表示在额定流量下其进出口两端压力差与通过该元件中的标准流量之间的关系。它是衡量过滤器阻力大小的标准，在满足过滤精度条件下，希望阻力越小越好。

分水效率是衡量过滤器分离水分能力的指标，一般要求分水效率大于 80%。

过滤精度表示能够滤除灰尘最小颗粒的尺寸值，有 2μm、5μm、25μm 等。标准过滤精度为 5μm。过滤精度的高低与滤芯的通气孔大小有直接关系。孔径越大，过滤精度越低，但阻力损失也低。

2) 分水排水器

通常使用的空气过滤器很难分离来自压缩机来的油雾，因为气状溶胶油粒子及微粒直径小于 2μm～3μm 时已很难附着在物体上，要分离这些微滴油雾，需要使用分水排水器。分水排水器的结构和工作原理如图 12.13 所示。压缩空气由输入口进入过滤器内滤芯的内表面，由于容积的突然扩大，气流速度减慢，形成层流进入滤层。空气在透过纤维滤层的过程中，由于扩散沉积、直接拦截、惯性沉积等作用，细微的油雾粒子被捕获，并在气流

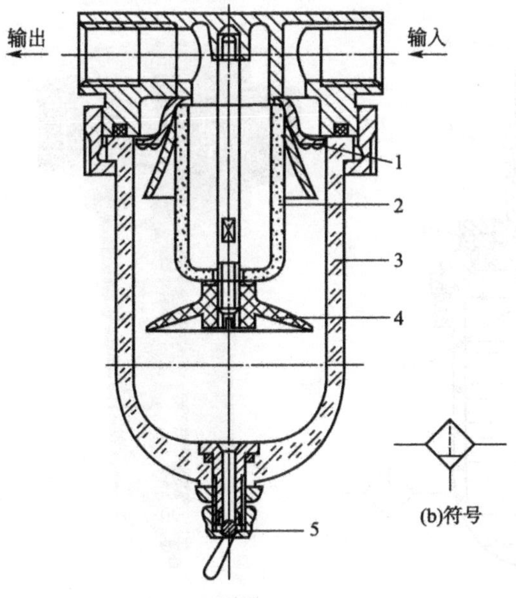

图 12.12　QSL 分水过滤器结构

1—旋风叶子　2—滤芯　3—贮水杯

4—挡水板　5—手动放水阀

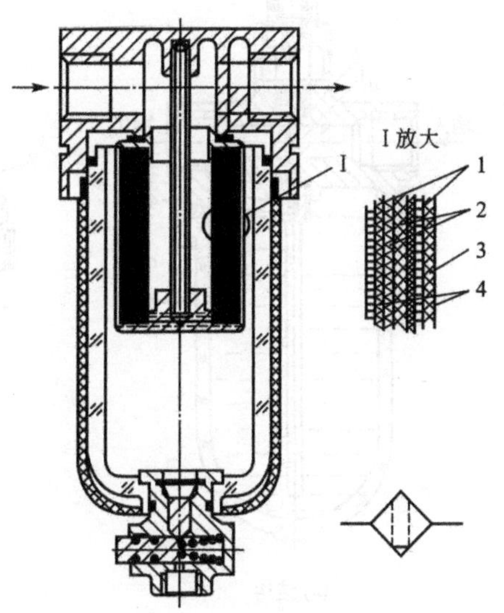

图 12.13　分水排水器

1—多孔金属筒　2—纤维层

3—泡沫塑料　4—过滤纸

作用下进入泡沫塑料滤层。油雾粒子在通过泡沫滤层的过程中，相互凝聚，长大成颗粒度较大的液态油滴，在重力作用下沿泡沫塑料外表面沉降至过滤器底部，由自动排污器排出。

12.3 辅助元件

12.3.1 油雾器

气动系统中的各种气阀、气缸、气动马达等的运动部分的零部件需要润滑，但以压缩空气为动力的气动元件都是密封气室，不能用一般的方法注油，只能以某种方法将油混入气流中，带到需要润滑的部位。油雾器就是这样一种特殊的注油装置。当压缩空气流过时，它将润滑油喷射成雾状，随压缩空气一起流进需要润滑的部件，附着到零部件表面，从而达到润滑的目的。用这种方法加油具有润滑均匀、稳定，耗油量少等特点，而且不需要大的注油设备。

1. *油雾器的工作原理及结构*

图 12.14 所示为油雾器的结构原理图、职能符号和外形图。压缩空气经管路从油雾器入口进入，大部分气体从主气道流出，一小部分气体由小孔 a 通过特殊单向阀进入注油杯的上腔 c，使上腔压力上升，杯中油面受压，迫使贮油杯中的油液经吸油管 6、单向阀 7 和可调节流阀 8 滴入透明的视油器 9 内，然后再滴入喷嘴小孔，被主管道通过的气流引射出来，雾化后随气流由出口输出，送入气动系统。透明的视油器可供观察油滴情况，上部的节流阀可用来调节滴油量。

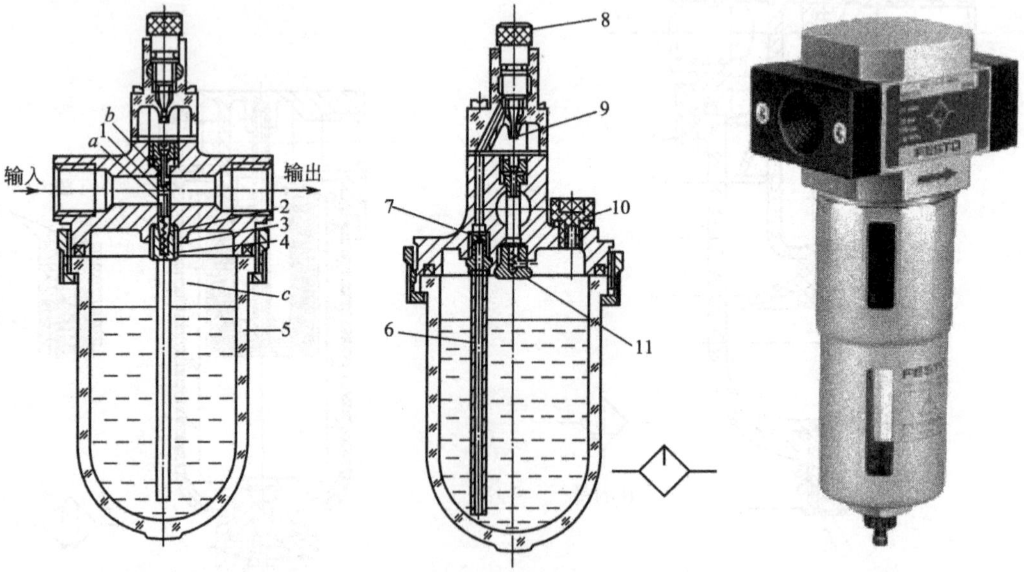

(a) 结构　　(b) 职能符号　　(c) 外形

图 12.14 油雾器

1—立杆　2—钢球　3—弹簧　4—阀座　5—贮油杯　6—吸油管
7—单向阀　8—节流阀　9—视油器　10—油塞　11—截止阀

这种油雾器可以在不停气的情况下加油，实现不停气加油的关键零件是特殊单向阀。当没有气流输入时，阀中的弹簧把钢球顶起，封住加压通道，阀处于截止状态；当正常工作时，压力气体推开钢球进入油杯，油杯内气体的压力加上弹簧的弹力使钢球悬浮于中间位置，特殊单向阀处于打开状态，如图 12.14 所示；当进行不停气加油时，拧松加油孔的油塞 10，贮油杯中的气压立刻降至大气压，输入的气体压力把钢球压至下端位置，使特殊单向阀处于反向关闭状态，这样便封住了油杯的进气道，致使油杯中的油液不因高压气体流入而从加油孔中喷出。此外由于单向阀的作用，压缩空气也不能从吸油管倒流入油杯，所以可在不停气的情况下从油塞口往杯内加油。加油完毕拧紧油塞，由于截止阀 11 有少许的漏气，c 腔内压力逐渐上升，直至把钢球推至中间位置，油雾器重新正常工作。

2. 油雾器的主要性能指标

(1) 流量特性：表征在给定进口压力下，随着空气流量的变化，油雾器进、出油口压力降的变化情况。油雾器中通过额定流量时，输入压力与输出压力之差一般不超过 0.15MPa。

(2) 起雾空气流量：指存油杯中油位处于正常工作位置、油雾器进口压力为规定值、节流阀全开时的最小空气流量。当气流压力为时，起雾时的最小空气流量规定为额定流量的 40%。

(3) 雾滴粒径：在规定试验压力(一般为 0.5MPa)下，输油量为 30 滴/分时，其粒径不大于 20μm。

(4) 加油后恢复滴油时间：油雾器加油完毕后，不能马上工作，要经过一定时间才能恢复滴油。在额定工作状态下，恢复滴油时间一般为 20s～30s。

油雾器在使用中一定要垂直安装，一般应安装在分水过滤器和减压阀之后，尽量靠近换向阀。应避免把油雾器安装在换向阀与气缸之间，以避免造成浪费。

12.3.2 消声器

气动回路中的压缩空气在使用后直接排入大气，因排气速度较高，气体体积急剧膨胀，会产生强烈的噪声。噪声的强弱随排气的速度、排气量和排气通道的形状而变化。排气速度和功率越大，噪声也越大。一般可达 100dB～120dB。为降低噪声，一般在换向阀的排气口安装消声器。消声器是通过增大阻尼或增大排气管通流截面的面积来降低排气速度和功率，从而降低噪声的。常用的消声器一般有吸收型消声器、膨胀干涉型消声器和膨胀干涉吸收型消声器 3 种类型。

1) 吸收型消声器

这种消声器主要依靠吸声材料消声。QXS 型消声器就是吸收型的，如图 12.15 所示。消声套是多孔的吸声材料，用聚苯乙烯颗粒或钢珠烧结而成。当有压气体通过消声套排出时，吸引吸声材料孔和狭缝中的空气振动，使一部分声能由于摩擦转换成热能，从而降低了噪声。

这种消声器结构简单、吸声材料的孔眼不易堵塞，可以较好地消除中、高频噪声，消声效果大于 20dB。气动系统的排气噪声主要是中、高噪声，尤其是高频噪声居多，所以这种消声器适合于一般气动系统使用。

2) 膨胀干涉型消声器

这种消声器的直径比排气孔直径大得多，气流在里面扩散、碰壁反射，互相干涉，降低了噪声的强度。这种消声器的特点是排气阻力小，可消除中、低频噪声，但结构不够紧凑。

3）膨胀干涉吸收型消声器

这是上述两种消声器的结合，即在膨胀干涉型消声器的壳体内表面敷设吸声材料而制成的，图 12.16 所示为膨胀干涉吸收型消声器的结构图。这种消声器的入口开设了许多中心对称的斜孔，它使得进入消声器的气流被分成许多小的流束。在进入无障碍的扩张室后，气流被极大地减速，碰壁后反射到室，气流束的相互撞击、干涉而使噪声减弱，然后气流经过吸音材料的多孔侧壁排入大气，噪声又一次被削弱。这种消声器的效果比前两种更好，低频可消声 20dB，高频可消声 40dB。

在一般使用场合，消声器的选择可根据换向阀的通径选用吸收型消声器；对消声效果要求高的场合，可选用后两种消声器。

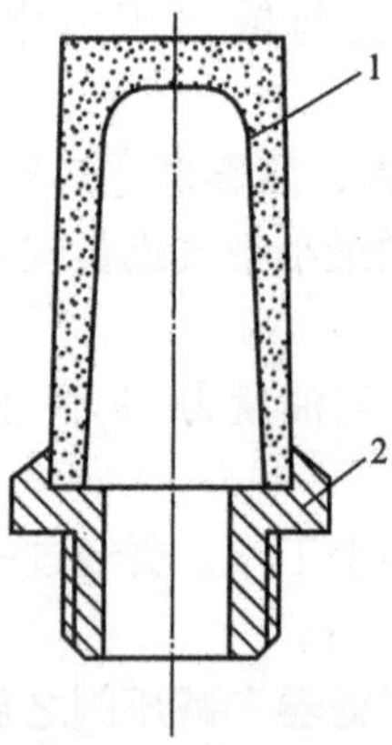

图 12.15　QXS 型消声器

1—消声器　2—连杆螺栓

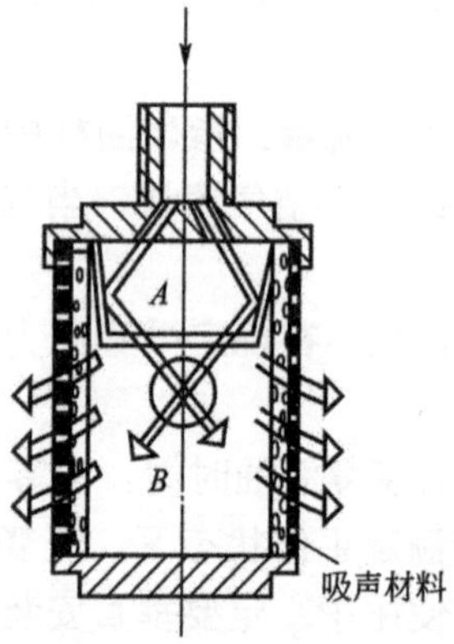

图 12.16　膨胀干涉吸收型消声器

思考与练习

12-1　叙述气源装置的组成及各元件主要作用是什么？

12-2　油水分离器的作用是什么？为什么它能将油和水分开？

12-3　过滤器有哪些类型？作用分别是什么？

12-4　油雾器的作用是什么？试简述其工作原理。

12-5　为什么要设置后冷却器？

12-6　为什么要设置干燥器？

第 13 章　气动执行元件

教学提示：气动执行元件包括气缸和气动马达。它将压缩空气的压力能转换为机械能，驱动机构作直线往复、摆动或回转运动，输出力或转矩。本章主要介绍各种气缸和气动马达的工作原理以及结构组成。

教学要求：本章要求掌握气缸和气动马达的工作原理及应用。

气动执行元件是将压缩空气的压力能转换为机械能的装置，包括气缸和气动马达。实现直线运动和做功的是气缸，实现旋转运动和做功的是气动马达。气动执行元件有如下特点。

(1) 与液压执行元件相比，气动执行元件速度快，工作压力低，适用于低输出力的场合。使用的工作环境也较宽，一般可在－20℃～80℃(耐高温的可以达到 150℃)的环境下正常工作。

(2) 由于气体具有可压缩性，使气动执行元件在速度控制、抗负载影响等方面的性能不如液压执行元件。当需要精确控制系统速度，有效减少负载对系统的影响时，常需要借助气-液联合传动装置来实现。

13.1　气　缸

13.1.1　气缸的工作原理、分类及安装形式

1. 气缸的典型结构和工作原理

以气动系统中最常使用的单活塞杆双作用气缸为例来说明，气缸的典型结构如图 13.1

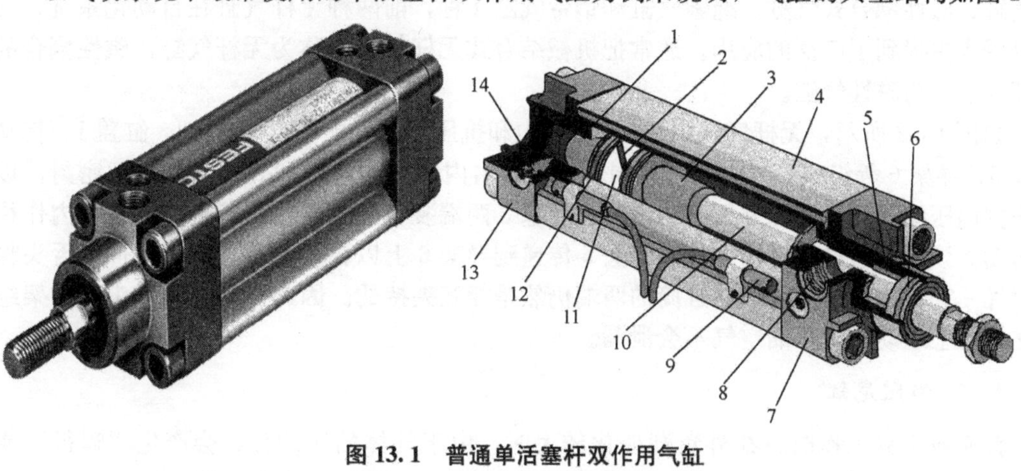

图 13.1　普通单活塞杆双作用气缸

1、3—缓冲柱塞　2—活塞　4—缸筒　5—导向套　6—防尘圈　7—前端盖　8—气口　9—传感器　10—活塞杆　11—耐磨环　12—密封圈　13—后端盖　14—缓冲节流阀

所示。它由缸筒4、活塞2、活塞杆10、前端盖7、后端盖13及密封圈12等组成。双作用气缸内部被活塞分成两个腔。有活塞杆的腔称为有杆腔，无活塞杆的腔称为无杆腔。

当从无杆腔输入压缩空气，有杆腔排气时，气缸两腔的压力差作用在活塞上所形成的力克服阻力负载推动活塞运动，使活塞杆伸出；当有杆腔进气，无杆腔排气时，活塞杆缩回。若有杆腔和无杆腔交替进气和排气，则活塞实现往复直线运动。

2. 气缸的分类

气缸的种类很多，一般按气缸的结构特征、功能、驱动方式或安装方法等进行分类。按结构特征的不同，气缸主要分为活塞式气缸和膜片式气缸两种；按运动形式的不同，气缸分为直线运动气缸和摆动气缸两类。

3. 气缸的安装形式

气缸的安装形式可分为以下几种。

(1) 固定式气缸：气缸安装在机体上固定不动，有脚座式和法兰式两种。

(2) 轴销式气缸：缸体围绕固定轴可作一定角度的摆动，有U形钩式和耳轴式两种。

(3) 回转式气缸：缸体固定在机床主轴上，可随机床主轴作高速旋转运动。这种气缸常用于机床上的气动卡盘中，以实现工件的自动装卡。

(4) 嵌入式气缸：气缸缸筒直接制作在夹具体内。

13.1.2 特殊气缸的工作原理及用途

普通气缸的工作原理及用途与液压缸类似，由缸体、活塞、活塞杆、导向机构4部分组成，但是，气缸重量较轻，速度较快，耐压较低。图13.1为普通单活塞杆双作用气缸的外形图，在此主要介绍几种特殊的气缸。

1. 无杆气缸

无杆气缸没有普通气缸的刚性活塞杆，其最大优点是节省安装空间，在同样的行程条件下，安装空间最小，特别适用于小缸径、长行程的场合。无活塞杆气缸主要有机械结合式气缸、磁性耦合式气缸、绳索气缸和钢带气缸4种，前两种无杆气缸在自动化系统、气动机器人中得到了广泛的应用。通常把机械结合式无杆气缸统称为无杆气缸，磁性耦合的无杆气缸称为磁性气缸。

如图13.2所示，无杆气缸由缸筒2、防尘和抗压密封件7和4、活塞3、缸盖1、传动舌头5、导架6等组成。气缸筒沿轴向开槽，槽由内压密封件4和外部防尘件7密封，以防止缸内压缩空气泄漏和外部杂物侵入。活塞3两端装有唇形密封圈，它可在缸筒内作往复运动。该运动通过缸筒槽的传动舌头5传递到导架6上以驱动负载。此时，传动舌头将密封件4和7挤开，但它们在缸筒的两端仍然是相互夹持的。因此，当传动舌头和导架组件在气缸上运动时，压缩空气不会泄漏。

2. 气-液阻尼缸

普通液压缸工作时，在外负载变化较大时，由于气体的压缩性，会产生“爬行”或“自走”现象，使气缸的工作不稳定。为了使气缸平稳，普遍采用气-液阻尼缸。

气-液阻尼缸是由气缸和液压缸组合而成的，以压缩空气为能源，并利用油液的不可

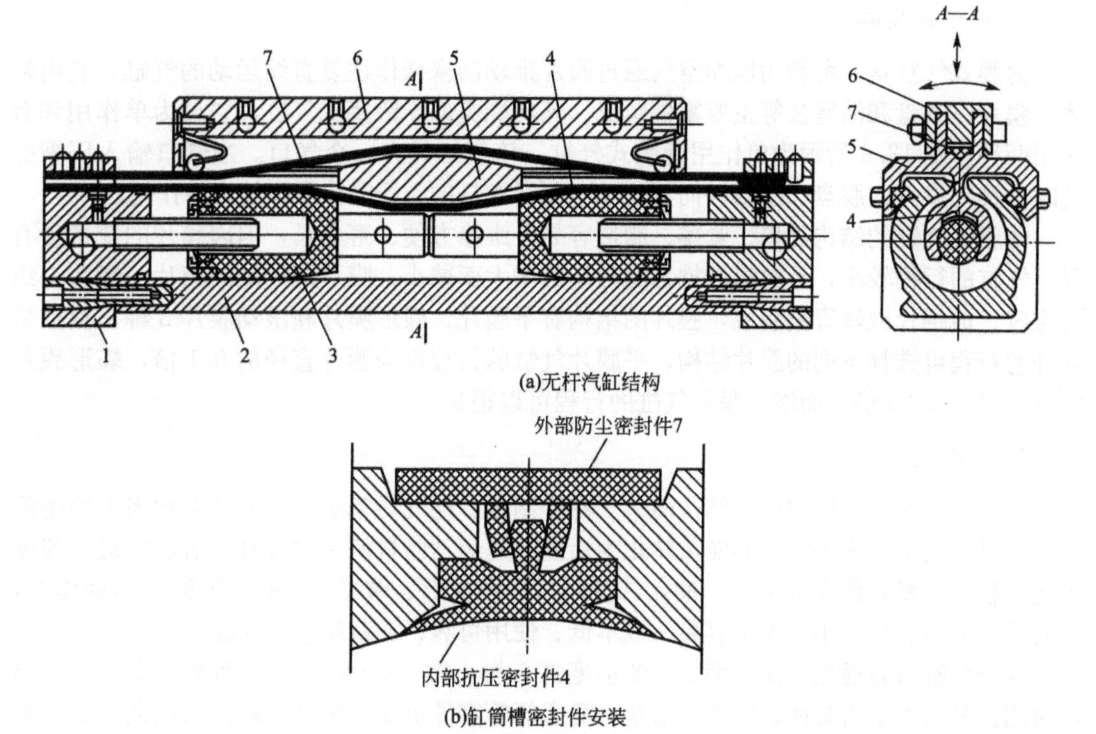

图 13.2　无杆气缸

1—缸盖　2—缸筒　3—活塞　4—抗压密封件　5—传动舌头　6—导架　7—防尘密封件

压缩性和控制油液排量来获得活塞的平稳运动和调节活塞的运动速度。它将油缸和气缸串联成一个整体，两个活塞固定在一根活塞杆上。图 13.3 所示为气-液阻尼缸的工作原理图。当气缸右端供气时，气缸克服外载并带动油缸同时向左运动，此时油缸左腔排油，单向阀关闭。油液只能经节流阀缓慢流入油缸右腔，对整个活塞的运动起阻尼作用。调节节流阀的阀口大小就能达到调节活塞运动速度的目的。当压缩空气经换向阀从气缸左腔进入时，油缸右腔排油，此时因单向阀开启，活塞能快速返回到原来位置。

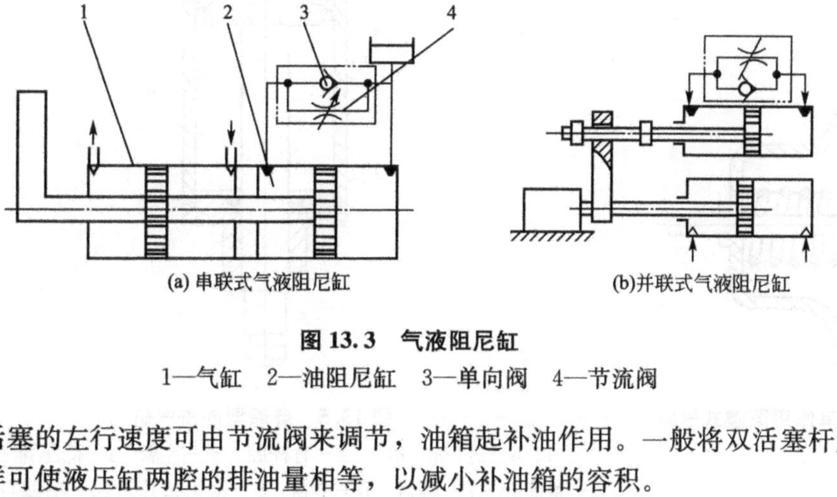

图 13.3　气液阻尼缸

1—气缸　2—油阻尼缸　3—单向阀　4—节流阀

气缸活塞的左行速度可由节流阀来调节，油箱起补油作用。一般将双活塞杆腔作为液压缸，这样可使液压缸两腔的排油量相等，以减小补油箱的容积。

3. 薄膜式气缸

薄膜式气缸是一种利用压缩空气通过膜片推动活塞杆作往复直线运动的气缸。它由缸体、膜片、膜盘和活塞杠等主要零件组成。其功能类似于活塞式气缸，它分为单作用和双作用两种。图 13.4 所示为单作用薄膜式气缸，该气缸只有一个气口。当气口输入压缩空气时，推动膜片、膜盘、活塞杆向下运动，而活塞杆的上行需依靠弹簧力的作用。

薄膜式气缸的结构简单、紧凑、制造容易、维修方便、寿命长，但因膜片的变形量有限，气缸的行程较小，且输出的推力随行程的增大而减小。膜片式气缸的膜片一般由夹织物橡胶、薄钢片或磷青铜制成，膜片的结构有平膜片、蝶形膜片和滚动膜片 3 种。根据活塞杆的行程可选择不同的膜片结构，平膜片气缸的行程仅为膜片直径的 0.1 倍，蝶形膜片的行程可达 0.25 倍，而滚动膜片气缸的行程可以很长。

4. 冲击气缸

冲击气缸是一种体积小、结构简单、易于制造、耗气功率小，但能产生相当大冲击的特殊气缸。它是将压缩空气的能量转化为活塞高速运动能量的一种气缸，活塞的最大速度可达每秒十几米，能完成下料、冲孔、打印、弯曲成形、铆接、破碎、模锻等多种作业，具有结构简单、体积小、加工容易、成本低、使用可靠、冲裁质量好等优点。

冲击气缸有普通型、快排型、压紧活塞式 3 种，图 13.5 所示为普通型冲击气缸的结构简图。冲击气缸由缸体、中盖、活塞、活塞杆等零件组成，中盖与缸体固结在一起，其上开有喷嘴口和泄气口，喷嘴口直径约为缸径的 1/3。中盖和活塞把缸体分成 3 个腔室：蓄能腔、活塞腔和活塞杆腔，活塞上安装橡胶封垫，当活塞退回到顶点时，密封垫便封住喷嘴口，使蓄能腔和活塞腔之间不通气。其工作原理及工作过程可分为以下 3 个阶段。

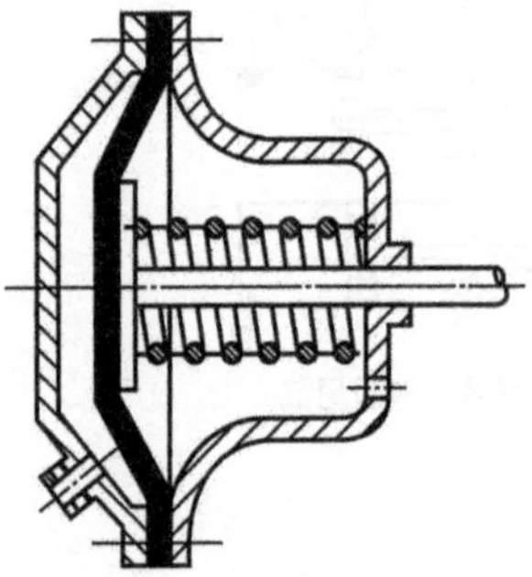

图 13.4　单作用薄膜式气缸

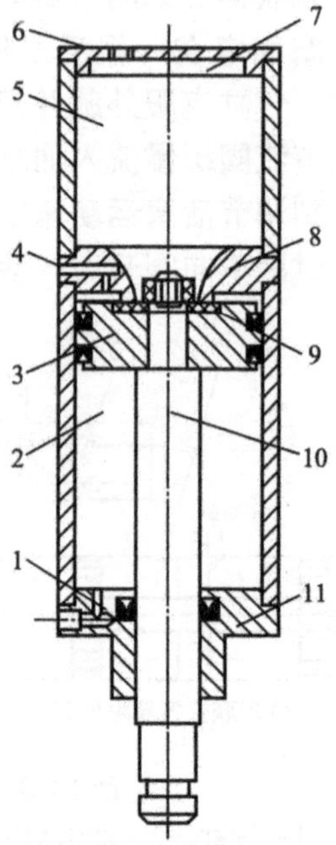

图 13.5　普通型冲击气缸

1、6—进(排)气口　2—有杆腔　3—活塞　4—低压排气口
5—蓄能腔　7—后盖　8—中盖　9—密封垫片　10—活塞杆　11—前盖

第一阶段：气缸控制阀处于原始位置，压缩空气由进气口1进入有杆腔2，蓄能腔与活塞腔通大气，活塞上移至上限位置，封住中盖上的喷嘴口，活塞腔经低压排气口4仍与大气相通。

第二阶段：控制阀切换，蓄能腔进气，压力逐渐上升，其压力只能通过喷嘴口的小面积作用在活塞上，还不能克服活塞杆腔的排气压力所产生的向上推力以及活塞和缸之间的摩擦阻力，喷嘴口处于关闭状态。与此同时，有杆腔2排气，压力逐渐下降，作用在活塞上的力也逐渐减小。

第三阶段：随着空气的不断进入，蓄能腔的压力逐渐升高。当作用在喷嘴口面积上的总推力足以克服活塞受到的阻力时，活塞开始向下运动，喷嘴口打开。此时蓄能腔的压力很高，活塞腔的压力为大气压力，所以蓄能腔内的气体通过喷嘴口以声速流向活塞腔，进而作用于活塞全面积上。高速气流进入活塞腔进一步膨胀并产生冲击波，其压力可达气源压力的几倍到几十倍，而此时活塞杆腔的压力很低。所以活塞在很大压差的作用下迅速加速，活塞在很短的时间(约为0.25s～1.25s)内，以极高的速度(平均速度可达8m/s)冲下，从而获得巨大的动能。

经过上述3个阶段后，控制阀复位，冲击气缸开始下一个工作循环。

5. 回转气缸

图13.6所示为回转气缸的工作原理图。它由导气头、缸体、活塞杆和活塞等组成，这种气缸的缸体连同缸盖及导气头芯可被携带回转，活塞及活塞杆只能作往复直线运动，导气头体外接管路而固定不动。

6. 摆动气缸(摆动马达)

图13.7所示为单叶片式摆动气缸的原理图。摆动气缸是将压缩空气的压力能转变为气缸输出轴的有限回转的机械能。其结构及工作原理类似于摆动式液压缸，在此不再赘述。

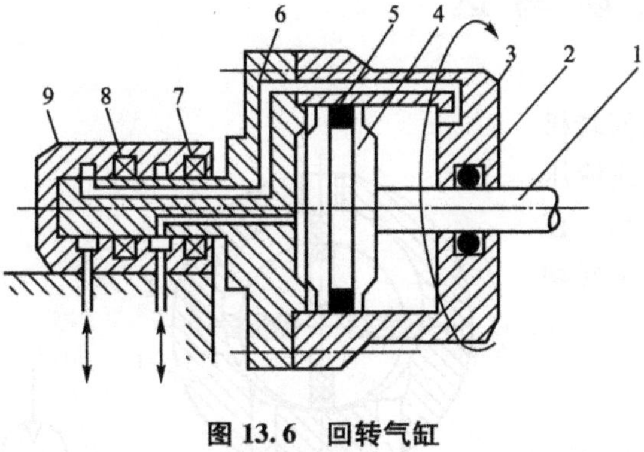

图13.6 回转气缸

1—活塞杆 2、5—密封装置 3—缸体 4—活塞
6—缸盖及导气头阀芯 7、8—轴承 9—导气头体

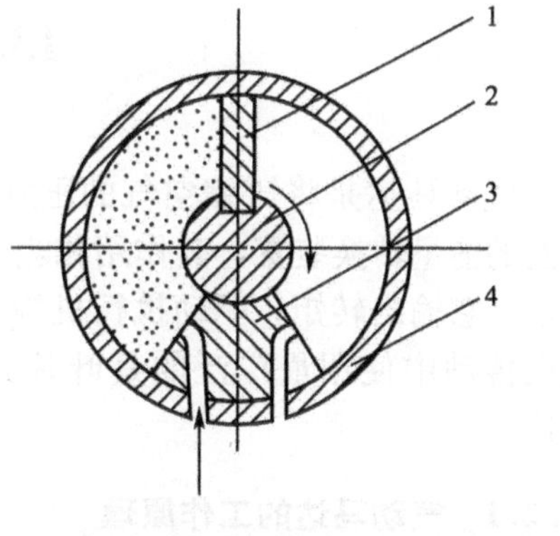

图13.7 单叶片式摆动气缸的原理图

1—叶片 2—转子 3—定子 4—缸体

7. 磁性开关气缸

磁性开关气缸是指在气缸的活塞上安装有磁环，在缸筒上直接安装磁性开关，磁性开

关用来检测气缸行程的位置，控制气缸往复运动。因此，就不需要在缸筒上安装行程阀或行程开关来检测气缸活塞的位置，也不需要在活塞杆上设置挡块。

磁性开关气缸的工作原理如图 13.8 所示，它在气缸活塞上安装永久磁环，在缸筒外壳上装有舌簧开关。开关内装有舌簧片、保护电路和动作指示灯等，均用树脂塑封在一个盒子内。当装有永久磁铁的活塞运动到舌簧片附近时，磁力线通过舌簧片使其磁化，两个簧片被吸引接触，则开关接通。当永久磁铁返回离开时，磁场减弱，两簧片弹开，则开关断开。由于开关的接通或断开使电磁阀换向，从而实现气缸的往复运动。

8. 带导杆气缸

图 13.9 所示为带导杆气缸，在缸筒两侧配有导向用的滑动轴承(轴瓦式或滚珠式)，因此导向精度高，承受横向载荷能力强。

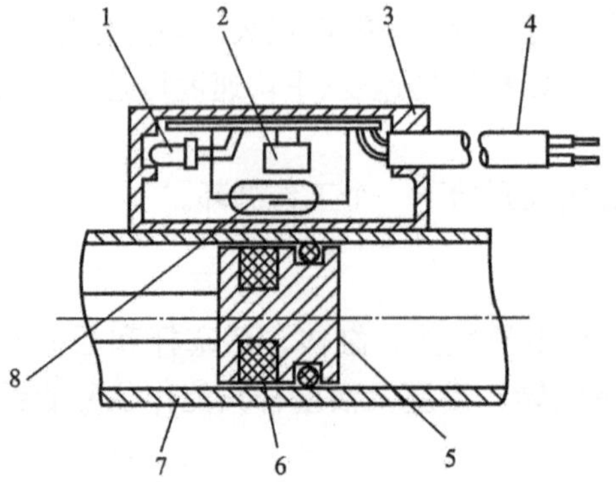

图 13.8 磁性开关气缸

1—动作指示灯 2—保护电路 3—开关外壳
4—导线 5—活塞 6—磁环 7—缸筒 8—舌簧开关

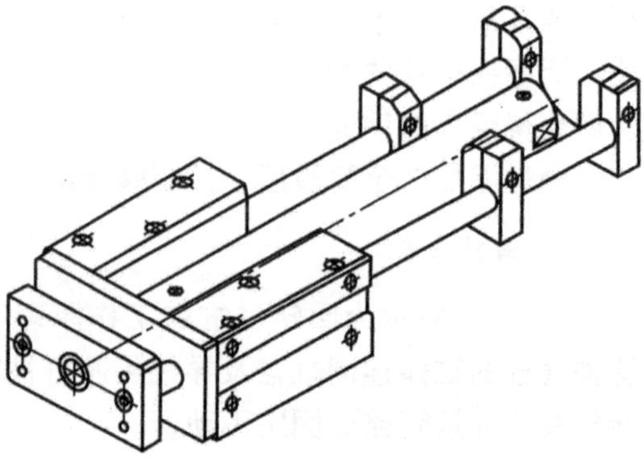

图 13.9 典型的带导杆气缸

13.2 气动马达

气动马达是将压缩空气的压力能转换成回转机械能的能量转换装置，其作用相当于电动机或液压马达。它输出转矩，驱动执行机构作旋转运动。在气压传动中使用最广泛的是叶片式、活塞式气动马达。

13.2.1 气动马达的工作原理

图 13.10 所示是叶片式气动马达的工作原理图。压缩空气由孔 A 输入后分为两部分，小部分经定子两端的密封盖的槽进入叶片底部，将推出式叶片贴紧在定子内壁上；大部分压缩空气进入相应的密封空间而作用在两个叶片上，由于两叶片的伸出长度

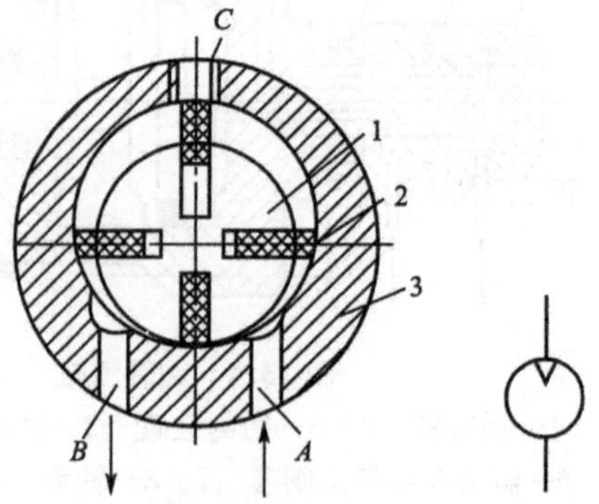

(a) 结构 (b) 符号

图 13.10 叶片式气动马达

1—外壳 2—转子 3—叶片 4—定子

不等，就产生了转矩差，使叶片带动转子和气动马达轴按逆时针方向旋转，以驱动负载；做功后的气体由定子上的孔 C 和孔 B 排出。若改变压缩空气的输入方向(即压缩空气由孔 B 进入，由 A 孔和 C 孔排出)，则可改变气动马达的转向。

13.2.2 气动马达的特点及应用

1. 气动马达的特点

(1) 过载保护作用。过载时马达只是降低转速或停止，当过载解除后，可立即恢复正常运转，不会产生故障。

(2) 便于实现无级调速。只要控制进气流量，就能调节马达的功率和转速，额定转速从每分钟几转到几十万转。

(3) 适用于恶劣的工作环境，在易燃、易爆、高温、振动、潮湿、粉尘等条件下均能正常工作。

(4) 重量比同功率的电动机轻1/10～1/3，惯性小，能迅速启动或停止。

(5) 可长时间满负荷工作，温升小。

(6) 输出功率相对较小，最大时只有20kW左右。

(7) 具有较高的启动转矩，可以直接带负载启动。

(8) 结构简单，操纵方便，可正反转，维修容易，成本低。

(9) 耗气量大，速度稳定性差，效率低，噪声大，容易产生振动。

2. 气动马达的应用

气动马达的工作适应性较强，可适用于无级调速气动频繁换向、高温潮湿、易燃易爆、负载启动、不便人工操纵及有过载可能的场合。目前，气动马达主要应用于矿山机械、专业性的机械制造、油田、化工、造纸、炼钢、船舶、航空、工程机械等行业，许多气动工具(如风钻、风扳手、风砂轮、风动铲刮机)均装有气动马达。随着气压传动的发展，气动马达的应用将日趋广泛。

思考与练习

13-1 简述常见气缸的类型、功能和用途。

13-2 比较气-液阻尼缸和气-液转换器组成的回路各有何特点。

13-3 单杆双作用气缸的内径 $D=125$mm，活塞杆的直径 $d=32$mm，工作压力 $p=0.45$MPa，气缸的负载率 $\eta=0.5$，求气缸的推力和拉力。如果此气缸的内径 $D=80$mm，活塞杆的直径 $d=25$mm，工作压力 $p=0.4$MPa，负载率不变，其活塞杆的推力和拉力各为多少？

第 14 章　气动控制元件

教学提示：在气压传动系统中，气动控制元件是控制和调节压缩空气的压力、流量和流动方向的重要元件，其作用是保证气动执行元件(如气缸、气动马达等)按设计的程序正常地进行工作。气动技术是实现工业生产机械化、自动化的方式之一，由于气压传动本身所具有的独特优点，所以应用日益广泛。以土木机械为例，随着人们生活水平的不断提高，土木机械的结构越来越复杂，自动化程度不断提高。由于土木机械在加工时转速高、噪声大，木屑飞溅十分严重。在这样的条件下采用气动技术非常合适，因此在近期开发或引进的土木机械上，普遍采用气动技术。本章主要介绍各种气动控制元件的工作原理、结构特点。

教学要求：本章要求学生掌握各种气压控制元件的工作原理、结构特点及应用。

在气压传动与控制中，气动控制元件是用来调节和控制压缩空气的压力、流量、流动方向和发送信号的重要元件。利用它们可以组成各种气动控制回路，以满足气动执行元件或机构按设计的程序正常运行。控制元件按功能可分为压力控制阀、流量控制阀、方向控制阀以及能实现一定逻辑功能的气动逻辑元件。

14.1　压力控制阀

在气动传动系统中，控制压缩空气的压力以控制执行元件的输出推力或转矩和依靠空气的压力来控制执行元件动作顺序的阀统称为压力控制阀，它包含有减压阀、顺序阀和安全阀。压力控制阀是利用压缩空气作用在阀芯上的力和弹簧力相平衡的原理来进行工作的。

1. 减压阀

与液压传动系统类似，由于气源压力通常都高于气动装置所需的工作压力，且压力波动较大，因此在系统入口处需要安装一个减压阀，起减压和稳压作用，使气动系统获得所需要的稳定压力。

2. 顺序阀

顺序阀是依靠气路中压力的大小变化来控制气动回路中各执行元件动作顺序的压力控制阀，其作用和工作原理与液压顺序阀基本相同，顺序阀常与单向阀组合成单向顺序阀。

3. 安全阀

安全阀是用来防止系统内压力超过最大许用压力，以保护回路或气动装置的安全。

在气压系统中，为防止系统压力过高，损害系统元件和装置，应限制回路中的最高压力，此时应采用安全阀。安全阀的工作原理是：当回路中的压力达到某给定值时，使部分或全部气体从排气口溢出，以保证回路压力的稳定。

图 14.1 所示为安全阀的工作原理图。当系统中的压力低于调定值时，阀处于关闭状态。当系统压力升高到安全阀的开启压力时，压缩空气推动阀芯上移，阀口打开，气体从排气口排出，从而保证系统压力不再上升；当系统压力降至低于调定值时，阀口又重新关闭。安全阀的开启压力可通过调整弹簧的预压缩量来调节。

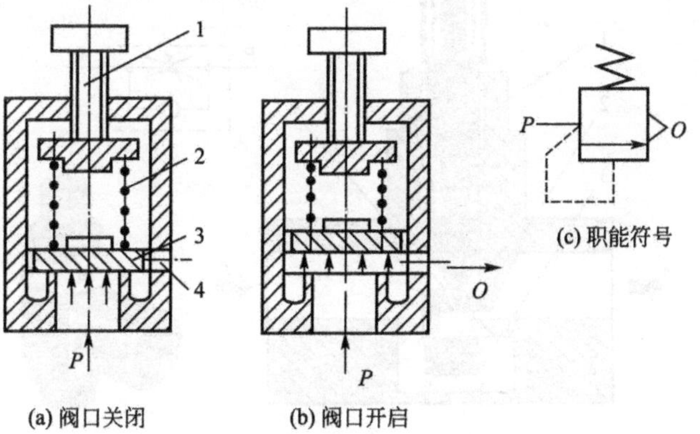

图 14.1 安全阀的工作原理

1—调节手柄 2—调压弹簧 3—阀芯 4—排气口

14.2 流量控制阀

在气动系统中，经常要求控制气动执行元件的运动速度，这要靠调节压缩空气的流量来实现。用来控制气体流量的阀称为流量控制阀。流量控制阀是通过改变阀的通流截面积来实现流量控制的元件，它包括节流阀、单向节流阀、排气节流阀等。

1. 节流阀

节流阀是将空气的流通截面缩小以增加气体的流通阻力，而降低气体的压力和流量。如图 14.2 所示，阀体上有一个调整螺丝，可以调节流阀的开口度(无级调节)，并可保持其开口度不变，此类阀称为可调节开口截流阀。流通截面固定的节流阀，称为固定开口节流阀。

可调节流阀常用于调节气缸活塞运动速度，若有可能应直接安装在气缸上，这种节流阀有双向节流作用。使用节流阀时，节流面积不宜太小，因空气中的冷凝水、尘埃等塞满阻流口通路会引起节流量的变化。

如图 14.2 所示为圆柱斜切型节流阀的结构图。压缩空气由 P 口进入，经过节流后，由 A 口流出，旋转阀芯螺杆可改变节流口的开度。这种节流阀的结构简单，体积小，

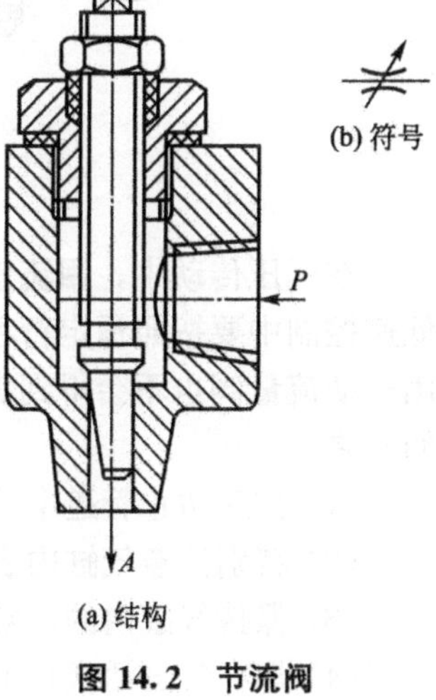

图 14.2 节流阀

应用极为广泛。

2. 单向节流阀

单向节流阀是由单向阀和节流阀并联而成的组合式流量控制阀，常用来控制气缸的运动速度，又称速度控制阀。图 14.3 所示为单向节流阀工作原理图，当气流由 P 向 A 流动时，单向阀关闭，节流阀节流；反向流动时，单向阀打开，不节流。

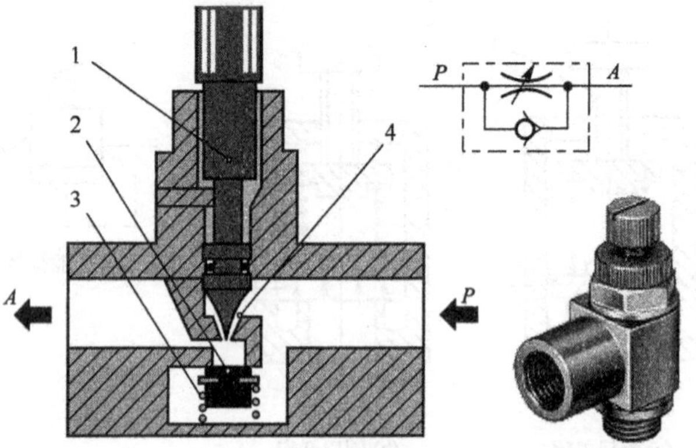

图 14.3 单向节流阀

1—调节针阀 2—单向阀阀芯 3—压缩弹簧 4—节流口

3. 排气节流阀

排气节流阀是装在执行元件的排气口处，通过调节排入大气的流量，以改变执行元件的运动速度的一种控制阀。它常带有消声器件，以降低排气噪声，并能防止外部环境通过排气孔污染气路中的元件。图 14.4 所示是排气节流阀的工作原理图。

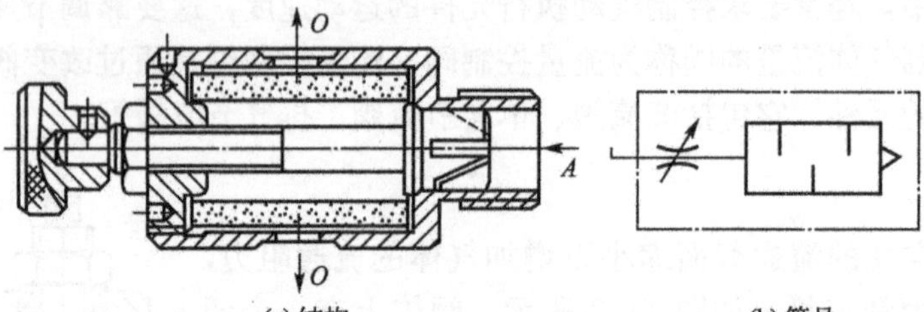

(a) 结构 (b) 符号

图 14.4 排气节流阀

在气压传动中，用流量控制的方式来调节气缸的运动速度是比较困难的，特别是在超低速控制中要按照预定行程来控制速度，仅用气动很难实现。在外部负载变化很大时，仅用气动流量阀也不会得到满意的效果。但注意以下几点，可使气动控制速度达到比较满意的效果。

(1) 彻底防止管道中的泄漏。

(2) 特别注意气缸内表面的加工精度和表面粗糙度。

(3) 保持气缸内的正常润滑状态。

(4) 加在气缸活塞杆上的载荷必须稳定。

(5) 流量控制阀尽量装在气缸附近。

14.3　方向控制阀

方向控制阀是控制压缩空气的流动方向和气路的通断，以控制执行元件的动作的一类气动控制元件，它是气动系统中应用最多的一种控制元件。

按气流在阀内的流动方向，方向阀可分为单向型控制阀和换向型控制阀；按控制方式，方向阀分为手动控制、气动控制、电动控制、机动控制、电气动控制等；按切换的通路数目，方向阀分为二通阀、三通阀、四通阀和五通阀等；按阀芯工作位置的数目，方向阀分为二位阀和三位阀。

14.3.1　单向型控制阀

1. 单向阀

气体只能沿一个方向流动，反向阀口关闭，与液压阀中的单向阀相似，其结构如图 14.5 所示。

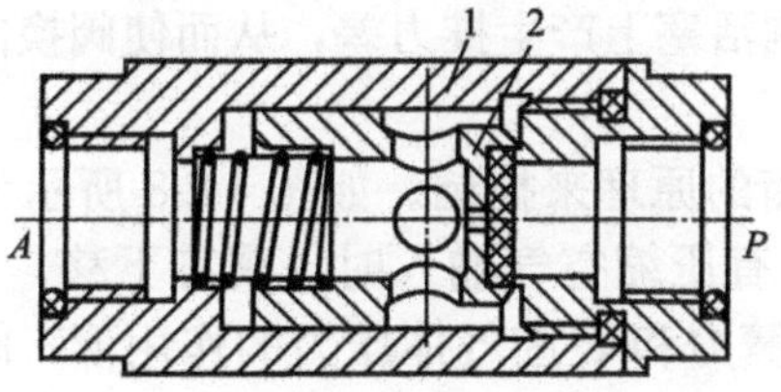

(a) 结构

(b) 符号

图 14.5　单向阀

2. 或门型梭阀

或门型梭阀相当于两个单向阀的组合，其作用相当于逻辑元件中的“或门”，即 A 或 B 有压缩空气输入时，C 口就有压缩空气输出，但 A 口与 B 口不相通。其结构如图 14.6 所示。A 口进气时，推动阀芯右移，使 B 口堵死，压缩空气从 C 口输出；当 B 口进气时，推动阀芯右移，使 A 口堵死，C 口仍有压缩空气输出；当 A、B 口都有压缩空气输入时，按压力加入的先后顺序和压力的大小而定，若压力不同，则高压口的通路打开，低压口的通路关闭，C 口输出高压。

3. 快速排气阀

快速排气阀简称快排阀，一般安装在换向阀和气缸之间。其作用是使气缸快速排气，加快气缸的运动速度。图 14.7 所示为膜片式快速排气阀，当 P 口进气时，推动膜片向下变形，打开 P 与 A 的通路，关闭 O 口；当 P 口没有进气时，A 口的气体推动膜片复位，关闭 P 口，A 口气体经 O 口快速排出。

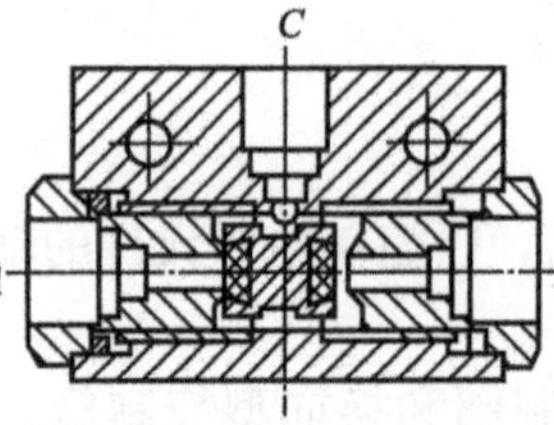

图 14.6　或门型梭阀

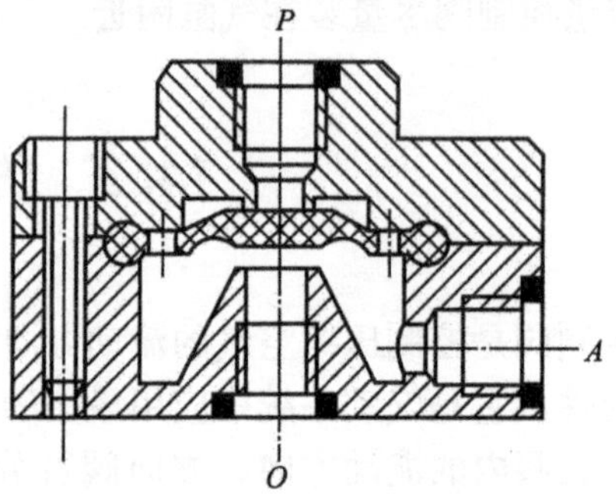

图 14.7　膜片式快排阀

14.3.2　换向型控制阀

1. 气压控制换向阀

气压控制换向阀是利用空气压力推动阀芯运动，使得换向阀换向，从而改变气体的流动的换向阀。在易燃、易爆、潮湿、粉尘大的工作条件下，使用气压控制安全可靠。

气压控制换向阀分为加压控制、泄压控制、差压控制和延时控制。常用的是加压控制和差压控制。加压控制是指加在阀芯上的控制信号的压力值是渐升的，当控制信号的气压增加到阀的切换动作压力时，阀便换向，这类阀有单气控和双气控之分；差压控制是利用控制器压在阀芯两端面积不等的控制活塞上产生推力差，从而使阀换向的一种控制方式。

1）单气控加压式换向阀

利用空气的压力与弹簧力相平衡的原理来控制。如图 14.8 所示为二位三通单气控加压式换向阀的工作原理图，当 K 口有压缩空气输入时，阀芯下移，P 与 A 通，O 不通。当 K 口没有压缩空气时，阀芯在弹簧力和 P 腔气体压力的作用下，阀芯位于上端，A 与 O 通，P 不通。

2）双气控加压式换向阀

如图 14.9 所示，换向阀阀芯两边分别有控制气口 K_1、K_2，但只能有一个气口通压缩空气。这种换向阀具有记忆功能，即控制信号消失后，阀仍能保持在信号消失前的工作状态。当 K_1 口通压缩空气时，阀位于右位；控制信号消失，切断压缩空气后，阀仍处于右位；直到 K_2 有压缩空气输入时，阀才改变工作状态。

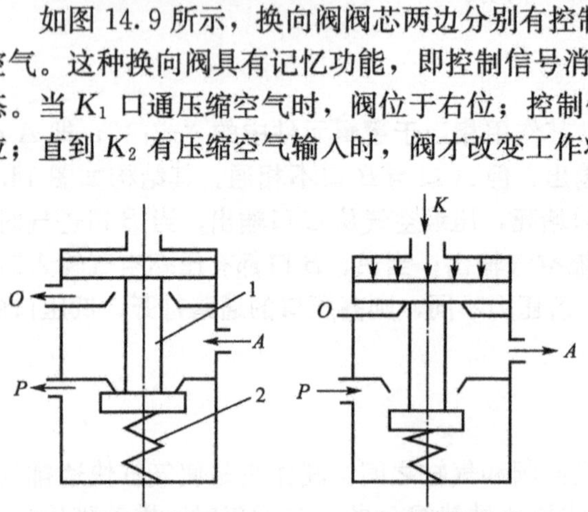

(a) 无气压控制信号　(b)有气压控制信号

图 14.8　单气控加压式换向阀的工作原理

1—阀芯　2—弹簧

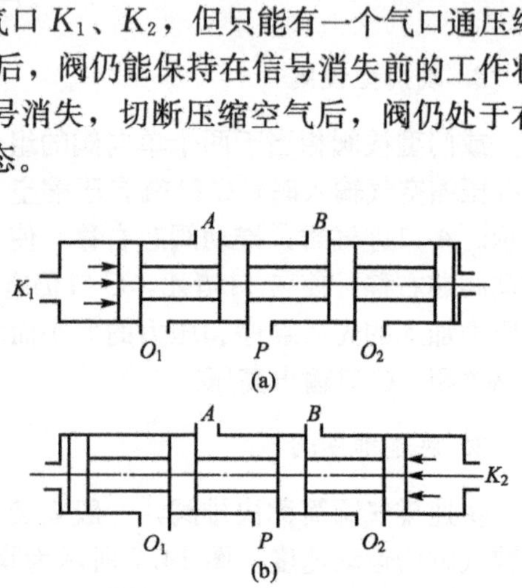

图 14.9　双气控加压式换向阀的工作原理

3）气压延时换向阀

图 14.10 所示为气压延时换向阀。它是一种带有时间信号元件的换向阀，由气容 C 和一个单向节流阀组成时间信号元件，用它来控制主阀换向。当 K 口通入信号气流时，气流通过节流阀 1 的节流口进入气容 C，经过一定时间后，使主阀向左移而换向。调节节流口的大小可控制主阀延时换向的时间，一般延时时间为几分之一秒至几分钟。当去掉信号气流后，气容 C 经单向阀快速放气，主阀芯在左端弹簧作用下返回右端。

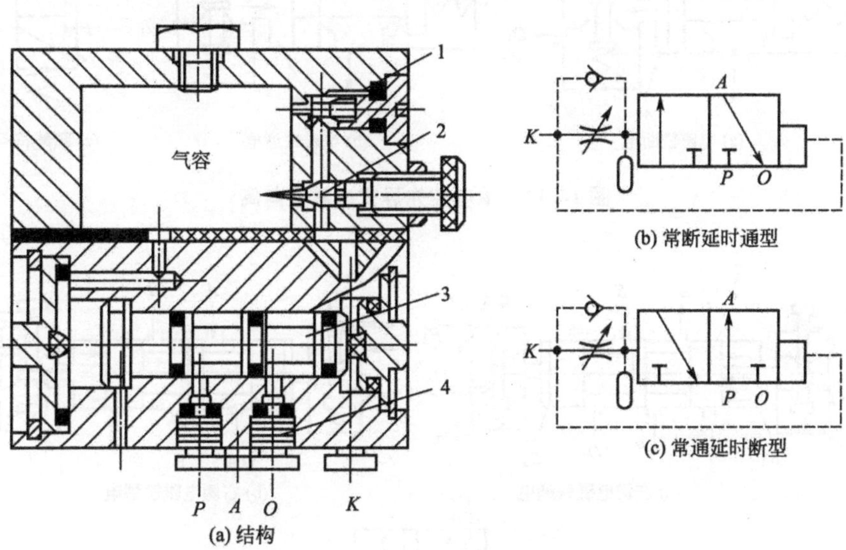

(a) 结构　(b) 常断延时通型　(c) 常通延时断型

图 14.10　气压延时换向阀

1—单向阀芯　2—节流调节杆　3—阀芯　4—快换接头

2. 电磁控制换向阀

电磁控制换向阀是利用电磁力的作用推动阀芯换向，从而改变气流方向的气动换向阀。按照电磁控制部分对换向阀的推动方式，可分为直动式和先导式两大类。

1）直动式电磁换向阀

电磁铁的动铁芯在电磁力的作用下直接推动阀芯换向的气阀，成为直动式电磁换向阀，有单电控和双电控两种，工作原理与液压传动中电磁换向阀相似。

2）先导式电磁换向阀

先导式电磁换向阀是由电磁先导阀和气动换向阀组成，它利用直动式电磁阀输出导气压去控制主阀阀芯的换向，相当于一个电气换向阀。按照该类换向阀有无专门的外界控制器口，可分为外控式和内控式两种。

图 14.11(a)所示为二位三通先导式电磁阀，图示位置 A 与 O 相通，工作腔处于排气状态。当电磁铁通电时，衔铁被吸上，压缩空气经 P_1 孔到 A_1 腔，把阀芯推向左侧，使 P 和 A 相通，切断排气腔，如图 14.11(b)所示。图 14.11(c)为二位三通先导式电磁阀的图形符号。

图 14.12 为二位五通先导式电磁阀的工作原理和图形符号，图 14.12(a)为线圈 1 通电，2 断电时的状态，此时主阀 3 的 K_1 腔进气，K_2 腔排气，使主阀阀芯向右移动，P 与

A 接通，同时 B 与 O_2 接通。图 11.30(b)为线圈 2 通电，1 断电时的状态，K_2 腔进气，K_1 腔排气，主阀芯向左移动，P 与 B 接通，A 口排气。先导式双电控阀具有记忆功能，即通电时换向，断电时并不返回原位。应注意的是两电磁铁不能同时通电。

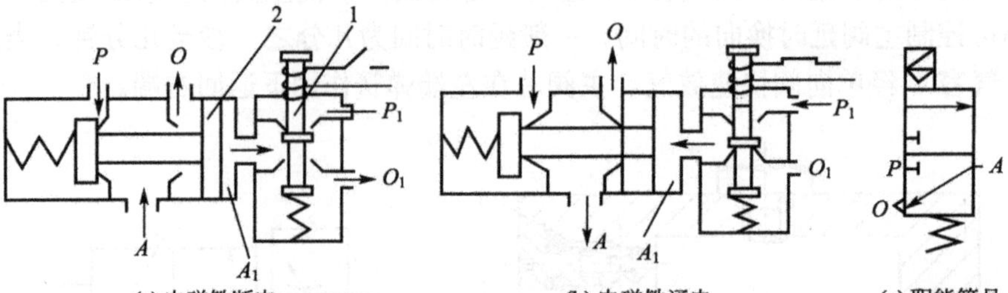

(a) 电磁铁断电　(b) 电磁铁通电　(c) 职能符号

图 14.11　单电控先导式电磁换向阀

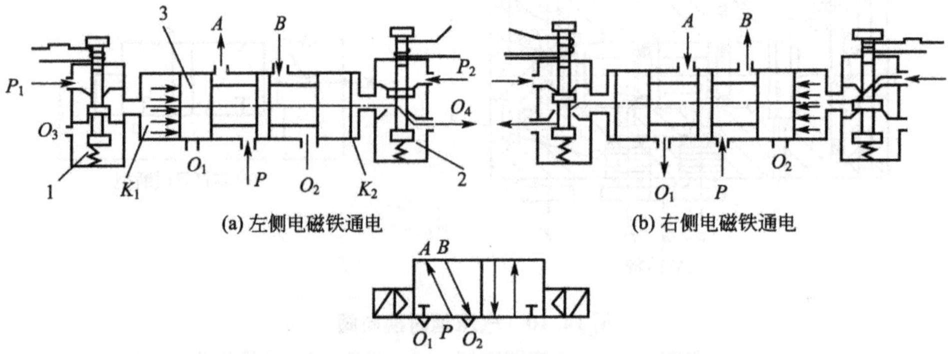

(a) 左侧电磁铁通电　(b) 右侧电磁铁通电

(c) 职能符号

图 14.12　二位五通先导式电磁阀的工作原理

手动控制换向阀和机控换向阀是利用人力(手动 或脚踏)和机动(通过凸轮、滚轮、挡板等)来控制换向阀换向的。其工作原理与液压阀相类似，在此不再重复。

14.4　气动逻辑元件

通过元件内部的可动部件的动作改变气流方向来实现一定逻辑功能的气动控制元件，又称开关元件。它与微压气动逻辑元件相比，具有通径较大(一般为 2mm～2.5mm)，抗污染能力强，对气源净化要求低等特点。通常元件在完成动作后具有关断能力，因此耗气量小。

本节主要介绍有可动部件的气动逻辑元件。

14.4.1　气动逻辑元件的分类

气动逻辑元件的种类很多，一般可按下列方式分类。

- 按工作压力分
  - 高压元件(工作压力 0.2MPa～0.8MPa)
  - 低压元件(工作压力 0.2MPa～0.2MPa)
  - 微压元件(工作压力 0.02MPa 以下)
- 按逻辑功能分
  - 是门元件
  - 或门元件
  - 与门元件
  - 非门元件
  - 禁门元件
  - 双稳元件
- 按结构形式分
  - 截止式元件
  - 滑阀式元件
  - 膜片式元件

气动逻辑元件的结构形式很多，主要由两部分组成。一是开关部分，其功能是改变气体流动的通路，使一部分管路被封闭，另一部分管路与所要求的管路相通。二是控制部分，其功能是当控制信号状态改变时，使开关部分完成一定的动作。为在实际应用中便于检查线路和迅速排除故障，气动逻辑元件上还有显示、定位和复位机构等。

14.4.2　是门元件

1. 元件的结构和工作原理

是门元件的结构原理图如图 14.13 所示。图 14.13(b)为其工作原理图。P 为气源输入口，a 为控制信号口，s 为输出口。元件按通气源后，当无输入信号 a 时，截止膜片 7 在气源 P 的作用下，紧压在下阀座上，同时把阀干顶起，使输出口 s 与排气口 O 相通，此时元件处于无输出状态。当有输入信号 a 时，膜片 2 在控制信号 a 的作用下变形，使阀杆紧压在上阀座上，切断输出口 s 与排气口 O 之间的通道，使输出口 s 与气源口 P 相通，此时元件处于有输出状态。输入信号 a 消失后，截止膜片在气源压力作用下紧压在下阀座上，切断气源与输出口之间的通道，此时输出口无输出信号。输出通道中的余气经上阀座从排

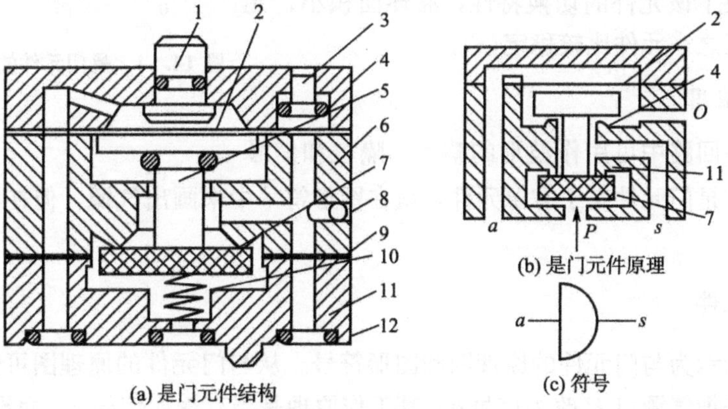

图 14.13　是门元件

1—手动按钮　2—膜片　3—显示活塞　4—上阀体　5—阀杆　6—中阀体
7—截止膜片　8—钢球　9—密封膜片　10—弹簧　11—下阀体　12—O 形圈

气口排空。在图 14.13(a)所示的是门元件结构图中，3 是显示活塞，用以显示是门元件的工作状态；1 是手动按钮，用于手动发信。

由图 14.13 可知，是门元件的输入和输出信号之间始终保持相同的状态。即没有输入信号时，没有输出；有信号输入时，便有输出。

2. 元件的逻辑关系

是门元件的逻辑关系可以用逻辑函数式来表示。即

$$s=a \tag{14-1}$$

其输入、输出关系可用真值表表 14-1 表示。

表 14-1　是门真值表

a	s
0	0
1	1

3. 元件的性能参数

(1) 工作压力范围。能保证元件正常工作的压力范围，称为元件的工作范围。高压截止式气动逻辑元件的工作压力范围是 0.2MPa～0.6MPa，一般取 0.4MPa。

(2) 切换压力和返回压力。是门元件的切换压力是指元件从关断状态转变为全开状态时，在输入端所加的最低控制压力值。返回压力是指元件的输出从全开状态刚返回到关断状态在输入端所加的最高控制压力值。根据对元件的压力测试表明，其切换压力约为输出压力的 1/2。返回压力为切换压力的 1/3～1/2。也就是说，如果气源压力是 0.4MPa，其输出压力也是 0.4MPa，则切换压力时 0.2MPa 左右，返回压力是 0.07MPa～0.1MPa。

4. 压力特性曲线

是门元件的压力特性曲线如图 14.14 所示。它反映了输出压力 p_0 与切换压力 p_c'之间的关系。当控制压力从 0 开始加压，当压力上升至切换压力 p_c'时，元件输出由 0 变为 1 状态；继续升压，其输出状态保持不变。然后慢慢降低控制压力，当压力降至返回压力 p_c''时，元件输出又从 1 变为 0 状态。从元件的特性曲线可知，其切换过称为 1→2→3→4 封闭环，此封闭环称为是门元件的滞环。它反映了该元件的切换特性，滞环面积小，元件灵敏度高；反之，元件比较稳定。

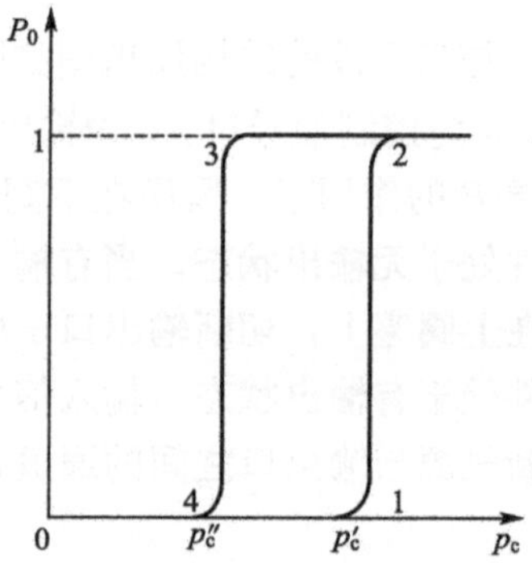

图 14.14　是门元件的压力特性曲线

5. 元件的应用

是门元件在回路中可用作波形的整形、隔容和信号的放大。另外，是门元件属于有源元件，虽在图形符号中未画出气源，但在实际应用中必须接上气源。

14.4.3　与门元件

图 14.15 所示为与门元件的原理图和图形符号。从与门元件的原理图可知，它与是门元件相同，只是把气源口 P 改为信号 b。其工作原理是当有输入信号 a，而没有信号 b 时，在信号压力 a 的作用下通过使膜片 4 变形而使阀芯 2 下移，输出端 s 与 b 相连，无输出信号；当有输入信号 b，但没有信号 a 时，阀芯 2 上移，输出端也无输出信号。只有当输入

信号 a 和 b 同时存在，由于信号作用的有效面积不等，阀芯 2 下移，输出端才有输出信号。

与门元件的逻辑关系可用式(14-2)表达为

$$s=a\cdot b \tag{14-2}$$

其输入输出关系列于真值表表 14-2 中。

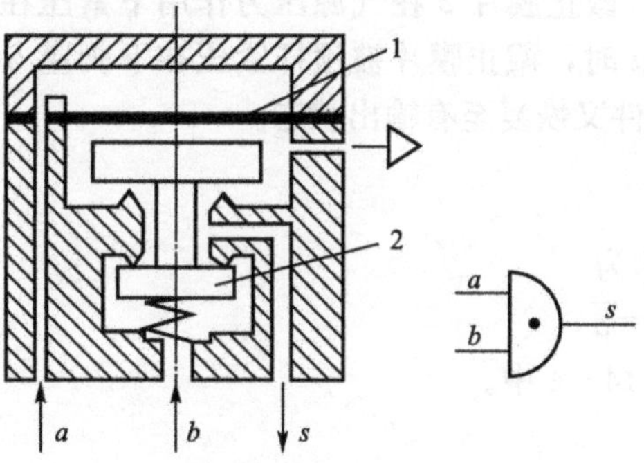

图 14.15　与门元件

1—膜片　2—阀芯

表 14-2　与门真值表

a	b	s
0	0	0
0	1	0
1	0	0
1	1	1

与门元件属于无源元件，这种元件工作时不需加单独气源。与门元件常用于两个或多个信号之间的互锁。

14.4.4　或门元件

图 14.16 所示为或门元件的原理图和图形符号。在图中 a、b 为输入信号，s 为输出信号。当有输入信号 a 时，截止膜片 2 封住下阀座 1，信号 a 经上阀座 3 从输出端输出。当有输入信号 b 时，截止膜片封住上阀座，b 信号经下阀座从输出端输出。当 a、b 信号同时输入时，则不管封住上阀座还是封住下阀座，或两者都没封住，输出端都有输出。因此在输出信号 a 或 b 中，只要至少有一个信号存在，输出端就有输出信号。

或门元件的逻辑关系可用式(14-3)表达为

$$s=a+b \tag{14-3}$$

其输入输出关系列于真值表表 14-3 中。

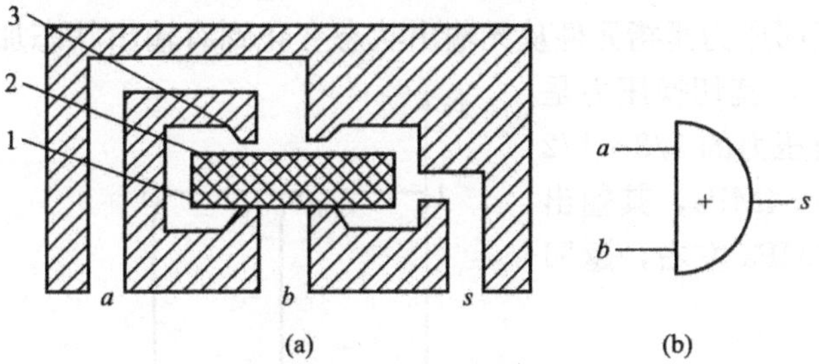

图 14.16　或门元件

1—下阀座　2—截止膜片　3—上阀座

表 14-3　或门真值表

a	b	s
0	0	0
0	1	1
1	0	1
1	1	1

或门属于无源元件，常用于两个或多个信号相加。例如，要求在某个控制执行元件的切换阀的控制端，无论输入手动或自动信号，换向阀都应换向。在这种情况下，就要用到或门元件。

14.4.5 非门元件

1. 元件的工作原理

图 14.17 所示为非门元件的原理图和图形符号。在原理图中，P 是气源口，a 是信号输入口，s 信号输出口。当无输入信号 a 时，截止膜片 2 在气源压力作用下紧压在上阀座 3 上，输出端有信号 s 输出；当有输入信号 a 时，截止膜片被顶杆紧压在下阀座 6 上，输出端无信号输出；当输入信号 a 撤销后，元件又恢复至有输出状态。

2. 元件的逻辑关系

非门元件的逻辑关系可用式(14－4)表达为

$$s=\bar{a} \tag{14-4}$$

其输入、输出的逻辑关系列于真值表表 14－4 中。

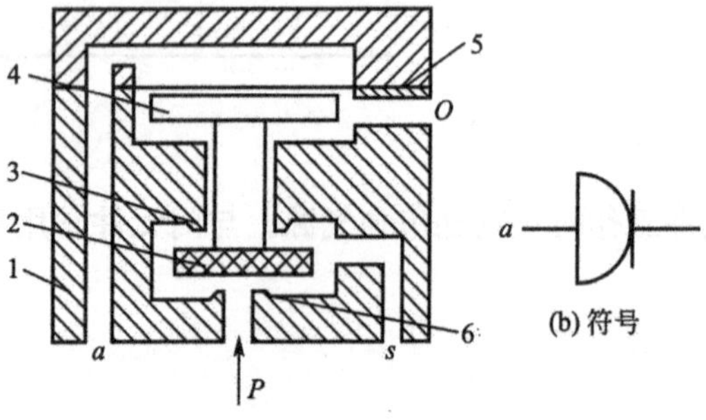

(a) 结构　(b) 符号

图 14.17　非门元件

1—阀体　2—截止膜处　3—上阀座
4—顶杆　5—膜片　6—下阀座

表 14－4　非门真值表

a	s
0	1
1	0

3. 元件的性能参数

非门元件的性能参数和是门元件基本相同。

(1) 工作压力范围。元件的工作压力范围是 0.2MPa～0.6MPa，一般取 0.4MPa。

(2) 切换压力和返回压力。非门元件的切换压力是指元件从有输出状态变化到无输出状态，加在控制端的最低压力值。而返回压力是指元件从无输出状态变化到有输出状态加在控制端的最高压力值。根据测试结果，其切换压力是输出压力的 1/2 左右。返回压力是切换压力的 1/3～1/2 范围内。也就是说，如果气源压力取 0.4MPa，其输出压力也是 0.4MPa，则切换压力在 0.2MPa 左右，返回压力是 0.07MPa～0.1MPa。

4. 压力特性曲线

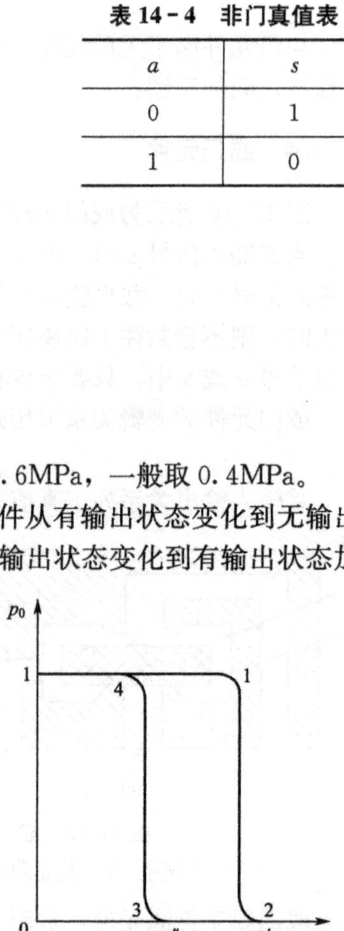

图 14.18　非门元件的压力特性曲线

非门元件的压力特性曲线是反映输入和输出压力关系的，如图 14.18 所示。当控制压力小于切换压力值 p'_c 时元件输出由 1 转换为 0 状态。当该压力降至返回压力 p''_c 值时，其输出状态又从 0 转为 1 状态。特性曲线中的滞环同样反映了元件的性能，即滞环面积小，元件灵敏度高，滞环面积大，元件比较稳定。

5. 非门元件的应用

非门元件的应用较广，主要有以下 3 方面的用途。

(1) 作反相元件。在控制回路中，如果需要某一信号的反相信号时，可直接采用非门元件。

(2) 用作禁门元件。图 14.19 所示为禁门元件的原理图和图形符号。由原理图可知，若把非门元件的气源口 P 改成信号 b，即成为禁门元件，其中 a 是 b 的禁止信号。当无禁止信号 a 时，b 信号可通过，输出端有信号输出；当有禁止信号 a 时，在顶杆推动下截止膜片紧压在下阀座上，b 口被关闭，输出端便无信号输出。禁门的逻辑关系可用逻辑函数式表达，即

$$s=\bar{a}b \tag{14-5}$$

其输入、输出的关系列于真值表表 14-5 中。

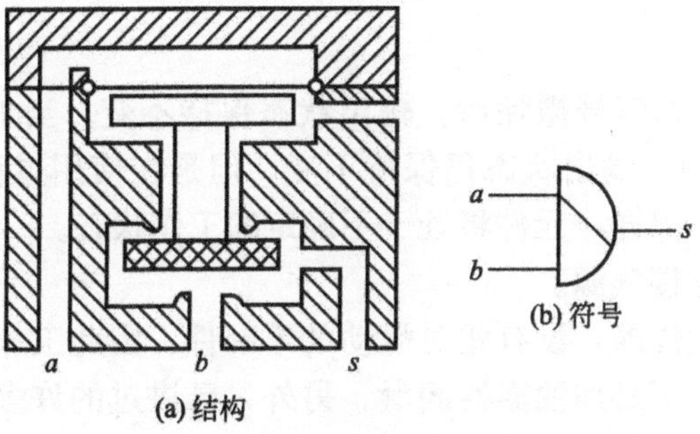

(a) 结构　(b) 符号

图 14.19 禁门元件

表 14-5 禁门元件的真值表

a	b	s
0	0	0
0	1	1
1	1	0
1	0	0

禁门元件在回路中的应用非常广泛，在某些条件不具备时，经常用于禁止某个信号的通过，这样可以提高回路的可靠性。

(3) 用作发信元件。如图 14.20 所示，当汽缸无杆腔进气，有杆腔排气时，活塞杆伸出。在活塞运动过程中，排气腔压力较高，因此非门元件输入端有信号，故没有信号输出；当活塞运动接近终端时，排气压力逐渐下降至非门元件的返回压力时，非门元件返回，此时便有信号输出。这种采用非门元件的发信方式称为非门发信，主要用于不便于安装机控行程阀的场合。

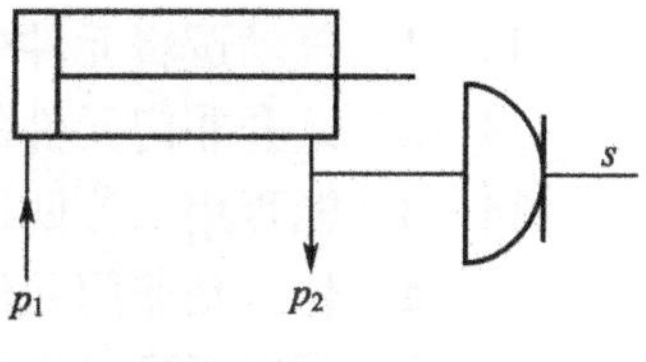

图 14.20 非门发信

非门元件属于有源元件，在实际应用中必须连接气源。

14.4.6 双稳元件

双稳元件的结构和图形符号如图 14.21 所示。它是在气压信号的控制下，阀芯带动阀块移动，实现对输出端的控制功能。具体说来，当接通气源压力 p 后，如果加入控制信号 a，阀芯 4 被推至右端，此时气源口 P 与输出口 s_1 相通，输出端有输出信号 s_1；而另一个输出口 s_2 与排气口 O 相通，即处于无输出信号 s_2 的状态。若撤除控制信号 a，则元件保持原输出状态不变。只有加入控制信号 b，推动阀芯 4 左移至终端。此时气源口 P 与输出

口 s_2 相通，s_2 处于有输出状态；另一输出口 s_1 与排气口 O 相通，s_1 处于无输出状态。若撤除控制信号 b，则输出状态也不变。双稳元件的这一功能称为记忆功能，或称为这种元件具有记忆性。

双稳元件的输入、输出之间的关系，列于真值表表 14-6 中。

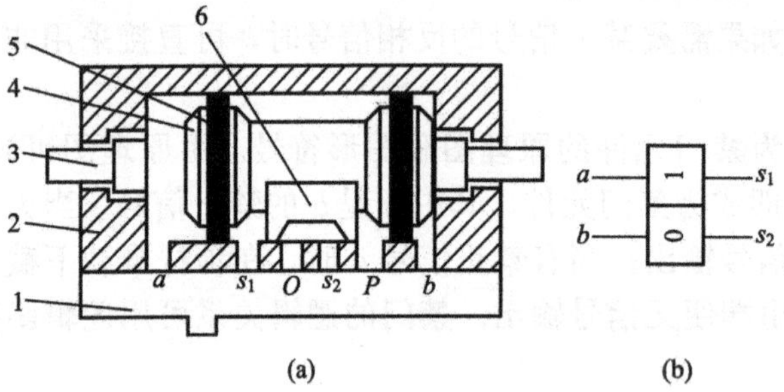

图 14.21　双稳元件

1—连接板　2—阀体　3—手动杆
4—阀芯　5—密封圈　6—滑块

表 14-6　双稳元件的真值表

a	b	s_1	s_2
0	1	0	1
0	0	0	1
1	0	1	0
0	0	1	0

其含义是：当有 b 信号时，有输出 s_2，b 信号撤除后，输出状态保持不变。当加入 a 信号示。输出由 s_2 翻转到 s_1。a 信号撤除后，输出状态仍保持不变。但是在使用过程中，不能在双稳元件的两个输入端同时加信号，那样，元件将处于不确定的工作状态。

双稳属于有源元件，在实际应用中应连接气源。

前面所介绍的气动逻辑元件，除双稳元件外，没有相对滑动的零部件，因此工作时不会产生摩擦，故在回路中使用逻辑元件时，不必加油雾器润滑。另外，已讲过的许多滑阀型换向阀也具备某些逻辑功能，在应用中可根据实际情况进行选择。

思考与练习

14-1　气动逻辑元件中哪些是有源元件，哪些是无源元件？应用中注意哪些问题？

14-2　结合非门元件的压力特性曲线，简述非门发信的工作原理。

14-3　能否用二位四通双气控换向法代替双稳元件使用，为什么？

14-4　什么是非门元件的切换压力以及返回压力？它们与输出压力有何关系？

14-5　写出双稳元件的输出 s_1、s_2 与输出 a、b 的逻辑关系。

第 15 章　气动基本回路及气动系统设计

教学提示：气动传动系统作为机械设备动力传动系统，是由一些基本的、通用的回路进行组合来实现预期的功用，达到设定的效果。本章主要介绍气压系统的一些基本回路以及气动系统的设计方法。

教学要求：通过本章的学习，使学生了解常用的气压基本回路的工作原理和应用场合，并能应用 $X-D$ 线法进行一些简单的气动系统设计。

一个复杂的气动控制系统一般是由若干个具有不同功能的气动基本回路组成的。因此，熟悉和掌握常用气动基本回路的工作原理和特点是分析和设计气压传动系统的基础。

气动基本回路种类很多，按功能分为压力控制回路、速度控制回路、方向控制回路、位置控制回路及基本逻辑回路等。

15.1　压力控制回路

在一个气压传动系统中，进行压力控制主要有两个目的。第一是为了提高系统的安全性，限定系统的最高工作压力，在此主要指控制一次压力；第二是给元件提供适宜和稳定的工作压力，使其能充分发挥元件的功能和性能，这主要指二次压力控制。

1. 一次压力控制回路

一次压力控制是指把空气压缩机的输出压力控制在一定值以下。一般情况下空气压缩机的出口压力为 0.8MPa 左右，并设置储气罐，储气罐上装有压力表、安全阀等。一旦罐内压力超过规定值，安全阀打开并向大气中排气。通常在储气罐上装有电接点压力表，当罐内超过规定压力时，空气压缩机断电，不再供气。

2. 二次压力控制回路

通常气源的供气压力要高于气动系统所需的工作压力。二次压力控制是指把空气压缩机输送出来的压缩空气经一次压力控制后作为减压阀的输入压力 p_1，再经减压阀减压稳压后，得到气动控制系统所需要的压力 p_2(称为二次压力)。如图 15.1 所示，二次压力控制回路通常由气动三大件(即空气过滤器、减压阀和油雾器)组成。在组合时 3 个元件的相对位置不能改变，由于空气过滤器的过滤精度较高，因此在它的前面还要加一级粗过滤装置。若控制系统不需要油雾润滑，则可省去油雾器或在油雾器之前用三通接头引出支路。

3. 高低压切换回路

在实际应用中，某些气动控制系统需要有不同压力的选择。例如，在加工塑料门窗的三点焊机的气动控制系统中，用于控制工作台移动的回路的工作压力为 0.25MPa～0.3MPa，而用于控制其他执行元件的回路的工作压力为 0.5MPa～0.6MPa。这种情况可采用如图 15.2 所示的高、低压选择回路。该回路只要分别调节两个减压阀，就能得到所需要的高压和低压输出。

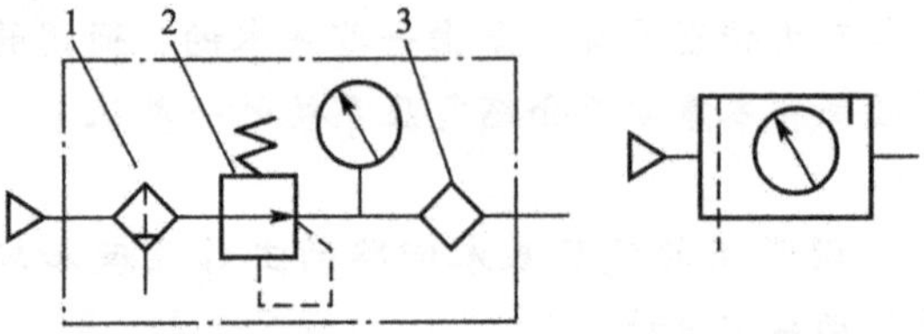

(a) 详图　　(b) 简图

图 15.1　二次压力控制回路

1—空气过滤器　2—减压阀　3—油雾器

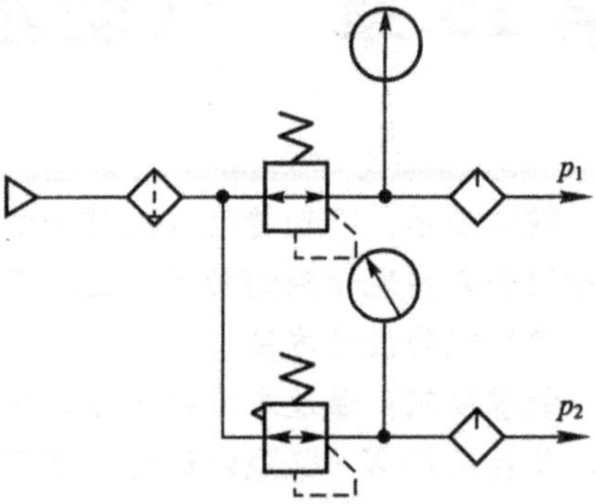

图 15.2　高低压选择回路

在实际应用中，有时需要在同一管路上既能输出高压，又能输出低压，此时可选用图 15.3 所示回路，用换向阀实现高低压的切换。

4. 过载保护回路

正常工作时，阀 1 得电，使阀 2 换向，气缸活塞杆外伸。如果活塞杆受压的方向发生过载，则顺序阀动作，阀 3 切换，阀 2 的控制气体排出，在弹簧力作用下换至图 15.4 所示位置，使活塞杆缩回。

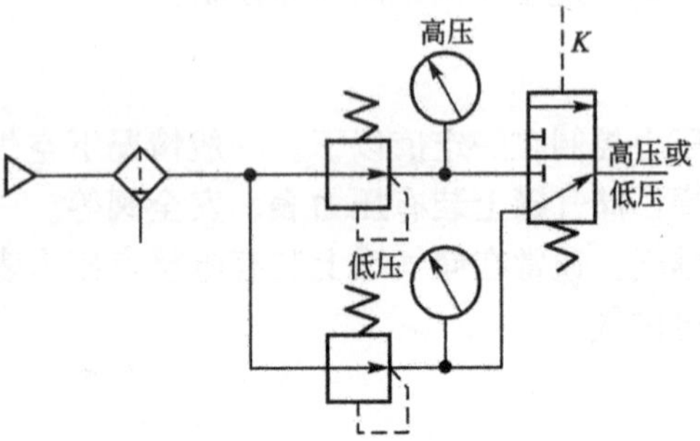

图 15.3　用换向阀选择高低压回路

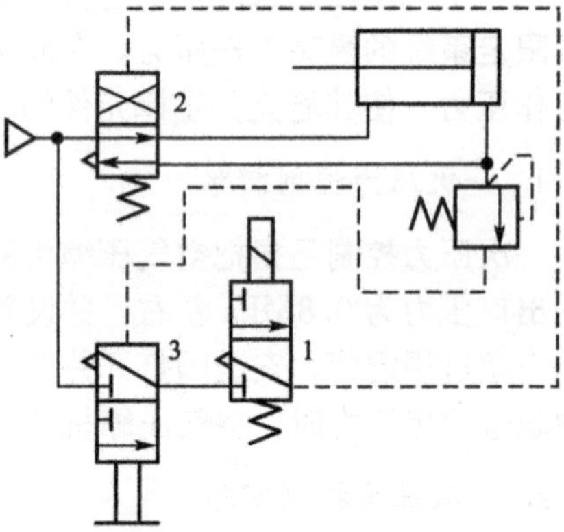

图 15.4　过载保护回路

15.2　方向控制回路

方向控制回路又称换向回路，它是通过换向阀来控制执行元件的运动方向。因为换向阀的控制方式较多，所以方向控制回路的连接方式也较多，下面介绍几种较为典型的方向控制回路。

1. 单作用气缸的换向回路

如图 15.5 所示，用换向阀可控制单作用气缸伸、缩。

2. 双作用气缸的换向回路

图 15.6 所示是一种采用二位五通双气控换向阀的换向回路。当加 K_1 信号时，换向阀换向处于左位，气缸无杆腔进气，有杆腔排气，活塞杆伸出；当 K_1 信号撤除，加 K_2 信号时，换向阀处于右位，气缸进、排气方向互换，活塞杆回缩。由于双气控换向阀具有记忆功能，故气控信号 K_1、K_2 使用长短信号均可，但不允许 K_1、K_2 两个信号同时存在。

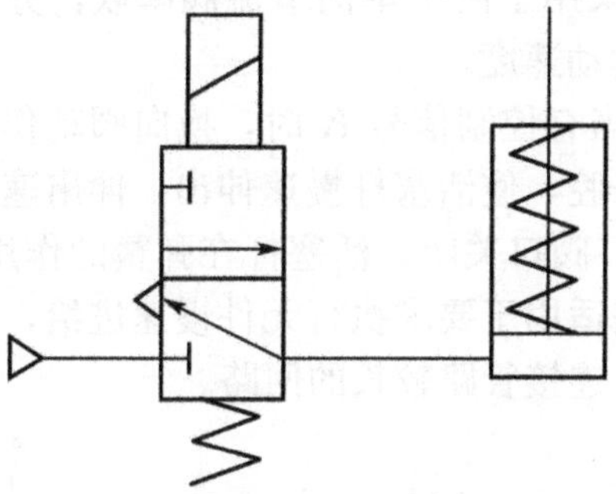

图 15.5　单作用气缸的换向回路

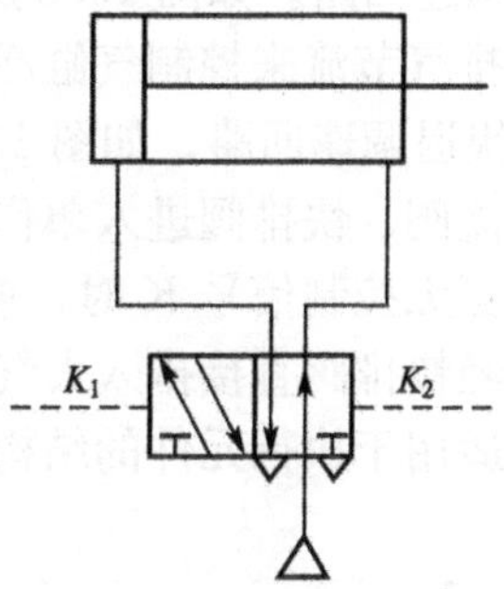

图 15.6　双作用气缸的换向回路

3. 多位运动控制回路

采用三位换向阀则可实现多位控制，如图 15.7 所示。该回路利用三位换向阀的不同中位机能，得到不同的控制方案。如图 15.7(a)所示回路，当三位换向阀两侧均无控制信号时，阀处于中位，此时缸停留在某一位置上。当阀的左端加入控制信号时，阀处于左位，气缸右端进气，左端排气，活塞向左运动。在活塞运动过程中若撤去控制信号，则阀在对中弹簧的作用下又回到中位，此时气缸两腔里的压缩空气均被封住，活塞停止在某一位置上。要使活塞继续向左运动，必须在换向阀左侧再加入控制信号。另外，如果阀处于中位上，要使活塞向右运动，只要在换向阀右侧加入控制信号使阀处于右位即可。图 15.7(b)和图 15.7(c)所示控制回路的工作原理与图 15.7(a)的回路基本相同，所不同的是三位阀的中位机能不一样。当阀处于中位时，图 15.7(b)气缸两端均与气源相通，即气缸两腔均保持气源的压力，由于气缸两腔的气源压力和有效作用面积都相等，所以活塞处于平衡状态而停留在某一位置上；图 15.7(c)所示回路中气缸两腔均与排气口相通，即两腔均无压力作用，活塞处于浮动状态。

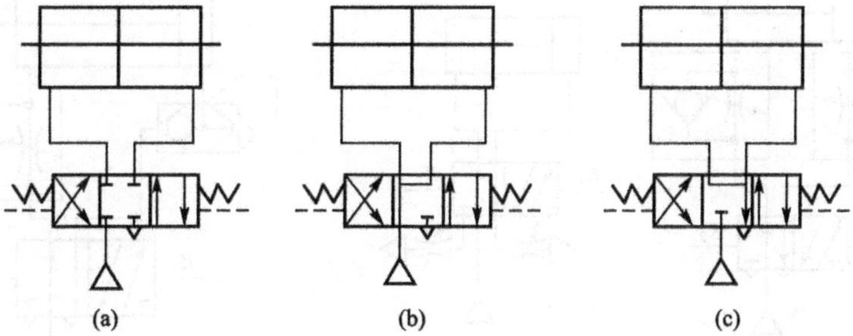

图 15.7　多位运动控制回路

15.3　速度控制回路

气动系统使用功率不大，故调速方法主要是节流调速。

1. 单作用气缸的速度控制回路

(1) 双向调速回路。如图 15.8 所示回路，采用了两个单向节流阀串联，分别通过实现进气节流和排气节流来控制气缸活塞的往复运动速度。

(2) 慢进快退调速回路。如图 15.9 所示，当有控制信号 K 时，换向阀动作，阀口打开，气体经节流阀、快排阀进入单作用缸的无杆腔，使活塞杆慢速伸出，伸出速度由节流阀进行调节；当无控制信号 K 时，换向阀复位，阀口关闭，活塞杆在弹簧的作用下缩回，无杆腔的气体经快排阀直接排入大气。这种回路适用于要求执行元件慢速进给，快速返回的场合，尤其适用于执行元件的结构尺寸较大、连接管路较长的回路。

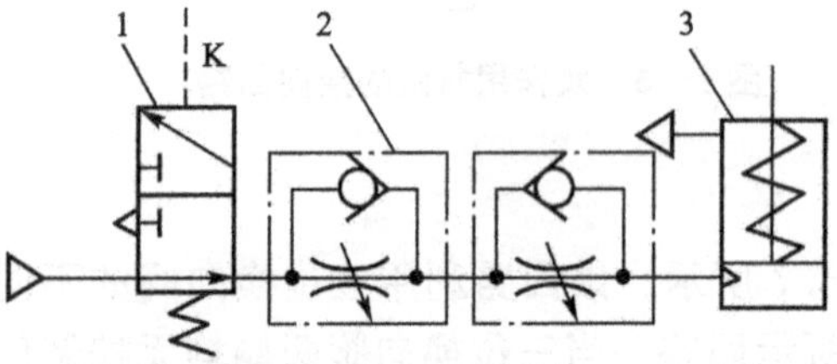

图 15.8　双向调速回路

1—换向阀　2—单向节流阀　3—单作用缸

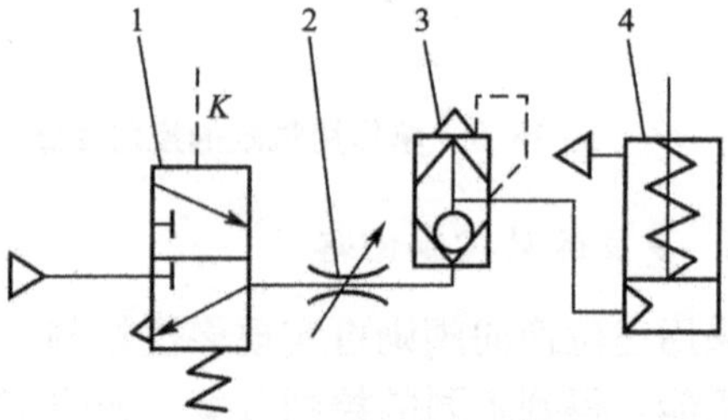

图 15.9　慢进快退调速回路

1—换向阀　2—节流阀　3—快排阀　4—单作用缸

2. 双作用气缸的速度控制回路

(1) 双向调速回路。图 15.10 所示是双作用气缸的双向调速回路。其中图 15.10(a)为采用单向节流阀的调速回路，图 15.10(b)所示回路是在换向阀的排气口上安装排气节流阀的调速回路。这两种调速回路的调速效果基本相同，都是排气节流调速，图 15.10(b)的回路成本更低一些。

(2) 慢进快退回路。在许多应用场合，为了提高工作效率，希望气缸在空行程时快速退回，此时可选用图 15.11 所示的调速回路。当控制活塞杆伸出时，采用排气节流控制，

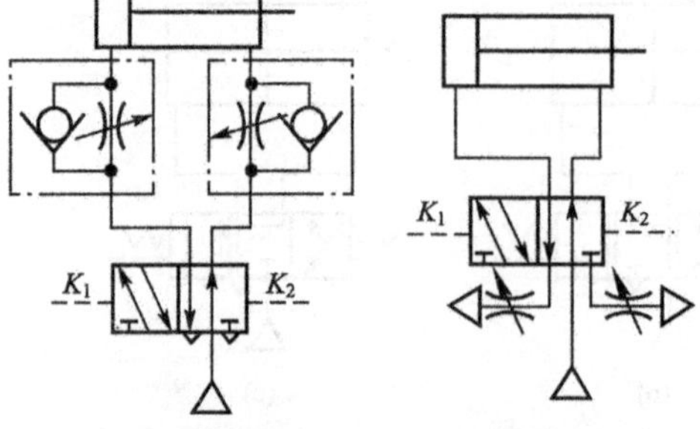

(a) 使用节流调速阀　(b) 使用排气节流阀

图 15.10　双作用调速回路

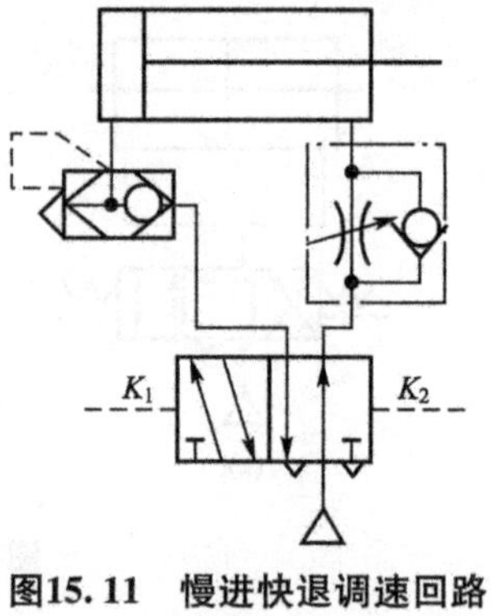

图15.11　慢进快退调速回路

活塞杆慢速伸出；当活塞杆缩回时，无杆腔气体经快排阀直接排空，使活塞杆快速退回。

(3) 缓冲回路。图 15.12(a)为使用快排阀和溢流阀的缓冲回路。当活塞杆缩回时，由于回路中节流阀 4 的开口量调得较小，其气阻较大，使气缸无杆腔的排气受阻而产生一定的背压，无杆腔的气体只能经快排阀 3、溢流阀 2 和节流阀 1(开口量比节流阀 4 大)排空。图 15.12(b)所示回路是单向节流阀与二位二通机控行程阀配合使用的缓冲回路。当换向阀处于左位时，气缸无杆腔进气，活塞杆快速伸出，此时有杆腔气体经二位二通行程阀、换向阀排气口排空。当活塞杆伸出至活塞杆上的挡块、压下二位二通行程阀时，二位二通行程阀的快速排气通道被切断。此时有杆腔气体只能经节流阀和换向阀的排气口排空，使有杆腔的气压上升、活塞的运动速度下降，从而达到缓冲的目的。

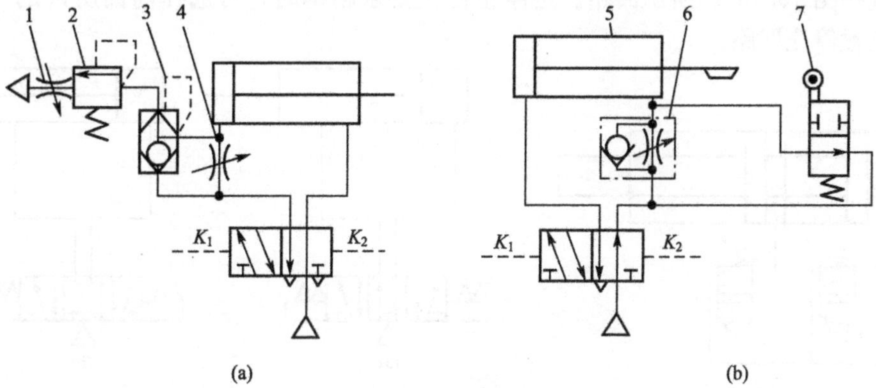

图 15.12　缓冲回路

1、4—节流阀　2—溢流阀　3—快排阀　5—气缸　6—单向节流阀　7—行程阀

3. 气液联动速度控制回路

(1) 调速回路。图 15.13 通过两个单向节流阀，利用液压油不可压缩的特点，实现两个方向的无级调速，油杯是为补充漏油而设的。

(2) 变速回路。如图 15.14 所示，气缸活塞杆端滑块空套在液压阻尼缸活塞杆上，当气缸运动到调节螺母 1 处时，气缸由快进转为慢进，液压阻尼缸流量由单向节流阀 2 控制。

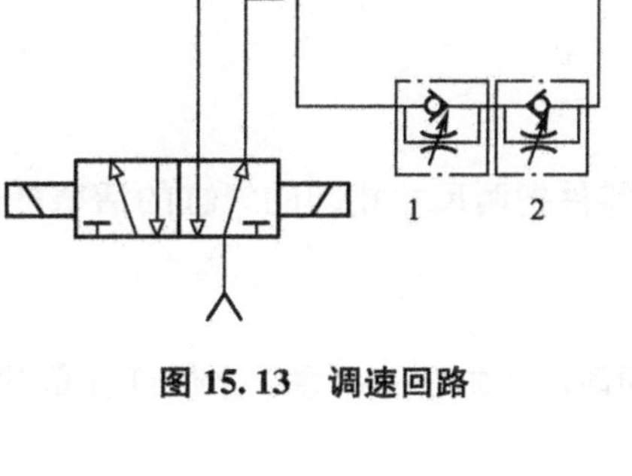

图 15.13　调速回路

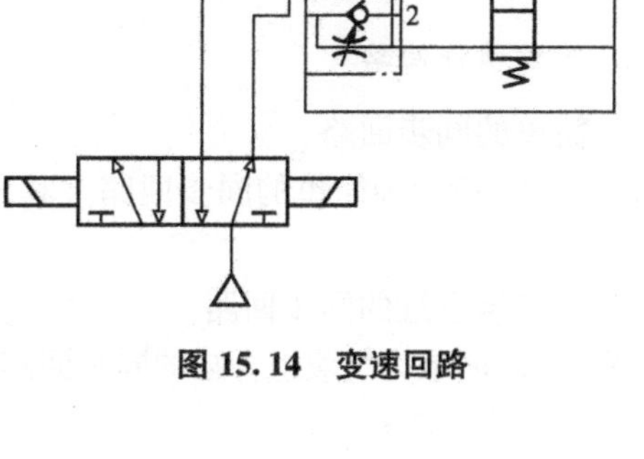

图 15.14　变速回路

15.4　位置控制回路

1. 采用串联气缸定位

如图 15.15 所示，气缸由多个不同行程的气缸串联而成。换向阀 1、2、3 依次得电和同时失电，可得到 4 个定位位置。

2. 任意位置停止回路

如图 15.16 所示，当气缸负载较小时，可选择图 15.16(a)所示回路，当气缸负载较大时，应选择图 15.16(b)所示回路。当停止位置要求精确时，可选择前面所讲的气液阻尼缸任意位置停止回路。

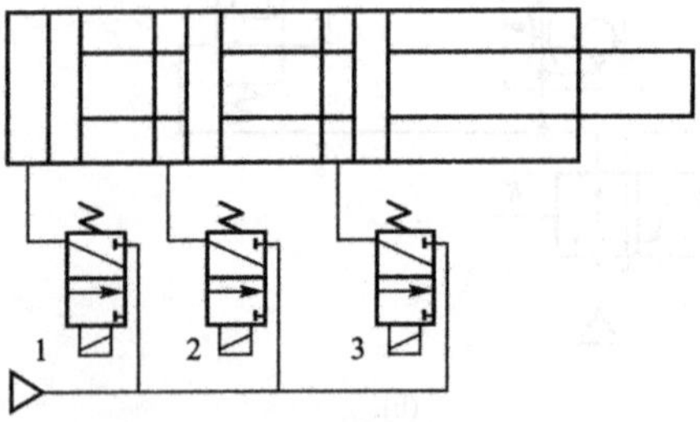

图 15.15　串联气缸定位回路

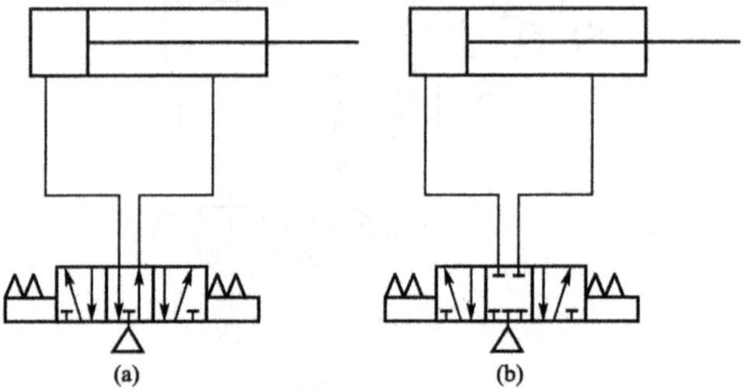

图 15.16　任意位置停止回路

15.5　其他常用回路

1. 安全保护回路

1) 双手操作回路

图 15.17 所示为双手操作回路。只有同时按下两个启动用手动换向阀，气缸才动作，对操作人员的手起到安全保护作用，可应用在冲床、锻压机床上。

2) 互锁回路

图 15.18 所示为互锁回路。该回路利用梭阀 1、2、3 和换向阀 4、5、6 实现互锁，防止各缸活塞同时动作，保证只有一个活塞动作。

2. 同步动作回路

1) 简单的同步回路

图 15.19 所示为简单的同步回路，其采用刚性零件把两尺寸相同的气缸的活塞杆连接起来。

2) 气液组合缸的同步回路

图 15.20 所示为气液组合缸的同步回路，其利用两液压缸油路串联，来保证在负载 F1、

F2 不相等时也能使工作台上下运动同步。蓄能器用于换向阀处于中位时为液压缸补充泄漏。

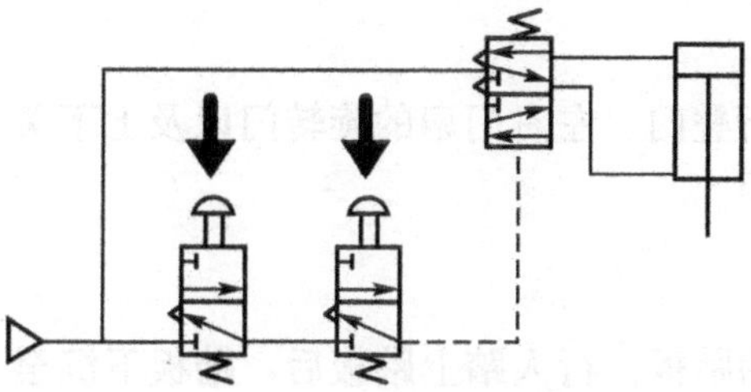

图 15.17　双手操作回路

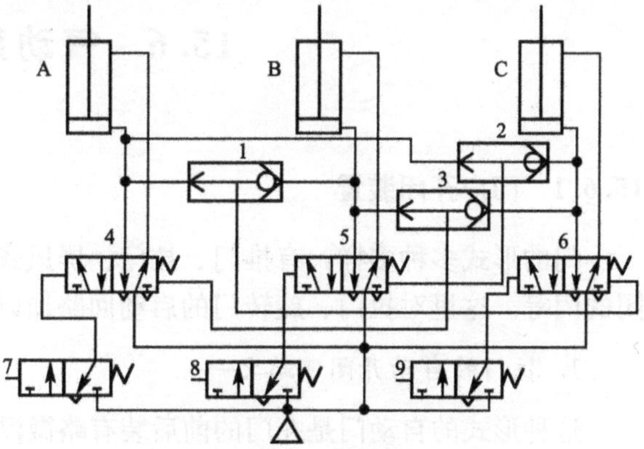

图 15.18　互锁回路

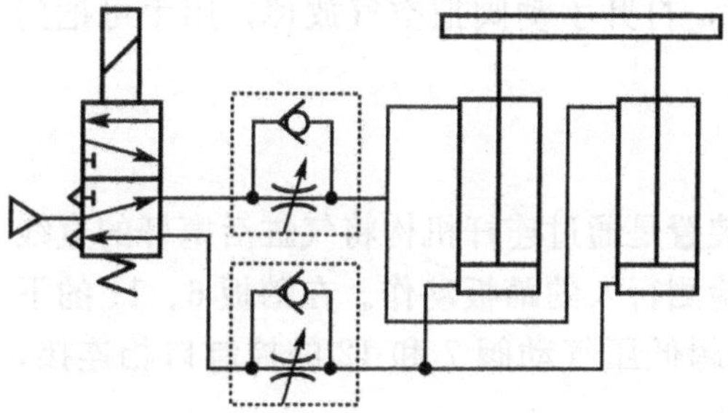

图 15.19　简单的同步回路

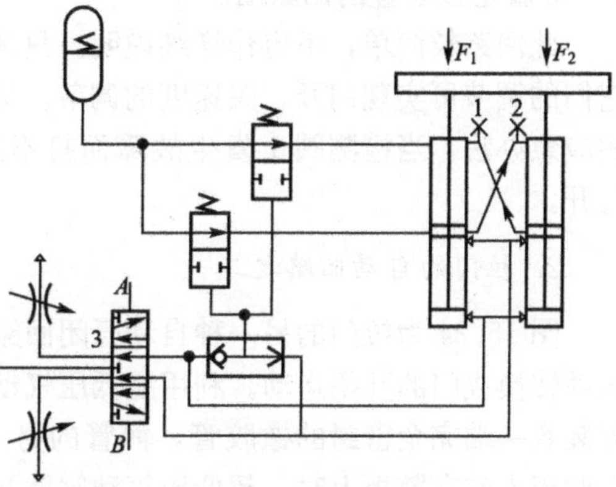

图 15.20　气液组合缸的同步回路

3. 往复动作回路

1）单往复动作回路

图 15.21 所示为单往复动作回路。按下手动阀，二位五通换向阀处于左位，气缸外伸；当活塞杆挡块压下机动阀后，二位五通换至右位，气缸缩回，完成一次往复运动。

2）连续往复动作回路

图 15.22 所示为连续往复动作回路。手动阀 1 换向，高压气体经阀 3 使阀 2 换向，气缸活塞杆外伸，阀 3 复位；活塞杆挡块压下行程阀 4 时，阀 2 换至左位，活塞杆缩回，阀 4 复位；当活塞杆缩回压下行程阀 3 时，阀 2 再次换向，如此循环往复。

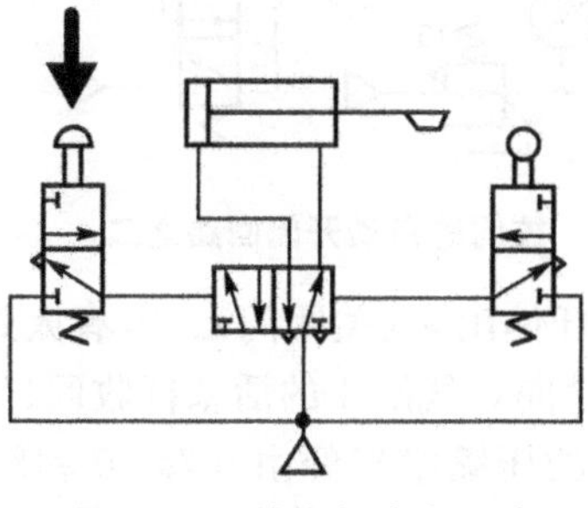

图 15.21　单往复动作回路

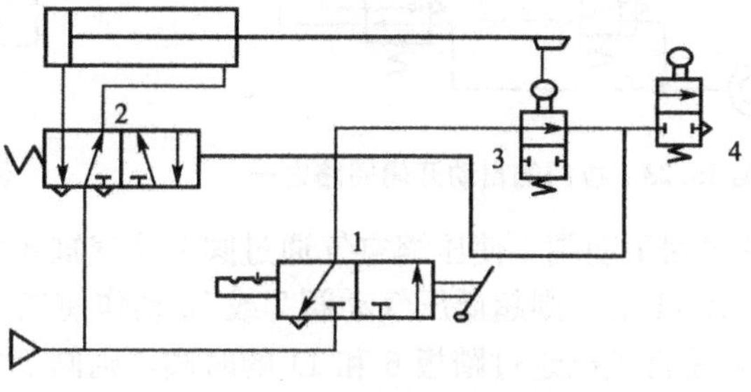

图 15.22　连续往复动作回路

15.6 气动系统实例

15.6.1 门户开闭装置

门的形式多种多样，有推门、拉门、屏风式的折叠门、左右门扇的旋转门以及上下关闭的门等。这里对拉门、旋转门的启动回路加以说明。

1. 拉门的自动开闭回路之一

这种形式的自动门是在门的前后装有略微浮气的踏板，行人踏上踏板后，踏板下沉至检测用阀，门就自动打开。行人走过去后，检测阀自动地复位换向，门就自动关闭。图15.23就是该装置的回路图。

此回路较简单，不再作详细说明。只是回路中单向节流阀3与4起着重要作用，通过它们的调节可实现门开、关速度的调节。另外，在有“X”处装有手动闸阀，作为故障时的应急办法，当检测阀1发生故障而打不开门时，打开手动阀把空气放掉，用手可把门打开。

2. 拉门的自动回路之二

图15.24为拉门的另一种自动开闭回路。该装置是通过连杆机构将气缸活塞杆的直线运动转换成门的开闭运动。利用超低压气动阀来检测行人的踏板动作。在踏板6、11的下方装有一端完全密封的橡胶管，而管的另一端与超低压气动阀7和12的控制口相连接，因此当人站在踏板上时，超低压气动阀就开始工作。

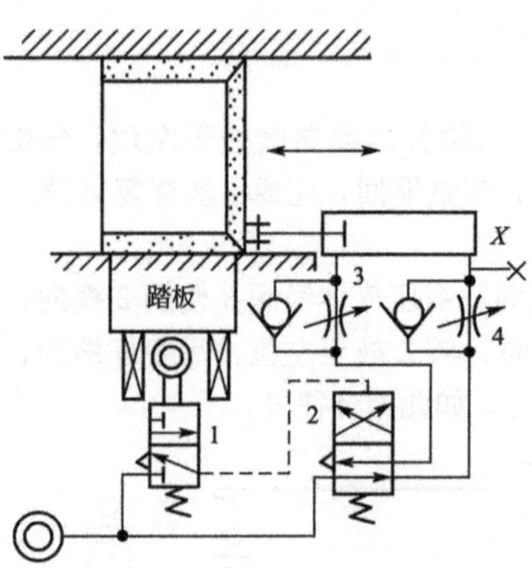

图15.23 拉门的自动开闭回路之一

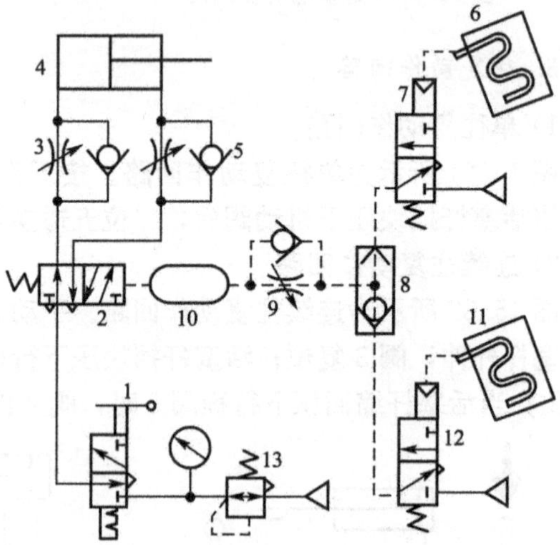

图15.24 拉门的自动开闭回路之二

首先用手动阀1使压缩空气通过阀2让气缸4的活塞杆伸出来(关闭门)。若有人站在踏板6或11上，则超低压气动阀7或12动作使气动阀2换向，气缸4的活塞杆收回(门打开)。若是行人已走过踏板6和11的时候，则阀2控制腔的压缩空气经由气容10和阀9、

8 组成的延时回路而排气，阀 2 复位，气缸 4 的活塞杆伸使门关闭。由此可见，行人从门的哪边出入都可以。另外，通过调节压力调节器 13 的压力，使由于某种原因使行人夹住时，也不至于使其达到受伤的程度。若将手动阀 1 复位，则变成手动门。

3. 旋转门的自动开闭回路

旋转门是左右两扇门绕两端的枢纽旋转而开的门。图 15.25 为旋转门的自动开闭回路。此回路只是单方向开启，不能反向打开，为防止发生危险只用于单向通行的地方。

若行人踏上门前的踏板，则由于其重量使其踏板产生微小的下降，检测用阀 LX 被压下，主阀 1 与主阀 2 换向，空气进入气缸 1 与气缸 2 的无杆侧。通过齿轮齿条机构，两边的门扇同时向一方向打开。行人通过后，踏板恢复到原来的位置，则检测用 LX 自动复位。主阀 1 与主阀 2 换向到原来的位置，气缸活塞杆后退，使门关闭。

15.6.2　气动夹紧系统

图 15.26 为机床夹具的气动夹紧系统，其动作循环是：垂直缸活塞杆首先下降将工件压紧，两侧的气缸活塞杆再同时前进，对工件进行两侧夹紧，加工完后各夹紧缸退回，将工件松开。

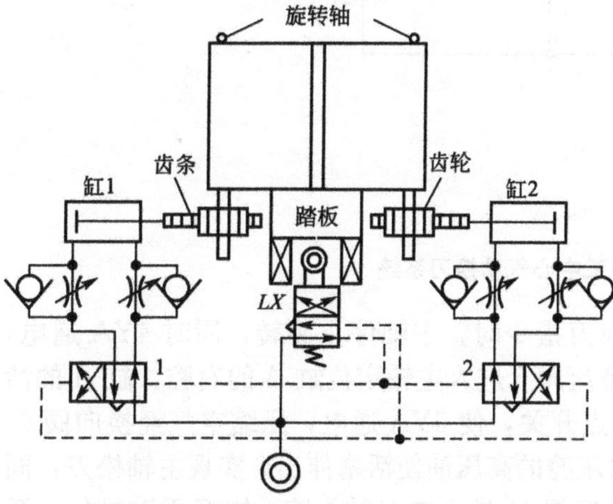

图 15.25　旋转门的自动开闭回路

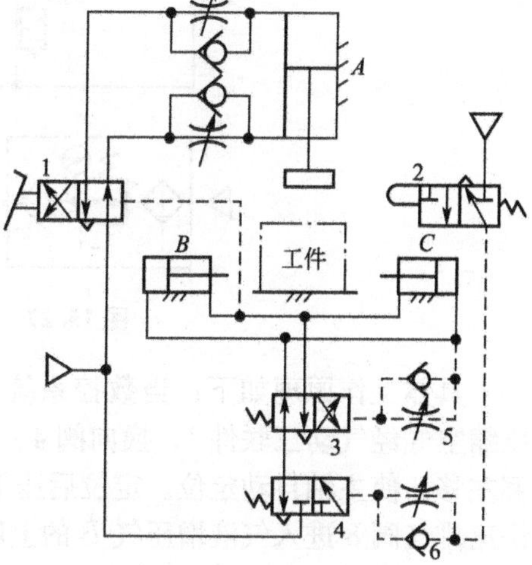

图 15.26　气动夹紧系统

具体工作原理如下：用脚踏下阀 1，压缩空气进入缸 A 的上腔，使夹紧头下降夹紧工件，当压下行程阀 2 时，压缩空气经单向节流阀 6 进入二位三通气控换向阀 4(调节节流阀开口可以控制阀 4 的延时接通时间)。因此压缩空气通过主阀 3 进入两侧气缸 B 和 C 的无杆腔，使活塞杆前进而夹紧工件。然后钻头开始钻孔，同时流过主阀 3 的一部分压缩空气经过单向节流阀 5 进入主阀 3，经过一段时间(有节流阀控制)后主阀 3 右位接通，两侧气缸后退到原来位置。同时一部分压缩空气作为信号进入脚踏阀 1 的右端，使阀 1 右位节通，压缩空气进入缸 A 的下腔，使夹紧头退回原位。

夹紧头上升的同时使机动行程阀 2 复位，气控换向阀 4 也复位(此时主阀 3 右位接通)，由于气缸 B、C 的无杆腔通过阀 3、阀 4 排气，主阀 3 自动复位到左位，完成一个工作循环。该回路只有在踏下脚踏阀 1 时才能开始下一个工作循环。

15.6.3　数控加工中心气动换刀系统

图 15.27 所示为某数控加工中心气动换刀系统原理图，该系统在换刀过程中实现主轴定位、主轴送刀、拔刀、向主轴锥孔吹气和插刀动作。

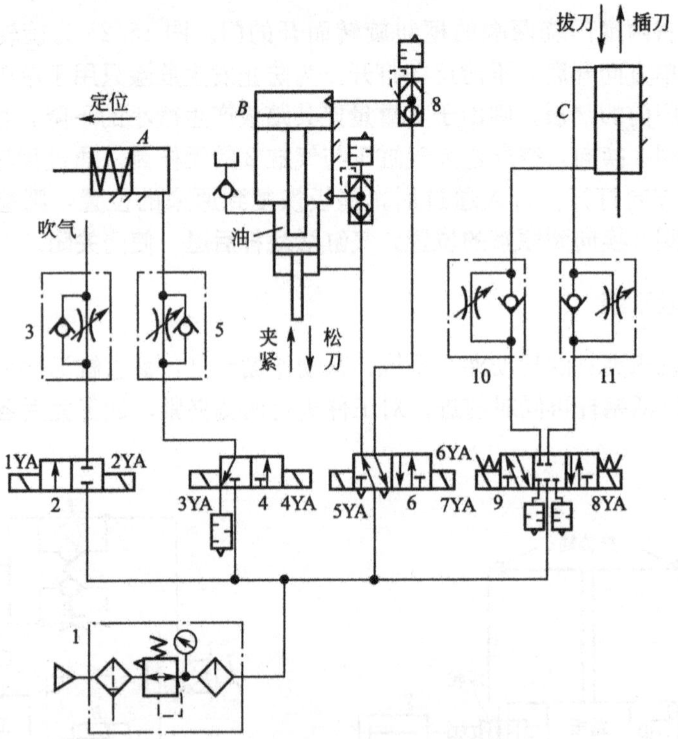

图 15.27　数控加工中心气动换刀系统

具体工作原理如下：当数控系统发出换刀指令时，主轴停止旋转，同时 4YA 通电，压缩空气经气动三联件 1、换向阀 4、单向节流阀 5 进入主轴定位缸 *A* 的右腔，缸 *A* 的活塞左移，使主轴自动定位。定位后压下无触点开关，使 6YA 通电，压缩空气经换向阀 6、快速排气阀 8 进入气液增压气 *B* 的上腔，增压腔的高压油使活塞伸出，实现主轴松刀，同时 8YA 通电，压缩空气经换向阀 9、单向节流阀 11 进入缸 *C* 的上腔，缸 *C* 下腔排气，活塞下移实现拔刀。由回转刀库交换刀具，同时 1YA 通电，压缩空气经换向阀 2、单向节流阀 3 向主轴锥孔吹气。稍后 1YA 断电、2YA 通电，停止吹气，8YA 断电、7YA 通电，压缩空气经换向阀 9、单向节流阀 10 进入缸 *C* 的下腔，活塞上移，实现插刀动作。6YA 断电、5YA 通电，压缩空气经阀 6 进入气液增压气 *B* 的下腔，使活塞退回，主轴的机械机构使刀具夹紧。4YA 断电、3YA 通电，缸 *A* 的活塞在弹簧力作用下复位，恢复到开始状态，换刀结束。

15.7　气动系统的设计

前面几节已经学了气动元件，气动基本回路等知识，在此基础上将进行气动系统设计的学习。系统设计中的重要内容是气动回路的设计。在回路设计中，将重点介绍行程程序回路的设计方法。

15.7.1 概述

1. 程序控制的分类

程序控制是自动化领域中被广泛采用的控制方式之一。随着程序动作的增加，回路的复杂程度相应增加，因此单凭经验已不能满足回路设计的需要。程序设计的内容极为丰富，方法也很多。本章仅介绍一种普遍采用的图解法，即信号-动作图法，也称 $X-D$ 线法。

程序控制一般可分为行程程序控制、时间程序控制和行程、时间混合控制 3 种。

1) 行程程序控制

当执行机构的某一动作完成之后，由行程发信器发出信号。此信号输入逻辑控制回路，经逻辑运算后发生控制信号，对执行元件动作加以修正。因此它属于闭环控制系统。行程程序控制的方框图如图 15.28 所示。

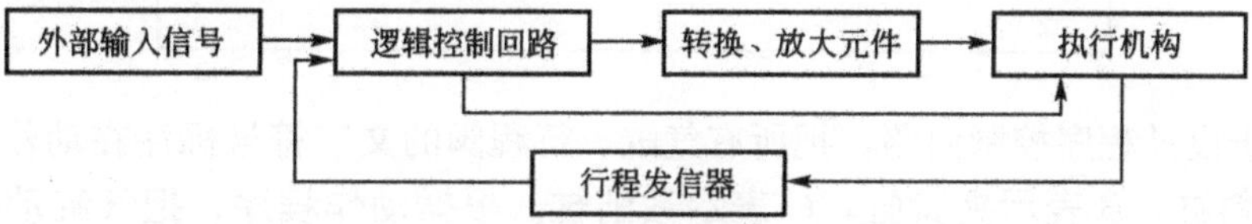

图 15.28 行程程序控制方框图

2) 时间程序控制

时间程序控制的方框图如图 15.29 所示。由图 15.29 可知，时间发信装置发出时间信号，通过脉冲分配回路，按一定的时间间隔把回路输出的脉冲信号分配给相应的执行机构。其动作与前后的动作完成与否无关，因此时间程序控制属于开环控制系统。

图 15.29 时间程序控制方框图

3) 行程、时间混合控制

行程、时间混合控制是上述两种程序控制的组合，由具体生产工艺要求确定。一般规律是在工作可靠性要求高的部分选用行程程序控制，而一般要求的部分选用时间程序控制。

2. 行程程序的表示方法

1) 符号规定

符号规定如图 15.30 所示。

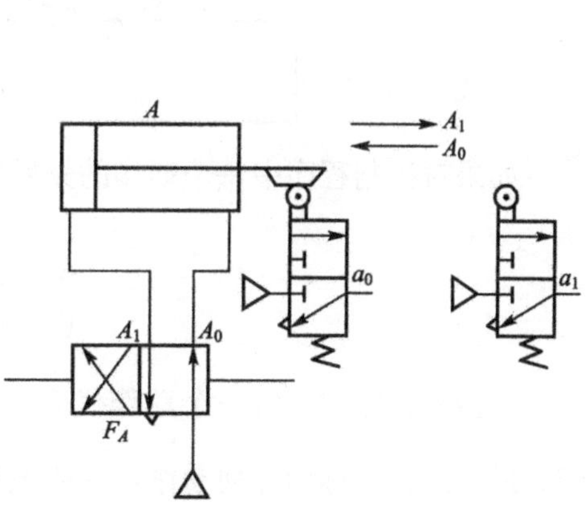

图 15.30 符号规定

(1) 用大写 A、B、C 等表示气缸。用下标 1 表示气缸活塞杆处于伸出状态，下标 0 表示活塞杆处于缩回状态。例如 A_1 表示 A 气缸的活塞杆处于伸出状态，A_0 表示 A 气缸的活塞杆处于缩回状态。

(2) 用带下标的小写字母 a_1、a_0、b_1、b_0 等分别表示与动作 A_1、A_0、B_1、B_0 等相对应的行程阀及其输出信号。如 a_1 表示 A 缸活塞杆伸出压下行程阀 a_1 时发出的信号，a_0 表示 A 缸活塞杆缩回压下行程阀 a_0 时发出的信号，其余类推。

(3) 操作气缸的阀用大写字母 F 表示，并与所控制的气缸相对应。如控制 A 缸的阀用 F_A 表示，控制 B 缸的阀用 F_B 表示等。主控阀的输出端的表示符号与它所控气缸动作的表示符号一致，例如，控制气缸 A 活塞杆伸出的主控阀输出端用符号 A_1 表示。

2) 行程程序的表示方法

行程程序是根据控制对象的动作要求提出来的，因此可用执行元件及其所要完成的动作次序来表示。

例如

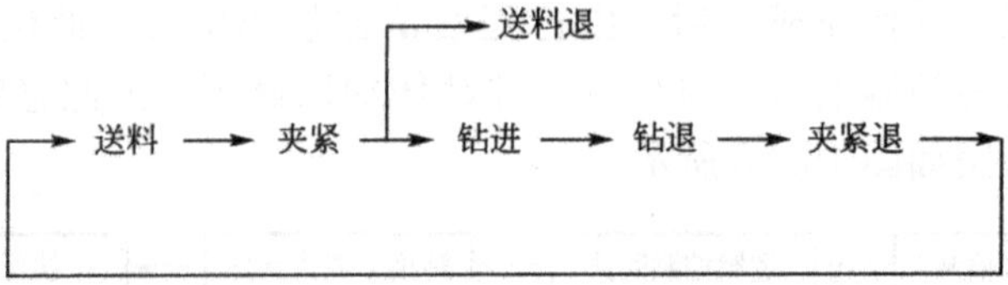

为了便于设计程序控制回路，把所有气缸、行程阀的文字符号标注在动作程序上，如用 A 表示送料缸，B 表示夹紧缸，C 表示钻削缸。根据动作程序，把气缸动作 A_1、A_0、B_1、B_0 等标注在相应动作名称的下方，各动作的先后次序用箭头代表，箭头上标注出上一动作结束时发出的行程信号，如动作 A_1 结束时发出的信号 a_1 等。即

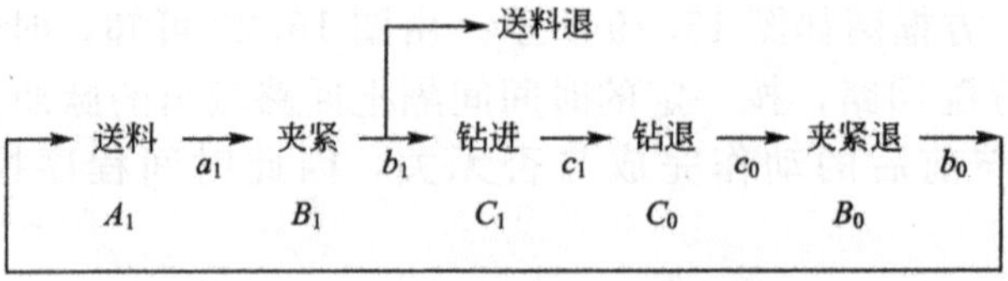

为设计和书写方便，常将文字省略，这样即可将程序简化为

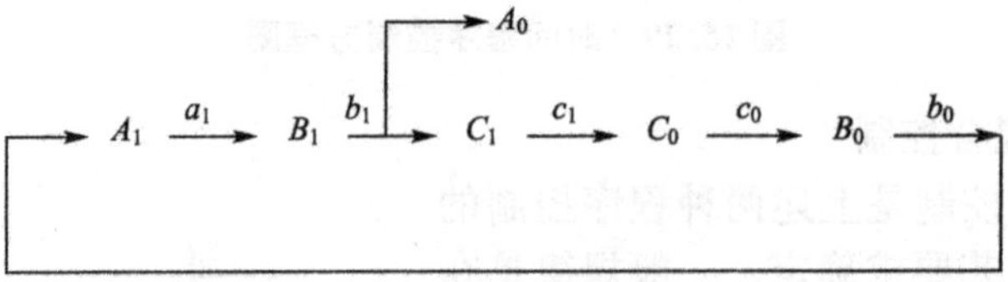

如果对控制程序中每个动作的先后次序进行编号，还可以进一步把程序简化为

$$\begin{array}{ccccc} & & A_0 & & \\ A_1 & B_1 & C_1 & C_0 & B_0 \\ ① & ② & ③ & ④ & ⑤ \end{array}$$

在控制程序中，每一个动作代表一个节拍。上述程序中共有 5 个节拍，其中$\begin{pmatrix} A_0 \\ C_1 \end{pmatrix}$是同时进行的，故称为并列动作，一般把具有并列动作的程序称为并列程序。

3. 干扰信号及其分类

由上述可知，所谓行程程序控制方法就是：启动外部信号后，第一个缸开始动作，当这个缸行至终点时发出信号，指挥下一个缸动作，第二个缸行至终点时又发出信号，指挥下一个气缸动作等。

这样，行程信号和气缸动作的交替变化，使程序按预定的步骤进行工作。

那么，是否给出工作程序后就可按程序把各行程阀的输出信号直接连到其所控制的下一步动作的主控阀的控制端上，组成控制线路了呢？下面通过两个实例说明。

例一：某设备具有 3 个气缸：送料缸 A、夹紧缸 B 和钻削缸 C，其工作程序如下。

现根据上述动作程序直接把控制回路如图 15.31 所示连接起来进行分析：程序要求在接通气源后，A、B、C 共 3 个气缸的活塞杆均处于缩回状态。由于行程阀 b_0 处于压阀状态，因此有 b_0 信号输出。在 b_0 信号的控制下，阀 F_A 换向处于左位，A 缸活塞杆伸出，当伸出过程中压下形成阀 a_1 时，发出 a_1 信号。此信号加于阀 F_B 左端，但此时因 C 缸活塞杆处于缩回状态，行程阀 C_0 处于压阀状态，即在换向阀 F_B 的右侧存在控制信号 C_0。因此，当输入 a_1 信号欲使阀 F_B 换向时，在换向阀 F_B 的两侧都存在控制信号，使该阀处于不稳定状态。其中 C_0 影响着程序的正常运行，故它属于干扰信号。为便于区别信号的真伪，在干扰信号上加一个三角形。现继续向下分析，假设 B 缸活塞杆能够伸出，当压下行程阀 b_1 时，发出 b_1 信号使阀 F_A 换向处于右位，F_C 处于左位，其输出使 A 缸的活塞伸出压下行程阀 c_1 时，发出 c_1 信号。此信号加于阀 F_C 右端，但此时因 B 缸活塞杆仍处于伸出状态，故存在着 b_1 信号，该信号对 C 缸活塞杆的缩回产生干扰，因此 b_1 信号也是干扰信号。同样，在 b_1 信号上加一三角形符号。由此可见，按上述方法连接起来的控制系统是行不通的。这种由于主控阀在同一时间内存在着两个控制信号而使主阀无法换向的现象称为Ⅰ型干扰信号(或Ⅰ型障碍信号)。在多缸单往复程序系统中，经常出现Ⅰ型干扰信号。

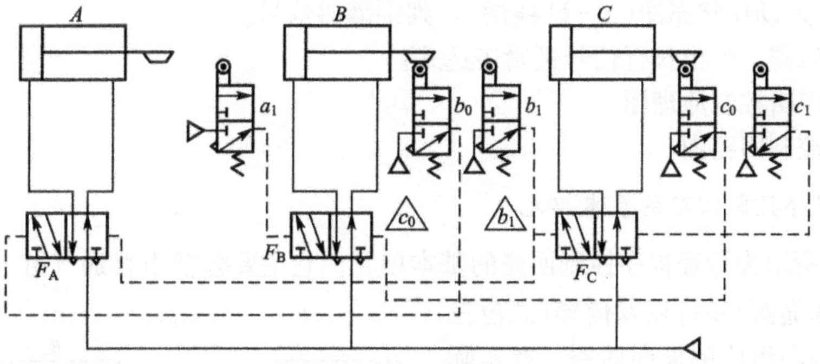

图 15.31　控制回路示例

例二：某设备具有两个缸 A 和 B，其程序式为 $A_1B_1B_0B_1B_0A_0$。

首先画出其程序图，如下所示。

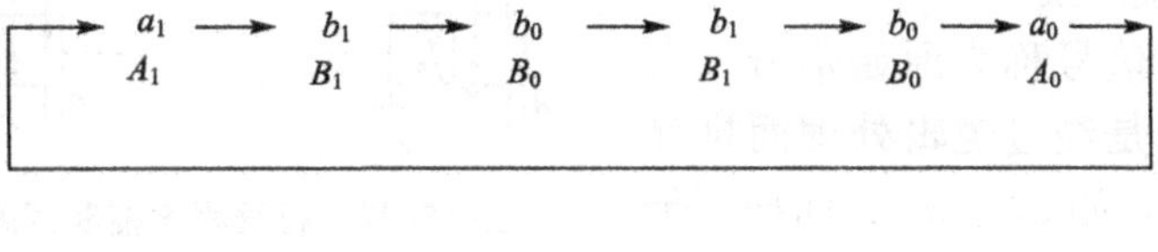

由程序图可见，在一个工作循环中，B 缸要往复动作两次，故此系统属于多缸多往复控制系统。这种系统与多缸单往复系统相比，具有如下两个特点。

(1) 在多往复系统中，同一个缸的同一动作可能受不同信号的控制(如第 2 节拍 B_1 受 a_1 控制，而在第 4 节拍中 B_1 却受 b_0 控制)。

(2) 在多往复系统中，同一行程信号在不同的行程里可能控制不同的动作(如 b_0 信号在第 4 和第 6 行程中，分别控制 B_1 和 A_0)。

上述两种情况也会导致主控阀的动作受干扰或误动作，使系统无法按预定程序进行工作，这种干扰现象成为Ⅱ型干扰。

多缸多往复系统除存在上述两种Ⅱ型干扰外，还可能出现Ⅰ型干扰。如本例中控制第 2 行程 B_1 的信号 a_1 是一个长信号，它存在于第 2、3、4、5 行程中，因而干扰了第 3 行程中 b_1 控制 B_0 的动作，B 无法换向。

无论是Ⅰ型干扰或Ⅰ型干扰，都必须加以排除，否则系统无法按预定程序正常工作。

由此可见，程序控制系统设计的任务就是要检查出系统的干扰信号并加以排除，最终设计出实现预定程序的最佳方案。

15.7.2　多缸单往复行程程序回路设计

多缸单往复行程程序控制回路是指在一个工作循环中，所有的执行元件都只作一次往复运动。多缸单往复行程序控制回路通常采用行程程序控制方式，即执行元件在完成某一动作后，由行程发信器发出相应信号，此信号输入逻辑控制回路中，由其作出判断后再发出有关执行信号，指令执行元件执行下一步动作；当动作完成后，又发出新的信号，直到完成预定的逻辑控制为止。

多缸单往复行程程序控制回路的一般设计步骤如下。

(1) 根据生产自动化的工艺要求，列出工作程序图。

(2) 画信号-动作状态图($X-D$ 线图)，判别障碍信号。

(3) 排除障碍，列出执行信号逻辑表达式。

(4) 绘制逻辑控制原理图。

(5) 气动控制回路图。

1. 行程程序控制回路的基本单元

图 15.32 所示为行程程序控制回路的基本单元。它主要包括由普通气缸、主控换向阀(双气控二位四通阀)和行程发信器(二位三通常断式行程阀)组成的换向回路。在实际中，基本单元的气缸可以是单件用的及其他各种气缸等，换向阀可用二位五通的及三位阀，气控的、电控的和单控阀，具体元件由实际控制回路决定。

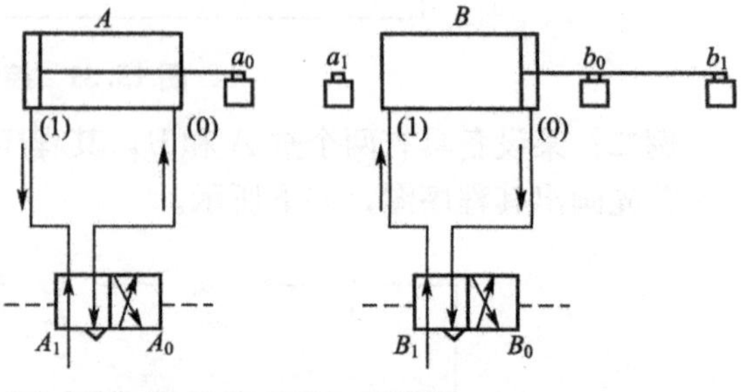

图 15.32　行程程序控制回路的基本单元

行程阀发出的信号称为原始信号。右上角带 * 号的信号是经过逻辑处理而排除障碍后的执行信号，如 a_0^*、a_1^*；而把不带

＊号的信号叫作原始信号，如 a_0、a_1 等。

2. *行程程序表示方法*

行程程序可用工作程序图来表示气缸按对象的操作要求所完成的动作顺序。例如有两个气缸 A、B，要求其动作顺序为：A 缸进→B 缸进→B 缸退→A 缸退，工作程序图如图 15.33 所示。图中 q 为启动信号。

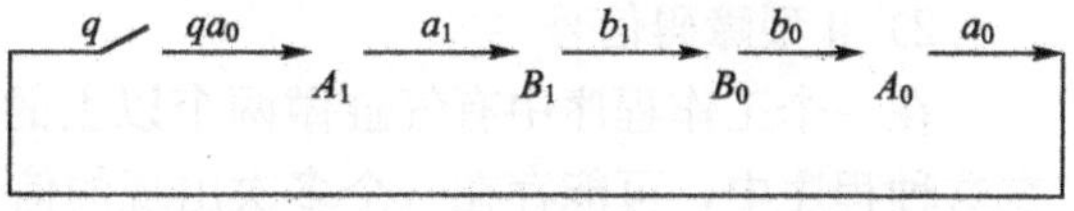

图 15.33　工作程序图

图中的箭头提示顺序动作的方向，箭头上方的小写字母表示行程阀发出的行程信号。如当 A_1 动作完成后发出 a_1 信号，B_1 动作完成后发出 b_1 信号。一般情况下，气缸的每一个动作总伴随有一个行程阀动作。按照程序动作的气缸依次发出行程信号，而该行程信号又命令下一个气缸动作，如表示当 A_1 动作完成后发出 a_1 信号，a_1 信号命令 B_1 动作。由此可见，气缸的动作顺序和行程阀发出的信号顺序是一致的。程序中的每一次动作称为一个节拍，图 15.33 所示的程序有 5 个节拍。

图 15.33 所示的程序框图可进一步省略图中的箭头和信号，可写成：$A_1B_1B_0A_0$。

3. *障碍信号*

工作程序 $A_1A_0B_1B_0$ 的气控回路图如图 15.34 所示。

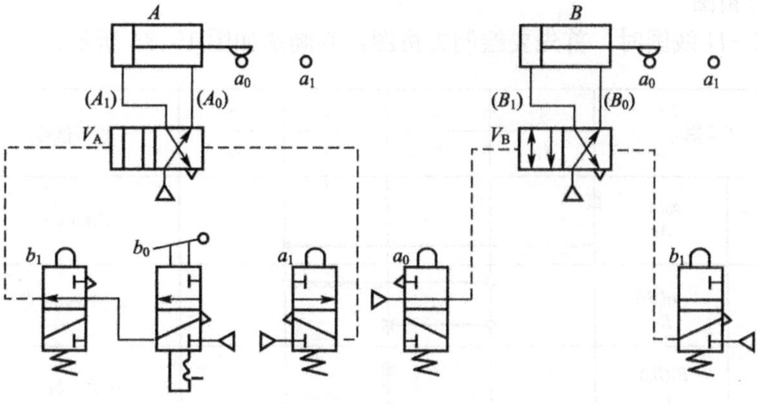

图 15.34　工作程序 $A_1A_0B_1B_0$ 的气控回路图

回路中各元件的初始状态如图 15.34 所示，气缸为 A_0、B_0。启动 q 后，信号 $q \cdot b_0$ 使主控阀 V_A 换向，实现程序动作 A_1，活塞杆伸出发出信号 a_1。按工作程序要求，信号 a_1 应命令 A_0 动作，即缸 A 的主控阀 V_A 换向复位。但此时信号 $q \cdot b_0$ 仍保持(因 B_0 状态保持)，在缸 A 的主控阀 V_A 的两个控制口上同时作用了 a_1 和 b_0 两个相互矛盾的信号，使缸 A 无法动作。由于信号 b_0 的存在，阻碍了 A_0 的动作，称信号 b_0 为障碍信号。同样，要缸 B 实现 B_0 动作时，在主控阀 V_B 的两个控制口上也作用了两个相互矛盾的信号 b_1 和 a_0，信号 a_0 阻碍了 b_1 对主控阀的切换，a_0 也是障碍信号。由于存在障碍信号，这个回路是无法正常工作。

气动程序控制回路中障碍信号有 3 种类型：Ⅰ型障碍信号，Ⅱ型障碍信号和滞消障碍信号。

1）Ⅰ型障碍信号

在单往复程序中，若在某个主控阀的两个控制口上同时存在两个相互矛盾的输入信号，则称该障碍信号为Ⅰ型障碍信号。

2）Ⅱ型障碍信号

在一个工作程序中有气缸做两个以上的往复动作，则称这种程序为多缸多往复程序。在这种程序中，可能存在一个多次出现的信号在不同节拍分别命令不同的气缸动作，或者分别命令同一个气缸的两个相反动作引起的障碍，这个信号称为Ⅱ型障碍信号。在多缸多往复程序中，可能既存在Ⅰ型障碍信号，又存在Ⅱ型障碍信号。

3）滞消障碍信号

滞消障碍信号只可能存在于有两个气缸同步动作的程序中，一般情况下滞消障碍能自行消失，无需排除。

判别程序中是否存在障碍有多种方法，常用 $X-D$ 线图法来判别障碍信号。

4. 多缸单往复程序 $X-D$ 线图的绘制

信号-动作状态图简称 $X-D$ 线图。它是一种图解法，可以把各个控制信号的存在状态和气动执行元件的工作状态较清楚地用图线表示出来；从图中还能分析出障碍信号的存在状态以及消除信号障碍的各种可能性。

现以 $A_1B_1B_0A_0$ 工作程序图为例，说明 $X-D$ 线图画法。

1）绘制方格图

在绘制 $X-D$ 线图时，首先要绘制方格图，其画法如图 15.35 所示。

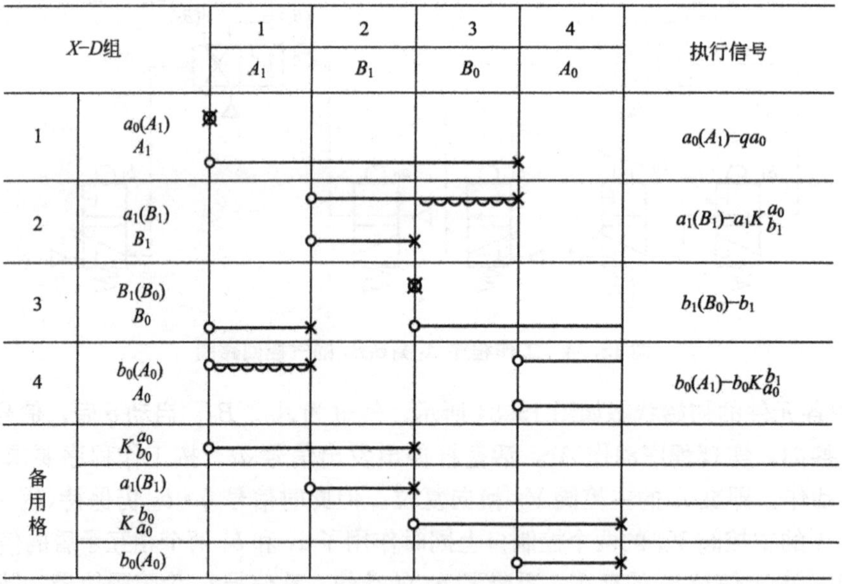

图 15.35　$X-D$ 线图

在方格的顶部两行分别按照工作程序从左至右依次填入程序序号(或节拍号)1、2、3、4 等及其相应的动作状态 A_1、B_1、B_0、A_0，在最右边留一栏作为“执行信号”，填写执行信号表达式。

在方格图最左边纵栏从上至下分别填入程序序号、控制信号及其控制的动作状态(即

$X-D$ 组)。每个“$X-D$ 组”包括上下两行，上行为行程信号行，下行为该信号控制的动作状态。例如，$a_0(A_1)$表示是由信号 a_0 控制 A_1 动作。如果一个信号同时控制两个动作，则应在该节拍中分两格填写。

方格下部的备用格可以根据具体情况填入中间记忆元件(如辅助阀)的输出信号、消障信号以及连锁信号等。例如，对于节拍 2 为中间记忆元件(如辅助阀)的输出信号，其用于节拍 2 的消障。

2) 画动作状态线(D 线)

用水平粗实线画出各执行元件的动作状态线，如图 15.35 所示。动作状态线的起点是该动作程序的开始处，用符号“○”画出；动作状态线的终点是该动作状态变化的开始处，用符号“×”画出。例如，图中 A 缸从节拍 1 的起点开始伸出状态 A_1，A_1 在节拍 3 的终点终止，变换成缩回状态 A_0，A_1 的终点必然在 A_0 的起点处。

3) 画信号线(X 线)

用水平细实线画各行程信号线，如图 15.35 所示。信号线的起点与同一组中动作状态线的起点相同，用符号“○”画出；信号线的终点和上一组程序中产生该信号的动作线终点相同，用符号“×”表示。这里要指出的是，实际上若考虑到阀的切换及气缸启动等的传递时间，信号线的起点应超前于它所控制动作的起点，而信号线的终点应滞后于产生该信号动作线的终点。当在 $X-D$ 图上反映这种情况时，则要求信号线的起点与终点都应伸出分界线，但因为这个值很小，所以除特殊情况外，一般不予考虑。

在图 15.35 中，符号“⊗”表示信号线的起点与终点重合，实际上即表示该信号是一个脉冲信号。该脉冲信号的宽度相当于行程阀发出信号、气控阀换向、气缸启动和信号传递时间的总和。

5. *多缸单往复程序障碍信号的判别及消除*

1) 障碍信号的判别

障碍信号分为Ⅰ型障碍、Ⅱ型障碍和滞消障碍 3 类。在 $X-D$ 线图中，各种障碍信号的特征分别如下。

Ⅰ型障碍的特征是其信号线长于所控制的动作线。这样就造成在有的行程段存在两个控制信号同时作用于一个主控阀。其中长于被控制的动作线的那部分信号线就是妨碍反相动作的障碍信号，称为障碍段，用波浪线“~~~~”表示，图 15.35 中 a_1、b_0 就是障碍信号。

Ⅱ型障碍的特征是存在信号线而无动作线，或者信号线重复出现。

滞消障碍的特征是信号线与所控制的动作线基本等长，仅比动作线多出一部分。

2) Ⅰ型障碍的消除

Ⅰ型障碍实质是控制信号的存在时间长于所控制的动作状态存在时间，所以常用的消除障碍的方法就是缩短信号存在的时间，反映在 $X-D$ 线图上就是缩短控制信号线的长度，使其短于此信号所控制的动作线长度，实质上就是使障碍段失效或消失。

常用的消障方法有如下几种。

(1) 脉冲信号消障法。脉冲信号法实质是将所有的障碍信号变为脉冲信号，常用的方法有机械法和脉冲回路法。

机械法就是利用机械式活络挡块或可通过式行程阀发出脉冲信号的消障方法，如图15.36所示。在图15.36(a)中，当活塞杆伸出时，活络挡块使行程阀发出脉冲信号；而当活塞杆缩回时，行程阀则不发信号。在图15.36(b)中，当活塞杆伸出时，压下单向滚轮式行程阀发出脉冲信号；而当活塞杆缩回时，由于行程阀头部具有可折性，因而不压下行程阀，行程阀不发出信号。

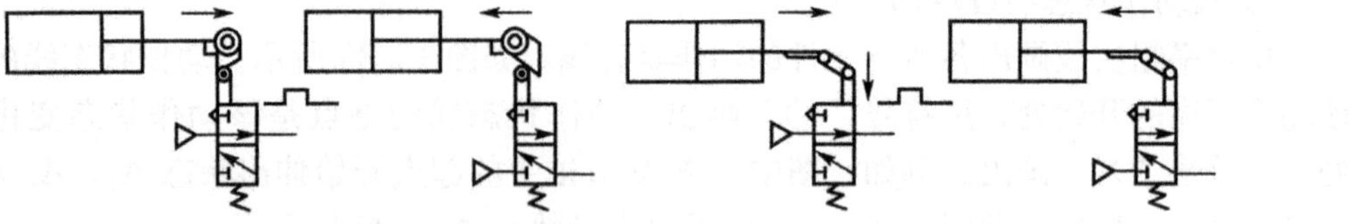

(a) 利用机械式活络挡块消障　　(b) 利用可通过式行程阀消障

图15.36　机械法脉冲消障

安装行程阀时必须注意，行程阀的安装位置不能在行程的末端，而必须保留一段行程以便挡块或凸轮通过行程阀，因此在这种方法中，不能用行程阀来实现限位。机械法简单易行，节省气动元件及管路，适用于定位精度要求不高、执行机构速度不太快的场合。

脉冲回路法就是利用脉冲回路或脉冲阀将障碍长信号变为脉冲信号的消障方法，如图15.37所示。当障碍信号 a 发出以后，脉冲阀 K 立即有信号输出，同时，信号 a 经其中的节流阀向气容充气，当充气压力上升到切换压力时，脉冲阀 K 换向，输出信号 a 被切断，从而使障碍信号 a 变为脉冲信号。调整脉冲阀 K 中的节流阀，可以调整脉冲信号的宽度，当然，调整得合适与否要在系统中检验。这种方法适用于定位精度要求较高的场合。

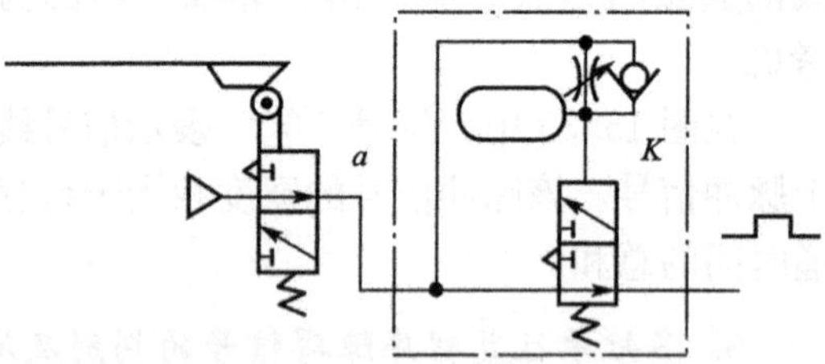

图15.37　脉冲回路原理图

(2) 逻辑“与”消障法。逻辑“与”消障法是利用逻辑“与”门的性质，将长信号变成短信号，如图15.38所示。设 m 为障碍信号，引入的制约信号 x，把 m 和 x 相“与”得到消障后的执行信号 m^*，即

$$m^* = m \cdot x \tag{15-1}$$

制约信号 x 的起点应该位于障碍信号 m 开始之前，且制约信号 x 的终点应选在障碍信号 m 的无障碍段中。

制约信号 x 的选择原则：尽量选用系统中的其他原始信号作为制约信号 x，这样可以避免增加气动元件；选择其他原始信号的“非”信号；其他主控阀的输出信号；用中间记忆元件(辅助阀)输出信号。

实现逻辑“与”关系既可以用一个单独的逻辑“与”元件来实现，也可以用一个行程阀的两个信号或两个行程阀相串联来实现，如图15.38所示。

(3) 中间记忆元件(辅助阀)消障法。如果在 $X-D$ 线图中无法找到符合条件的制约信

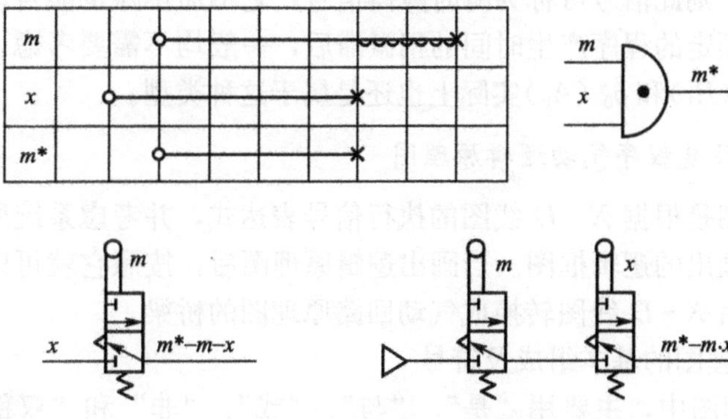

图 15.38　逻辑“与”消障法

号时，可以采用增加一个辅助阀，即采用中间记忆元件的方法来消障，这里的中间记忆元件，即为双稳元件或单记忆元件。其方法是利用中间记忆元件的输出信号作为制约信号和障碍信号 m 相“与”来消除障碍信号 m 中的障碍段(图 15.39)。

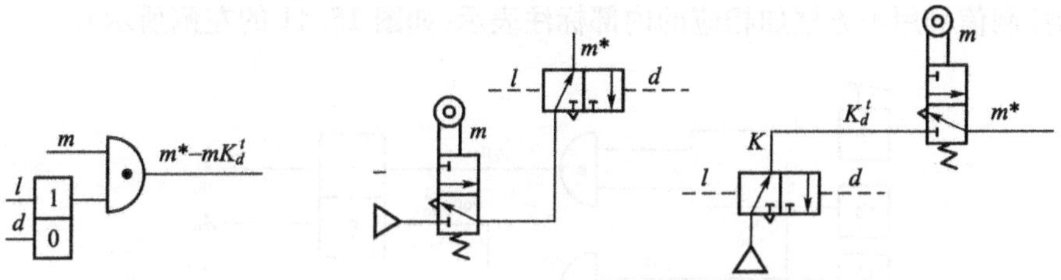

(a) 逻辑原理图　　(b) 回路原理图

图 15.39　辅助阀消障法

用中间记忆元件(辅助阀)法消障时，其消障后执行信号的逻辑函数表达式为

$$m^{*}=m\cdot K_{\mathrm{d}}^{t} \tag{15-2}$$

式中：m——有障碍的信号；

m^*——消障后的执行信号；

K_d^t——中间记忆元件(辅助阀)输出信号；

t、d——分别为辅助阀 K 的两个“通”和“断”控制信号。

图 15.39(a)为辅助阀消障的逻辑原理图，图 15.39(b)为其回路原理图。图中辅助阀 K 为两位三通、双气控阀，当 t 有气时使 K 阀有输出，而当 d 有气时 K 阀无输出。t 和 d 不能重叠，应满足逻辑关系：$t\cdot d=0$。

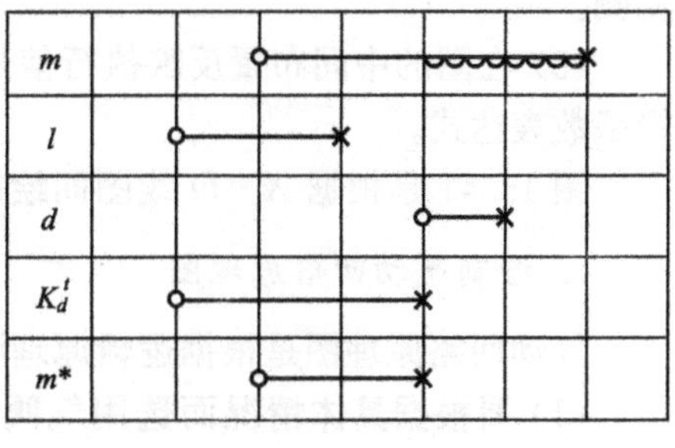

图 15.40　辅助阀控制信号选择示意图

t 和 d 的选择原则是：“通”信号 t 的起点应该位于障碍信号 m 之前或同时，终点位于 m 的无障碍段中；“断”信号 d 的起点应该位于障碍信号 m 的无障碍段中，终点应位于 t 的起点之前。图 15.40 是辅助阀控制信号选择示意图。

在图 15.35 中障碍信号 a_1 和 b_0 都是采用中间记忆元件法来进行消障的。

最后还需要说明的是：在 $X-D$ 线图中，若信号线与动作线等长，则此信号可称为瞬时障碍信号，它不加排除也能自动消失障碍，仅使某个行程的开始比预定的程序产生时间的稍微滞后，一般均不需要考虑。在图 15.35 中消障后的执行信号 $a_1^*(B_1)$ 和 $b_0^*(A_0)$ 实际上也还是属于这种类型。

6. 绘制多缸单往复程序气动逻辑原理图

气动逻辑原理图是根据 $X-D$ 线图的执行信号表达式，并考虑系统所需要的手动、自动、复位等要求所画出的逻辑框图。当画出逻辑原理图后，按照它就可以较快地画出气动回路原理图。它是由 $X-D$ 线图转换成气动回路原理图的桥梁。

1) 气动逻辑原理图的基本组成及符号

(1) 在逻辑原理图中，主要用“是”、“与”、“或”、“非”和“双稳”等逻辑符号表示。注意，其中任一逻辑符号可理解为逻辑运算符号，不一定总代表某一确定的元件。这是因为逻辑图上的某逻辑符号，在气动回路原理图上可用多种方案表示。

(2) 执行元件动作的两种输出状态，如伸出/缩回、正转/反转由主控阀及其输出表示，而主控阀常用双控阀，具有记忆功能，可以用“双稳”逻辑符号来表示。

(3) 行程发信装置主要是行程阀，也包括外部信号输入装置，如启动阀、复位阀等。这些原始控制信号用小方框加相应的内部标注表示(如图 15.41 的左侧所示)。

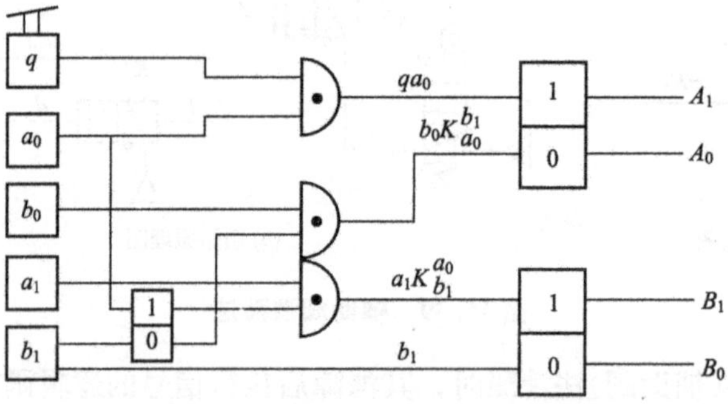

图 15.41 逻辑原理图

2) 气动逻辑原理图的绘制

根据 $X-D$ 线图中执行信号的逻辑表达式，利用上述符号按照下列步骤绘制。

(1) 把系统中每个执行元件两种输出状态与相应主控阀相连，从上而下依次画在图的右侧。

(2) 把发信装置，如行程阀、启动阀等大致对应其所控制的执行元件逐一画在图的左侧。

(3) 在图的中间布置反映执行信号相互之间的逻辑关系的逻辑符号，并标注相应的逻辑函数表达式。

图 15.41 是根据 $X-D$ 线图而绘制的逻辑原理图。

7. 绘制气动回路原理图

气动回路原理图是根据逻辑原理图绘制的，绘制时应注意以下几点。

(1) 要根据具体情况而选用气阀或逻辑元件。通常气阀及执行元件图形符号必须按《液压及气动图形符号》国家标准绘制。

(2) 一般规定工作程序图的最后程序终结时作为气动回路的初始位置(或静止位置)，因此气动回路原理图上，气阀的供气及进出口连接位置应按回路初始位置的状态连接。

(3) 控制回路的连接一般用虚线表示，但对复杂的气动系统，为防止连线过乱，亦可用细实线代替虚线。

(4) "与"、"或"、"非"、"双稳" 等逻辑关系可用逻辑元件或二位换向阀来实现。行程阀与启动阀常采用二位三通阀。

(5) 在回路原理图上应写出工作程序或对操作要求的文字说明。

(6) 气动回路原理图的习惯画法：把系统中全部执行元件(如气缸、气马达等)水平排列，在执行元件的下面画上相对应的主控阀，而把行程阀直观地画在各气缸活塞杆伸缩状态对应的水平位置上。

图 15.42 是按图 15.41 逻辑原理图的要求，采用直观的习惯画法绘制而成的气动回路原理图。图中 q 为启动阀，K 为中间记忆元件(辅助阀)。在画气动回路原理图时要注意，无障碍的原始信号，如图中的 a_0，b_1 直接与气源相接(有源元件)。有障碍的原始信号，如图中的 a_1、b_0，若用逻辑回路法消障，不能直接与气源相接(无源元件)；若用辅助阀消障，则只需使它们通过辅助阀与气源串接。

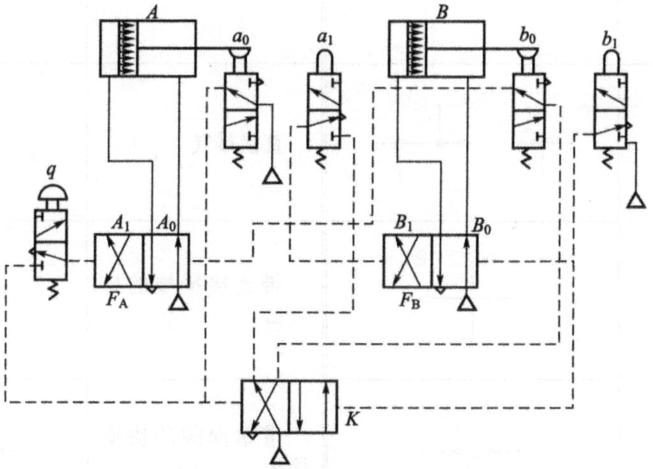

图 15.42　$A_1B_1B_0A_0$ 气动回路原理图

最后还必须指出，以上的气动回路原理图仅仅是为了执行元件完成所需要的动作设计，它只是整个气动控制系统的一部分。一个完整的气动系统还应包括气源装置、调速线路、手动及自动转换装置及显示装置等部分。

思考与练习

15－1　什么是障碍信号，如何排除？

15－2　用 $X-D$ 图设计如下程序，并画出气动回路图。

(1)$A_1A_0B_1C_1C_0B_0$。(2)$A_1B_1C_1A_0C_0B_0$。

15－3　设计一个回路，使其实现慢进快退单往复运动。

附录 常用液压与气动元件图形符号

（摘自 GB/T 786.1—1993）

附表 1 基本符号、管路及其连接

名　　称	符　　号	名　　称	符　　号
工作管路		管端连接于油箱底部	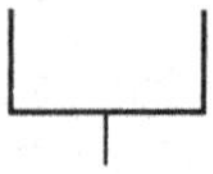
控制管路		密闭式油箱	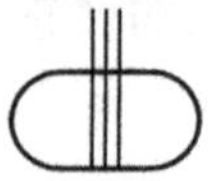
连接管路	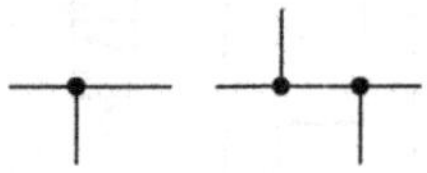	直接排气	
交叉管路		带连接措施的排气口	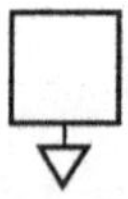
柔性管路		带单向阀的快换接头	
组合元件线		不带单向阀的快换接头	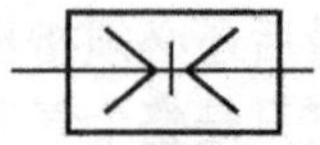
管口在液面以上的油箱	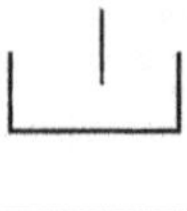	单通路旋转接头	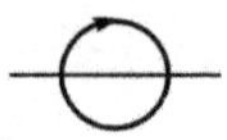
管口在液面以下的油箱	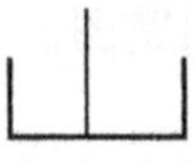	三通路旋转接头	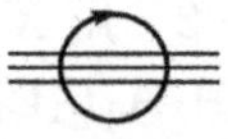

附表 2　控制机构和控制方法

名　称	符　号	名　称	符　号
按钮式人力控制	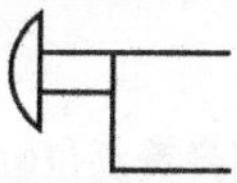	双作用电磁铁	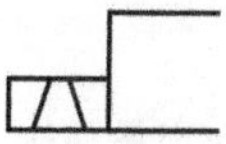
手柄式人力控制	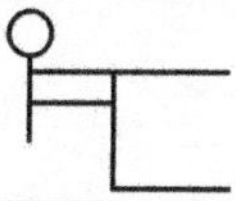	比例电磁铁	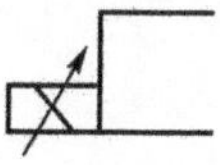
踏板式人力控制	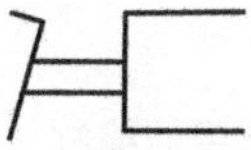	加压或泄压控制	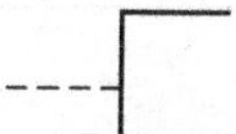
顶杆式机械控制	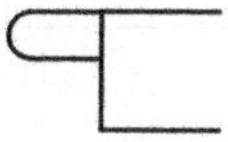	内部压力控制	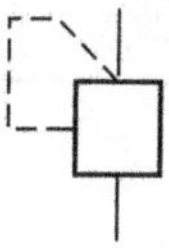
弹簧控制	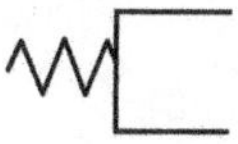	外部压力控制	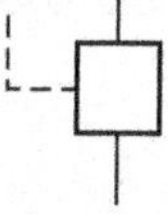
滚轮式机械控制	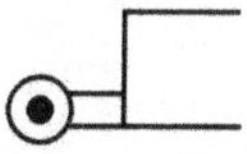	液压先导控制	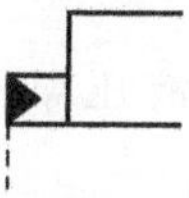
单作用电磁铁	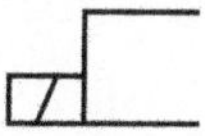	电-液先导控制	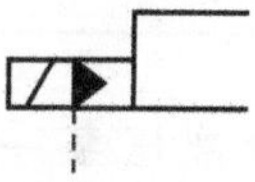
气压先导控制	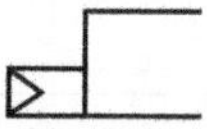	电磁-气压先导控制	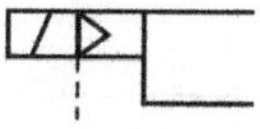

附表 3　泵、马达和缸

名　称	符　号	名　称	符　号
单向定量液压泵		单向变量液压泵	
双向定量液压泵		双向变量液压泵	
单向定量马达	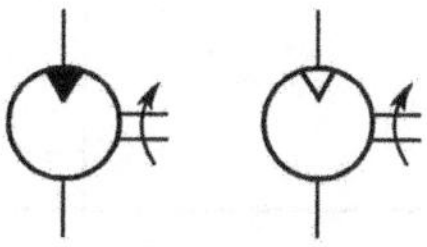	摆动马达	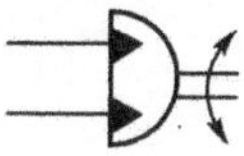

（续）

名　称	符　号	名　称	符　号
双向定量马达	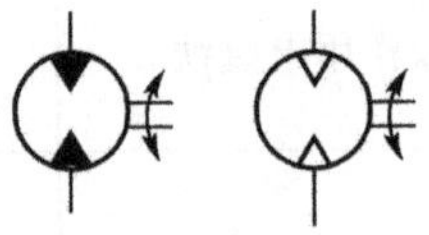	单作用弹簧复位缸	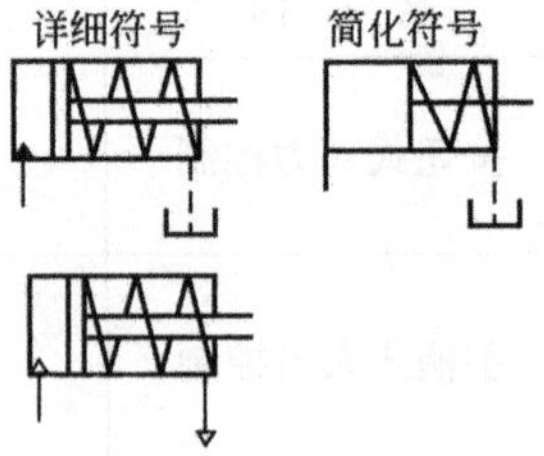
单向变量马达	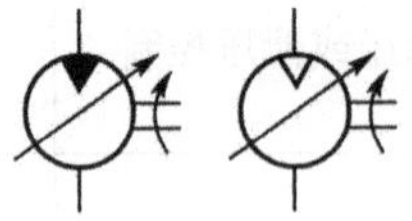	单作用伸缩缸	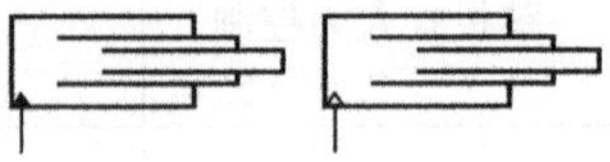
双向变量马达	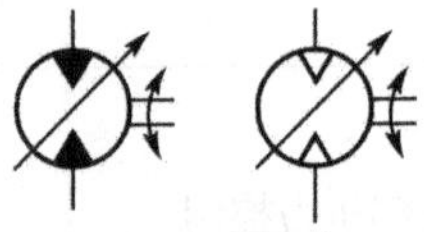	双作用单活塞杆缸	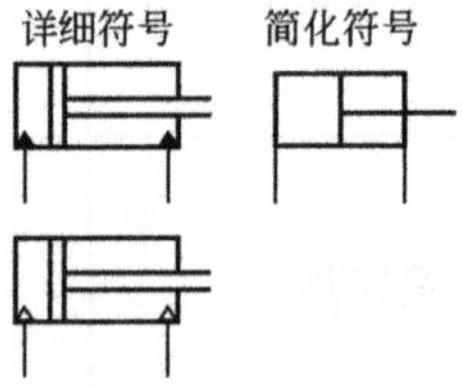
定量液压泵—马达		双作用双活塞杆缸	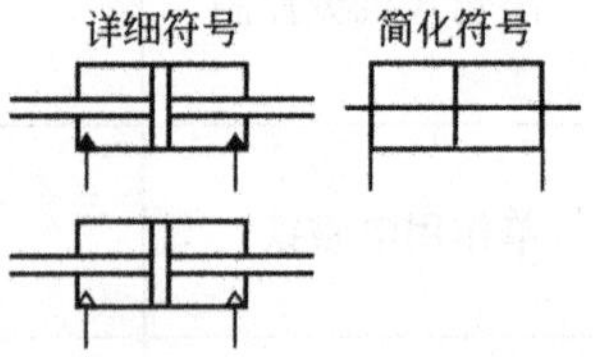
变量液压泵—马达			
液压源		双向缓冲缸（可调）	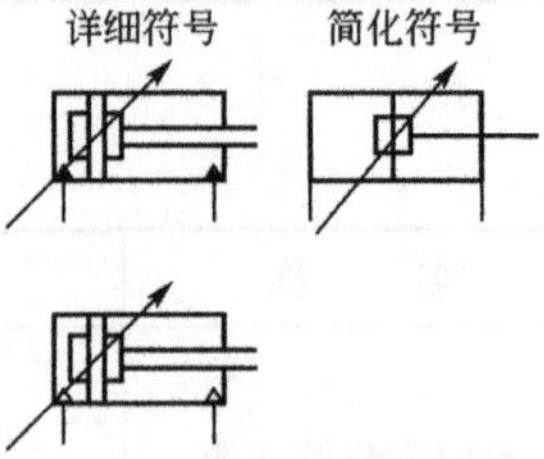
压力补偿变量泵	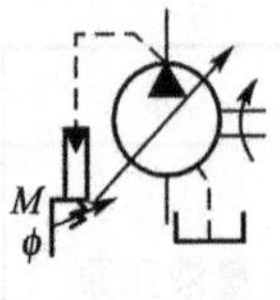		
单向缓冲缸（可调）	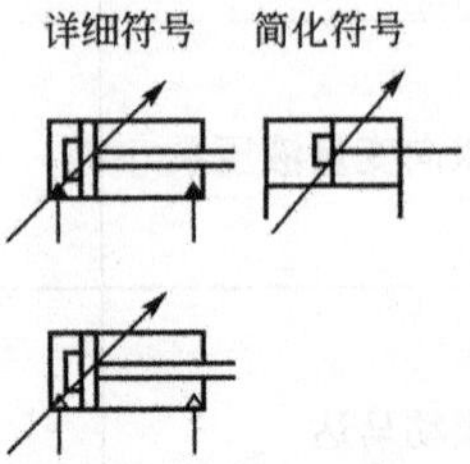	双作用伸缩缸	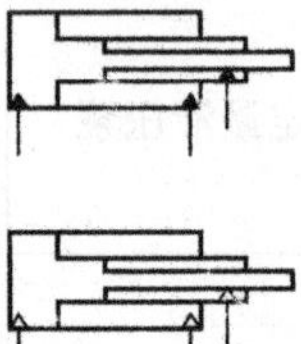

附表4　控制元件

名　　称	符　　号	名　　称	符　　号
直动式溢流阀	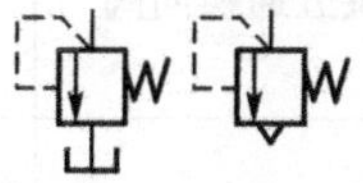	二位二通换向阀	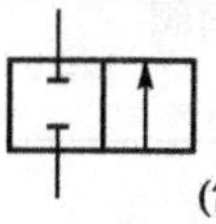 (常闭)
先导式溢流阀		二位三通换向阀	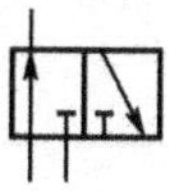
先导式比例电磁溢流阀	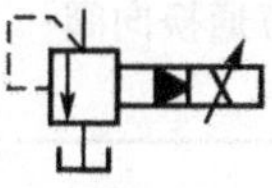	二位四通换向阀	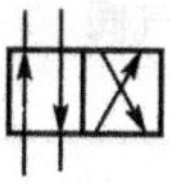
直动式减压阀	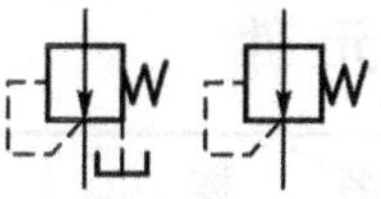	先导式减压阀	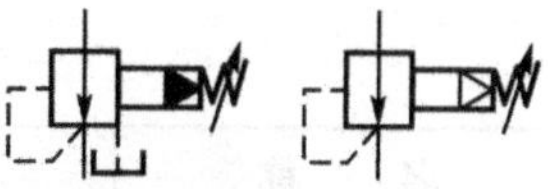
双向溢流阀	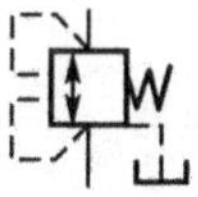	直动式顺序阀	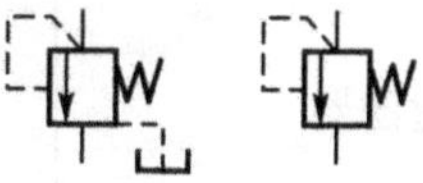
不可调节流阀	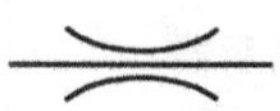	先导式顺序阀	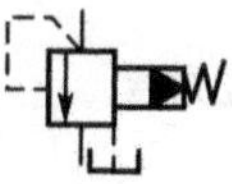
可调节流阀	详细符号 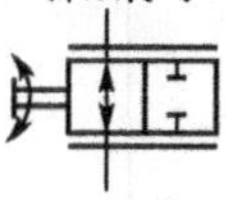 简化符号 	卸荷阀	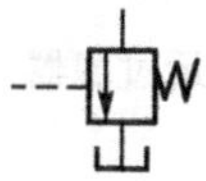
调速阀	详细符号 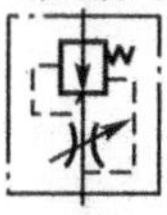 简化符号 	溢流减压阀	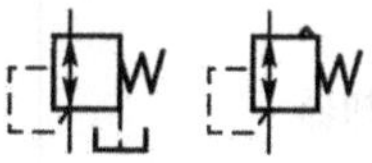
温度补偿调速阀	详细符号  简化符号 	旁通式调速阀	详细符号 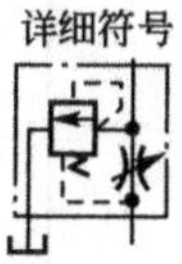 简化符号 
带消声器的节流阀	详细符号 简化符号 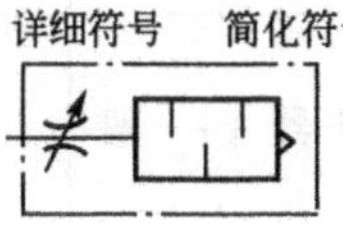	单向阀	详细符号 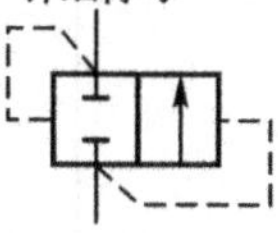 简化符号 

（续）

名　　称	符　　号	名　　称	符　　号
液控单向阀	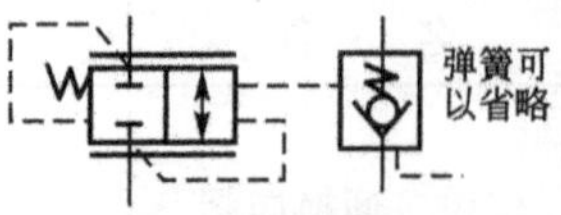	二位五通换向阀	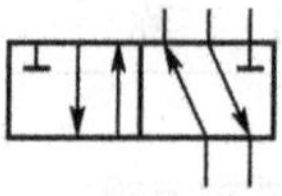
液压锁	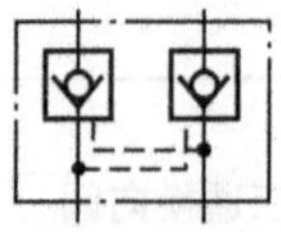	三位四通换向阀	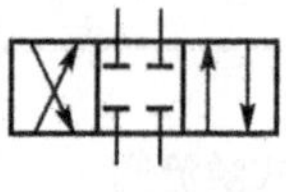
快速排气阀	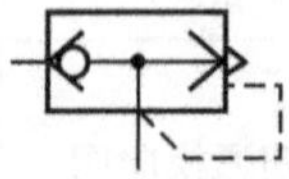	三位五通换向阀	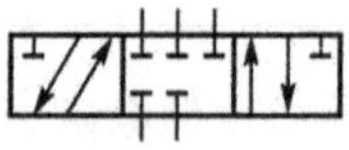

附表 5　辅 助 元 件

名　　称	符　　号	名　　称	符　　号
过滤器		压力继电器	
磁芯过滤器		压力指示器	
污染指示过滤器	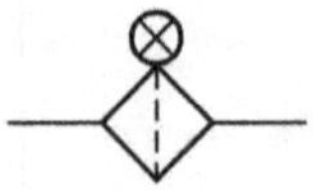	分水排水器	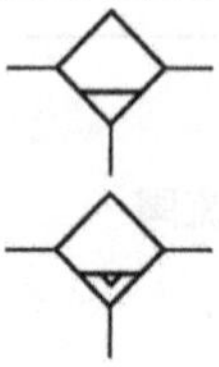
冷却器		空气过滤器	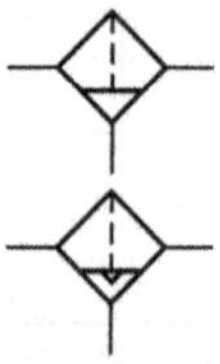
加热器	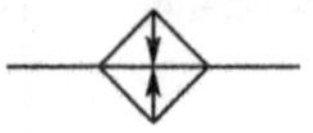	除油器	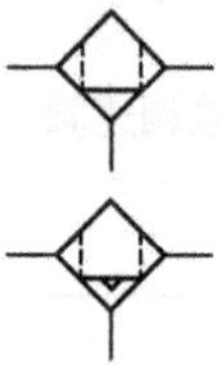
流量计	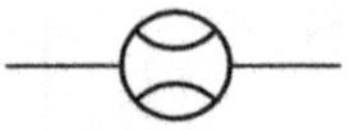	蓄能器（一般符号）	

（续）

名　　称	符　　号	名　　称	符　　号
蓄能器（气体隔离式）	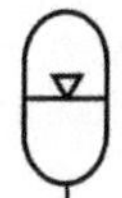	空气干燥器	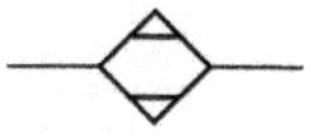
压力计		油雾器	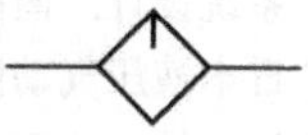
液面计		气源调节装置	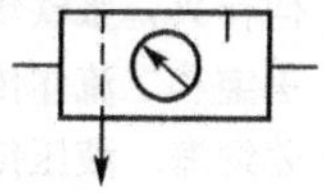
温度计		消声器	
电动机	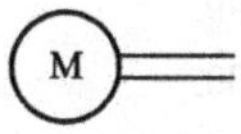	气-液转换器	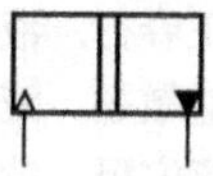
原动机	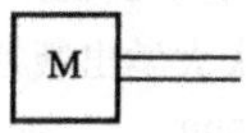	气压源	
行程开关	详细符号  简化符号 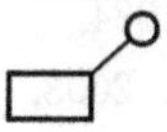		

参考文献

[1] 雷天觉. 新编液压工程手册. 北京：北京理工大学出版社，1998.
[2] 中国机械工程学会中国机械设计大典编委会. 李壮云主编. 中国机械设计大典第5卷机械控制系统设计. 南昌：江西科学技术出版社，2002.
[3] 日本液压气动协会. 液压气动手册. 北京：机械工业出版社，1984.
[4] 黎启柏. 液压元件手册. 北京：冶金工业出版社，机械工业出版社，2000.
[5] 章宏甲. 金属切削机床液压传动. 南京：江苏科学技术出版社，1984.
[6] 何存兴，张铁华. 液压传动与气压传动. 武汉：华中科技大学出版社，2000.
[7] 王宝和. 流体传动与控制. 长沙：国防科技大学出版社，2001.
[8] 姜继海. 液压传动. 哈尔滨：哈尔滨工业大学出版社，1997.
[9] 明仁雄，王会雄. 液压与气压传动. 北京：国防工业出版社，2003.
[10] 卢光贤. 机床液压传动与控制. 西安：西北工业大学出版社，1993.
[11] 张磊. 实用液压技术300题. 北京：机械工业出版社，1998.
[12] 官忠范. 液压传动系统. 北京：机械工业出版社，1998.
[13] 李壮云，葛宜远. 液压元件与系统. 北京：机械工业出版社，2000.
[14] [美] H·E·梅里特. 液压控制系统. 陈燕庆译. 北京：科学出版社，1976.
[15] 王春行. 液压控制系统. 北京：机械工业出版社，1999.
[16] 盛敬超. 液压流体力学. 北京：机械工业出版社，1980.
[17] 章宏甲，黄谊，王积伟. 液压与气压传动. 北京：机械工业出版社，2000.
[18] 袁承训. 液压与气压传动. 2版. 北京：机械工业出版社，2003.
[19] 左建民. 液压与气压传动. 2版. 北京：机械工业出版社，2001.
[20] 骆简文，雷宝荪，张卫. 液压传动与控制. 重庆：重庆大学出版社，1994.
[21] 章宏甲，黄谊. 液压传动. 北京：机械工业出版社，1999.
[22] 丁树模，姚如一. 液压传动. 北京：机械工业出版社，1992.
[23] 朱新才. 液压传动与控制. 重庆：重庆大学出版社.
[24] 俞启荣. 机床液压传动. 北京：机械工业出版社，1984.
[25] 刘延俊. 液压与气压传动. 北京：机械工业出版社，2003.
[26] 左建民. 液压与气压传动. 3版. 北京：机械工业出版社，2005.
[27] 许福玲，陈尧明. 液压与气压传动. 2版. 北京：机械工业出版社，2005.
[28] 贾铭新. 液压传动与控制. 北京：国防工业出版社，2001.
[29] 王守城，容一鸣. 液压传动. 北京：中国林业出版社，北京大学出版社，2006.

北京大学出版社教材书目

✧ 欢迎访问教学服务网站 www.pup6.cn，免费查阅下载已出版教材的电子书(PDF 版)、电子课件和相关教学资源。

✧ 欢迎征订投稿。联系方式：010-62750667，童编辑，13426433315@163.com，pup_6@163.com, 欢迎联系。

序号	书　　名	标准书号	主　　编	定价	出版日期
1	机械设计	978-7-5038-4448-5	郑　江，许　瑛	33	2007.8
2	机械设计	978-7-301-15699-5	吕　宏	32	2009.9
3	机械设计	978-7-301-17599-6	门艳忠	40	2010.8
4	机械设计	978-7-301-21139-7	王贤民，霍仕武	49	2012.8
5	机械原理	978-7-301-11488-9	常治斌，张京辉	29	2008.6
6	机械原理	978-7-301-15425-0	王跃进	26	2010.7
7	机械原理	978-7-301-19088-3	郭宏亮，孙志宏	36	2011.6
8	机械原理	978-7-301-19429-4	杨松华	34	2011.8
9	机械设计基础	978-7-5038-4444-2	曲玉峰，关晓平	27	2008.1
10	机械设计课程设计	978-7-301-12357-7	许　瑛	35	2012.7
11	机械设计课程设计	978-7-301-18894-1	王　慧，吕　宏	30	2011.5
12	机电一体化课程设计指导书	978-7-301-19736-3	王金娥　罗生梅	35	2012.1
13	机械工程专业毕业设计指导书	978-7-301-18805-7	张黎骅，吕小荣	22	2012.5
14	机械创新设计	978-7-301-12403-1	丛晓霞	32	2010.7
15	机械系统设计	978-7-301-20847-2	孙月华	32	2012.7
16	机械设计基础实验及机构创新设计	978-7-301-20653-9	邹旻	28	2012.6
17	TRIZ 理论机械创新设计工程训练教程	978-7-301-18945-0	蒯苏苏，马履中	45	2011.6
18	TRIZ 理论及应用	978-7-301-19390-7	刘训涛，曹　贺 陈国晶	35	2011.8
19	创新的方法——TRIZ 理论概述	978-7-301-19453-9	沈萌红	28	2011.9
20	机械 CAD 基础	978-7-301-20023-0	徐云杰	34	2012.2
21	AutoCAD 工程制图	978-7-5038-4446-9	杨巧绒，张克义	20	2011.4
22	工程制图	978-7-5038-4442-6	戴立玲，杨世平	27	2012.2
23	工程制图	978-7-301-19428-7	孙晓娟，徐丽娟	30	2012.5
24	工程制图习题集	978-7-5038-4443-4	杨世平，戴立玲	20	2008.1
25	机械制图(机类)	978-7-301-12171-9	张绍群，孙晓娟	32	2009.1
26	机械制图习题集(机类)	978-7-301-12172-6	张绍群，王慧敏	29	2007.8
27	机械制图(第 2 版)	978-7-301-19332-7	孙晓娟，王慧敏	38	2011.8
28	机械制图习题集(第 2 版)	978-7-301-19370-7	孙晓娟，王慧敏	22	2011.8
29	机械制图	978-7-301-21138-0	张　艳，杨晨升	37	2012.8
30	机械制图与 AutoCAD 基础教程	978-7-301-13122-0	张爱梅	35	2011.7
31	机械制图与 AutoCAD 基础教程习题集	978-7-301-13120-6	鲁　杰，张爱梅	22	2010.9
32	AutoCAD 2008 工程绘图	978-7-301-14478-7	赵润平，宗荣珍	35	2009.1
33	AutoCAD 实例绘图教程	978-7-301-20764-2	李庆华，刘晓杰	32	2012.6
34	工程制图案例教程	978-7-301-15369-7	宗荣珍	28	2009.6
35	工程制图案例教程习题集	978-7-301-15285-0	宗荣珍	24	2009.6
36	理论力学	978-7-301-12170-2	盛冬发，闫小青	29	2012.5
37	材料力学	978-7-301-14462-6	陈忠安，王　静	30	2011.1

38	工程力学(上册)	978-7-301-11487-2	毕勤胜，李纪刚	29	2008.6
39	工程力学(下册)	978-7-301-11565-7	毕勤胜，李纪刚	28	2008.6
40	液压传动	978-7-5038-4441-8	王守城，容一鸣	27	2009.4
41	液压与气压传动	978-7-301-13179-4	王守城，容一鸣	32	2012.10
42	液压与液力传动	978-7-301-17579-8	周长城等	34	2010.8
43	液压传动与控制实用技术	978-7-301-15647-6	刘　忠	36	2009.8
44	金工实习(第 2 版)	978-7-301-16558-4	郭永环，姜银方	30	2012.5
45	机械制造基础实习教程	978-7-301-15848-7	邱　兵，杨明金	34	2010.2
46	公差与测量技术	978-7-301-15455-7	孔晓玲	25	2011.8
47	互换性与测量技术基础(第 2 版)	978-7-301-17567-5	王长春	28	2010.8
48	互换性与技术测量	978-7-301-20848-9	周哲波	35	2012.6
49	机械制造技术基础	978-7-301-14474-9	张　鹏，孙有亮	28	2011.6
50	机械制造技术基础	978-7-301-16284-2	侯书林　张建国	32	2012.8
51	先进制造技术基础	978-7-301-15499-1	冯宪章	30	2011.11
52	先进制造技术	978-7-301-20914-1	刘　璇，冯　凭	28	2012.8
53	机械精度设计与测量技术	978-7-301-13580-8	于　峰	25	2008.8
54	机械制造工艺学	978-7-301-13758-1	郭艳玲，李彦蓉	30	2008.8
55	机械制造工艺学	978-7-301-17403-6	陈红霞	38	2010.7
56	机械制造工艺学	978-7-301-19903-9	周哲波，姜志明	49	2012.1
57	机械制造基础(上)——工程材料及热加工工艺基础(第 2 版)	978-7-301-18474-5	侯书林，朱　海	40	2011.1
58	机械制造基础(下)——机械加工工艺基础(第 2 版)	978-7-301-18638-1	侯书林，朱　海	32	2012.5
59	金属材料及工艺	978-7-301-19522-2	于文强	44	2011.9
60	金属工艺学	978-7-301-21082-6	侯书林，于文强	32	2012.8
61	工程材料及其成形技术基础	978-7-301-13916-5	申荣华，丁　旭	45	2010.7
62	工程材料及其成形技术基础学习指导与习题详解	978-7-301-14972-0	申荣华	20	2009.3
63	机械工程材料及成形基础	978-7-301-15433-5	侯俊英，王兴源	30	2012.5
64	机械工程材料	978-7-5038-4452-3	戈晓岚，洪　琢	29	2011.6
65	机械工程材料	978-7-301-18522-3	张铁军	36	2012.5
66	工程材料与机械制造基础	978-7-301-15899-9	苏子林	32	2009.9
67	控制工程基础	978-7-301-12169-6	杨振中，韩致信	29	2007.8
68	机械工程控制基础	978-7-301-12354-6	韩致信	25	2008.1
69	机电工程专业英语(第 2 版)	978-7-301-16518-8	朱　林	24	2012.5
70	机床电气控制技术	978-7-5038-4433-7	张万奎	26	2007.9
71	机床数控技术(第 2 版)	978-7-301-16519-5	杜国臣，王士军	35	2011.6
72	自动化制造系统	978-7-301-21026-0	辛宗生，魏国丰	37	2012.8
73	数控机床与编程	978-7-301-15900-2	张洪江，侯书林	25	2012.10
74	数控技术	978-7-301-21144-1	吴瑞明	28	2012.9
75	数控加工技术	978-7-5038-4450-7	王　彪，张　兰	29	2011.7
76	数控加工与编程技术	978-7-301-18475-2	李体仁	34	2012.5
77	数控编程与加工实习教程	978-7-301-17387-9	张春雨，于　雷	37	2011.9
78	数控加工技术及实训	978-7-301-19508-6	姜永成，夏广岚	33	2011.9
79	数控编程与操作	978-7-301-20903-5	李英平	26	2012.8
80	现代数控机床调试及维护	978-7-301-18033-4	邓三鹏等	32	2010.11
81	金属切削原理与刀具	978-7-5038-4447-7	陈锡渠，彭晓南	29	2012.5
82	金属切削机床	978-7-301-13180-0	夏广岚，冯　凭	28	2012.7
83	典型零件工艺设计	978-7-301-21013-0	白海清	34	2012.8
84	工程机械检测与维修	978-7-301-21185-4	卢彦群	45	2012.9

85	精密与特种加工技术	978-7-301-12167-2	袁根福，祝锡晶	29	2011.12
86	逆向建模技术与产品创新设计	978-7-301-15670-4	张学昌	28	2009.9
87	CAD/CAM 技术基础	978-7-301-17742-6	刘　军	28	2012.5
88	CAD/CAM 技术案例教程	978-7-301-17732-7	汤修映	42	2010.9
89	Pro/ENGINEER Wildfire 2.0 实用教程	978-7-5038-4437-X	黄卫东，任国栋	32	2007.7
90	Pro/ENGINEER Wildfire 3.0 实例教程	978-7-301-12359-1	张选民	45	2008.2
91	Pro/ENGINEER Wildfire 3.0 曲面设计实例教程	978-7-301-13182-4	张选民	45	2008.2
92	Pro/ENGINEER Wildfire 5.0 实用教程	978-7-301-16841-7	黄卫东，郝用兴	43	2011.10
93	Pro/ENGINEER Wildfire 5.0 实例教程	978-7-301-20133-6	张选民，徐超辉	52	2012.2
94	SolidWorks 三维建模及实例教程	978-7-301-15149-5	上官林建	30	2009.5
95	UG NX6.0 计算机辅助设计与制造实用教程	978-7-301-14449-7	张黎骅，吕小荣	26	2011.11
96	Cimatron E9.0 产品设计与数控自动编程技术	978-7-301-17802-7	孙树峰	36	2010.9
97	Mastercam 数控加工案例教程	978-7-301-19315-0	刘　文，姜永梅	45	2011.8
98	应用创造学	978-7-301-17533-0	王成军，沈豫浙	26	2012.5
99	机电产品学	978-7-301-15579-0	张亮峰等	24	2009.8
100	品质工程学基础	978-7-301-16745-8	丁　燕	30	2011.5
101	设计心理学	978-7-301-11567-1	张成忠	48	2011.6
102	计算机辅助设计与制造	978-7-5038-4439-6	仲梁维，张国全	29	2007.9
103	产品造型计算机辅助设计	978-7-5038-4474-4	张慧姝，刘永翔	27	2006.8
104	产品设计原理	978-7-301-12355-3	刘美华	30	2008.2
105	产品设计表现技法	978-7-301-15434-2	张慧姝	42	2012.5
106	产品创意设计	978-7-301-17977-2	虞世鸣	38	2012.5
107	工业产品造型设计	978-7-301-18313-7	袁涛	39	2011.1
108	化工工艺学	978-7-301-15283-6	邓建强	42	2009.6
109	过程装备机械基础	978-7-301-15651-3	于新奇	38	2009.8
110	过程装备测试技术	978-7-301-17290-2	王毅	45	2010.6
111	过程控制装置及系统设计	978-7-301-17635-1	张早校	30	2010.8
112	质量管理与工程	978-7-301-15643-8	陈宝江	34	2009.8
113	质量管理统计技术	978-7-301-16465-5	周友苏，杨　飒	30	2010.1
114	人因工程	978-7-301-19291-7	马如宏	39	2011.8
115	工程系统概论——系统论在工程技术中的应用	978-7-301-17142-4	黄志坚	32	2010.6
116	测试技术基础(第 2 版)	978-7-301-16530-0	江征风	30	2010.1
117	测试技术实验教程	978-7-301-13489-4	封士彩	22	2008.8
118	测试技术学习指导与习题详解	978-7-301-14457-2	封士彩	34	2009.3
119	可编程控制器原理与应用(第 2 版)	978-7-301-16922-3	赵　燕，周新建	33	2010.3
120	工程光学	978-7-301-15629-2	王红敏	28	2012.5
121	精密机械设计	978-7-301-16947-6	田　明，冯进良等	38	2011.9
122	传感器原理及应用	978-7-301-16503-4	赵　燕	35	2010.2
123	测控技术与仪器专业导论	978-7-301-17200-1	陈毅静	29	2012.5
124	现代测试技术	978-7-301-19316-7	陈科山，王燕	43	2011.8
125	风力发电原理	978-7-301-19631-1	吴双群，赵丹平	33	2011.10
126	风力机空气动力学	978-7-301-19555-0	吴双群	32	2011.10
127	风力机设计理论及方法	978-7-301-20006-3	赵丹平	32	2012.1